农林生物质发电机组设备及系统

南电能源综合利用有限公司赤水分公司 编著

中国水利水电出版社
www.waterpub.com.cn
·北京·

内 容 提 要

生物质能取之不尽，用之不竭。生物质能发电技术为国家重点倡导和支持发展的新能源项目。为满足运维人才培养要求，提升员工专业水平，参考设备说明书、基建设计资料、安装（调试）指导书、运行指导书、检修指导书和运行规程等资料，针对南电能源综合利用有限公司赤水分公司实际运行和操作，从锅炉本体及辅机设备、汽轮机本体及辅机设备、发电机部分、电气部分以及电厂化学处理等进行介绍。

本书具有较强的针对性和适用性，可供从事生物质发电的相关技术人员、运行人员、检修维护人员学习参考。

图书在版编目（CIP）数据

农林生物质发电机组设备及系统 / 南电能源综合利用有限公司赤水分公司编著. -- 北京：中国水利水电出版社，2022.7
　ISBN 978-7-5226-0723-8

Ⅰ．①农… Ⅱ．①南… Ⅲ．①农业－生物能源－发电机组 Ⅳ．①TM619

中国版本图书馆CIP数据核字(2022)第087503号

书　　名	**农林生物质发电机组设备及系统** NONGLIN SHENGWUZHI FADIAN JIZU SHEBEI JI XITONG	
作　　者	南电能源综合利用有限公司赤水分公司　编著	
出版发行	中国水利水电出版社 （北京市海淀区玉渊潭南路1号D座　100038） 网址：www. waterpub. com. cn E-mail：sales@mwr. gov. cn 电话：(010) 68545888（营销中心）	
经　　售	北京科水图书销售有限公司 电话：(010) 68545874、63202643 全国各地新华书店和相关出版物销售网点	
排　　版	中国水利水电出版社微机排版中心	
印　　刷	清淞永业（天津）印刷有限公司	
规　　格	184mm×260mm　16开本　23印张　560千字	
版　　次	2022年7月第1版　2022年7月第1次印刷	
定　　价	**108.00元**	

编 委 会

前　言

生物质能源作为一种可再生能源，取之不尽、用之不竭，被看作是继煤炭、石油、核电之后的最可靠能源。然而，由于当前生物质发电项目推广过快，导致运维人员技术断档，运行水平参差不齐，不利于生物质机组的经济安全运行。

为满足对运维人才的培养要求，帮助员工了解、熟悉、掌握生物质电厂机组特点及专业知识，提高员工专业水平，南电能源综合利用有限公司赤水分公司编写《农林生物质发电机组设备及系统》。本书借鉴设备说明书、基建设计资料、安装（调试）指导书、运行指导书、检修指导书、运行规程和电厂相关教材等资料，利用公司实际运行与操作，介绍锅炉、汽轮机、发电机与化学专业所涉及的主辅设备规范、结构、技术要求等内容，具有较强的针对性和适用性，可供从事生物质发电的相关技术人员、运行人员、检修维护人员学习参考。

本书分为8章，分别为绪论、锅炉本体、锅炉辅机设备、汽轮机本体、汽轮机辅机设备、发电机部分、电气部分和电厂化学处理。其中绪论主要包括生物质能，生物质燃烧技术和循环流化床锅炉技术参数与结构特点；锅炉本体主要包括循环流化床锅炉技术，锅炉主设备；锅炉辅机设备主要包括燃油系统，炉前给料系统，脱硝系统，袋式除尘器，空气压缩机系统，气力输灰系统，吹灰系统；汽轮机本体主要包括汽轮机专业基础知识，汽轮机本体结构，汽轮机热力系统，汽轮机的调节、保安及润滑油系统，汽轮机设备运行，汽轮机组的事故处理；汽轮机辅机设备主要包括辅机设备投运准则，水泵，真空系统设备，除氧加热设备，发电机空冷器，消防水系统设备，厂外补给水系统设备，阀门，液位计，密封件；发电机部分主要包括发电机及其运行，变压器及其运行；电气部分主要包括电力系统概述，电气主接线和厂用电系统，高压电器，三相电动机及运行维护，过电压保护及接地，直流系统、消防与照明、检修网络，保护与测控装置，自动装置，PSX610G 通信服务器；电厂化学处理主要包括火电厂化学监督内容，电厂水处理，汽水监督，化学药品分析与验收，燃料分析，油质分析。

本书在集团公司领导的支持下完成，在编写过程得到众多兄弟电厂的大力支持；另外，在编写过程中参考了相关领域的著作、文献，在此致以诚挚的谢意。

因编者工作经历和水平所限，书中难免存在不足之处，敬请读者批评指正。

南电能源综合利用有限公司赤水分公司

2022 年 3 月

目 录

绪　　论

生物质发电技术源于 20 世纪 70 年代欧美，且随着化石能源日益短缺，以农林业剩余物为代表的生物质发电技术进一步发展，相关产业保持可持续稳定增长，在此背景下，我国开始积极研发或引进技术建设生物质发电项目。

0.1　生物质能

生物质能指蕴藏在生物质中的能量，其直接或间接通过绿色植物的光合作用，将太阳能转换为化学能后固定和储藏于生物体内的能量，因此其也可看作是广义太阳能的一种表现形式。作为能源资源，生物质能所具有的特点如下：

（1）可循环再生。生物质能可随动植物的生长和繁衍而不断再生，且生物质数量巨大。尽管每年有大量生物质消亡，但当环境条件适合时，又会实现生物质的再生。

（2）存储运输方便。较其他类型可再生资源，生物质能可直接存储和运输，不受限于地点和时间使用。

（3）资源分散，分布区域广。生物质能单位数量含能量低，但种类繁杂，部分为多种成分的混合体，且分布广泛，我国作为农业大国，具有丰富而广泛的生物质能。

（4）能源洁净。生物质含硫量和含氮量均较低，燃烧烟气中含硫化合物和含氮化合物的排放量均较低，且灰分较少导致烟气含尘量较低，较传统化石能源相比，生物质能属于洁净能源。

总体来说，尽管生物质具有分散度大、能量密度小、热值低和成分相对复杂等缺点，但足以通过产量丰富、可再生和污染小等显著优点弥补，因此，生物质发电技术必将在人类社会的未来获得较大发展。

0.2　生物质燃烧技术

对于生物质能的利用，有热解、气化和直燃等方式。然而，生物质燃烧技术是目前生物质大规模高效结晶利用途径中最适合我国国情的、最成熟、最简便可行的方式之一，其无须对现有燃烧设备做较大改动即可获得较好燃烧效果，对于推动我国生物质发展、保护环境和节能减排等具有重要作用。

0.2.1　燃烧技术简介

作为生物质发电的主要方式，生物质燃烧技术经多年发展，已形成成熟的高温、高压生物质发电锅炉技术体系，其中农林废弃物燃烧技术完全以生物质为燃料，针对现行设计燃烧设备，服役整套生物质储运预处理及给料设备，可实现大规模连续生物质燃烧转化利用，为生物质能利用的重要方式。

我国在发展生物质燃烧技术的过程中，采用的技术包括引进技术、消化改进技术和国内自主研发技术三类。其中引进技术的代表为丹麦的水冷振动炉排秸秆直燃技术，其具有特殊设计炉排，保证上方生物质燃料的燃尽及低熔点灰渣的排除，且受热面充分考虑灰渣熔融和无机杂质所带来的高低温腐蚀现象。该技术引进后总体运行良好，但高昂价格阻碍其进行大范围推广。消化改进技术指国内各锅炉生产厂家在消化引进技术的基础上，开发国产炉排秸秆锅炉，该类型锅炉多采用水冷振动炉排的基本形式和自主研发的燃料预处理和上料系统。因价格低廉在国内市场占有率较高，但因经验积累和实践经验缺少，存在给料、炉排结构和排渣等问题，在一定程度上影响机组正常运行。国内自主研发技术主要代表为基于循环流化床的生物质燃烧技术，该技术创造性地将流态化应用于生物质燃料的燃烧，在对生物质燃烧特性和碱金属问题深入研究的基础上，创新燃烧组织思路，特殊设计生物质流化床直燃技术路线，经过示范工程验证运行后，目前正处于推广阶段。

0.2.2　生物质燃烧炉型

生物燃烧电厂的单机装机容量为 12MW 或 25MW，锅炉为 75t/h 或 130t/h。较常见炉型有炉排燃烧炉、水冷式振动炉排锅炉和循环流化床锅炉等。

1. 炉排燃烧炉

炉排燃烧炉为当前采用最多的炉型，它采用活动式炉排，可使燃烧操作连续化和自动化。其炉型核心部分是炉排，主要有链条式、逆动翻转式、马丁反推式、接替往复式和阶段往复摇动式等。炉排的布置、尺寸、形状与生物质特性（水分、热值）等相关。炉排可水平布置，也可倾斜 15°～26°布置，分为预热段、燃烧段、燃尽段，段与段之间有 1m 左右垂直落差，也可没有落差。以固定和运动炉排相间布置的炉排下部为宫式冷风槽道，其中，一次风通过炉排片间隙冷却炉排片，并从炉排片前端和侧面进入上部，起到吹扫炉排间隙中生物质和灰渣的作用。

2. 水冷式振动炉排锅炉

水冷式振动炉排锅炉主要用于燃烧秸秆类生物质燃烧。以秸秆为代表的生物质通过螺旋给料机输送到振动炉排上，生物质中的挥发分首先析出，由炉排上放热空气点燃。生物质焦炭由于炉排振动和连续给料产生的压力不断移动且进行燃烧。炉排振动间隔时间根据蒸汽压力、温度等进行调节。灰斗位于振动炉排末端，生物质燃尽的灰到达水冷室后排出。燃烧产生的高温烟气依次经过位于炉膛上方、烟道中的过热器、省煤器和空气预热器后，经除尘排入大气。该型锅炉具有燃料适应性范围广、负荷调节能力大、可操作性好和自动化程度高等优点，并有效缓解碱金属问题，然而因未摆脱类似悬浮燃烧的高温火焰区，其对流受热面沉积、高温受热面金属腐蚀等问题未得到根本解决。

3. 循环流化床锅炉

20 世纪 80 年代新兴的循环流化床锅炉，具有燃烧效率高、有害气体排放易受控制、热容量大等优点，较上述两种炉型，更加适合于燃用各种水分大、热值低的生物质，具有较广的燃料适应性，成为大规模高效利用生物质燃料的最有前途的技术之一。

0.3 循环流化床锅炉技术参数与结构特点

本部分从循环流化床锅炉出发,对循环流化床锅炉基本原理和工作流程进行介绍,同时以南电能源综合利用有限公司赤水分公司锅炉为例,进行锅炉技术参数与结构特点的详细介绍。

0.3.1 循环流化床锅炉基本原理

循环流化床(CFB)锅炉技术产生于20世纪70年代,其发展受到世界能源危机、环境保护运动的推动。作为一种新型、成熟的高效清洁燃烧技术,循环流化床锅炉因独特流化燃烧特性,具有以下优点:

(1)低温燃烧,且在燃烧过程直接脱硫,减少电站二氧化硫(SO_2)和氮氧化物(NO_x)排放,从根本上解决酸雨问题。

(2)燃烧适应性广,燃烧效率高,负荷调节范围大,负荷调节性能好,灰渣活性好,投资和运行成本相对较低。

基于上述优点,循环流化床锅炉技术在世界上得到迅猛发展,尤其是在生物质发电领域取得了重大的经济、社会和环境效益。

流化是气流以一定速度穿过停留在布风装置上的固体物料,对固体物料颗粒所产生的作用力(如曳力)与固体颗粒所承受的其他外力(如重力)相平衡时,物料颗粒通过与气流的充分接触而转变成类似流体的运动状态。

流化床床层流型分类主要取决于床内空床界面速度。根据气流速度不同,物料床层可分为固定床、鼓泡流化床、快速流化床、循环流化床、气力输送等。鼓泡流化床多是在气流空床界面速度在2~3m/s的工况下运行,床层具有明显分界面。而循环流化床气流空床截面速度一般在3.5~8m/s的工况下运行,床内混合强烈、流化均匀稳定,床层无明显分界面。在此情况下,宽筛分颗粒的燃料和脱硫剂送入锅炉炉膛后,迅速被炉膛内存在的大量高温惰性物料包围,着火燃烧,发生脱硫反应,并在上升烟气流作用下向炉膛上部的密相区和稀相区运动,对水冷壁和炉内布置的其他受热面放热。粗大粒子在被上升的烟气流带入悬浮区后,在重力及其他外力作用下不断减速偏离上升的主气流,并最终形成附壁下降粒子流。被夹带出炉膛的粒子气固混合物进入高温旋风分离器,大量固体物料(包括煤粒和脱硫剂)被分离出来由回料装置送回炉膛,进行循环燃烧和脱硫。未被分离出来的极细粒子随烟气流进入锅炉尾部竖井烟道,进一步对锅炉尾部受热面冷却放热,烟气经过除尘器后,由引风机送入烟囱排向大气。

固体物料经过多次炉内循环和炉外循环,燃烧效率高,高浓度含尘气流强化了对受热面的传热。同时,通过控制循环灰量、风煤配比等手段来控制床温,实现850~950℃的低温燃烧,再通过向床内添加石灰石等脱硫剂以及分级布风形式的采用,有效地控制了SO_2和NO_x等有害气体的生成量,使锅炉排放达到环保标准。

0.3.2 循环流化床锅炉组成与特点

循环流化床锅炉主要包括固体颗粒循环主回路和尾部竖井两部分。其中固体颗粒循环主回路包括炉膛、旋风分离器和回料器等;尾部竖井包括高温过热器、低温过热器、省煤器及空气预热器等。

在循环流化床锅炉工艺流程中，燃烧及脱硫发生在由大量灰粒子所组成的温度接近930℃的床层内，该温度的选取同时兼顾提高燃烧效率及脱硫效率。这些细粒子或固体粒子由通过布风板的一次风所产生的向上的烟气流将其悬浮在炉膛中，二次风分两层送入炉膛，由此实现分级燃烧。

旋风分离器将绝大部分固体粒子从气固两相流中分离出来后通过回料器重新送回炉膛参加燃烧。这样就形成了循环流化床锅炉的主回路。循环流化床主回路的特征包括强烈的扰动及混合、高固体粒子浓度的内循环及外循环、高固体/气体滑移速度及较长的停留时间，以上的特点为传热以及化学反应提供了良好的外部条件。

循环流化床锅炉对于减少 SO_2 污染的良好性能描述如下：

循环流化床锅炉燃用煤中所含的硫与氧化后形成的 SO_2 通过与煤灰中的 CaO 反应，可以在炉膛内直接脱硫。CaO 与 SO_2 反应生成硫酸钙。

$$CaCO_3 \Longrightarrow CaO + CO_2 \tag{0.1}$$
$$CaO + SO_2 + 1/2O_2 \Longrightarrow CaSO_4 \tag{0.2}$$

该反应的最佳温度为 850～900℃，在较大负荷变动范围内炉膛将控制到 850～900℃。同时分级燃烧及相对较低的炉膛温度可以最大限度地降低 NO_x 的排放。

循环流化床的锅炉工艺流程的特点如下：①炉膛内部的强烈混合、床温分布比较均匀；②燃料在炉膛内较长的停留时间；③将炉膛温度保持在脱去 SO_2 的最佳温度。

以上的特点可以保证以下性能的实现：①碳的燃尽率较高、脱硫效率较高；②低 NO_x 排放以及较好的适应性。

0.3.3 循环流化床锅炉主要技术参数

1. 基本技术参数

（1）物料。循环流化床锅炉中载热的物质称为物料。

（2）床压。循环流化床锅炉中风室压力同布风装置阻力的差值。表征床料厚度的物理量。

（3）料层差压。循环流化床锅炉中风室压力与密相区上层压力之间的差值。包含布风装置的阻力在内。

（4）炉膛差压。密相区上部压力与炉膛出口压力的差值。炉膛差压是一个反映稀相区物料浓度的参数。炉膛差压值大，说明炉膛稀相区内的物料浓度高，炉膛的传热系数大，则锅炉负荷可以带得相对较高。

（5）物料的循环倍率。循环流化床锅炉中反映物料量的一个参数，常用的表述是单位时间内物料的循环量与单位时间内入炉燃料量的比值。

（6）表观气速。一次风流量与床层总截面积的比值，即气体的线速度。

（7）颗粒的终端速度。颗粒在流体中做自由落体运动时，下落速度达到某一数值时，颗粒受到阻力、重力、浮力三者平衡，颗粒匀速向下运动的临界速度。

（8）输送分离高度。循环流化床锅炉中，达到某一高度后气流携带的颗粒达到饱和状态，这个高度即称为输送分离高度。

（9）内循环。循环流化床锅炉中物料在到达炉膛出口之前，在自身重力的作用下，返回炉内的物料循环称为内循环。

（10）外循环。循环流化床锅炉中部分物料飞出炉膛后，被分离器捕捉后通过回料阀重新返回炉膛的物料循环过程称为外循环。

2. 运行重点监测参数

经济、安全运行的关键参数，对生物质直燃循环流化床锅炉更为关键，必须密切监视。针对赤水生物质电厂生物质锅炉，运行过程需重点监测关键参数如下：

（1）床温。燃烧密相区内流化物料的温度，直接关系到锅炉的安全稳定运行。通常，密相区下部床温不得高于 920℃，否则会造成炉膛床面结焦；最低温度不低于 650℃，否则燃烧不稳容易造成尾部对流烟道飞灰可燃物含量增高，产生烟道再燃烧，同时炉膛负压波动较大，极易造成分离器堵塞。

（2）床压。床压是密相区物料厚度的反映，物料的厚度跟风的阻力有一定的对应关系，可以算出料层的厚度。正常运行中床压一般要求为 7～9kPa，床压过低，循环灰量（内循环、外循环）不够，导致高床温低负荷的现象；床压过高，一次风量不增加可能会出现流化不良的现象，造成结焦的燃烧事故，提高一次风量会增加一次风的电耗，增加厂用电。

（3）氧量。氧量控制则是锅炉经济运行的关键，反映风、料配比是否适当。

（4）一次风量。一次风量决定锅炉床料流化质量，是炉内热量的主要携带介质，决定着锅炉带负荷的能力。

（5）炉膛差压。炉膛差压反映稀相区燃烧份额的多少，燃烧份额少表现为炉膛上部烟温低，原因是返料量过低或返料不畅，严重时料床温度高；稀相区燃烧份额高时，表明循环灰量高，一般维持在 500～2000Pa，过高时容易造成锅炉的金属及非金属构件的磨损。生物质直燃循环流化床锅炉燃烧生物质循环灰较少时，根据锅炉的负荷情况可以增加细床料。

（6）汽水系统。按照锅炉运行规程要求，汽水系统的主要监视的参数有：汽包水位、主汽压力、主汽温度、给水压力、给水流量等。

（7）辅机监测参数。包括电流、轴承温度、轴承振动、辅机转速等。

锅 炉 本 体

1.1 循环流化床锅炉技术

1.1.1 锅炉参数

赤水生物质电厂锅炉型号为 H×150/9.8-Ⅳ1，单锅筒、自然循环、高温汽冷式旋风分离器、非机械式 J 阀回料装置、水冷等压风室、全钢焊接结构锅炉构架、循环流化床燃烧方式、管式空气预热器、平衡通风。在锅炉旋风分离器入口烟道区域设置有 SNCR 脱硝装置。

1. 锅炉主要参数

锅炉主要参数见表 1.1。

表 1.1　　　　　　　　　　　锅 炉 主 要 参 数

名　　　称	数　　值	名　　　称	数　　值
锅炉类型	循环流化床	冷风温度/℃	30
燃料种类	生物质	热风温度/℃	237
锅炉额定蒸发量/(t/h)	150	空气预热器出口烟气温度/℃	138
过热蒸汽压力（表压）/MPa(g)	9.8	燃料耗量/(t/h)	44.8
过热蒸汽温度/℃	540	锅炉低位热效率/%	90
给水温度（B-MCR）/℃	230	构架抗震设防烈度/度	7

2. 锅炉结构尺寸

锅炉结构尺寸见表 1.2。

表 1.2　　　　　　　　　　　锅 炉 结 构 尺 寸

名　　　称	数　　值
锅筒中心线标高/mm	39700
炉膛宽度（两侧水冷壁管子中心线间距离）/mm	9601.2
炉膛深度（前后水冷壁中心线间距离）/mm	4800.6
锅炉宽度（两侧立柱中心线之间间距）/mm	12000
锅炉深度（前后立柱中心线之间间距）/mm	27240
锅炉运转层标高/mm	8000

1.1.2　锅炉整体布置

锅炉以带基本负荷为主，并具有变负荷调峰能力。

锅炉主要由一个膜式水冷壁炉膛、两台汽冷式旋风分离器和一个由汽冷包墙包覆的尾部竖井（HRA）三部分组成。

炉膛内布置有 4 片屏式过热器管屏（材质为 SA－213TP316）和 3 片水冷蒸发管屏。在锅炉前墙水冷壁下部收缩段沿宽度方向均匀布置有 4 个给料口，炉膛底部是由水冷壁管弯制围成的水冷风室，水冷风室下部布置有点火风道，点火风道内布置有两台床下风道点火器，燃烧器配有高能点火装置，采用柴油点火。风室底部布置有 3 根排渣管（中间一根为事故排渣用）。

炉膛与尾部竖井之间，布置有一台汽冷式旋风分离器，其下部布置一台 J 阀回料器。烟道从上到下依次布置有高温过热器、低温过热器、省煤器和卧式钢管空气预热器（末级为抗低温腐蚀性能好的搪瓷管）。

锅炉炉膛由 $\phi51×5mm$ 光管加扁钢焊成膜式水冷壁组成，锅炉水循环系统采用自然循环方式，其水循环系统主要由锅筒、集中下降管和下水连接管、水冷壁上升管和汽水引出管组成。整个炉膛为悬吊结构，全部重量通过水冷壁上集箱吊于顶板上。为保证各回路的水冷壁管向下的膨胀量大致相同，水冷壁上集箱的各吊点标高大致相同；为保证锅炉运行安全及增强炉墙水冷壁、包墙管的刚性，在水冷壁及过热器包墙管部位设置了刚性梁，刚性梁可随受热面的膨胀一起向下移动。

锅筒内径为 1600mm，壁厚为 90mm，材料为 P355GH，由两根 U 形吊杆吊挂在顶板梁上。

锅筒正常水位在锅筒中心线以下 76mm，运行中允许水位波动 76mm，高于或低于此范围的长期运行将影响分离器的性能。

1.1.3　汽水系统

锅炉汽水系统回路包括尾部省煤器、锅筒、水冷系统、汽冷式旋风分离器进口烟道、汽冷式旋风分离器、HRA 包墙过热器、低温过热器、屏式过热器、高温过热器及连接管道。

蒸汽流程为：锅筒──→旋风分离器进口烟道（下行）──→旋风分离器（上行）──→两侧包墙（下行）──→前包墙过热器（上行）──→顶包墙──→后包墙（下行）──→低温过热器──→一级减温器──→屏式过热器──→二级减温器──→高温过热器，最后合格的过热蒸汽由高温过热器出口集箱引出。

过热器系统采取调节灵活的喷水减温作为汽温调节和保护各级受热面管子的手段，整个过热器系统共布置有两级减温器，减温水来自锅炉给水。一级减温器布置在低温过热器出口至屏式过热器入口管道上，作为粗调；二级减温器位于屏式过热器与高温过热器之间的连接管道上，作为细调。通过调节喷水量，以达到消除汽温偏差的目的。

过热器采用支撑块固定在包墙过热器管屏上，省煤器通过吊板吊在前后包墙过热器集箱上。锅炉尾部受热面采用蒸汽吹灰系统，过热器采用长伸缩式蒸汽吹灰器，省煤器采用半伸缩式蒸汽吹灰器，空气预热器采用固定旋转式蒸汽吹灰器。

锅炉给水首先被引至尾部烟道省煤器进口集箱右侧,逆流向上经过水平布置的省煤器管组进入省煤器出口集箱,通过省煤器引出管从锅筒右封头进入锅筒。在启动阶段没有建立足够量的连续给水流入锅筒时,省煤器再循环管路可以将锅水从集中下降管引至省煤器进口集箱,防止省煤器管子内的水停滞汽化。

H×150/9.8-Ⅳ1型循环流化床锅炉为自然循环锅炉。锅炉的水循环采用集中供水,分散引入、引出的方式。给水引入锅筒水空间,并通过集中下降管、分散下水管和下水连接管进入水冷壁和水冷蒸发屏进口集箱。锅水在向上流经炉膛水冷壁、水冷蒸发屏的过程中被加热成为汽水混合物,经各自的上部出口集箱通过汽水引出管引入锅筒进行汽水分离。被分离出来的水重新进入锅筒水空间,并进行再循环,被分离出来的饱和蒸汽从锅筒顶部的蒸汽连接管引出。

1.1.4 烟风系统

循环流化床锅炉内物料的循环是依靠送风机和引风机提供的动能来启动和维持的。

从一次风机出来的空气分成三路送入炉膛:第一路,经一次风空气预热器加热后的热风进入炉膛底部的水冷风室,通过布置在布风板上的风帽使床料流化,并形成向上通过炉膛的气固两相流;第二路,从空气预热器后引一股热风用于炉前气力播料;第三路,一部分未经预热的冷一次风作为给料机密封用风。

二次风机供风经空气预热器加热后的二次风直接经炉膛下部前后墙的二次风箱分两层送入炉膛。

烟气及其携带的固体粒子离开炉膛,通过布置在水冷壁后墙上的分离器进口烟道进入旋风分离器,在分离器里绝大部分物料颗粒从烟气流中分离出来,另一部分烟气流则通过旋风分离器中心筒引出,由分离器出口烟道引至尾部竖井烟道,从前包墙上部的烟囱进入烟道并向下流动,冲刷布置其中的水平对流受热面管组,将热量传递给受热面,而后烟气流经管式空气预热器再进入除尘器,最后,由引风机抽进烟囱,排入大气。

J阀回料器共配备有两台高压头的罗茨风机,正常运行时,其中一台运行一台备用。风机为定容式,因此回料风量的调节是通过旁路将多余的空气送入一次风第一路风道内来完成的。

锅炉采用平衡通风,压力平衡点位于炉膛出口;在整个烟风系统中均要求设有调节挡板,运行时便于控制、调节。

锅炉冷态启动时,在流化床内加装启动物料后,首先启动风道点火器,在点火风道中将燃烧空气加热至845℃后,通过水冷式布风板送入流化床,启动物料被加热。床温上升到约550℃并维持稳定后,被破碎成100mm×30mm×30mm的燃料粒开始分别由4个给料口从前墙送入炉膛下部的密相区内。

燃烧空气分为一次风、二次风,分别由炉底和前后墙送入。B-MCR工况下正常运行时,约占总风量39%的一次风经床底水冷风室,作为一次燃烧用风和床内物料的流化介质送入燃烧室,二次风在前后墙沿炉高方向上分两层布置,以保证提供给料粒足够的燃烧用空气并参与燃烧调整;同时,分级布置的二次风在炉内能够营造出局部的还原性气氛,从而抑制燃料中的氮氧化,降低NO_x的生成。

在845℃左右的床温下,空气与燃料、CaO在炉膛密相区充分混合,燃料粒着火燃烧释放出部分热量；未燃尽的燃料粒被烟气携带进入炉膛上部稀相区内进一步燃烧，这一区域也是主要的脱硫反应区，在这里，CaO 与燃烧生成的二氧化硫反应生成 $CaSO_4$。

燃烧产生的烟气携带大量床料经炉顶转向，通过位于后墙水冷壁上部的烟气出口，进入汽冷式旋风分离器进行气固分离。分离后含少量飞灰的干净烟气由分离器中心筒引出通过前包墙拉稀管进入尾部竖井，对布置在其中的高温过热器、低温过热器、省煤器及空气预热器放热，到锅炉尾部出口时，烟温已降至138℃左右。被分离器捕集下来的灰，通过分离器下部的立管和 J 阀回料器送回炉膛实现循环燃烧。

风室底部设有两个正常排渣口，通过排渣量大小的控制，使床层压降维持在合理范围内，以保证锅炉良好的运行状态。

1.1.5　膨胀系统

根据锅炉结构布置及吊挂、支承系统，整台锅炉在深度方向上共设置了九个膨胀中心：炉膛后墙中心线、旋风分离器（两个）和 J 阀回料器的中心线（两个）、HRA 前墙中心线、空气预热器的三个支座中心。

锅炉的炉膛水冷壁、旋风分离器及尾部包墙全部悬吊在顶板上，由上向下膨胀；炉膛左右方向通过刚性梁的限位装置使其以锅炉对称中心线为零点向两侧膨胀；尾部受热面则通过刚性梁的限位装置使其以锅炉对称中心线为零点向两侧膨胀。省煤器管组悬吊在包墙下集箱上，随包墙由上向下自由膨胀。回料器和空气预热器均以自己的支承面为基准向上膨胀，前后和左右为对称膨胀。

炉膛和分离器的壁温虽然较为均匀，但考虑到锅炉的密封和运行的可靠性，两者之间采用非金属膨胀节相接；回料器与炉膛和分离器温差大，结构型式不同，故而单独支撑于构架上，用金属膨胀节与炉膛回料口和分离器锥段出口相连，隔离相互间的胀差。分离器出口烟道与尾部竖井间胀差也较大，且出口烟道尺寸庞大，故采用非金属膨胀节，确保连接的可靠性；吊挂的对流竖井与支撑的空气预热器间因胀差及尺寸较大，采用非金属膨胀节。

所有穿墙管束均与该处管屏之间采用封焊密封固定，或通过膨胀节形成柔性密封，以适应热膨胀和变负荷的要求。

除汽包吊点、水冷壁前墙吊点、水冷壁侧墙上集箱、水冷壁后墙上集箱、旋风分离器及其进出口烟道、包墙上集箱和后包墙吊点为刚性吊架外，蒸汽系统的其他集箱和连接管为弹吊或通过夹紧、支撑、限位装置固定在相应的水冷壁和包墙管屏上。

1.1.6　吹灰系统

在包墙过热器区域，共布置了 4 只长伸缩式蒸汽吹灰器，布置在左侧墙上。在省煤器部位侧墙上布置了 8 只半伸缩式蒸汽吹灰器，布置在左侧墙上。空气预热器区域布置了12 只固定旋转式蒸汽吹灰器，布置在两侧墙上。

1.2　锅炉主设备

1.2.1　省煤器

省煤器布置在锅炉尾部烟道内，采用光管结构，由四个水平管组组成，基管规格为

$\phi 32 \times 4$mm，材质为 20G；单圈绕顺列布置。

给水从省煤器进口集箱右端引入，流经省煤器管组，最后从出口集箱的右端通过连接管从锅炉右侧引入锅筒。

1.2.2 锅筒和锅筒内部设备

锅筒位于炉前顶部，横跨炉宽方向。锅筒起着锅炉蒸发回路的储水器的功用，在它内部装有分离设备以及加药管，给水分配管和排污管。锅筒内径为 1600mm，壁厚为 90mm，筒体材料为 P355GH，由两根 U 形吊杆将其悬吊于顶板梁上。

沿整个锅筒直段上都装有弧形挡板，在锅筒下半部形成一个夹套空间。从水冷壁汽水引出管来的汽水混合物进入此夹套，再进入卧式汽水分离器进行一次分离，蒸汽经中心导筒进入上部空间，进入干燥箱，水则贴壁通过排水口和钢丝网进入锅筒底部。钢丝网减弱排水的动能并让所挟带的蒸汽向汽空间逸出。

蒸汽在干燥箱内完成二次分离。由于蒸汽进入干燥箱的流速低，而且汽流方向经多次突变，蒸汽携带的水滴能较好地黏附在波形板的表面上。并靠重力流入锅筒的下部。经过二次分离的蒸汽流入集汽室，并经锅筒顶部的蒸汽连接管引出。分离出来的水进入锅筒水空间，通过防漩装置进入集中下水管，参与下一次循环。

锅筒水位控制关系到锅炉的安全运行，为此，需对锅炉的几个水位做说明。

由于锅筒是静设备组合，如卧式分离器、百叶窗式分离器等，这些设备操作员都不能直接操作。操作员只能通过调节给水泵或给水调节阀，控制汽包水位来控制锅炉运行。锅炉正常水位在锅筒中心线下 76mm 处，水位正常波动范围为正常水位上下 76mm，高于或低于此范围的长期运行将影响分离器的性能。如果锅筒水位高于正常水位 125mm（最高安全水位或高报警水位），DCS 发出警报，并可开启锅筒紧急放水；如果高于正常水位 200mm（最高水位或高水位跳闸），锅炉自动停炉。高水位引起卧式分离器内水泛滥，降低汽水分离能力；低水位时也会使分离器效率降低，湿蒸汽离开汽包进入过热器系统。如果锅筒水位低于正常水位 200mm（最低安全水位或低警报水位），DCS 发出警报；如果低于正常水位 280mm（最低水位或低水位跳闸），锅炉自动停炉。蒸汽挟带的水分会导致固体杂质沉积在过热器管壁和汽轮机叶片上，对电厂的安全经济运行产生重大影响。故DCS 和操作员应经常监视锅筒水位。

为正确监视锅筒水位，锅筒设置了三个双室平衡容器布置在筒身上，与差压变送器配套使用，对汽包水位进行监控，并对外输出水位变化时的压差信号；双色水位表 2 支，分别安装于锅炉汽包两侧，左右封头各一，作就地水位计，监视、校核汽包水位；电接点水位计，安装于锅炉汽包两侧，左右封头各一，有 19 个电接点，具有声光报警、闭锁信号输出等功能，作为高低水位报警和指示、保护用。

1.2.3 炉膛

燃烧室、汽冷式旋风分离器和 J 阀回料器组成的固体颗粒主回路是循环流化床锅炉的关键。燃烧室由水冷壁前墙、后墙、两侧墙构成，宽为 9601.2mm，深为 4800.6mm，分为风室水冷壁、水冷壁下部组件、水冷壁上部组件、水冷壁中部组件、水冷蒸发屏。

一次风由一次风机（PA）产生，通过一次风道进入燃烧室底部的水冷风室。风室底部由后墙水冷壁管拉稀形成，由 $\phi 51 \times 5$mm 的水冷壁管加扁钢组成的膜式壁结构，加上两侧水冷壁及水冷布风板构成了水冷风室。水冷风室内壁设置有耐磨可塑料和耐火浇铸料，以满足锅炉启动时 845℃ 左右的高温烟气冲刷的需要。水冷布风板（其上敷设有耐磨可塑料）把水冷风室和燃烧室相连，水冷布风板上部四周还有由耐磨浇注料砌筑而成的台阶。布风板由 $\phi51\times5$mm 加扁钢焊接而成，扁钢上设置有钟罩式风帽，其作用是均匀流化床料，同时把较大颗粒及入炉杂物吹向出渣口。布风板标高为 4700mm。

水冷壁前墙、后墙和两侧墙的管子节距均为 76.2mm，规格为 $\phi51\times5$mm。燃烧主要在水冷壁下部，在这里床料最密集且运动最激烈，燃烧所需的全部风和燃料都由该部分输送到燃烧室内。除了一次风由布风板进入燃烧室外，在炉膛的前后墙还布置有两层二次风口，上下层二次风风量可灵活进行调节。

炉膛下部前墙分别设置了 4 个给料口。用于测量床料温度和压力的测量元件也都安装在这一区域中。来自旋风分离器的再循环床料通过 J 阀回到燃烧室底部。

穿过锅炉前、后水冷壁，在燃烧室内插入一个单独的水循环回路——水冷蒸发屏，从而增加了传热面，水离开锅筒通过一根分散下降管到水冷蒸发屏。蒸发屏管路穿过水冷壁前墙，向上转折后，穿过燃烧室顶部回到锅筒。这个增加的水循环回路在炉膛中有一个平行的流程，即有 3 片水冷蒸发屏布置在炉膛前部，与炉膛内 4 片屏式过热器管屏均匀布置，减小了热偏差。

燃烧室的中部、上部也是由膜式水冷壁组成，在此，热量由烟气、床料传给水，使其部分蒸发。这一区域也是主要的脱硫反应区，在这里，CaO 与燃烧生成的二氧化硫反应生成 $CaSO_4$。在炉膛顶部，前墙向炉后弯曲形成炉顶，管子与前墙水冷壁出口集箱在炉后相连。

为了防止受热面管子磨损，在下部密相区的四周水冷壁、炉膛上部烟气出口附近的后墙、两侧墙和顶棚以及炉膛开孔区域、炉膛内屏式受热面转弯段等处均敷设有耐磨材料。耐磨材料均采用高密度销钉固定。

锅炉的水循环经过精心计算，确保各种工况下水循环安全可靠。锅筒内的锅水通过 2 根 $\phi377$mm 的集中下水管、1 根 $\phi325$mm 的分散下水管、18 根 $\phi133$mm 的下水连接管送至各个回路。汽水连接管两侧各 3 根 $\phi133$mm 的管子，及前后墙各布置 6 根 $\phi133$mm 的管子，水冷屏上集箱各布置 2 根 $\phi133$mm 的管子。

上层二次风口前后墙各 8 个，下层二次风口前后墙各 8 个。

1.2.4　旋风分离器进口烟道

锅炉布置有两个旋风分离器进口烟道，将炉膛的后墙烟气出口与旋风分离器连接，并形成了气密的烟气通道。

旋风分离器进口烟道由汽冷膜式壁包覆而成，内敷耐磨材料，上下集箱各一个。管子为 $\phi57$mm，材质 20G，进、出口集箱规格均为 $\phi273$mm。蒸汽自旋风分离器进口烟道下集箱由 $\phi89$mm 的管子分别送至旋风分离器下部环形集箱，蒸汽通过旋风分离器管屏的管子逆流向上被加热后进入分离器上部环形集箱，该集箱通过蒸汽连接管分别与尾部前包墙上集箱相连。

1.2.5　旋风分离器

旋风分离器上半部分为圆柱形，下半部分为锥形。烟气出口为圆筒形钢板件，形成一个端部敞开的圆柱体。细颗粒和烟气先旋转下流至圆柱体的底部，而后向上流动离开旋风分离器。粗颗粒落入直接与旋风分离器相连接的 J 阀回料器立管。

旋风分离器为膜式包墙过热器结构，其顶部与底部均与环形集箱相连，墙壁管子在顶部向内弯曲，使得在旋风分离器管子和烟气出口圆筒之间形成密封结构。

旋风分离器内表面敷设防磨材料，其厚度距管子外表面 25mm。

旋风分离器中心筒由高温高强度、抗腐蚀、耐磨损的奥氏体不锈钢 RA-253MA 钢板卷制而成。

1.2.6 尾部受热面

尾部对流烟道断面为 7695mm（宽）×3040mm（深），烟道上部由膜式包墙过热器组成，烟道内依次布置有高温过热器和低温过热器水平管组，在包墙过热器以下竖井烟道四面由钢板包覆，以下沿烟气流向分别布置有省煤器和空气预热器。

包墙过热器四面墙均由进口及出口集箱相连，在包墙过热器前墙上部烟气进口处，管子拉稀使节距由 95mm 增大为 285mm 形成进口烟气通道；后墙管上部向前包墙方向弯曲形成尾部竖井顶棚，前、后墙管子规格均为 $\phi42\times5$mm，侧包墙管子规格为 $\phi51\times5$mm，前包墙入口烟窗吊挂管为 $\phi63.5$mm 的管子。

1.2.7 低温过热器

低温过热器位于尾部对流竖井后烟道下部，低温过热器由一组沿炉体宽度方向布置的 80 片双绕水平管圈组成，顺列、逆流布置，规格为 $\phi38$mm 双绕蛇形管束。

低温过热器采取常规的防磨保护措施，每组低过管组入口与四周墙壁间装设防止烟气偏流的阻流板，每组低过管组前排管子迎风面采用防磨盖板。

在竖井烟道后墙垂直刚性梁上布置有 $\phi273$mm 的低温过热器出口集箱。

1.2.8 一级减温器

从低温过热器出口集箱至位于炉膛前墙的屏式过热器进口集箱之间的蒸汽连接管道上装设有一级喷水减温器。其内部设有喷管和混合套筒。混合套筒装在喷管的下游处，用以保护减温器筒身免受热冲击。

1.2.9 屏式过热器

屏式过热器共 4 片，布置在炉膛上部靠近炉膛前墙，过热器为膜式结构，管子节距为 63.5mm，每片共有 23 根 $\phi42$mm 的 SA-213TP316 管，在屏式过热器下部转弯区域范围内设置有耐磨材料，整个屏式过热器自下向上膨胀。

1.2.10 二级减温器

从屏式过热器出口集箱至位于尾部对流竖井后墙的高温过热器进口集箱之间的蒸汽连接管道上装设有二级喷水减温器，用于对过热蒸汽温度的细调。二级减温器的结构与一级减温器基本相同。

1.2.11 高温过热器

蒸汽从二级喷水减温器出来经连接管引入布置在尾部烟道上部的高温过热器进口集箱。

高温过热器管束通过省煤器吊挂管悬挂于尾部烟道内的上部，蒸汽从炉外的高温过热器进口集箱的右端引入，与烟气呈顺向流动冲刷高温过热器管束后进入高温过热器出口集箱，再从出口集箱的左侧单端引出。

高温过热器为 $\phi38mm$ 双绕蛇形管束，管束沿宽度方向布置有 80 片。

1.2.12 空气预热器

空气预热器采用卧式顺列 4 回程单烟道布置，空气在管内流动，烟气在管外流动，位于尾部竖井下方烟道内。

前三个回程的管箱上部两排、左右两侧各两排管子的规格为 $\phi42.4\times3.25mm$，材质为 Q215A，其余管子的规格为 $\phi40\times1.5mm$，材质为 Q215A。最后一级管箱为搪瓷管，防止低温腐蚀。

各级管组管间横向节距为 70mm，纵向节距为 65mm，每个管箱空气侧之间通过连通箱连接。一次风、二次风由各自独立的风机从管内分别通过各自的通道，被管外流过的烟气所加热。

1.2.13 J 阀回料器

被汽冷式旋风分离器分离下来的循环物料通过 J 阀回料器送回到炉膛下部的密相区。J 阀回料器布置在旋风分离器的下方，支撑在构架梁上。分离器与回料器间、回料器与下部炉膛间均为柔性膨胀节连接。它有两个关键功能：①使再循环床料从旋风分离器连续稳定地回到炉膛；②提供旋风分离器负压和下燃烧室正压之间的密封，防止燃烧室的高温烟气反窜到旋风分离器，影响分离器的分离效率。J 阀通过分离器底部出口的物料在立管中建立的料位，来实现这个目的。回料器用风由单独的高压罗茨风机负责，罗茨风机的高压风通过底部风箱及立管上的两层充气口进入 J 阀，每层充气管路都有自己的风量测点，能对各层风量进行准确测量，还可以通过布置在各充气管路上的风门对风量进行调节。J 阀回料器下部设置了事故排渣口，用于检修及紧急情况下的排渣，未纳入排渣系统。J 阀回料器和回料立管由钢板卷制而成，内侧敷设有防磨、绝热层。

1.2.14 点火装置

锅炉设置两台床下风道点火燃烧器。锅炉点火方式为床下点火。床下风道点火器在点火时，能迅速将床温加热至 550℃左右，确保点火的可靠性。燃烧器配有油枪、高能点火装置及推进装置。

1.2.15 耐火耐磨材料

循环流化床锅炉与常规煤粉炉不一样，它采用的是一种多次循环燃烧方式，不可避免地在炉内形成了一个高灰浓度区域，因此耐火耐磨材料对于确保锅炉的安全、可靠运行极为重要。

锅炉有些部分不是由压力部件构成，也未被循环水或蒸汽冷却，而暴露在高温环境中，并且接触高速流动的烟气流或物料流。如钢板结构的点火风道、J 阀回料器、分离器出口烟道。在这些无热传导的区域内部都敷设有三层耐火耐磨材料，其中最靠近外层金属板的是保温层，内层是耐磨耐火层。

对于压力部件防磨损而设计的耐磨耐火材料同时还具有低绝热的特性，这样，锅炉的热传导就不会受到影响。这种耐磨耐火材料覆盖层主要使用在炉膛下部及汽冷式旋风分离器。在炉膛的密相区，床料与添加的燃料和 CaO 混合，并被流化，其中较小的颗粒被上升气流带走，较重的颗粒则落回到布风板面上，这里的颗粒有很强的磨损性，因此耐磨耐火材料的覆盖范围就从布风板开始，一直延伸到炉膛下部锥段区域的四面墙水冷壁。在炉膛内屏式受热面底部弯曲及倾斜处、炉膛四面墙上的开孔区，床料颗粒流向的不均匀性也会造成磨损，对这些地方，采用密焊销钉加耐磨耐火材料的防磨结构予以防磨。烟气向炉膛出口汇集时，其携带的不定向颗粒不可避免的会对该处造成一定程度的磨损，因此在炉膛至旋风分离器入口烟窗四周及相应的侧后墙局部区域、前后墙水冷壁相交的顶部高灰浓度回流区以及旋风分离器内壁均敷设耐磨材料。

1.2.16 锅炉构架

锅炉有 13 根主柱。柱与柱之间有横梁和垂直支撑，以承受锅炉本体及由于风和地震引起的荷载。

锅炉的主要受压件（如锅筒、炉膛水冷壁、旋风分离器、尾部竖井烟道等）均由吊杆悬挂于顶板上，而其他部件空气预热器、回料器等均采用支撑结构支撑在横梁或地面上。

锅炉需运行巡检的地方均设有平台扶梯。

第 2 章

锅 炉 辅 机 设 备

2.1 燃油系统

燃油系统用于锅炉的启动点火、稳燃等阶段，主要设备包括油罐、燃油泵、阀门、油管道及压缩空气管道等。

锅炉采用床下油枪动态点火方式，配备两台三螺杆燃油泵，油枪采用简单机械雾化喷嘴。油罐采用地埋，便于防火、利于安全。油系统配有四路压缩空气系统：第一路接至燃烧器前，用于燃烧器退出后，油枪点火后油枪内残油的吹扫，防止燃油在油枪内碳化堵塞油管及油枪喷嘴；第二路用于火检的冷却；第三路接至燃油泵前的管道及回油管道上，便于油系统检修前的管道吹扫及投用前的管道吹扫；第四路为燃油系统气动阀门的用气，属于控制用气。

第一、第二、第三路气源接至经过冷干机除水后的储气罐上，第四路控制用气源接至经过微热再生吸附式干燥机除水后的储气罐上。

燃油通过燃油管流出过滤器后，经过燃油泵升压送至炉前，在供油管道装有快速关闭阀，回油管道装有油压调节阀及快速关断阀。

每个油枪上配有油角阀，本侧火检无火时可以切断本侧的燃油，每个燃烧器前装有就地压力表。

在燃油泵进口管上装有场内车辆加油口，便于场内车辆的用油。

油罐本体装有油罐进油的快速接口，便于卸油用。

2.1.1 油管道系统

2.1.1.1 油罐区设备

油罐的顶部装有防爆阻火呼吸阀、温度计、压力表等。

（1）防爆阻火呼吸阀作用。防爆阻火呼吸阀不仅能维持储罐气压平衡，确保储罐在超压或真空时不破坏，且能减少罐内介质损耗，确保油罐的安全。

（2）防爆阻火呼吸阀工作原理是用弹簧限位阀板，由正负压力决定或呼或吸，呼吸阀应该具有泄放正压和负压两方面功能，当容器承受正压时，呼吸阀打开，呼出气体泄放正压；当容器承受负压时，阻火呼吸阀打开，吸入气体泄放负压。由此保证压力在一定范围内，保证容器安全。

（3）阻火透气帽的维护。半年检查一次。将波纹阻火层拆下，清洗干净，保证阻火层上每个孔畅通,防止堵塞,确保安全正常使用。定期检查通风畅通性及正、负阀盘动作是否灵活,导杆及阀盘接触密封面有无损坏,如有损坏应立即调换。在检查维护重新安装时,应保证阀内各结合面严密配合,阀盘升降灵活。

应在新阀启用前,清除阀盘间的防震物,否则呼吸阀将失灵。阻火芯组件应采用压缩空气吹扫,不得采用锋利硬件刷洗。

2.1.1.2 燃油泵

锅炉系统采用的燃油泵为三螺杆泵,其利用螺杆的回转吸螺杆泵是利用螺杆的回转来吸排液体的。中间螺杆为主动螺杆,由原动机带动回转,两边的螺杆为从动螺杆,随主螺杆做反向旋转。主、从动螺杆的螺纹均为双头螺纹。由于各螺杆的相互啮合以及螺杆与衬筒内壁的紧密配合,在泵的吸入口和排出口之间,就会被分隔成一个或多个密封空间。随着螺杆的转动和啮合,这些密封空间在泵的吸入端不断形成,将吸入室中的液体封入其中,并自吸入室沿螺杆轴向连续地推移至排出端,将封闭在各空间中的液体不断排出。

2.1.1.3 燃油管道与设备

1. 油罐区燃油管道与设备

炉前供油通过三螺杆燃油泵升压后送至炉前燃烧器,燃油泵通过管道 $\phi32\times2.5$mm 同厂内车辆供油管相连接。

燃油泵共两台使用一台备用,分别与燃油母管连接,燃油泵进口管道设有两道手动截止阀,两道截止阀之间装有滤网,用于过滤燃油中的杂质,防止杂质进入螺杆燃油泵,对叶轮的磨损及堵塞油枪喷嘴。

燃油泵出口装有就地压力表及两道出口手动截止阀,每台燃油泵出口管道为 $\phi25\times2$mm,两台燃油泵出口管以 $\phi32\times3$mm 的管道为供油母管,送至炉前。

在燃油泵出口供油母管上装有燃油泵回油再循环管道($\phi25\times2$mm)及电动调节阀(DN20 PN4.0),燃油再循环调节阀前后各装有手动截止阀(J41H-40),燃油再循环管道同炉前回油管道相接后送入油罐。

2. 炉前供油系统阀门及管道

炉前供油管道 $\phi32\times3$mm,装有供油气动快速关闭阀(DN25 PN6.4),供油快速关闭阀前后装有手动截止阀(J61H-64),送至炉前分为两路送入燃烧器。

燃烧器进油控制由电磁阀——油角阀(DN20 PN6.4)控制通断,油角阀前装有手动截止阀(J61H-64)作为检修隔离用。

炉前回油管道($\phi25\times2$mm)通过大小头同供油管道($\phi32\times3$mm)连接,回油管道上装有回油电动调节阀(DN20 PN6.4)、回油气动快速关闭阀(XQF-2TG-25)及前后手动截止阀,回油压力通过调节回油电动调节阀的开度,调整炉前供油压力在所需的范围内。

回油电动调节阀前的管道上装有燃油压力表,可以监视燃油压力,便于调整;回油调节阀后的管道装有止回阀(H61H-64),防止燃油泵再循环管道的回油倒流至炉前油系统;在回油管道进入油罐前,装有手动截止阀(J61H-64)便于系统的隔离。

3. 供、回油系统旁路

供油管道设有旁路并装有手动截止阀(J41H-40)在主路阀门故障的情况下作为备

用。回油管道设有回油旁路装有手动截止阀（DN20 PN10）。

2.1.2 油燃烧器

本锅炉选用的燃烧器为油枪形式，采用简单机械雾化，高能电弧点火。包括燃烧装置、点火装置和火焰检测装置等。

2.1.2.1 燃烧装置

回油燃烧器的燃烧装置主要指油枪及金属软管。其主要参数：油枪出力为 $200\sim500kg/h$、$200kg/h$；燃油压力为 $0\sim2.5MPa$；雾化方式为简单机械雾化；燃油黏度不大于 $4°E$；雾化粒度不大于 $100\mu m$。

油枪采用简单机械雾化原理，利用燃油自身的压力，通过分油盘进入旋流片的环形槽道后，经切向槽道进入旋流室形成高速旋流，最后从雾化片的中心孔喷出，形成油雾锥，遇到空气的阻力后破碎为更细小颗粒，使油充分燃烧。主要构成包括油枪头、油枪杆和尾部燃油接口。其中油枪头包括压紧螺母、旋流雾化片、分油盘和密封垫等。

2.1.2.2 点火装置

油燃烧器所配备的点火装置，由点火器、点火枪和屏蔽电缆组成。其工作原理是交流工频 220V 通过升压整流变换成直流脉动电流，对储能电容充电。当电容器充满时，放电电流经放电管、扼流圈、屏蔽电缆等传输至点火枪半导体电嘴，形成高能电弧火花。当点火装置停止工作时，电容器上的剩余电荷通过泄放电阻泄放。其主要技术参数：工作电压为 220VAC，50Hz；工作电流为 4A；火花频率为 (10 ± 2)SPS；点火枪能量为 20J；工作温度为 $-20\sim85℃$；点火枪寿命为 20 万次火花。

2.1.2.3 火焰检测装置

火焰检测装置是实现油燃烧器安全运行关键的部件，是控制系统的眼睛，锅炉油燃烧选用 XHT-5A 型火焰检测器，该型火焰检测器用于有焰火焰的检测，有很强的灵活性，不仅能够显示目标火焰的平均强度，同时以光柱形式显示，而且可用数码显示目标火焰的脉动频率。不仅有试验功能，而且有故障自检功能，具有更高安全性。火焰检测器由探头、处理器与视野调节机构三部分组成。探头分燃气火焰探头和煤油火焰探头两类，不能混用。探头主要由光学镜头组、光导纤维和预处理线路板组成。主要技术参数：探头工作电压为 $\pm15V$；输出信号为 $0\sim2mA$；传感器工作波长为 $380\sim1200nm$；探头前端耐温为 $800℃$；智能型信号处理仪工作电压为 $180\sim250V/50Hz$；功耗不大于 15W；无火延迟时间为 $1\sim3s$；输出相应延时 $1\sim2s$；智能型信号处理仪工作温度为 $0\sim60℃$；智能型信号处理仪应为强度、频率双信号处理。

2.2 炉前给料系统

锅炉设计的燃料为农林和农产品加工废弃物（稻壳、秸秆等）直接燃烧发电的锅炉。因生物质具有比重小、体积大、流动性差等特点，需配置专用炉前给料系统将燃料送至炉膛。整个上料系统起于露天料场、干料棚，终于主厂房前料仓顶部。

2.2.1 带式输送机

带式输送机是通过驱动装置中的驱动滚筒与输送带间的摩擦作用，以连续方式运输物料的机械。可以将物料在一定的输送线上,从最初的供料点到最终的卸料点间形成一种物料的输送流程。带式输送机所采用的带式输送机技术参数:带宽 $B=1200\mathrm{mm}$;带速 $V=1.25\mathrm{m/s}$;额定出力 $Q=45\mathrm{t/h}$;倾角 $\alpha=0°$;托辊槽角为 $45°$;托辊辊径为 $\phi108\mathrm{mm}$;带式输送机理论中心高为 $1200\mathrm{mm}$。

带式输送机由输送带、驱动装置、托辊、机架、清扫器、拉紧装置和制动装置等组成。输送带绕经驱动滚筒和尾部改向滚筒形成无极的环形封闭带。上、下两股输送带分别支承在上托辊和下托辊上。拉紧装置保证输送带正常运转所需的张紧力。工作时,驱动滚筒通过摩擦力驱动输送带运行。物料装在输送带上与输送带一同运动。通常利用上股输送带运送物料,并在输送带绕过机头滚筒改变方向时卸载。必要时,可利用专门的卸载装置在输送机中部任意点进行卸载。

2.2.2 犁式卸料器

带式输送机一般是在输送带绕过端部滚筒时,利用物料的自重和所受的离心力(在滚筒圆周上)将物料卸到卸料漏斗中,然后由漏斗再导入料仓。如需要在中间任何地点卸料时,可采用中间卸料装置,常用的有犁式卸料器。

犁式卸料器主要通过由电动液压推杆同可变槽角托辊升降结构相结合控制的犁板作用实现卸料。在犁板的输送带下面设置平板,当需要卸料时,将犁板落下,压在输送带的工作面上,物料随输送带的移动被犁板分流,流入料斗中。为防止犁板磨损带面,犁板与带面接触的部位最好采用不带织物带芯的软橡胶片制成的刮板。犁式卸料器结构简单,但对输送带磨损较为严重。

犁式卸料器采用 DCS 控制和就地控制两种方式控制。DCS 与犁式卸料器的接口在就地控制箱上装有就地操作开关(或按钮)、指示灯和就地/远方切换开关等相关电气设备,犁式卸料器以控制室 DCS 操作为主,就地操作为辅。

2.2.3 电子皮带称重装置

电子皮带称重装置是用来检测皮带输送机上输送燃料(散货)累计重量的动态计量装置。

2.2.3.1 皮带称重装置构成

电子皮带称重装置的称重桥架安装于输送机架上,当物料经过时,计量托辊检测到皮带机上的物料重量通过杠杆作用于称重传感器,产生一个正比于皮带载荷的电压信号。速度传感器直接连在大直径测速滚筒上,提供一系列脉冲,每个脉冲表示一个皮带运动单元,脉冲的频率正比于皮带速度。称重仪表从称重传感器和速度传感器接收信号,通过积分运算得出一个瞬时流量值和累计重量值,并分别显示出来。

称重显示器主要有数字显示和汉字显示两种,汉字显示为数字显示的升级产品。称重显示器有累计和瞬时流量显示,具有自动调零、半自动调零、自检故障、数字标定、流量控制、打印等功能。汉字显示除此之外还能显示速度。汉字显示在操作时有功能显示,能更好地帮助使用人员操作。电子皮带秤由秤架、测速传感器、高精度测重传感器、电子皮带秤控制显示仪表等组成,能对固体物料进行连续动态计量。

辅送机式皮带秤主要包括:皮带输送机及其驱动单元、称重单元、测速单元、信号采集、处理与控制单元。对于输送机式皮带秤,其整台皮带输送机就是承载器;对于称量台式皮带秤，其称量台和称重托辊以及运行到其上方的那段输送皮带构成了承载器。称重传感器是将被称物料的重力转换为模拟或数字电信号的元件。称量台与称重传感器的组合常被称为称重单元；测速单元是电子皮带秤中用来测量被称物料运行速度的测速系统，是保证计量准确度的重要元件；信号采集、处理与控制单元是用以接收、处理传感器输出的电信号并以质量单位给出计量结果，以及完成其他预定功能的电子装置。

本锅炉的上料系统燃料的计量采用 PLR-2/1200 型电子皮带秤，对燃料进行计量。该系统由称重显示控制器、称重传感器、荷重承受装置及速度传感器等部件组成，具有自动调零、零点自动跟踪、累计、自动调间隔及高低报警功能。

2.2.3.2 皮带称重装置维护与故障排除

1. 维护

皮带称重装置是动态称重，其现场工作状态经常变化，尽管配备有恒定皮带张力自动调节装置，但只是减少皮带张力变化，因此为维持准确称量，需定期对皮带秤重装置进行标定。标定包含动态零点和称量量程两个重要指标，但主要指标还是动态零点变化。因此，为便于日常维护，生产过程中动态零点应以 8h、24h 和 7d 为考核周期，分别对皮带动态零点进行标定，其误差不超过其允许值。

此外，秤架上积尘、传递部分不灵活也能造成零点变化。所以，必须加强现场维护。电力系统规定电子皮带秤实物检验周期最多间隔时间为 30d。

2. 故障排除

皮带称重装置的常见故障是显示流量很大。其原因包括称重传感器的损坏、测速传感器的损坏、计算器的损坏、现场机械结构、信号干扰等。现场机械结构主要由耳轴不灵活（调节耳轴闭母可改善）、拉杆松动（紧固拉杆闭母可改善）、卡物料（清除物料可改善）等造成，逐个检查排除即可；信号干扰主要由电磁场造成，处理办法为线路不与动力电缆同线槽，并且远离动力电缆，做好计算器接地工作（符合接地规范）。在实际生产中，当遇到对应故障时，应按照说明书等进行分析。

2.2.4 炉前储料仓

锅炉给料方式采用较为简洁的炉前给料系统，在锅炉前墙设有 6 个给料口，采用气力播料方式。

燃料为多种生物质燃料，包括稻壳、树枝、秸秆等，颗粒合格的物料经过皮带机输送到炉前，再由炉前给料机输送入锅炉。整个炉前给料系统的流程为：料仓──取料螺旋──给料螺旋──气动关断阀──落料管──炉膛。系统中炉前料仓为重要组成部分。其作用包括以下方面：

（1）利于燃烧调整。燃料先送入料仓，可以避免给料不均匀引起锅炉燃烧工况波动，用炉前给料设备把燃料按照负荷要求送入锅炉，利于燃烧的调整。

（2）缓冲功能。长距离输送的皮带机会出现跑偏等故障，消除故障需要一定的处理时间，料仓的存在，可以使皮带机故障处理期间，利用炉前中间料仓储存的燃料继续向锅炉提供燃料。

（3）节能降耗。设置炉前料仓，高料位时停止皮带机的运行，节省厂用电；可以减少皮带磨损及犁式卸料器挡料板的磨损，备件更换。

2.2.5 螺旋给料机

螺旋给料机作用是将生物质物料送至输送带上，合适装置的选取，能够减轻输送带在收料处的磨损，延长其使用寿命，通常物料的给入点应避免设在输送带的滚筒或托辊上面，以减轻大块物料击伤输送带的可能性。锅炉中螺旋给料机型号为 L(GL)S×××，其中 L 表示螺旋，GL 表示管状螺旋，S 表示水平型，××× 表示螺旋直径（mm）。螺旋给料机由驱动装置、电气设备、螺旋给料机本体、进料装置、出料装置等组成。

螺旋给料机中螺旋叶片的旋向包括左旋和右旋两种方式。叶片旋向、转动方向对物料运行方向具有重要影响。当正对叶片由上向下转动时，左旋叶片将物料从左向右运输，右旋叶片将物料从右向左运输，反转时则正好相反。

2.2.5.1 螺旋给料机的安装

螺旋给料机的正确安装，是以后使用情况良好的先决条件，螺旋给料机在使用地点的安装必须妥善的进行，并满足技术条件的要求：

（1）螺旋给料机安装基础，至少应在螺旋正式安装以前 20d 浇灌完成，该基础应能可靠地支承输送机并保证不因地基过小而发生螺旋给料机的下沉和额外的变化，保证螺旋给料机在运转时具有足够的稳定性。

（2）螺旋给料机在安装以前必须将那些在运输途中或卸箱时黏上的尘垢的机件加以清洗。

（3）相邻机壳法兰面应接连平整、密合，机壳内表面接头处错位偏差不超过 2mm。

（4）机壳法兰间允许垫石棉带调整机壳和螺旋给料机长度的积累误差。

（5）螺旋体外径与机壳间的间隙应符合表 2.1 规定，最小间隙不得少于名义间隙的 50%，如需更大间隙，按用户要求制作。

表 2.1　　　　　　　　　　　　　　螺旋给料机间隙变化

螺旋公称直径 D/mm	100	160/250/315	400/500	630/800	1000/1250
名义间隙/mm	7.5	10.0	12.5	15.0	20.0

2.2.5.2 螺旋给料机的调整

（1）螺旋输送机各悬挂轴承应可靠地支承连接轴，不得使螺旋卡住或压弯。安装时须调整悬挂轴承剖分面间不形成缝隙，而轴承和连接轴之间要保持适应的径向间隙，以保证螺旋转动灵活。

（2）悬挂轴承应安装在连接轴的中点，其端面距两螺旋管轴端面的间隙应分别大于 10mm（当螺旋直径 $D=150\sim400$mm 时）、20mm（当螺旋直径 $D=500\sim630$mm 时）和 25mm（当螺旋直径 $D=800\sim1250$mm 时）。

（3）为了调整机壳和螺旋之间长度的累积误差，安装时允许在各机壳的凸缘间加垫编织的石棉带。机壳与机盖之间可视密封要求决定是否加垫防水粗帆布。

（4）驱动装置减速器低速轴的中心高与螺旋输送机的中心高相差过大时，可借垫片来调整驱动装置的高度。

（5）空载试车时，如发现轴承有漏油现象，应拆下轴承，调整密封圈内弹簧的松紧，直到不漏油为止。

（6）空载试车时各轴承的温升不应超过 20℃，如温升过高，则表明悬挂轴承的位置安装不当，产生了连接轴的卡碰现象，应旋松紧固螺栓，调整悬挂轴承的位置，负荷试车时，各轴承温升不应超过 30℃。

2.2.5.3 螺旋给料机的操作与保养

螺旋输送机是用来输送粉状、粒状、小块状物料的一般用途的输送设备，各种轴承均处于灰尘中工作，在这样工况条件下的螺旋机的合理操作与保养就具有更大的意义，螺旋机的操作和保养主要要求如下：

（1）螺旋机应无负荷启动，即在机壳内没有物料时启动，启动后始向螺旋机给料。

（2）螺旋机初始给料时，应逐步增加给料速度直至达到额定输送能力，给料应均匀，否则容易造成输送物料的积塞，驱动装置的过载，会使整台机器很快损坏。

（3）为了保证螺旋机无负荷启动的要求，输送机在停车前应停止加料，等机壳内物料完全输尽后方得停止运转。

（4）被输送物料内不得混入坚硬的大块物料避免螺旋卡死而堵成螺旋机的损坏。

（5）在使用中经常检视螺旋机各部件的工作状态，注意各紧固件是否松动，如果发现机件松动，则应立即拧紧螺钉，使之重新紧固。

（6）应当特别注意螺旋管连接轴间的螺钉是否松动，掉下或者剪断，如发现此类现象，应当立即停车，并矫正之。

（7）螺旋机的机盖在机器运转时不应取下，以免发生事故。

（8）螺旋机运转中发生不正常现象均应加以检查，并消除之，不得强行运转。

（9）螺旋机各运动机件应经常加润滑油：

1）驱动装置的减速器内应用 N320 齿轮油每隔 3～6 个月换油一次。

2）螺旋机两端轴承箱内用锂基润滑脂，每半月注一次，5g。

3）螺旋机吊轴承，选用 M1 类别（滚动吊轴承），其中 80000 型轴承装配时已浸润了润滑油，平时可少加油，每隔 3～5 个月，将吊轴承体连同吊轴拆下，取下密封圈，将吊轴承及 80000 型轴承浸在熔化了的润滑脂中，与润滑油一道冷却，重新装好使用，如尼龙密封圈损坏应及时更换，使用一年，用以上方法再保养一次，可获良好效果。

4）螺旋机吊轴承，选用 M2 类别（滑动吊轴承），每班注润滑脂，每个吊轴瓦注脂5g，高温物料应使用 ZN2《钠基润滑脂》（GB 492—1989），采用自润滑轴瓦，也应加入少量润滑脂。

2.2.6 给料系统的操作与维护

2.2.6.1 给料系统的控制与启停

给送系统一般应在空载的条件下启动。

给料系统的控制方式一般分为就地、手动、自动三种。在顺次安装有数台带式输送机时，应采用可以闭锁的启动装置，以便通过集控室按一定顺序启动和停机。

1. 就地控制

就地控制方式为解除联锁的手动方式，在就地控制箱上进行操作，控制室对设备不起控制作用。现场仅提供设备启停的按钮，及事故按钮拉线开关。

2．手动控制

手动控制方式分为解锁手动、联锁手动两种。

（1）解锁手动控制，值班人员通过 DCS 操作界面的操作来完成，此时无任何联锁关系，控制室可以启停给料系统的任何设备。

（2）联锁手动控制，值班人员通过 DCS 操作界面的操作来完成，值班人员根据运行要求，在 DCS 画面调出相应的画面进行。对选择好的设备按照联锁方式逆料流方向，对设备进行一对一的启动，顺料流方向对设备进行一对一的停止。

3．自动控制

（1）在自动控制方式下，值班人员对给料系统设备的操作就可以通过 DCS 界面进行。根据工艺的要求选择所需启动的系统，当犁式卸料器落到位后，所选的给料皮带，按照逆料流方向依次启动，每条皮带在启动前均响铃予以警示。顺控停机时，顺料流方向依次按设定时间的延时停机。

（2）在运行中，给料系统的发生重大事故，如拉线开关动作、重度跑偏或者皮带打滑等，立即联跳逆料流方向的设备。

4．上料系统的启停

上料系统开机顺序按逆料流方向，依次启动各设备；正常停机时按顺料流方向依次停止设备运行，正常情况下禁止带负荷启、停皮带；上料皮带启动前 2min 必须响铃。

2.2.6.2 输送皮带机故障排除

为了保证带式输送机运转可靠，最主要的是及时发现和排除可能发生的故障。皮带机运行时，如发现异常应及时处理。检修人员应定期巡视和检查任何需要注意的情况或部件。典型带式输送机常见故障及消除方法如下：

（1）输送带在尾部滚筒处跑偏。原因与消除方法：托辊不转时，使托辊转动，加润滑油，改进维护；加料不当、撒料时，根据输送带运行的方向及带速在输送带的中心给料；物料积垢时，清除堆积物。

（2）输送带在头部滚筒处跑偏。原因与消除方法：物料积垢时，清除堆积物；滚筒的护面磨损时，更换磨损的滚筒护面。

（3）硫化接头剥离。原因与消除方法：物料进入输送带与滚筒之间应清除堆积物；改善维护工作。

（4）过度磨损，包括撕裂、凿拾、破坏和撕破。原因与消除方法：在输送带处物料的冲击过大时，用正确设计的溜槽和防护板。

（5）皮带打滑。消除方法：添加配重来解决，添加到皮带不打滑为止；调整螺旋张紧行程来增大张紧力。

（6）皮带跑偏。消除方法：调整承载托辊组；安装调心托辊组；调整驱动滚筒与改向滚筒位置；张紧处的调整；落料点偏移，加导料板。

（7）驱动装置皮带不转。原因与消除方法：龙柱销断，更换尼龙棒。

2.2.6.3 输送皮带机的日常维护保养与设备检修

为确保带式输送机的正常运行、日常的正常使用，需精心维护保养，进行定期检修和更换零部件，防止不正确的使用操作造成设备和人身事故。

1. 日常维护保养

（1）严格按操作规程进行操作。

（2）驱动装置的调整及各种安全保护装置的调整应由专职人员操作进行。

（3）输送机运转过程中，不得对输送带、托辊、滚筒进行人工清扫，拆换零部件或进行润滑保养。

（4）不得随意触动各种安全保护装置。

（5）运行中操作人员应巡回检查，密切注意设备运行情况。特别注意：主电机温升，噪声，主制动器的动作正常与否，制动轮的接触状态，减速器的油位、噪声，输送带是否跑偏及损伤情况，各轴承处的温升和噪声，转载点的转载状态，漏斗有无阻塞，滚筒、托辊、清扫器、拉紧装置的工作状态。机头机架、传动机架和机尾底部的燃料必须及时清除干净。电控设备的工作状态。

（6）操作人员发现设备运行有异常时，应做好记录、紧急情况时应立即停机。

（7）按照标准规范，对机械设备各转动部位进行定期润滑。

2. 设备检修

检修周期：除日常检修外，小修应每月一次，大修为每半年或一年一次。

（1）小修主要检修的项目。输送带磨损量检查，损伤修补；减速器润滑油的补充与更换；制动器闸瓦、制动轮磨损量检查，磨损严重应更换；滚筒胶面磨损量检查，对损伤处进行修补；检查滚筒焊接部位有无裂纹，如有则采取措施进行修补；滚筒轴承润滑油的更换；对磨损严重的清扫器刮板、托辊、橡胶圈进行更换；检查拉紧行程和安全保护装置，对失灵的须更换。

（2）大修主要检修的项目。减速器按使用说明书规定进行逐项检查，拆洗和更换严重磨损零件；滚筒胶面磨损量检查，严重磨损应重新铸胶；滚筒筒体发现较大裂纹，难以修补时，则应更换；各类轴承座、轴承进行检查清洗，有损伤则修理更换；检查各类机架变形情况，焊缝有无裂纹，根据情况进行整形修复；根据情况修补或更换输送带；更换磨损严重的漏斗衬板；更换磨损严重的清扫器刮板；对电器控制、安全保护装置全面检测，更换元器件及失灵的保护装置。

2.3 脱硝系统

流化床炉膛内生物质燃烧生成的烟气中含有大量 NO_x，是近年受到极大关注的一种污染物。目前常用的 NO_x 脱除工艺中，主要分为选择性催化还原反应和非选择性催化还原反应两类。锅炉为循环流化床锅炉，本身已具有低氮燃烧效果，在其上部或分离器区域采用 SNCR 脱硝技术可实现 60% 左右的脱硝效率，从而实现降氮脱硝的目的。

2.3.1 SNCR 脱硝系统原理

非选择性催化剂还原法脱硝工艺是在不使用催化剂的条件下，将氨水、尿素等还原剂喷入锅炉炉内，先热分解为 NH_3，再与 NO_x 进行选择性氧化还原反应，生成无害的氮气和水。该技术以炉膛为反应器，将还原剂喷入炉膛温度为 $850\sim1100℃$ 的区域，还原剂迅速热解成 NH_3，与烟气中 NO_x 反应生成 N_2 和 H_2O。

SNCR 脱硝技术的主要特点如下：

（1）脱硝效果较明显，应用在大型燃煤锅炉上可达到 30%～50% 的 NO_x 脱除率，在中小型燃煤锅炉（特别是循环流化床中）可达到 50%～70% 的脱硝效率。

（2）还原剂多样易得，还原剂都是含氮物质，包括氨、尿素和各种铵盐，应用广泛的是氨和尿素。

（3）阻力小，对锅炉的正常运行影响较小。

（4）经济性好，投资成本和运行成本低，系统简单，不需要改变现有锅炉设备装置，只需增加还原剂的储存模块、稀释计量模块、分配喷射模块等即可，施工时间短。

2.3.2 SNCR 脱硝系统设备与注意事项

2.3.2.1 设备简介

（1）氨水溶液储罐尺寸为 $\phi 3600 \times 4200mm$，容积为 $40m^3$。

（2）氨水溶液储罐液位计量程为 0～4m。

（3）卸氨溶液转存泵一台，流量 $10m^3/h$，材质：304。

（4）氨水溶液输送泵一用一备，流量 $0.3m^3/h$，材质：304。

（5）稀释水输送泵一用一备，流量 $1.0m^3/h$，材质：304。

（6）喷枪数量 8 支。

2.3.2.2 运行注意事项

（1）使用氨水溶液时，购买 20% 质量浓度氨水溶液，使用时通过稀释水泵稀释成 7%～10% 稀释氨水溶液，根据实际运行工况通过计量模块控制稀释后氨水流量，喷入炉膛。

（2）插入喷枪前，打开稀释水输送泵，保持计量分配模块压力为 0.45MPa，打开喷枪控制阀门（水路阀门全开，两路压缩空气阀门开度全部为 1/3），查看雾化效果，插入喷枪，检查是否有泄漏。调节玻璃转子流量计开度为 40～80L/h，调压阀参数为 0.45MPa。

（3）运行过程中保持计量分配模块水管道和压缩空气管道压力为 0.4～0.5MPa。

（4）在满足脱硝效率的前提下，建议氨水溶液输送泵和稀释水输送泵频率在 20～40Hz 范围内运行。

（5）脱硝系统短时间停运时可不用拔出喷枪，保持压缩空气畅通（也可调节压缩空气管道调节阀开度适当减少用量），用于冷却喷枪。长时间停用时，必须拔出喷枪防止损坏。

（6）在满足脱硝效率的前提下，可适当减少喷枪用量。

（7）系统停运时，先停氨水溶液输送泵，约 2min 后停稀释水输送泵，冲洗管道。

（8）长时间停运时，打开排污阀，排空氨水输送管道。

（9）正常运行中需监察的参数如下：

1）氨水储存罐液位（不得低于 0.2m，液位到达 0.5m 时必须及时加氨水溶液）。

2）稀释水箱液位（不得低于 0.3m）。

3）氨水溶液输送泵频率和电流。

4）稀释水输送泵频率和电流。

5）输送模块氨水溶液流量（目前流量应控制在 200～400L/h）。

6）输送模块稀释水流量。

7）输送模块氨水溶液压力。

8）输送模块稀释水压力。

9）计量分配模块压缩空气管道和水管压力（均保持在 0.4～0.5MPa）。

10）计量分配模块压缩空气管道和水管流量。

2.3.3 SNCR 脱硝系统调试

本部分调试不仅适用于烟气脱硝系统新建后的第一次运行，也适用于日常停机检修后的正常开机。

2.3.3.1 脱硝系统调试内容

调试工作的任务是：通过调试使设备、系统达到设计最优运行状态，装置各参数、指标达到设计保证值。完整的锅炉 SNCR 系统调试包括单体调试及分部试运行、冷态分系统测试、整体热态调试和整体系统 72h＋24h 试运转几个过程。

1. 单体调试及分部试运行

单体调试是指对系统内各类泵、阀门、喷枪、就地控制柜等按规定进行的开关试验、连续运转测试等，并进行各种设备的冷态联锁和保护试验。脱硝系统为模块化设计，在货到现场前已将系统中各类组件按照模块配置组装完毕，在出厂前对各模块进行分部试运行，同时进行模块管路试压测试，确保出厂前各模块运行正常。

2. 冷态分系统测试

分系统调试是指在脱硝系统安装完成后对脱硝系统的各个组成系统（储存模块、输送模块、计量分配模块、喷射模块、管路系统等）进行简单的冷态模拟试运行，全面检查各模块的设备状况，每个模块分别进行测试后再进行整个系统相关的联锁和保护试验，同时检查管路系统连接的密封性。冷态调试主要检查管路上各阀门、泵、仪表的工作情况，同时检查管路焊接，清除管路内的焊渣和杂物以及控制，包括模拟量调电气及控制系统运行情况。

3. 整体热态调试

整体热态调试是指脱硝系统在锅炉系统正常运行的状态下对系统所做的调试工作，其主要内容是校验关键仪表（如 NO_x 分析仪、流量计等）在工作环境中的准确性，并进行整个系统的运行优化实验及顺序控制系统在工作环境中可靠性等，同时检查系统各部分设备、管道、阀门的运行情况。一般采用中控或现场手动控制。

4. 整套系统 72h＋24h 试运转

72h＋24h 试运转是 SNCR 脱硝系统调试运行的最后阶段，即在锅炉标准运行状态下，SNCR 系统全面自动运行，检查系统连续运行能力和各项性能指标。

2.3.3.2 脱硝系统调试准备

调试工作是脱硝装置建设过程中十分重要的一个环节，是由安装转为生产的重要环节。在调试中必须严把质量关，科学合理地组织脱硝装置启动调试工作。在调试工作进行前应做好相应的准备工作。

1. 现场安全预防确认

安全文明生产是开展一切工作的前提，调试工作中的安全文明生产是保证顺利且高质量调试不可替代的基础,在调试过程中必须保证人身、设备的安全,必须严格执行各项安全法规、制度和执行事故防范措施,贯彻"安全第一、预防为主、综合治理"的方针,做到防患于未然。

在脱硝系统开始调试前应确保以下事项的落实:

(1)将调试时间进度表告知所有可能进入操作设施区域的相关人员。

(2)确定脱硝系统设备范围,并通知人员不得随意搬动、开关脱硝系统上的控制按钮、阀门、仪表等。

(3)在开始调试前,在特殊地点(如锅炉喷枪布置处、各计量分配模块处等)将警示信息以警示牌或警示标签的形式放在相关的地方。这些警示牌或标签上应注明进行的工作性质、开始和结束的时间和工作人员职责。

(4)如有必要,应制订临时的通行线路以便记录运行数据或巡检。

(5)根据厂内布置情况制订安全预案,以保证现场调试人员、辅助工作人员和参观人员的安全。

(6)针对不同设备和系统,制订相应的紧急预案,以确保设备运行安全。

2.调试现场通信和组织系统的确定

为了保证在调试时及时有效的沟通,应明确以下几点:

(1)明确现场和控制室之间采用电话或者对讲机等进行交流的形式和频率。

(2)明确在调试期间厂方负责人和我方负责人。

(3)明确在调试期间系统各位置的负责人。

3.脱硝系统调试运行前应具备的主要条件

脱硝系统分部试运行前应具备的主要条件如下:

(1)相应的建筑、安装工程已经完工并验收合格。试运行范围内土建施工结束,地面平整,照明充足,无杂物,通道畅通,具备必要的安全消防设施,应急照明可靠投入。

(2)试运人员分工明确且已经过培训,各试验原材料(氨水溶液、压缩空气、稀释水)以及器具已准备就绪。

(3)电、汽、水、油等物质条件已满足系统分部试运的要求(一般是具备设计要求的正式电源)。

(4)相关系统设备与相邻或接口的系统及设备之间已有可靠的隔离,并按要求挂有警示牌。

(5)现场设备系统完成命名、挂牌、编号工作。

(6)喷射系统静态调试已结束,满足热态试运要求。

(7)脱硝系统内的所有阀门、流量计、泵、仪表均已校验合格,满足试运行要求。

(8)厂内成立专门的试运行小组,分工明确,准备就绪。

4.脱硝系统调试运行前设备检查

在开始调试前,应检查和确认安装施工、喷射系统、氨水溶液输送系统已具备调试运行条件。

(1)脱硝辅助系统检查:

1)压缩空气系统,检查供气压力、管路阀门。

2）稀释水供给系统，检查水源、表压、流量计。

（2）喷射系统检查：

1）喷枪安装就位，保温、油漆已安装结束，妨碍运行的临时脚手架已拆除。

2）氮氧化物、氨气分析仪校验完毕，可以正常工作。

3）所有泵供电系统就位，绝缘合格。

4）系统中各处仪表校验完毕，投运正常，中控显示准确参数。

5）各泵运转正常，传动部分润滑良好。

（3）系统相关电气设备已经送电，能正常工作。

（4）连锁报警机构正常运行。

5. 脱硝系统调试阶段控制关键点

试运行调试阶段是指在锅炉正常运行条件下烟气脱硝系统整套启动调试和对各项参数进行优化的工作，使脱硝系统全面进入设计负荷工况稳定运行状态，直到 168h 试运行结束。

脱硝系统试运行调试阶段需要控制的关键节点有以下几个方面：

（1）电气系统受电。

（2）DCS 内部调试。

（3）脱硝系统各工艺系统冷态整体启动。

（4）脱硝系统热态整套启动配合锅炉工况试运行。

（5）72h＋24h 试运行。

（6）脱硝系统临时移交。

6. 脱硝系统试运行人员组织与分工

烟气脱硝系统首次启动试运时，必须有安装人员、调试人员及运行人员在现场严密监视设备，并有可靠的通信手段与集控室联络。

（1）业主单位。负责现场管理，水、电、气的配套及有关设备的工作，派出操作人员参与调试；负责脱硝系统试运现场的安全、消防、消缺检修等工作。参加调试运后验收签证，并填写脱硝系统试运质量验评表。

（2）设计供货单位。负责编制脱硝系统调试措施，派出调试人员，组织协调系统试运工作；负责完成必要的生产准备工作，如运行规程及系统图册的编写、运行人员培训；参加脱硝系统分部试运及试运后的验收签证；在试运中负责设备的启停操作、运行调整、运行参数记录及例行检查；进行整套启动前的分系统调试工作及整套启动后的热态优化工作。全面检查脱硝系统的完整性和合理性；在脱硝系统试运过程中担任技术总负责。

（3）施工单位。负责完成与脱硝系统试运相关的设备单体试运工作及单体试运后的验收签证；提交安装及单体调试记录和有关文件、资料。

7. 脱硝系统开停机步骤

（1）系统开机步骤。首先全开压缩空气气源，当供气压力达到要求值并稳定后，检测 NO_x 排放浓度，同时设定好氨水溶液喷射量并打开氨水溶液输送泵，脱硝系统启动完毕，系统运行后会自动根据反馈的 NO_x 浓度调节喷射量和所喷射氨水溶液的浓度。

（2）系统停机步骤。关闭氨水溶液输送泵和稀释水输送泵，打开稀释水泵，采用稀释水对氨水溶液喷射系统进行清洗，关闭稀释水泵，保持压缩空气通气（可以调节气路母管上的电动调节阀开度，保持少量压缩空气喷射量）。

2.3.4　SNCR 脱硝系统运行说明

2.3.4.1　运行准备工作

1. 准备打开系统

首先做初步的外观检查，确定所有的管线已经正确连接并且没有泄漏存在，主要包括：压缩空气和稀释氨水溶液到计量分配模块的管线；计量分配模块内部的设备仪表；计量分配模块到喷枪的管线；然后，计量分配模块和喷射系统的准备：

（1）确定喷枪之前的气、液路球阀是关闭的。

（2）打开计量分配模块的进口球阀。

（3）打开控制阀前后的球阀。

（4）确定控制阀旁路管道上的球阀是关闭的。

（5）喷枪备妥。

（6）打开喷枪之前的气、液路球阀。

2. 系统启动

当系统没有缺陷同时启动条件已经满足之后，系统就可以自动启动。

3. 系统的停止和关闭

如果没有出现问题，系统应该持续运行。但是假如出现了问题或者启动条件不能满足时，系统应该按照以下顺序关闭：氨水溶液输送泵自动停止；稀释水泵自动停止；压缩空气继续对喷枪进行冷却。

2.3.4.2　脱硝系统运行保护条件

（1）对于脱硝系统中各参数有一个正常的工作范围，如果系统出现超出系统正常运行范围的情况，应及时采取保护措施来避免系统中的部件受到损害。

1）喷枪喷射点温度异常（$T>1100℃$ 或 $T<800℃$），炉膛出口 750℃ 以上具备脱硝投运条件，可投运脱硝，750℃ 以上投运脱硝有反应，脱硝效率低。反应温度为 850～950℃ 时，脱硝效率最佳。

2）喷枪雾化气路压力异常（$P<0.4MPa$）。

3）喷枪液路流量异常（$L<20L/h$ 或 $L>160L/h$）。

（2）脱硝系统保护动作顺序：

1）收到自动保护信号后，关闭液路电动调节阀（通过液路流量传感器、压力传感器及电动调节阀本身开度反馈可判定阀门关闭）。

2）气路电动调节阀门开至 30% 开度状态，通过气路电动调节阀关位反馈确认阀门开度状态。

2.3.5　SNCR 脱硝系统维护说明

脱硝系统的维护保养对于系统安全运行、保持良好的脱硝效率和减少不必要的经济损失起着至关重要的作用。

2.3.5.1　脱硝系统检查和维护工作内容

烟气脱硝系统的整体维护检修工作一般是随停炉检修时进行，在日常运行时主要是对系统各部件进行巡查和维护，并记录检查和维修结果，维护工作要求准确地判断和及时地处理问题，主要的检修维护工作内容如下：

(1) 氨水溶液储罐、水箱的检查。

(2) 喷枪及喷嘴的检查。

(3) 各输送、计量模块的检查。

(4) 所有仪表的校准。

(5) 管路系统的检查。

(6) 电气线路的检查。

2.3.5.2 脱硝系统检查和维护注意事项

(1) 巡检时应确保人员安全，在维修、更换部件设备时应告知中控以及分管领导，在检修位置做出醒目的提示。在无法判断问题时，不能盲目拆卸，应及时与厂家沟通。

(2) 在定期的检查中，如果发现磨损加速情况，应该根据实际的磨损情况缩短维护的时间间隔。

2.3.5.3 岗位巡检员主要职责

(1) 启动前的设备检查。设备检修后是否恢复原位；现场是否清理；各阀门是否处在要求的开度；各仪表、泵是否处在待机状态等。

(2) 启动前的现场条件准备。现场控制开关的切换（由机旁或现场操作位置转到中控位置）；电源开关的合闸；阀门的开关和调整；压缩空气储气罐进出口阀门的开关、压力的检查及底部放污等。

(3) 启动过程对关键设备的现场监视。启动过程有无异常声响；启动后运转是否平稳，有无不正常的振动；各仪表指示是否正常。

(4) 设备运行时的巡检。各部件设备的运行情况；仪表数据、阀门动作情况；系统脱硝效率、氨水溶液消耗等指标记录。

(5) 系统全线停机后的现场检查处理工作。电源开关拉闸，检修时应挂上断电标识牌；关闭压缩空气储气罐进口阀门，并排放凝集罐底的油水；检查喷枪、阀门、仪表等。

(6) 记录设备运转状况，及时向值班长报告异常情况，提出设备检修保养建议。总之，巡检员（辅助岗位工）是中控操作员的耳目，是开机条件的准备员，是开机过程和运转状态的辅助监视员，是停机后的检查处理员。巡检的目的是保证系统设备的安全运转，及时发现处理问题，协助中控操作员，维护系统正常运行。

2.3.6 SNCR脱硝系统常见问题分析

2.3.6.1 烟气脱硝系统设备（部件）常见问题分析

脱硝系统在运行过程中如遇到一些问题和故障，这时就需要操作人员和巡检人员及时去做相应的处理来解决故障，保证系统的正常运行。根据相关工程设计建设经验，总结了烟气脱硝系统常见故障及其分析和解决措施与方法，见表2.2。

2.3.6.2 烟气脱硝系统运行问题

烟气脱硝系统在运行过程中出现脱硝效率波动或脱硝率达不到设定指标、烟囱氨逃逸超标时应及时分析原因并采取措施。

表 2.2   烟气脱硝系统中常见问题及故障分析和解决措施与方法

故障位置	故障现象	可能原因和解决措施与方法
喷射系统	喷射系统流量不准	(1) 检查喷嘴是否堵塞，若堵塞需取下喷嘴进行清洗； (2) 检查进入喷枪的压缩空气压力是否大于 0.4MPa； (3) 检查喷枪氨水溶液管路、阀门是否开启； (4) 检查喷枪前转子流量计
控制系统	中控系统上无法操作或远程控制系统失灵	(1) 测试中控系统的命令输出是否正常； (2) 检查控制电缆是否损坏； (3) 检查控制箱"远程/就地"切换开关位置； (4) 现场检查就地控制柜
	中控信号故障	(1) 运行中出现控制台中控信号故障，电脑呈死机状态时，立即检查现场所有设备运行状态，确认无异常后，可将电脑重启，系统重新开机并恢复； (2) 若就地设备跳停，应检查并退出电源开关，关闭所有泵的出口手动阀门，手动退出喷枪，检查所有电器设备，停水、停气检查，直到故障排除

烟气脱硝系统效率偏低的原因分析和解决措施与方法，见表 2.3。

表 2.3   烟气脱硝系统效率偏低的原因分析和解决措施与方法

故障位置	故障现象	可能原因和解决措施与方法
SNCR 烟气脱硝系统效率低	喷射系统运转在最大能力时，氨水溶液供应还是不能满足系统要求	(1) 检查氨水溶液喷射控制系统运行是否正常； (2) 确认供气和供氨水溶液模块的压力和流量； (3) 检查氨水溶液喷射泵后的手动阀门是否开启； (4) 检查流量计及相关控制器是否正常工作
	氨逃逸监测值超标	(1) 检查氨水溶液喷射量调节系统，或手动调节喷射量； (2) 检查喷射点位的温度是否在合适范围（850~1050℃）； (3) 检查供气和供氨水溶液模块； (4) 锅炉系统工况是否超过脱硝系统设计范围
	氨水溶液分布不均匀	(1) 重新调整喷射策略，尝试不同的喷枪组合方式； (2) 检查氨水溶液管路及阀门是否堵塞以及泵的运行状况； (3) 检查压缩空气管路及阀门是否堵塞以及供气压力； (4) 检查管路各个仪表是否准确； (5) 检查系统运行是否正常
	NO_x/O_2 监测仪需要校准	(1) 检查校验气体分析仪； (2) 检查烟气采样管是否堵塞或泄漏； (3) 检查仪用压缩空气质量是否满足要求

2.4 袋式除尘器

流化床燃烧后的烟气里含有一定烟尘（固体颗粒），为满足排放要求，需采用除尘器或除尘设备进行分离。因此，除尘器成为锅炉及工业生产中常用的环保设施。按照工作原理，可分为机械力除尘器、洗涤式除尘器、过滤式除尘器、静电除尘器和磁力除尘器。磁力除尘器属小类别，其中机械力除尘器包括重力除尘器、惯性除尘器、离心除尘器等；洗涤式除尘器包括水浴式除尘器、泡沫式除尘器、文丘里管除尘器、水膜式除尘器等；过滤式除尘器包括袋式除尘器和颗粒层除尘器等；静电除尘器包括管式静电除尘器、板式静电除尘器等。

在所有类型除尘器中，静电除尘器和袋式除尘器的除尘效果较好，且袋式除尘器一次性投入成本较小，便于维护，对粉尘的无选择性，适应能力强，除尘效率高，能达到99％，完全可以达到国家的排放标准。

2.4.1 袋式除尘器的工作原理、设备结构与组成和特点

2.4.1.1 工作原理

袋式除尘器工作原理包括过滤和清灰两个工作过程。

1. 过滤过程

烟气粉尘经管道通过气流输送进入灰斗，气流在灰斗上部扩散形成重力沉降，这时，部分质量大的粉尘颗粒，在重力的作用下，沉降到灰斗中。其余含尘气体向上进入中箱体，经过滤袋过滤后，洁净空气通过滤袋进入除尘器上部箱体，并经出风口排向大气。

2. 清灰过程

当过滤过程进行到一定时间，随着滤袋上的粉尘堆积加厚，这时除尘器阻力增加，当达到一定程度（可按时间或布袋阻力设定），除尘器开始清灰。本产品清灰方式为在线式清灰。根据除尘器结构特点，按顺序清灰控制器发出信号，清灰脉冲阀打开，将压缩空气瞬间（0.05～0.2s可调）通过所对应的一列布袋口上部的喷吹管高速喷入对应的布袋中，在文丘里管的引射作用下，大量气体进入袋中，使滤袋从瘪形（过滤状态）胀开成鼓形，并从袋口形成波迅速传递到袋底，从而将在滤袋表面形成的粉饼抖落实现清灰。除尘器根据控制系统设定，进入下一列布袋的清灰，不断循环，周而复始。

2.4.1.2 设备结构与组成

锅炉系统中采用的袋式除尘器为LCDM6665－340/2×3袋式除尘器，其主要组成包括壳体、灰斗、滤袋装置、清灰系统，以及差压、压力检测装置等。

1. 壳体

长袋低压脉冲袋式除尘器壳体基本上由框架和板组成。它容纳滤袋装置，是袋式除尘器的工作室。因此，必须具有足够的强度和良好的密封性能。

2. 灰斗

长袋低压脉冲袋式除尘器收集下来的粉尘，通过灰斗和卸输灰装置送走，这是保证袋式除尘器稳定运行的重要环节之一。实践表明，由于排灰不畅造成灰斗满灰影响设备正常运行的情况时有发生，以及损坏滤袋的事故也有发生，因此，这一环节必须引起足够重视。灰斗设计应满足以下条件：

（1）必须具有一定的容量，以备排、输灰装置检修时，起过渡料仓的作用。为使排灰通畅，斗壁应有足够的溜角，一般保证溜角不小于60°，斗壁内交角处设过渡板，避免挂灰；为避免烟尘受潮结块或搭拱造成堵灰，灰斗壁板下部可设置加热装置；灰斗上设有捅灰孔和手动振打砧，以备万一堵灰时排除故障。

（2）根据需要灰斗可设计料位计和清灰空气泡或气化板，灰斗料位计特别是高料位工作准确可靠，发生堵灰时及时发出警报，以便及时疏通。

3. 滤袋装置

滤袋装置包括滤袋和袋笼。滤袋是决定袋式除尘器除尘效率和工作温度的关键元件，更换滤袋的费用又是袋式除尘器的主要维修费用。因此滤袋的工作寿命关系到除尘器的运行状态和成本。由于不同的滤料纤维成分其化学性质不同，对粉尘烟气的工况、成分适应程度不同。所以选择滤料时必须根据使用场合的烟气粉尘工况、成分等因素进行选择，以保证滤料最基本的稳定使用性能。表面处理能大幅度提高滤料的过滤特性和使用寿命，同时也提高设备的综合性能。如聚四氟乙烯覆膜滤料产生的表面过滤作用，有利于滤袋粉层的清灰剥落，有效防止糊袋现象，降低滤袋运行阻力，提高滤袋的抗结露性能，减少滤袋与粉尘之间的摩擦系数，延长滤袋的使用寿命。袋笼是滤袋的"肋骨"，因此它应轻巧，便于安装和维护，光滑、挺直使滤袋不受损伤。

4. 清灰系统

清灰系统是袋式除尘器的核心技术之一，清灰效率直接影响除尘器运行阻力和滤袋寿命。长袋低压脉冲袋式除尘器的清灰系统采用分室结构和长袋低压脉冲技术，优先采用质量稳定可靠的淹没式脉冲阀，合理设计和布置清灰系统气路的元器件，可方便地实现清灰方式和脉冲制度的选择和调整，以满足不同工况的运行要求，以保证清灰系统高效稳定。

5. 差压、压力检测装置

电气控制性能的高低对袋式除尘器的阻力、布袋的寿命、除尘效率有着直接的影响，在大型袋式除尘系统中更为关键。采用先进的控制技术，保证控制系统的检测和输出控制精度；长袋低压脉冲袋式除尘器采用完善的保护控制系统，保证设备的安全、可靠运行；采用差压、压力检测装置，提高设备自动控制程度和故障识别能力。

2.4.1.3 产品特点

1. 强化清灰

采用结构独特的淹没式脉冲阀，以及具有优良空气动力特性的脉冲喷吹装置，使设备具备了强大的清灰能力，在 0.2～0.3MPa 的喷吹压力下，对包括呼吸性细粒子，黏附性强的粉尘在内的各种粉尘都能获得良好的清灰效果。

2. 长滤袋

常用滤袋长度为 6m，是常规脉冲除尘器袋的 2～3 倍，可使占地面积大为减少。滤袋长度根据需要还可以增长至 8m。

3. 设备阻力低

由于清灰能力强，使除尘设备的运行阻力可长期稳定在 900～1500Pa 范围，明显低于其他类型的袋式除尘器。

4. 除尘效率高

在通常情况下排尘浓度低于 30mg/Nm^3，在一些有特殊要求的场合，可低于 10mg/Nm^3。

5. 换袋方便

滤袋靠袋口部位的弹性涨圈与花板孔嵌接，不但密封效果好，而且拆装方便，减少了换袋工作量及维护人员与粉尘的接触。

6．在线/离线清灰方式

根据运行条件及用户的要求，设备可实现在线清灰或离线清灰两种不同的方式。

7．运行能耗低

由于设备运行阻力低，清灰压力低，压缩空气耗量省，使得设备综合的运行能耗低于其他类型的袋式除尘器。

2.4.2 袋式除尘器调试

为考核袋式除尘器的设计、制造和施工质量，调试其动态性能，在除尘器全部安装完毕投入运行前，必须进行调试工作。袋式除尘器的调试工作由以下阶段组成：除尘器本体调试、调试前的系统检查与传动试验、清灰系统调试、提升阀系统调试、旁路系统调试。

1．除尘器本体调试

除尘器的本体调试包括除尘器整体密封性漏风率试验；料位、输排灰试运。

（1）除尘器设备全部安装完毕后，在敷设保温前，应作严密性检查。一般可采用引风机试验，消除全部漏气处，做到严密不漏。

（2）灰斗输灰要求气化效果好，输送量满足设计要求，不堵灰、不结块。

2．调试前的系统检查与传动试验

（1）低压操作控制设备通电检查，主要包括报警系统试验、卸（输）灰回路检查、温度检测回路检查等。

（2）报警系统试验。手动、自动启动试验时，其瞬间延时音响、灯光信号均应动作正确，解除可靠。

（3）卸（输）灰回路检查，其方法与要求如下：

1）手动方式。启动时测量启动电流值、三相电流值。校验热元件的电流整定值。

2）自动方式。模拟启停三次，应运转正常。至于热态灰位联动试验应在今后实际运行工况下另行调试。

3）机务和电气检查合格后，连续试转 8h 要求转动灵活，无卡涩现象。

（4）加热和温度检测回路检查，其方法与要求如下：

1）手动操作。送电 30min 后测量电流值，核定热元件整定值，信号及安装单元均应正确。

2）温度控制方式。模拟分合两次，接触器与信号应动作正确。温度控制范围应符合设计要求。送电加温后，当温度上升到上限整定值时应能自动停止加热；当温度下降到下限整定值时应自动投入加热装置。

2.4.3 袋式除尘器运行

2.4.3.1 运行前准备工作

一台袋式除尘器经过安装、调试后进入负荷运行之前，应具备以下投运条件：

（1）对除尘器内部进行全面检查，减速机是否转动灵活和润滑情况，检查灰斗卸料机构的运转正常，这些机构必须运转正常。

（2）卸灰机构和输灰机构（输灰系统）必须正常运行。

（3）要求场地清理干净，道路畅通，各操作巡查平台、走道扶手完整、照明充足，各转动机构外面有护罩或挡板，控制室应有有效的降温、防尘及防火措施。

（4）滤袋安装后，应对滤袋和壳体，滤袋和分隔板，各滤袋之间的底部进行检查，不得相碰。

（5）检查完除尘器本体后关闭并锁紧所有的入孔门。

（6）压缩空气系统工作必须正常，清灰系统各开关位置正确，压力表、压差计显示正常。

（7）检查清灰系统的气路密封性，必须无泄漏，检查脉冲阀动作情况，必须动作均匀灵活。

（8）在点炉或系统开机前 4h，投入灰斗加热，以防止出现灰斗结露或灰受潮引起搭桥或堵灰现象。

（9）新滤袋在第一次投运前，或锅炉停炉冷却后开机前，必须对滤袋进行预涂灰保护。涂灰方法和参数详见技术要求。预涂灰必须在确定主机点炉的当天完成。当滤袋预涂灰后主机又出现一时无法点火时，必须开启清灰系统，把滤袋灰层清除，在下次主机开机前再预涂灰，这样可以防止滤袋表面灰层潮解糊袋。

（10）对循环流化床锅炉，由于燃油助燃时间较长，为防止滤袋受油烟的影响，需准备好在此过程中喷灰的灰罐车等设备。

（11）燃油用柴油，不用重油。

2.4.3.2 启动、停机操作过程

1. 启动操作过程

（1）锅炉点火前 12~24h，投入灰斗加热装置系统。对于蒸汽加热系统在加热系统投入前应充分对系统疏水。

（2）提升阀全部处于在线位置（打开）。

（3）在点炉或系统开机的同时投入各排灰、振打装置，开启相应的出灰系统。

（4）燃油助燃的过程中，尽早投入一定比例的燃煤。

（5）锅炉停止投油助燃升温，进入正常燃煤运行后开启清灰系统。

（6）根据压差情况设定袋式除尘器的脉冲清灰制度。

2. 停机操作过程（正常运行的停操作）

（1）主机停止后，保持清灰系统运行，连续清灰 10~20 个周期。

（2）完成灰斗的卸、输灰后关闭低压控制系统。

（3）关闭系统风机。

2.4.3.3 运行异常设备说明

1. 立即停运设备情况

（1）电气方面：

1）电气设备起火。

2）其他严重威胁人身与设备安全的情况。

（2）本体方面：

1）锅炉出现爆管，烟气温度急剧下降到露点温度以下，滤袋出现糊袋现象。

2）出灰系统堵灰时，灰面超过高料位继续上升时，为保护滤袋不被损坏应紧急停炉排灰。

3）排灰机构卡死应立即停运电机，出灰系统中若采用冲灰水箱连续排灰而冲灰水突然中断时应停运排灰阀。

2. 运行中的调整

针对设备出现的异常情况，采取一些特殊调整手段，是一种有效地解决办法，这些情况有：

（1）除尘器阻力上升时缩短清灰周期或适量提升脉冲压力。

（2）排灰方式采用按高灰位自动排灰过程中当灰位信号失灵时，可改为连续排灰，也可根据除尘器运行情况，利用编程控制器来模拟自动排灰方式运行，使灰斗仍能保持一定灰封。

3. 运行值班制度

（1）运行值班管理范围为袋式除尘器运行情况的监视、纪录和保护装置的维护保养以及出现异常情况时的跟踪和汇报联络处理。

（2）严格监视锅炉预热器出口温度、除尘器进出口温度，一般每 2h 应记录一次。

（3）严格监视滤袋的压差、除尘器进出口压力、清灰压力、提升阀工作压力、脉冲间隔、清灰周期。一般每 2h 应记录一次。

（4）每班检查测温温度计工作正常。

（5）检查各灰斗加热器工作正常。

（6）检查控制柜上各控制装置工作正常。

（7）每小时应了解排灰系统工作情况。

（8）正常运行期间除尘器及辅助设备发生故障或误动作，运行人员接到报警通知应立即前往确认故障点，分析原因，联系处理。

（9）每班应对袋式除尘器的设备进行全面检查，以及做好本岗管辖范围内的清洁工作，详细记录本班运行中所发生的异常情况及设备缺陷，做好交接班工作。

（10）所有电机、减速机、轴承及外部各运转零部件每班均应检查二遍，各润滑点应定期检查润滑情况，必要时应增加润滑油或润滑脂。

4. 袋式除尘器运行规程

（1）严格按除尘器的操作顺序启停设备。

（2）严格按袋式除尘器参数控制运行：分室滤袋差压为 400～600Pa；除尘器进出口差压为 900～1500Pa。

（3）严格按以下优先选择清灰方式：

1）在线清灰，为优选方式。

2）离线清灰，不推荐使用，只有在烟气粉尘出现异常细粘时，且滤袋阻力大于正常范围时选用。

3）定时清灰，为优选方式。

4）定时＋定压清灰，为优选方式。

（4）严格按以下范围设定清灰制度及参数：

1）脉冲压力为 0.2～0.3MPa，调整时从低往高调节。

2）脉冲宽度为 0.15s（不随意调整）。

3) 提升阀气缸工作压力大于 0.4MPa。

4) 脉冲周期在 15min 以上。

（5）严格监视除尘器各点的烟气温度、差压、压力情况，每 30min 纪录一次，当温度出现异常情况及时与值长或锅炉中控联络。

（6）电厂对袋式除尘器和锅炉燃烧工艺在管理上必须紧密配合，制定明确保护滤袋的规程和职责。

2.4.4 袋式除尘器维护和检修

袋式除尘器的电控设备的操作必须严格按供电设备说明书进行，操作人员必须熟悉袋式除尘器原理、结构性能及操作规章，袋式除尘器运行时应关闭入孔门并挂上写有"高压危险"字样的警告。

1. 正常运行维护

按运行值班制度正常运行维护。

2. 定期维护及保养

（1）每班打开布袋清灰系统气包及过滤器底部的球阀一次，以卸放压缩空气产生的冷凝水。

（2）定期检查布袋清灰系统中各个脉冲阀的动作情况，出现不动作的要及时处理。

（3）定期清洗提升阀气路三联件的过滤器，并定期给油雾器加入干净机油。

（4）定期检查提升阀动作情况。

3. 安全注意事项

（1）进入除尘内部工作，必须严格执行工作票制度，隔绝烟气通过，且除尘器温度降到 40℃以下，工作部位有可靠接地，并制订可靠的安全措施。如含有毒或爆炸气体情况时，不要马上进入除尘器内部，以防不测。

（2）进入除尘器内部前必须将灰斗内储灰排干净，并充分通风检查内部无有害气体后，方可开始工作。

（3）除尘器内部的平台由于长期处于烟气之中，可能会发生腐蚀，进入时须注意平台的腐蚀情况，以免由于平台损坏而造成人身伤亡事故。

（4）在离开除尘器前，应确认没有任何东西遗留在除尘器内。

（5）运行场所应照明充足，走道畅通，各门孔应关闭严密。

4. 检修

（1）小修。袋式除尘器每运行三个月小修一次，主要是处理设备的内部故障，检查排灰系统是否畅通，校正指示仪表，检查温度检测的准确情况，检查清灰气路密封情况和喷吹管固定情况，检查滤袋、袋笼使用后的变化情况。

（2）中修。运行半年至一年进行中修，中修时间 2～5d，内容如下：

1) 检查清灰气路密封情况和喷吹管固定情况，检查滤袋、袋笼使用后的变化情况。

2) 检查入孔门、检修门、旁路阀及法兰的密封性能，应严格保证其气密性。

3) 检查保温层及防雨设施是否漏雨。

4) 检查差压、压力管道的畅通情况。

5) 电气设备和其他通用设备按其说明书及通用规定进行检修。

（3）大修。一般运行三年以上才进行大修，时间为 $5\sim15d$。大修内容是按上述中、小修内容检查到的故障未能及时解决的，发现损坏、锈蚀的零部件及已到年限正常老化、磨损的零部件需要更换的，根据设备状况进行一次较彻底的维修调整。

5. 故障处理

袋式除尘器在运行过程中一旦发生故障应立即进行处理，见表2.4。

表 2.4　　　　　　　　　　　袋式除尘器故障原因及对策

序号	故 障 现 象	原 因 分 析	对 策
1	预热器出口烟气温度突然持续快速上升，控制系统发出超温警报	锅炉可能出现尾部燃烧	控制系统将根据设定温度自动打开旁路系统进行直排
2	预热器出口烟气温度突然持续快速下降，控制系统发出超低温警报	锅炉可能出现爆管故障	联络锅炉中控，超过露点温度以下，应果断停炉，以防发生结露引起的湿壁、糊袋
3	烟囱出口有明显可见烟	（1）刚使用新滤袋还没有进入除尘稳定期； （2）个别滤袋发生破损	（1）新滤袋使用数周时间后除尘趋于稳定； （2）检查差压小于异常值的分室，关闭该室提升阀进行封堵或更换破损滤袋
4	某室滤袋差压明显偏离正常	该室发生出现个别滤袋破损	更换滤袋
5	脉冲阀电磁线圈有导通，但脉冲阀不动作	（1）脉冲阀外室卸压气路堵塞； （2）电磁铁故障	（1）检查或清除脉冲阀外室卸压气路； （2）更换电磁线圈
6	脉冲阀喷吹力度不够，清灰后各室压差下降不够	喷吹压力不够	（1）压缩空气气源压力不够； （2）检查整个气路
7	提升阀不能动作	（1）气缸电磁阀不能导通； （2）提供的气压不够	（1）更换电磁阀； （2）检查气路
8	气包处可以听到明显漏气声	（1）气包底部球阀关闭不完全； （2）气包连接件不密封； （3）脉冲阀膜片出口有杂质	（1）关闭气包底部球阀； （2）锁紧气包连接件； （3）手动导通脉冲阀清除膜片出口杂质，必要时关掉气包气源，降压后拆下脉冲阀去除杂质
9	糊袋	烟气湿度大、温度低引起结露，导致粉尘与滤袋的黏性大，清灰失效	排除结露现象后，滤袋压力可以自然恢复

2.5 空气压缩机系统

空压机、后处理设备、储气罐、管道及阀门等组成的系统即为空气压缩机系统。其中，空压机全称为空气压缩机，是气源装置中的主体，是将原动机的机械能转换成气体压力能的装置，为压缩空气的气压发生装置。

在空气压缩机系统中，由产生、处理和储存压缩空气的设备所组成的系统，称为气源系统。压缩空气是通过空气压缩机来产生的，使被压缩空气的绝对气压大于 0.1MPa。空气在被压缩过程中，温度、压力升高，冷却后会产生冷凝水，而且喷油螺杆空压机排出的压缩空气中还会带有油及尘埃，不能直接使用，必须经过除水、除油、除尘后方可供给全厂的仪表、除尘、除灰等用气，否则，会增加运行和维修成本（即仪表、电磁阀、气缸等元件的维修费用会上升），设备的工作效率降低，并有可能造成生产中断。

2.5.1 空气压缩机分类

空气压缩机的种类很多，按工作原理可分为容积式压缩机和速度式压缩机。容积式压缩机的工作原理是压缩气体的体积，使单位体积内气体分子的密度增加以提高压缩空气的压力；速度式压缩机是回转式连续气流压缩机，在其中高速旋转的叶片使通过它的气体加速，从而将速度能转化为压力。这种转化部分发生在旋转叶片上，部分发生在固定的扩压器或回流器挡板上。

现在常用的空气压缩机有活塞式空气压缩机、螺杆式空气压缩机（又分为双螺杆空气压缩机和单螺杆空气压缩机）、离心式压缩机、滑片式空气压缩机以及涡旋式空气压缩机。

机组空气压缩系统空压机主机选用上海飞和 FHOG 系列单螺杆空气压缩机，其对应规定工况为：吸气压力为 0.1MPa（绝压）；吸气温度为 20℃；吸气相对湿度为 0；水冷单螺杆空压机冷却水进水温度为 15℃；水冷单螺杆空压机油冷却器冷却水量为风冷单螺杆空压机，冷却空气温度为吸气温度 20℃时相应所处的环境温度。

2.5.2 空气压缩机安装、初启动、运行

2.5.2.1 安装

1. 空间位置

（1）由于压缩机在运行时会产生热量，并向周围散发，排出的热量如不能及时的流通，将会再次返回机内，反复循环，压缩机则会因过热而不能正常工作，因此压缩机房应有足够空间和良好的通风条件。在安装压缩机时，用户必须考虑这一点，方可确保压缩机正常运转。

（2）压缩机必须装在室内，尽量靠近用气点，并要求采光及照明良好，以利于操作与检修。

（3）安装场所的空气应清洁，空气中相对湿度要低、无化学品、无金属粉尘、无油漆气味。如工作环境较差，应加装前置空气滤清器，以维持压缩机油及压缩机系统零部件使用寿命。

（4）压缩机周围需要预留保养空间，及维修时足以让零部件出入的通道。因此，压缩机上的净空高度应大于 2m，其四周应大于 2m 的净空间。

（5）压缩机房内，为便于维修与保养，应在机组的上方配置必要的提升或起吊设备。

（6）压缩机房内的环境温度：夏季应低于 40℃，避免不必要的高温停机，且环境温度越高，压缩机效率会下降，输出的气量相应减少；冬季应高于 5℃。

（7）风冷型机组，厂房通风十分重要。及时将机组排出的大量热量排出室外，确保机组环境温度为 5～40℃。

2. 基础

（1）螺杆式压缩机运转所产生的振动很小，故不需做基础。但其所放置的地面应平

整，且地下应为硬质土壤，地面宜混凝土磨平，以避免因地面不平产生振动。

（2）为连接管道和维修保养方便，压缩机宜置于离地面约 200mm 高度的混凝土平台上。并在四周与平台之间开具沟槽，以便机组停车、换油或检修时，油、水能从沟槽中流走，沟槽尺寸可由用户自定。

（3）压缩机如放在楼上，应做好防震处理，以防止振动传递和共振的产生。

3. 配管要求

（1）压缩空气管道的压力降不得超过压缩机公称排气压力的 5%，管道较长时，最好选用比设计值大的管径，管路中尽量减少使用弯头及各类阀门，以减少压力损失。

（2）压缩空气主管路应有 1°～2° 的坡度，最低处应装设自动泄水阀，以利于管道内凝结水排出。

（3）几台压缩机组共用压缩机主管道时，则每台压缩机组与主管道之间应设止回阀。

（4）压缩机组与储气罐之间应设止回阀，以免压缩空气倒流。

（5）主管路管径变化时应使用渐缩管，否则在接头处会有紊流情况发生，导致大的压力损失，同时由于气体的冲击会使管路寿命缩短。

（6）支线管路必须从主管路的顶端接出，避免管路中冷凝水沿管路下流至工作机器中。

（7）压缩机排气管路一般应安装储气罐，储气罐对系统间断用气，且用气量很大时，可起缓冲作用，并减少压缩机卸负载次数，延长主机及各部控制元件及电气元件的使用寿命。

（8）理想的配管是主管路环绕整个厂房，在厂房任何位置的支线管路上，均可获得两个方向的压缩空气，倘若某支线用气量突然增大，也不致造成明显压力下降。

4. 冷却系统

（1）水冷式压缩机冷却用水应使用软化水，以避免水中的钙镁等离子因高温而起化学反应，在冷却器中结成水垢，影响冷却器传热效果。若使用冷却水塔循环系统，则水中须定期添加软化剂，以维持水质的清洁。

（2）冷却水循环系统自动补给系统应完善，否则运转若干小时后，冷却水量不足，会造成压缩机高温停车。

（3）冷却水系统应单独使用，避免与其他系统共用，以防水量不足而影响冷却效果。

（4）水塔应符合压缩机所规定的冷却水量，同时水泵的功率选定须正确，确保水压为 0.20～0.40MPa。

（5）风冷式压缩机，务必注意通风环境，不得将压缩机安装在高温机械附近，或通风不良的空间内

5. 供电及用电安全规范

（1）根据压缩机功率大小，选择正确电源线径，不得使用与电动机功率不匹配的线径，否则电源线易因高温烧毁而发生危险，电源线径的选择应留有余量。

（2）压缩机最好单独使用一套电力系统，尤其要避免与其他不同电力消耗系统并联使用，并联使用时，可能会因过大的电压降或三相电流不平衡形成压缩机过载而使保护装置动作，大功率压缩机尤为注意。

（3）压缩机的供电主线路上，必须安装合适的空气开关，以保障电力系统的安全。

（4）电动机运转时，电压降不得高于额定电压的 5%。

（5）电动机或电路系统的接地连接件必须可靠接地，防止因漏电造成危险，接地线禁止接在空气输送管或冷却水管上。

（6）常规下，三相电流不平衡时最低一相电流值与最高一相电流值比值不得超过额定电流值的 5%，同时电动机运转时的电压波动不应超过额定电压的 5%。

2.5.2.2 初启动前准备

（1）确认完成安装的所有准备和检查工作。

（2）确保电源电压同电动机铭牌上要求的电压一致。

（3）检查电控柜或箱内的电器连接，包括电机和控制电线及测量仪表是否有松动或损坏。保证它们连接可靠。

（4）检查各个零部件的连接是否有松动，如有松动，必须拧紧，以免工作中有漏油，漏气或其他事故发生。

（5）盘车数转并收拾机组附近及放在机组上的一切无关物件。

（6）从油气分离器上的加油口注入压缩机专用润滑油。首次加油量应在油位刻度的 +70 处，待机器负载运行 30min 后，油位控制在油位计刻度的 −10～+40 处即可。

（7）润滑油一般从油气分离器上的加油口加入，从主机进气口处加入的油要保证清洁，无杂质。从压缩机主机的进气口处加入约 2.5L 的润滑油，防止启动时机内无油。

（8）接通三相电源，首先按点动钮注意观察压缩机的旋转方向是否与所指示箭头方向一致，如方向相反时，应对调三相电源中任意两相的接头，以使电机的方向，与所指示方向一致后，方可正式启动运行，机组严禁倒转。

（9）若交货很久后才使用，应注意主机内，包括机油滤芯、断油阀等是否受潮生锈，电机绝缘是否下降（绝缘电阻应在 1MΩ 以上），经现场检查后，拆开卸载阀或主机上部进口油管，加入适量润滑油进主机腔内，并用手盘动压缩机数转（可反复多次）以免启动时主机失油，压缩腔内温度骤升，导致停机，严重时可能发生抱机故障。

2.5.2.3 开机与停机

1. 开机

（1）按下启动按钮，机组开始运行，观察仪表及指示灯是否正常。如有异常声音、振动、泄漏，应立即按下"紧急停机按钮"停机检修。

（2）压缩机负载运行 30min 后，检查油位，此时油位应在 −10～+40 处。

（3）利用排气口处阀门，调整压力控制器，使其调整在所需压力。

（4）反复检测其自动卸负载功能。

（5）利用储气罐，检测保压功能，即储气罐压力达压力控制器设定的上限值时机组卸载，做空载运行到设定时间后停机，此时压缩机应能自动启动并负载。

（6）安全阀的检测，高于压缩机铭牌额定压力的 10% 时安全阀自动开启释压。

2. 停机

（1）按下停止按钮，机组经延时后停机。

（2）如有异常现象可按紧急停机按钮停机。

2.5.2.4 单螺杆压缩机结构特征与工作原理

本机组包括压缩机、电动机（动力源）、气路系统、油路系统、电气控制调节系统及安全保护系统，所有部件均装在高强度结构的底架上，组成一个动力、控制一体的完整空气压缩机箱式机组。其中，风冷型机组，配置电动轴流风机，空气在风扇的驱动下，穿过油冷却器及气冷却器，带走压缩过程中所产生的热量；水冷型机组，油气通过 BCY 和 FCY 系列换热器散热。由于为箱罩式机组，另备有一小型排风扇。

1. 单螺杆压缩机基本结构和原理

压缩机主机由一个圆柱螺杆和两个对称布置的平面星轮组成的啮合副装在机壳内组成。螺杆螺旋槽、机壳内壁和星轮片齿面构成封闭的基元容积。压缩机运转时，由螺杆带动星轮齿依次循环与螺旋槽啮合，空气由吸气腔进入螺杆槽空间，当星轮齿进入螺杆槽后，随着星轮齿在螺杆槽内相对滑动，空气被压缩的同时喷入雾化的润滑油，当星轮齿运行到设计压力的位置时，开始从壳体上的三角口排气。

2. 单螺杆压缩机工作过程

（1）吸气过程。螺杆吸气端的齿槽均与吸气腔相通，这时各齿槽均处于吸气过程，当螺杆转到一定位置时，齿槽空间被与之相啮合的星轮片齿遮住，与吸气腔断开，吸气过程结束。

（2）压缩过程。吸气过程结束后，螺杆继续回转，随着星轮片齿沿螺杆齿槽的推进，基元容积开始缩小，实现气体的压缩过程，直到基元容积与排气口连通的瞬时为止。

（3）排气过程。当基元容积与排气口相连通后，由于螺杆的继续回转，进行气体的排出过程，将压缩后具有一定压力的气体送至排气接管。

3. 单螺杆空压机系统气路流程

气路系统包括空气滤清器、卸载阀（碟阀）、主机、油气分离器、最小压力阀、冷却器、气水分离器、安全阀和单向阀。

空气由空气滤清器滤去尘埃之后，经卸载阀进入压缩腔压缩，并与润滑油混合，与油混合之后，压缩空气通过单向阀进入油气分离器，经油气分离器滤芯，经最小压力阀，经气冷却器，到气水分离器，最后送入使用系统中。

（1）空气滤清器。进气的洁净与否会影响压缩机的正常运行。吸入未经过滤清洁的空气会缩短主机、润滑油及油气分离器滤芯的使用寿命。空气滤清器表面会积尘，应定期进行清理。空气滤清器为干式纸质滤芯，过滤纸细孔为 $15\mu m$ 左右，通常每 500h 应取下清除表面的尘埃。有些机型空气滤清器装有压差发讯器，如果仪表板上显示空气滤清器堵塞，即表示滤芯必须清洁或更换（工况不同，清扫周期需改变）。

（2）卸载阀（碟阀）。机组启动时，卸载阀处于关闭状态，使压缩机在无负载情况下启动，降低了电机启动时的电流，便于电机的正常工作。卸载阀本体所带有的空载进气口，避免了压缩机机体内的过真空。

（3）主机。单螺杆空气压缩机因其力平衡性好、轴承负荷小，星轮片齿与螺杆螺旋槽极其精准地啮合副型线在运转中摩擦极小，所以磨损极微，寿命很长，其效率和噪声都优于其他回转式压缩机的同类参数。同时由于螺杆上有 6 个螺旋槽，对应配置的两个星轮体组件，将每个螺杆槽分隔为上下两个空间，各自实现吸气、压缩、排气过程，因此单螺杆压缩机相当于一台六缸双作用的往复式压缩机，螺杆每旋转一周产生 12 个压缩循环，每分钟排气达 35000 多次。提供稳定无脉动的压缩空气，充分显示出单螺杆压缩机在结构上所具有的合理性和先进性。

（4）油气分离器。油气分离器主要由筒体、粗分筒、油气分离器滤芯和回油管组成。压缩机排出的油气混合气体切向进入筒体，沿筒内壁流动，在离心力作用下，油滴聚合在内壁上，然后油气混合气上返，油滴沉降。这样利用旋风分离法和上返分离法使绝大部分油得以分离出来，并沉降到筒体底部（即油箱）。

含有少量油雾的气体进入分离器滤芯时，滤芯对气体中的油雾进行最后的拦截和聚合，进行精分离，形成的油滴下沉到滤芯底部，经回油管至节流片，返回到压缩机进气低压腔。而通过最小压力阀排出的气体是纯净高品质的压缩空气。

油气分离器底部设有放油管，以备平时排放冷凝水和换油之用。油气分离器筒身上的加油孔，可供加油用。

（5）最小压力阀。最小压力阀由阀体、阀芯、活塞和弹簧等组成，连接在油气分离器盖板上，开启压力一般为 0.4MPa 左右。

最小压力阀功能为先建立起开机时油路系统所需的循环压力，确保机体的润滑；最小压力阀的开启压力，保证油气混合气体以合理的流速通过油气分离器滤芯，确保较好的油气分离效果；具有止逆作用，防止管道中的气体向油气分离器倒流。

（6）冷却器。

1）风冷式机型的冷却器，使用高效板翅式冷却器，其排气温度一般在环境温度 15℃左右。风冷式压缩机对环境温度条件较敏感，选择放置场所时，应注意环境的通风条件。

2）水冷式机型的冷却器，使用管壳式冷却器，用水来冷却压缩空气。注意冷却水入口温度不得超过 35℃。水冷式压缩机对环境温度条件不是很敏感，但对冷却水质有一定的要求，最好是中性水（pH 值在 7 左右），如果 pH 值太高，冷却器易结垢阻塞，若 pH 值太低，易腐蚀冷却器内部的铜质材料。

（7）气水分离器。旋风分离式的气水分离器，可自动除去因空气冷却之后的冷凝水、油滴及杂质等；压缩空气经过气水分离器排出后即可直接送至各用气设备或空气后处理设备。

（8）安全阀。当系统压力设定不当或遇其他意外情况而使油气分离器筒内的压力比额定排气压力高出 10% 左右时，安全阀即会自动打开，使压力降至设定排气压力以下。

（9）单向阀。单向阀又称止回阀或逆止阀。用于液压系统中防止油流反向流动，或者用于气动系统中防止压缩空气逆向流动。

4．单螺杆空压机系统油路流程

油路系统包括油箱（油气分离器底部容积部分）、油冷却器、机油滤清器、断油阀和温控阀等。

（1）油气分离器的下部容积起油箱的作用，并有加油孔、放油塞和油位计。机组没有油泵，润滑油的循环是借助滤芯前压力与主机喷油口所产生的压力差实现的。当压缩机运转时，油气分离器中的气体在最小压力阀的作用下，首先建立起压力，迫使润滑油通过油冷却器，再经机油滤清器，进入断油阀，对主机上下喷油孔供油，以带走空气在被压缩过程中所产生的热量，同时对主机工作腔进行润滑及密封，减少内部泄漏。

喷入压缩机的雾化油与空气混合被压缩后，再经排气单向阀重新进入油气分离器。

（2）油冷却器。油冷却器与空气冷却器的冷却方式相同，有风冷与水冷二种冷却方式。若环境状况不佳，风冷式冷却器翅片易受灰尘覆盖而影响冷却效果，严重时会导致油气温度过高而自动停机。因此应定期用低压空气将翅片表面的积尘吹净，若无法吹干净则必须以溶剂清洗，务必保持冷却器散热表面干净。

水冷式管壳式的冷却器在堵塞时，必须用溶剂浸泡，且以机械方式将堵塞在管内的结垢清除，确保完全清洗干净。

（3）机油滤清器。装有压差发讯器的机油滤清器总成，其功能是除去油中杂质而保持润滑油的洁净，对空气压缩机主机的运转起保护作用。如果过滤器堵塞，将导致主机供油不足，使油气温度升高，从而影响到主机各运动件的寿命。

当机油滤清器堵塞时，差压发讯器发出指示，信号灯亮，应及时停机检查或更换。是否更换滤芯应根据实际情况而定。

（4）断油阀。断油阀主要由阀体、阀芯、浮动塞和弹簧等元件组成。

断油阀在压缩机中是重要部件之一，其工作原理是：开机后瞬间，主机高压腔即向断油阀端部供气，活塞克服弹簧压力，推开浮动塞，即打开断油阀阀芯，开始供油。

机组运转时，断油阀始终是开着的，机组停机后，断油阀应及时关闭，以防止油涌入主机内。

（5）温控阀。水冷型压缩机在冷却器的油入口处，均配置温控阀。其作用是控制润滑油经过冷却器的旁通流量，保证压缩机在负荷运行时的油气温度高于压力露点温度，因为较低的喷油温度会使主机的油气温度过低，在油气分离器及冷却器中析出冷凝水，而不易被气路系统带出，进而恶化润滑油的品质，缩短其使用寿命。

其工作原理：刚开始时，润滑油温度低，润滑油旁通（不经过油冷却器）经机油滤清器、断油阀直接进入主机；若油气温度升至 71℃ 时，温控阀内感温元件伸长，推动阀芯在阀体内移动，开始关小旁路通道，逐步打开通向油冷却器的通道。两个通道通流面积（油流量）的比例，由油气温度决定。当油气温度上升至 75℃ 时，旁通口关闭，润滑油全部流向油冷却器进行冷却循环。

5. 控制系统（气路）

控制系统包括电磁阀、放空阀、压力控制器、比例阀、容调阀、滑阀等。

（1）电磁阀。电磁阀为常闭型，当通电时打开，主要是控制卸载阀的开启与关闭。

（2）放空阀。放空阀为常开型，当通电时关闭，主要功能有：①在压缩机启动时及卸载时迅速排放油气分离器内的压力，使压缩机在空载状况下运行；②当压缩机负载时，确保卸载阀的正常开启。

（3）压力控制器。设定压力上下限值，通过采样管采集气路系统压力信号转换成电信号，控制电磁阀、放空阀的通电与断电。

（4）比例阀、容调阀。进气量调节，控制卸载阀进气量大小。

（5）滑阀。用来阻断采样气体与芯前压力会合，使两处压力较大的一处压力气体流向压力控制器。

2.5.2.5 注意事项

（1）排气压力应不超过额定排气压力值，油气温度应不超过100℃。

（2）压缩机各部位应无异常声音及漏油漏气情况。

（3）各仪表、指示灯是否正常。

（4）利用仪表盘上的滤芯前压力表及供气压力表，定期检查油气分离器滤芯阻力。

（5）冷凝液应及时排放。

（6）运行中遇突然停电故事或按紧急停机按钮后，不能再瞬间启动，应待油气分离器内的压力自行下降至"0"时，方可开机正常运行。

（7）利用阀门调节进入冷却器的冷却水流量，使压缩空气排气温度等于环境温度10~15℃；油气温度70~85℃。

（8）定期检测安全阀，安全阀的开启压力设定在额定工作压力的10%，安全阀失灵时不可操作压缩机。

2.5.3 空气压缩机的故障及维修方法

（1）空气压缩机可能发生的故障及维修方法，见表2.5。

表2.5　　　　　　　　　　　空气压缩机的故障及维修方法

故障现象	可能发生的原因分析	维修方法
压缩机不能满负载运转，卸载阀不打开	气管路上压力达到设定压力上限，压力控制器断开电磁阀电源，卸载指示灯亮，压缩机处于卸载运行	属正常。当气管路上的压力低于设定压力下限时，压力控制器接通电磁阀，压缩机开始加载
	电磁阀失灵，致使卸载阀打不开	拆开电磁阀与卸载阀之间连接管路，在负载运行时，如不通气或通气量很小，检查修理，必要时更换
	压力控制器失灵。当管路压力下降至压力下限时，压力控制器接点未接通，电磁阀不得电	检修，必要时更换
	油气分离器与卸载阀之间的控制管路上有泄漏	检查疏水阀、容调阀、滑阀、管路及各连接处，若有泄漏，则修理或更换
	卸载阀不开启。卸载阀内活塞上密封圈磨漏气或卡住。碟阀气缸内皮碗漏气或卡住	更换密封圈或皮碗。必要时整体更换
	放空阀失灵，放空阀膜片破损或放空阀线圈不得电	检修
排气压力已超过而压缩机未卸载，安全阀已泄放	压力控制设定值不适当	检查并校对
	与压力控制器相连接的管路漏气	检修
	卸载阀不关闭。卸载阀卡住或关闭不严及电磁阀漏气	检修，必要时更换
耗油过多，空气中含油高，从水气分离器排放的液体，呈乳化状或含油量高	油位高	检查油位。卸掉压力后，放油至正常油位
	回油管节流阀的节流片孔阻塞	清洗节流孔
	油泡沫较多，油变质或使用不符合规定的润滑油	换用推荐的正确牌号的油
	油气分离器滤芯失效、破损	检查、更换

故障现象	可能发生的原因分析	维 修 方 法
耗油过多，空气中含油高，从水气分离器排放的液体，呈乳化状或含油量高	排气压力低	检查，设法提高排气压力
	最小压力阀弹簧疲劳（压力不能维持）	更换弹簧
	油气温度低于 65℃	增加用气量、调整冷却元件
排气量、排气压力低于规定值	用气量超过排气量，是否增加新的用气设备，是否有泄漏	检查泄漏，减小用气量
停机后，空气油雾从空气滤清器中大量喷出或有大量油喷出	空气滤芯阻塞	检查、清洗，必要时更换
	放空阀失灵	检查、拆放空阀与卸载阀之间铜管，如在负载时运行漏气，则更换放空阀
	主机出现故障	与制造商联系，检查修理
	安全阀泄漏，提前释压	检查并校对
	卸载阀未全开，卡住或容调阀漏气	检查卸载阀是否卡住，并查看容调阀是否漏气
	单向阀膜片破损或关闭不严	检修或更换
油气温度高，机器超温停机	非正常停机	相应检查
	放空阀未放空	检修、更换
	卸载阀关闭不严	检修
	断油阀泄漏或卡住不关闭	检修
	冷却效果不好，环境温度高大于 40℃，冷却器散热差	风冷型：改善机房通风，降低室温，清洁散热器表面灰尘，清洗冷却器内部油污。水冷型：检查冷却水进水压力、进出温差，一般为 5～10℃，如低于 5℃ 应清洗冷却器水垢
加载后安全阀马上释放	油位低，油量不足	加油并检查是否有泄漏
	智能型温控仪不在整定值或误动作	检查并调整，没有厂家许可不允调高
	断油阀失灵，处于关闭状态主机失油（温度直线上升）	检查修理
	机油滤芯堵塞，供油量减少	更换机油滤芯
	润滑油规格不正确或油变质，性能下降	检查油牌号，更换新油
	油管路有堵塞现象，造成润滑油流量不足	检修
	温控阀故障或卡死	检修
	冷却风扇故障	检修
	OPR 温度开关故障或接触不良	检修
	安全阀失灵	检查，校对
	最小压力阀故障，打不开	检查，必要时更换
压缩机卸载，但排气压力仍缓慢上升安全阀已泄放	放空阀，不排气	检查，必要时更换

续表

故障现象	可能发生的原因分析	维 修 方 法
压缩机不能负载工作，滤芯前压力建立不起来	电磁阀失灵，漏气	检查，必要时更换
	卸载阀机构故障，关闭不严	检修
	最小压力阀泄漏，弹簧疲劳，压力不能维持	检查泄漏原因，更换弹簧
卸负载频繁	滑阀阀芯在中间处卡住，泄漏	检修
	疏水器损坏，泄漏	检修（注：0.15MPa 压力下泄漏为正常）
	控制系统管路泄漏	检修
	放空阀失灵，膜片破损，线圈损坏或在运行时线圈不得电	检修，更换
	压力控制器故障，致使电磁阀不得电	检查，处理
	电磁阀故障，线圈故障或运行时线圈不得电	检查，处理
	压力控制器压差太小	检查，调整
空气压力不稳	压力采样管轻微堵塞或泄漏，压力衰减过快	检修
	空气消耗量不稳定	增大储气罐
	最小压力阀卸载时，关闭不及时或关闭不严，两个压力表 P1、P2 同步，气体倒流	检修，必要时更换

（2）空气压缩机电气系统可能发生的故障及维修方法，见表 2.6。

表 2.6　　　　　　　　　空气压缩机电力系统的故障及维修方法

故障现象	可能发生的原因分析	维 修 方 法
无法启动	保险丝烧坏	检查或更换
	过载继电器动作	校对设定值，复位
	按钮接触不良	检修或更换
	控制线路接触不良	检修或更换
	断相缺相保护器动作	检修拧紧
启动困难	电压太低	检查
	电动机故障	检查
	压缩机主机故障	与制造商联系协商后检查修理
电机 Y 形启动以后，不切换 Δ 形运行，运行指示灯不亮	时间继电器 KT1 损坏	检查时间继电器 KT1，确认损坏后更换
运转电流高	电压太低	检查、调整
在达到卸载延时后，仍未停机	排气压力太高	检查、调整
	压缩机主机故障	与制造商联系协商后检查修理
	时间继电器 KT2 损坏	检查 KT2 时间继电器，若损坏，应更换
按下停机按钮，电机延时停机不符合规定	时间继电器 KT3 失灵	调整到整定值，若有必要，予以更换

2.5.4　空气压缩机维护保养项目及周期

2.5.4.1　保养项目

1. 空气滤清器的更换及保养

吸入空气中的灰尘被阻隔在空气滤清器中，为避免压缩机被过早地磨损、油气分离器中的精滤芯被阻塞，通常运行 500h，需要清洁或更换空气滤清器滤芯，在多灰尘地区，则更换时间要缩短。过滤器维修时必须停机，为了减少停机时间，建议换上一个新的或已清洁过的备用滤芯。清洁滤芯的步骤如下：

（1）对着一个平的面，轮流轻敲滤芯的两个端面，以除去绝大部分重而干的灰尘。

（2）用小于 0.28MPa 的干燥空气沿与吸入空气相反的方向吹，喷嘴与折叠纸至少相距 25mm，并沿其高度方向上下吹。

（3）滤芯检查，如发现有变薄、针孔或破损之处，应废弃不用。

2. 冷却器的保养及使用

压缩机在压缩过程中所产生的绝大部分热量均由润滑油带走，并在油冷却器中由冷却风或冷却水带走润滑油的热量，在这个热交换过程中，热阻是起主导作用。

一般讲，风冷式冷却器对环境和温度较敏感，选择风冷式时应注意环境温度和通风条件。水冷式对环境和温度不敏感，且最容易控制温度，但对水质有要求。

（1）风冷式冷却器，若环境清洁状况不好，则其散热表面受灰尘覆盖，影响冷却效果，因此每一段时间，应用压缩空气将冷却器散热表面上的灰尘吹掉，若无法吹干净，必须用适宜的溶剂清洗，以保持散热表面干净。

（2）水冷式冷却器，必须使用干净清洁的冷却水，当冷却水进水温度小于 32℃ 时，冷却水的进水方向，一般是先进油冷却器，再进气冷却器，然后排出机外。如冷却水温度大于 32℃ 时，必须将两个冷却器并联于进出水总管上，或先进油冷却器，再进气冷却器，然后排出机外，并应使排水温度小于 50℃ 以避免冷却器积垢。

3. 更换机油滤清器滤芯

（1）将机油滤清器滤芯旋下，丢弃。

（2）仔细清洁过滤器壳体，疏通前后压差通孔。

（3）检查压差发讯器性能。

（4）新滤芯装满油（滤芯密封圈上涂上一层油）。

（5）装滤芯时，旋至其接触密封垫，然后再手工旋紧 1/3 圈。

（6）开机后，检查是否有泄漏。

4. 更换油气分离器滤芯

（1）拆下最小压力阀上各连接软管和铜管。

（2）拆下回油管铜管。

（3）拆下盖板。

（4）抽出滤芯。

（5）清洁筒体。

（6）换上滤芯后，按反顺序装好。

5. 皮带的胀紧调整

（1）皮带传动的机组，在新机运转 100h 后应检查皮带的胀紧度，若有太松现象，应立即加以调整，而后每 500h 应检查及调整一次。

（2）皮带胀紧度，以单手指能压下单根皮带中部 15～20mm 为宜。

松开电机连接座固定螺栓后，利用调整螺丝将皮带胀紧度调整好再旋紧固定螺栓：①主动带轮与被动带轮轴线平行；②两轮相对应的 V 形槽对称平面应重合；③不要将污油溅到皮带或带轮上。

2.5.4.2　保养周期

用户定期对空气压缩机组进行维护保养，多尘环境及湿度大地区情况下工作，须适当缩短保养周期。

（1）日常保养内容。检查润滑油，寻找可能出现的泄漏、异常声音、松动的或损坏的零件及压缩机出现的任何变化。

1）开机前及运行期间检查油位。

2）检查机组运行时，油气温度及各仪表是否正常。

3）检查机组运转时间累计仪的读数是否正确。

4）检查润滑油是否有泄漏。

5）每天工作结束后，水冷式机组排放冷却水，特别是环境温度低于 0℃。

6）机组在运行时，观察是否有异常声音及异常震动。

（2）每 3 个月或运行 500h：

1）新机在运转 500h 后，第一次更换润滑油、机油滤芯，空气滤芯取下清洁，用低于 0.2MPa 的压缩空气由里向外吹干净，多尘环境保养周期需缩短。

2）机组内外清洁卫生，包括冷却器表面清污（风冷机组）。

3）检查调整传动带的胀紧度。

（3）每 6 个月或运行 1000h：

1）电气系统检查，检查线路接头是否有松动，电器元件是否有烧焦现象。

2）检查电器各保护功能是否正常。

3）更换机油滤清器。

4）检查安全阀。

（4）每 12 个月或运行 2000～3000h：

1）更换润滑油，如使用环境多尘、空气污染等，换油周期应缩短。

2）更换油气分离器滤芯。

3）清洗冷却器，水冷式清洗水垢，如水质差，清洗周期应缩短。

2.5.4.3　电动机的维护和保养

（1）电机应定期检查清洁机身表面，风罩进风口不应受尘土纤维等的阻碍，确保电机散热良好。

（2）当电动机的热保护及短路保护连续发生动作时，应查明故障原因，排除后方可再启动电机。

（3）应保证电动机在运行过程中良好的润滑，一般连续运行的电动机半年左右应补充润滑脂，补充时应用高压油栓将润滑脂从油杯处加入，加完后从轴承外盖下端排出残脂和多余的润滑脂，以保证轴承内外油盖之间的空间大约有 1/2～2/3 的润滑脂。

（4）其他注意事项，详见电动机使用说明书。

2.5.4.4　长期停机保养

长期停机时，应仔细依下列方法处理，特别是在高温的季节或地区。

（1）停机 3 个星期以上：

1）电动机控制系统元件及电气设备，用塑胶纸或油纸包好，以防湿气侵入。

2）将水冷式油冷却器、气冷却器内的水完全放干净。

3）若有任何故障，应先排除，以便将来使用。

4）几天后再将油气分离器、油冷却器、气冷却器凝结水排出。

（2）停机 2 个月以上。除上述程序外，另需做下列措施：

1）将所有开口封闭，以防湿气、灰尘进入。

2）将安全阀、控制阀等用油纸或类似纸包好，以防锈蚀。

3）停用前将润滑油换新，并运转 30min，两三天后排除油气分离器及油冷却器内残留的凝结水。

4）将冷却水完全排出。

（3）重新开机程序：

1）除去机组上所有塑胶纸或油纸。

2）测量电动机的绝缘，应在 1MΩ 以上，检查所有电气设备，不允许有受潮现象发生。

3）其他程序如试车所述步骤。

（4）故障后的开机程序：

1）按紧急停机按钮，或切断总电流。

2）排除故障。

3）释放紧急停机按钮（某些机型还需按复位键）。

4）启动压缩机。

2.6　气力输灰系统

气力输灰系统的功能是将锅炉对流烟道、除尘器灰斗内的飞灰收集下来，飞灰在仓泵内流态化并均匀进入输灰管路，飞灰的流态化和存气性较好，在输灰过程中呈整体灰柱的形式。用正压密相气力输灰的方式输送至灰库储存。该系统还可以满足用户将锅炉电除尘器不同的电场收集下来的飞灰，按粗细灰分开输送及存放的要求。该系统适用于炉底渣、石灰石粉、水泥生料和矿粉等粉粒状物料的输送。

2.6.1　系统简介

气力输灰系统由电除尘器飞灰处理系统、库顶卸料及排气系统、灰库气化风系统、库底卸料系统、控制用气及布袋脉冲清洗用气系统、输送用空压机系统及空气净化系统和控制系统组成。通过压缩空气作为气力输灰的动力源，由设置在仓泵上的密闭管道，使粉煤灰被输送到灰库，再通过库底卸料器、散装机、双轴搅拌机向外排灰，实现无污染排灰。

输灰系统采用程控自动运行，分组输送。输送系统使用的压缩空气由本专业空气压缩机系统提供，系统的仪控用气取自热机专业提供的全厂仪控用气。电厂设 1 座钢筋混凝土结构灰库，直径为 8m，高 20m，有效容积为 400m³，可满足 1 台锅炉设计燃料 36h 储灰量。每座灰库设有 2 个出口，1 个安装干灰散装机，1 个安装加湿搅拌机。灰库下设置 2 台气化风机，1 台运行，1 台备用。灰库底设有气化槽；除尘器灰斗及对流烟道下的灰斗设有飞灰发送器。在袋式除尘器下及灰库运转层各设 1 台电加热器。灰库顶部设有 1 台袋式除尘器及检修起吊设备。灰库地面冲洗排污水纳入全厂废水处理系统。

2.6.2　系统工作原理

2.6.2.1　AB 型浓相气力输送泵工作原理

AB 型浓相气力输送泵在本系统中主要用于粉煤灰的输送，它自动化程度高，利用 PLC 控制整个输送过程实行全自动控制。主要由进料装置、气动出料阀、泵体、气化装置、管路系统及阀门组成。气力输灰系统布置，如图 2.1 所示。

仓泵输送过程分为四个阶段：

（1）进料阶段。仓泵投入运行后进料阀打开，物料自由落入泵体内，当料位计发出料满信号或达到设定时间时，进料阀自动关闭。在这一过程中，料位计为主控元件，进料时间控制为备用措施。只要料位到或进料时间到，都自动关闭进料阀。

（2）流化加压阶段。泵体加压阀打开，压缩空气从泵体底部的气化室进入，扩散后穿过流化床，在物料被充分流化的同时，泵内的气压也逐渐上升。

（3）输送阶段。当泵内压力达到一定值时，压力传感器发出信号，吹堵阀打开，延时几秒钟后，出料阀自动开启，流化床上的物料流化加强，输送开始，泵内物料逐渐减少。此过程中流化床上的物料始终处于边流化边输送的状态。

（4）吹扫阶段。当泵内物料输送完毕，压力下降到等于或接近管道阻力时，加压阀和吹堵阀关闭，出料阀在延时一定时间后关闭。整个输送过程结束，从而完成一次工作循环。

2.6.2.2　脉冲仓顶除尘器工作原理

该除尘器装于灰库顶部，用于灰库向外排除空气时收集灰尘之用，保证排气无粉尘。该除尘器由三个部分组成，即上箱体包括盖板、排气口等；下箱体包括机架、滤袋组件等；清灰系统包括电磁脉冲阀、脉冲发生器等。

含尘空气由除尘器底下进入除尘箱中，颗粒较粗的粉尘靠其自身重力向下沉落，落入灰仓，细小粉尘通过各种效应被吸附在滤袋外壁，经滤袋过滤后的净化空气通过文氏管进入上箱体从出口排出，被吸附在滤外壁的粉尘，随着时间的增长，越积越厚，除尘器阻力逐渐上升，处理的气体量不断减少。为了使除尘器经常保持有效的工作状态，就需要清除吸附在袋壁外面的积灰。

清灰过程是由控制仪按规定要求对各个电磁脉冲阀发出指令，依次打开阀门，顺序向各组滤袋内喷吹高压空气，于是储气罐内压缩空气经喷吹管的孔眼穿过文氏管进入滤袋（称一次风），而当喷吹的高速气流通过文氏管—引射器的瞬间，数倍于一次风的周围空气被诱导同时进入袋内（称二次风）。由于这一次、二次风形成的一股过滤气流相反的

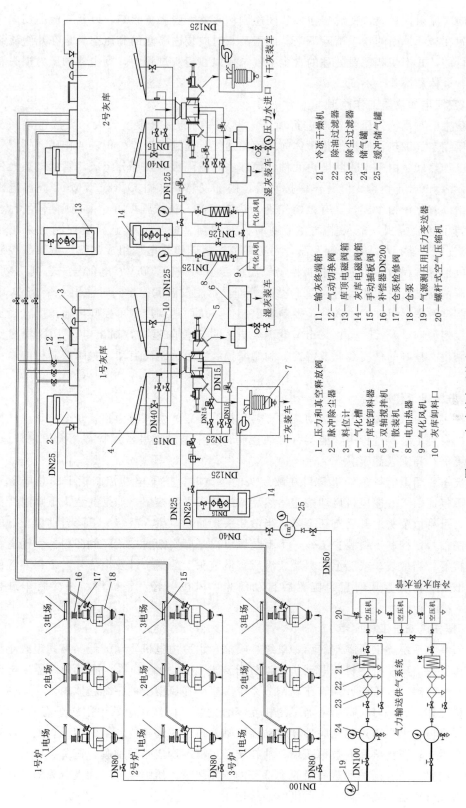

图 2.1　气力输灰系统布置

1— 压力和真空释放阀
2— 脉冲除尘器
3— 料位计
4— 气化槽
5— 库底卸料器
6— 双轴搅拌机
7— 电加热器
8— 散装机
9— 气化风机
10— 灰库卸料口

11— 输灰终端箱
12— 气动切换阀
13— 库顶电磁阀箱
14— 灰库电磁阀箱
15— 手动插板阀
16— 补偿器 DN200
17— 仓泵检修阀
18— 仓泵
19— 气源测压用压力变送器
20— 螺杆式空气压缩机

21— 冷冻干燥机
22— 除油过滤器
23— 除尘过滤器
24— 储气罐
25— 缓冲储气罐

强有力逆向气流射入袋内，使滤袋在一瞬间急剧从收缩→膨胀→收缩，以及气流的反向作用遂将吸附在袋壁外面的粉尘清除下来。由于清灰时向袋内喷吹的高压空气是在几组滤袋间依次进行的，并不切断需要处理的含尘空气，所以在清灰过程中，除尘器的压力损失和被处理的含气体量都几乎不变。

2.6.2.3 空气电加热器工作原理

本设备主要对系统的压缩空气进行加热，当灰库内的存灰湿度较大，无法正常卸灰时，即把压缩空气加热，通过气化槽体向灰库内通气，起到干燥库内积灰的作用。

空气电加热器是由多支管状电热元件、筒体、导流隔板等几部分组成，管状电热元件是采用 1Cr18Ni9Ti 不锈钢无缝管作保护套管，内部发热元件由 OCr27A7MO2 高温电阻合金丝，结晶氧化镁粉组成，具有结构先进、热效率高、机械强度好、耐腐耐磨等特点。筒体内安装了导流隔板，能使空气在流通时受热均匀。加热器数显温度控制柜采用了 XMT 型温度调节器，集成电路触发器，大功率可控制硅和热电偶组成测温、调节、控制回路，在电加热过程中，测温热电偶将出口温度转换为毫伏（mV）电信号，送到 XMT 数显温度调节器进行放大比较后，LED 数码管即显示测量温度值，同时输出 $0 \sim 10mA$ 电流到可控制硅触发器组件的输入端，控制输出相位，从而达到控制可控硅导通角度。当显示值低于设定值时，XMT 输出 10mA 电流，进入设定值附近时，输出电流 PID 规律变化，使控制柜有良好的精度和调节特性。利用联锁装置可远距离启动、关闭控制柜的输出电流。

2.6.2.4 散装机工作原理

散装机主要由散装头、升降驱动装置、料位控制装置、引风吸尘装置及全自动电气控制柜组成。在整个装料过程中，能实行自动控制，工作全过程呈密封状态，无粉尘外逸。有利于环境保护和工人健康。

当散装车或船上储料罐的进料口在散装头的下方时，按下电器控制柜上的总电源开关，总电源接通，接着按风机启动按钮，然后按散装头下降按钮，如果散装头下降时严重偏离罐口，可将散装头上升后重新下降，当散装头接通罐口后，散装头下降自动停止，同时输出控制信号，控制下料装置工作，下料装置可以是库底卸料器、库侧卸料器、输送斜槽、给料机等，当散装车或船上的料罐装满后，散装头上的料位计发出信号，下料装置停止工作，散装头自动上升到起始位置后自动停止，风机停转，整机停，一次装车过程结束。

2.6.2.5 螺杆压缩机工作原理

本机组是为系统提供压缩空气用，单级、喷油、水冷由电机驱动的低噪声固定式小型螺杆压缩机。它由压缩机主机、电动机、油气分离器、油/分冷却器、液气分离器、电气控制箱以及气管路、水管路、油管路和调节系统等组合在机架上的一个箱体内。

压缩机壳体内有一对经过精密加工的相互啮合的阴、阳转子。其中阳转子有 4 个齿，阴转子有 6 个齿。电机通过弹性联轴器驱动齿轮轴，再通过齿轮传动给阳转子。喷入的油与空气混合后在转子齿槽间有效地压缩，油在转子齿槽间形成一层油膜，避免金属与金属直接接触并密封转子各部的间隙和吸收大部分的压缩热量。压缩空气经油气分离器、油气冷却器、液气分离器分离出油、水后供给系统使用。

2.6.2.6 冷冻式压缩空气干燥机工作原理

冷冻干燥机在整个气源净化系统中，主要起除去压缩空气中的水分的作用，使经过干燥机处理后的压缩空气，其压力露点温度达 2～10℃（相当于大气露点 23.3℃）。

经空压机排出的高湿热空气，经湿空气入口进入预冷器，与先期进入干燥机已被冷却干燥的低温干燥空气进行热交换（两者有各自流通管互相隔绝），使进口的空气预冷。预冷后的冷空气进入蒸发器，在制冷系统蒸发器瞬间强力冷却下，空气温度急剧下降至 2℃，此时空气中的水汽、油气迅速达到饱和，并从空气中析离凝结成水滴、油滴。从蒸发器流出的空气，进入油水分离器的作用下，使空气中析离的水滴、油分与空气分离，经自动排水器排出机外。干燥后的空气通过另置管道，再次流入预冷器。此时流入预冷器的干燥空气，温度和压力露点均达 2～5℃，在预冷器中与入口湿空气做热交换，使温度适当提高到大约与室外相同温度，然后输出干燥空气到系统使用。

2.6.3 系统的调试

为了使整个输灰系统的顺利投入进行，调试工作可分以下三步进行，即单机调试、空载联动调试和系统荷载调试，现分述如下。

2.6.3.1 单机调试

（1）通电、通气前对系统各设备的安装情况认真检查，看是否符合设计要求，尤其是对设备本体和接口的情况做检查，绝对不能有隐患存在。

（2）设备上安装的气动阀门、电气元件、热工仪表及控制元件进行测试，确认其性能符合参数要求。

（3）核对仓泵的各阀门与电磁阀之间的连接管路是否符合要求，各阀门应开关灵活，不应有任何卡住和不到位现象存在。

（4）对仓泵进行密封性试验，确保仓泵充压后各阀门及各接口没有泄漏，要求充压为 0.35MPa 左右。

（5）按图核对控制柜与就地箱及料位计之间的接线是否正确。

（6）根据气源供气压力值，设定气源压力上下限设定值，要求上限不高于 0.4MPa，下限不低于 0.35MPa，以确保系统的正常运行。

（7）观测仓泵在没有物料的情况下输送时的压力来设定仓泵下限压力值，同时设置仓泵的上限压力值。

（8）对于仓泵的各个料位信号，应逐个进行调整，并进行模拟试验，以确认各料位报警正常。

（9）调试后各单机设备应符合设计要求、运行稳定、各阀门应开关灵活。

2.6.3.2 空载联动调试

（1）在单机调试圆满完成并确认各设备性能良好，运行正常后方可进行空载调试，空载调试分步进行，即单台仓泵、一组仓泵及全系统。空载调试应结合电控调试同时进行。

（2）单台仓泵调试。在调试时可结合就地和集中控制进行，主要是调整上下限压力值和料位及程序是否符合设计要求。

（3）一组仓泵调试。调试以集中控制进行，主要是观察在同一条输灰管之间各仓泵联锁是否符合设计要求。

（4）系统仓泵调试。调试以集中控制进行，系统设备全部投入自动运行，主要是观察仓泵运行状况及仓泵各阀门的动作是否正常，及时发现运行中出现的问题。模拟故障以确保仓泵在出现故障时能自动停止运行和报警。

2.6.3.3　系统荷载调试

在系统荷载调试前，应把在以前调试中设备出现的问题处理完毕。

（1）在对系统荷载调试中，应注意各设备运行状况，及时调整仓泵运行的各项数据，确保仓泵长期稳定运行。

（2）在运行中如出现问题应及时处理。

2.6.4　系统的启动与运行

2.6.4.1　启动前检查工作

1. 仓泵检查

（1）清理仓泵泵体和周围的杂物、积灰。

（2）检查就地控制箱操作按钮是否处于"自动"状态。各气动阀门按钮是否处于"关"状态。

（3）检查各管路连接处是否有漏气现象。

（4）检查各仪表指示是否正常。

（5）检查空气滤气器内是否有积水或积尘，油雾器内是否油位合格。

（6）检查各气动元件，电磁阀、指示灯是否正常工作。

（7）确认电除尘是否工作正常。

2. KDRK 空气电加热器的检查

（1）清理电加热器本体及周围卫生。

（2）检查电源电压是否符合要求，检查电源线的出入端连接是否牢固可靠。

（3）检查各指示仪表是否完好，XMT 数显表的各项功能是否正常。

（4）检查气源是否充足，压力是否符合要求。

3. 脉冲仓顶除尘器的检查

（1）清理除尘器壳体外部积尘。

（2）检查电源电压是否符合要求。

（3）检查除尘器外部各连接处是否牢固。

4. 螺杆压缩机的检查

（1）检查压缩机的内外部各重要组合件是否紧固，不准许任何连接有松动现象。

（2）检查油位高度，停机时液面计油位应在"50～70"位置。

（3）检查冷却水是否充足，供气阀门应处于"关闭"位置。

（4）检查电源电压是否符合机组要求。

（5）清除机组周围的杂物，以确保操作安全。

5. 冷冻干燥机的检查

（1）检查干燥机内、外部各部位是否紧固，不准任何连接有松动现象。

（2）检查电源电压、来气压力、进口温度、处理风量等工况条件是否与铭牌相等。

（3）检查进气阀、供气阀是否处于"关闭"状态。

（4）检查电源电压的波动范围，不得超过额定电压的±5％。

（5）确认储气罐及系统各处节阀处于正常位置。

（6）清理机组周围杂物，以确保机组运行安全。

6. 双轴搅拌机的检查

（1）通过输灰控制室运行人员确认哪个灰库可放灰。

（2）检查水管、水嘴是否通畅、水压是否正常。

（3）检查库底卸料器、各气动阀门开关是否正常。

（4）检查落灰口积灰是否清理干净。

（5）检查运灰车辆是否停放到位。

7. 散装机的检查

（1）检查设备所有连接部位密封，包括布袋连接，引风机排气管道连接等。

（2）仔细检查升降机构是否处于完好状态，钢丝绳是否完好，有无磨损、积垢，升降中是否有过度的松弛现象。

（3）检查行程开关动作是否灵敏、可靠，顶杆有无阻滞现象。

（4）检查行程开关位置有无松动；压动行程开关的挡杆、挡块有无松动等。

2.6.4.2 系统启动

1. 系统的启动顺序

空气压缩机——→干燥机——→仓顶除尘器——→输灰仓泵——→空气电加热器——→搅拌机或散装机。

2. 空气压缩机的启动

（1）接通水路，冷却水正常供水。

（2）按下"启动"按钮，压缩机开始启动。

（3）当排气压力表指示 0.4MPa 以上且维持 2min 后，缓慢打开供气阀门，不准全部打开。每次打开阀门量以排气压力表不低于 0.4MPa 为准，最终全部打开供气阀为系统供气。

（4）运行 20min 后，调整冷却水量，以排气温度维持在 70～80℃为宜。

3. 干燥机的启动

（1）关闭干燥空气旁路阀，缓慢打开空气进口阀，关闭空气出口阀，同时缓慢打开过程器的进口阀。

（2）按下电源联"ON"启动干燥机。

（3）观察各仪表工作参数正常后，缓慢打开空气出口阀，待干燥机运行正常 5min 后方可全部开启空气出口阀，干燥机进入正常运行状态。

（4）仪表显示正常值：蒸发压力为 0.4～0.5MPa；出口压力为 0.5～0.7MPa。

（5）每次停机 5min 后方可再次启动。

4. 仓泵的启动

AB 浓相仓泵一般由进料阀、加压阀、吹堵阀、输送阀及泵体和管路等组成，它们在一起组成一个输送物料的发送部分。在上面所述的进料阀和其他几个阀门，全部采用气动控制。其控制气源采用输送用气源（也可以单独设置）。

AB 浓相仓泵输送过程分为四个阶段：①进料阶段；②流化加压阶段；③输送阶段；

④吹扫阶段。

在仓泵的控制方式中，共分为两种工作方式：一种为手动工作方式，此方式为仓泵在调试时应用，在这种工作方式中（在程控柜上，该仓泵的工作方式必须在"退出"），仓泵上各阀门可以自由动作，这样可以方便调试，也可以在仓泵发生了故障后进行操作；另一种为自动工作方式，这是一种主要的工作方式，在一般正常情况下都是以这种工作方式进行工作的。在投入后，都是以自动循环的工作方式进行。

1）手动操作：PLC 控制柜合上各个空气开关——输出相应的电压仓泵就地箱合上（PLC 控制柜）各个空气开关——就地箱手动自动按钮打到手动位置（此时手动指示灯亮）——按照仓泵工艺流程打开，关闭相应的旋钮。

2）自动控制（其中延时时间都为可调）：PLC 控制柜合上各个空气开关（输出相应的电压）——仓泵就地箱手动自动按钮打到"自动"位置——单击或旋转 PLC 控制柜系统柜投入"退出"按钮到"投入"位置——单击或旋转 PLC 控制柜对应各台仓泵投入"退出"按钮到"投入"位置——（气源总压力满足约 0.5MPa 以上）——对应各台投入仓泵执行自动流程——（系统退出或对应各台仓泵退出）——单击或旋转 PLC 控制柜系统柜投入"退出"按钮到"退出"位置或仓泵投入"退出"按钮到"退出"位置——（系统或对应各台仓泵执行完空载退出程序）——可继续执行投入或退出运行——此时对应仓泵就地箱手动自动按钮打到"手动"位置——对应一组仓泵输送完毕——对应仓泵就地箱手动自动按钮打到"手动"位置的仓泵可执行手动操作（同一组管的仓泵不能同时输送）PLC 控制柜。

5. 仓顶除尘器的启动

(1) 气源压力正常，准备输灰时必须先投仓顶除尘器，后投仓泵。

(2) 合上各个空气开关（输出相应的电压）——单击除尘器"开"按钮——除尘器就地控制箱合上电源开关——自动延时 30min 开，延时 20min 关——单击除尘器"关"按钮——除尘器正常工作。

6. 空气加热器的启动

(1) 气源压力正常后，打开电加热器的进出口阀，关闭空气旁路阀。

(2) 空气流动正常后合上，各个空气开关（输出相应的电压）——（单击气化风机开按钮）——单击加热器"开"按钮——（温度到）——加热器自动调节开关——停止——单击加热器"关"按钮——延时 3min——单击气化风机关按钮。

(3) 调整压力调节阀，使压缩空气最高压力不超 0.2MPa。

(4) 根据灰库内灰位高低，调整空气调节阀，使汽化压力保持在 0.1MPa。

(5) 空气加热器应在灰库卸灰前 1h 投入。

7. 双轴搅拌机的启动

(1) 检查各处无误后：

1）手动操作：合上各个空气开关（输出相应的电压）——单击搅拌机"开"按钮——单击气动水阀"开"按钮——单击湿灰卸料器"开"按钮（调整好下料量）——目测装车满——单击湿灰卸料器"关"按钮——（延时 20s）——单击气动水阀"关"按钮——延时20s——单击搅拌机"关"按钮——完成一流程搅拌机就地控制箱只能启动搅拌机开，且无法关闭。

2) 自动控制：搅拌机控制（箱）合上各个空气开关（输出相应的电压）——单击搅拌机"开"按钮——（延时 20s）——气动水阀自动打开——湿灰卸料器自动打开（调整好下料量）——目测装车满——单击湿灰卸料器"关"按钮——（延时 20s）——气动水阀自动关闭——（延时 20s）——搅拌机自动关闭——完成一流程搅拌机就地控制箱单击搅拌机"开"按钮——搅拌机自动开始下料流程——单击搅拌机"关"按钮——搅拌机自动完成下料流程。

（2）放灰时要严格控制下灰量，避免下灰过多造成搅拌机堵塞。气化压力不准超过 0.1MPa。

（3）运行时根据灰量多少及时调整水量，防止灰水比例不均。运行时应尽量减少启停次数。

（4）当装灰量快满时，要提前按下"停止"按钮，以免余灰落地。

（5）搅拌机运行时，工作人员必须时刻注意人身安全，做到安全运行。发现搅拌机运转异常，应报告检修人员修理。

8. 散装机的启动

散装机的启动可分为自动和手动两种方式，具体操作方式如下：

（1）手动操作：散装机控制（箱）（卸料器有时为锁气器）合上各个空气开关（输出相应的电压）——单击气化风机"开"按钮（同时自动起动料位风机）——按"下降"按钮（下降到位）——单击干灰卸料器"开"按钮（调整好下料量）——料满——自动干灰卸料器"关"按钮——延时 20s——按"上升"按钮（上升到位）——单击气化风机"关"按钮（同时自动关闭料位风机）——完成一流程散装机就地控制箱能完成散装机的上升，下降动作，不能完成下料。

（2）自动控制：散装机控制（箱）（卸料器有时为锁气器）合上各个空气开关（输出相应的电压）——按"下降"按钮——同时气化风机，料位风机自动启动——下降到位——干灰卸料器自动打开（调整好下料量）——下灰料满——延时 20s——散装机自动上升——同时气化风机，料位风机自动关闭——完成一流程散装机就地控制箱按住下降——下降到位松开——自动下料——单击装车料满或自动料满——散装机自动延时上升。

2.6.4.3 工控机操作

送上电源——电脑开机——自动进入主控画面。

（1）主控画面操作。随着鼠标移动单击各个显示框架将进入各个画面：各个炉画面、各个灰库画面、空压机画面、系统退出密码窗口等。

1）各个炉画面。根据厂方实际情况可进入 1 号炉，2 号炉，3 号炉等画面，每个炉画面可对应进入各台仓泵的子画面，可相应对仓泵进行运行观察。

2）各个灰库画面。根据厂方实际情况可进入灰库画面，对灰库进行料位、除尘器出灰等进行观察。

3）空压机画面。根据厂方实际情况可进入空压机画面，对压缩机，干燥机等进行观察。

4）系统退出密码窗口。进入主控画面单击厂名，出现密登入口——单击系统管理员"下拉"键——单击厂名——输入 808——工控机自动关机（关机前确定仓泵已不执行运行）。

（2）仓泵工控操作：

开机——进入主控画面——单击主画面——进入仓泵炉号画面——单击系统投入——单击相应仓泵泵号（如 1 号泵）——进入相应仓泵子画面——单击投入（观察仓泵自动显示为红色，如果仓泵手动为红色，至仓泵就地箱把手动—自动旋到自动）——仓泵泵号（如 1 号泵）变为红色或仓泵泵号由隐含变为显示——设定压力满足——进入自动运行——单击相应仓泵退出——仓泵泵号（如 1 号泵）变为黑色——仓泵执行完退出程序后退出——单击系统退出——仓泵执行完退出程序后全部退出。

（3）灰库操作：

a. 如果灰库有切换阀控制，则切换阀显示旁就有浮动按钮或隐含按钮，通过单击浮动按钮可对切换阀进行操作（操作仓泵应不在输送状态）。

b. 如果灰库带有加热器，罗茨风机等远程操作，电器显示旁就有浮动按钮或隐含按钮，若灰库控制电源开启，则可进行加热器，罗茨风机等操作，一般加热器先关后开，罗茨风机先开后关，两者互锁；一般情况下能对干灰下料，湿灰下料，灰库料位等进行监控。

（4）工控机报警。工控机对各个报警都有相应的文字显示，并出现文字闪烁和声光报警，原因及处理方法见以下说明。

a. 出现故障时对应仓泵停止输送（自动执行）。

b. 在同一管道上，对于不影响其输送的故障仓泵仍然输送，反之，都停止输送，必须等故障处理完后才能恢复输送。

c. 影响其输送的故障：输送超压（堵管），输送超时。

d. 处理故障时，对应仓泵必须在手动位置及对应仓泵就地箱必须从自动旋到手动（此时手动指示灯亮，故障闪烁）。

e. 处理故障时，气源必须满足要求 0.400～0.500MPa。

f. 故障处理完后，对应仓泵就地控制箱必须按报警复位，然后，在 PLC 柜或工控机上旋动或单击投入，仓泵自动进入流程。

g. 声光报警时间为程序内部设定，一般为 100s，按"报警消音"则立即关闭声音。

2.6.5 系统的停运

2.6.5.1 仓泵的停运

（1）仓泵停运必须在停炉或系统发生故障时才能操作。

（2）确认必须停泵或接到停泵指令后，可在控制柜上直接按下"退出"按钮或在计算机画面上单击相应仓泵"退出"按钮，仓泵退出运行。

（3）停炉后必须把灰斗内的积灰全部输空后方可停泵。

（4）仓泵退出后应及时清理仓泵和管路卫生。

2.6.5.2 仓顶除尘器的停运

（1）只有全部仓泵停止向灰库输灰或除尘器发生故障时才能停止仓顶除尘器的运行。

（2）确认必须停止除尘器运行后，可在集控室控制柜上直接按下"退出"按钮，仓顶除尘器退出运行。

（3）切断电源，清理仓顶除尘器外部卫生。

2.6.5.3 冷冻干燥机的停运

（1）只有当系统全部停运时，才能停止干燥机的运行。

（2）首先关闭空气出口阀。

（3）按下停止按钮"OFF"，干燥机即退出运行。

（4）用手动排水阀排净分离器内存水。

（5）关闭空气进口阀，切断电源。

（6）清理机组外部卫生。

2.6.5.4 螺杆压缩机的停运

（1）只有当系统全部停运或紧急排除故障时，才能停止压缩机的运行。当有一台压缩机需要退出运行时，必须先启动备用压缩机后，才能退出。

（2）首先关闭供气阀门。

（3）按下"停车"按钮，机组延时 5s 后停机。

（4）非紧急情况下，严禁使用"紧急停车"按钮。

（5）打开手动排液阀，排空机组冷凝液。

（6）切断电源。

（7）停机 10min 后关闭冷却水进水阀。

（8）清理机组卫生。

2.6.5.5 空气电加热器的停运

（1）电加热器的停运操作可在就地和集控室控制柜上进行。

（2）确认灰库放灰完毕后，按下"停运"按钮，加热器停止加热。

（3）加热器停止加热后，必须到灰库关闭空气气化节门，节约输灰系统压缩空气，保证气源正常压力。

（4）清理加热器外部卫生。

2.6.5.6 双轴搅拌机的停运

（1）灰库里的灰放净或长时间不放灰时，应通知输灰运行人员关闭电加热器和气化节门。

（2）清理搅拌机内壁和两轴、叶片上的积灰。

（3）清理搅拌机落灰口，保证落灰口的口径不变小，保证正常落灰。

（4）放灰完毕清理搅拌机外部及周边积灰。

2.6.6 系统运行常见故障的处理

2.6.6.1 螺杆压缩机故障处理

（1）当排气温度高于 80℃时，可加大冷却水的供水量，排气温度即可降低。

（2）当加大供水量仍不能降低排气温度时，必须停机检查油路，由检修人员处理。

（3）当压缩机噪声增高时，必须停机报检修人员处理。

（4）当压缩机的排气量，排气压力低于规定值时，报检修人员处理。

（5）运行中冷凝液自动排放阀排出的水中含油时，必须停机报检修人员处理。

（6）运行中压缩机油位不在正常位置，必须停机报检修人员处理。

2.6.6.2 冷冻干燥机故障处理

（1）出口压力达不到正常值时，就检查进出口阀门是否全部打开，管路是否有泄漏。检查空气旁路阀是否关严。

（2）当空气除湿不良时，应停机报检修人员处理自动排水器。

2.6.6.3 散装机故障处理

（1）无法启动上升、下降：

1）检查电源是否正常，电源开关是否闭合，熔芯是否良好。

2）检查热继电器是否复位。

3）检查升限位，降限位是否正确。

（2）料位计不动作或误动作：

1）检查料位计接线是否正确。

2）调整料位计灵敏度。

2.6.6.4 输灰仓泵（含工控）故障处理

（1）输送超压（堵管）。

显示：①工控机，仓泵子画面对应出现闪烁和声光报警；主画面对应出现文字闪烁和声光报警；报警画面同时记录；②PLC 柜，对应仓泵无显示，对应输送阀指示灯闪烁仓泵；自动（故障）指示灯闪烁

原因：①输送时，气源压力骤降；②粉煤灰粗且潮湿；③输送时，压力达到设定值 $0.400 \sim 0.500$ MPa；④管道设计布置不合理。

对应处理方法：①检查气源下降原因并及时恢复；②利用排堵管进行手动排灰：关闭防堵自动进气一路球阀——打开防堵直通进气球阀，给输送管道再充压到无声——打开往电除尘的排堵球阀到无声——关闭往电除尘的排堵球阀——打开防堵直通进气球阀，给输送管道再充压到无声——打开往电除尘的排堵球阀到无声——反复多次直至输灰管排通。

（2）输送超时（堵管前兆）。

显示：同"输送超压（堵管）"。

原因：①输送管道长，导致输送时间超过设定值；②输送时，压力不稳定；③粉煤灰粗且潮湿；④仓泵气化室气化板堵塞，损坏。

对应处理方法：①修改输送时间，最大 999s；②稳定压力；③如果输送压力稳定且不高，利用排堵管直通阀门进行继续输送，直到疏通；④如果输送压力高，接近堵管压力，利用排堵管进行手动排灰：关闭防堵自动进气一路球阀——打开防堵直通进气球阀，给输送管道再充压到无声——打开往电除尘的排堵球阀到无声——关闭往电除尘的排堵球阀——打开防堵直通进气球阀，给输送管道再充压到无声——打开往电除尘的排堵球阀到无声——反复多次直至输灰管排通；⑤检查气化室，清洗或更换气化板。

（3）气源低压。

显示：①工控机，仓泵子画面对应出现闪烁和声光报警，主画面对应出现文字闪烁和声光报警，报警画面同时记录；②PLC 柜，对应仓泵无显示，气源指示灯闪烁；③仓泵，

自动（故障）指示灯闪烁。

原因：空压机损坏；气源低于设定压力；压力传感器没有测压。

对应处理方法：检查空压机；检查传感器是否损坏（检修或更换传感器），传感器有无电压或电流；检查测压装置是否损坏（皮管是否堵塞，滤网是否堵塞）。

（4）加压超时。

显示：同"气源低压"。

原因：无气源导致加压时间超过设定值；加压阀损坏；电磁阀损坏；进料阀关闭不严；输送阀关闭不严；测压滤网堵塞。

对应处理方法：检查空压机；检修或更坏加压阀；检修或更换电磁阀；检修，更换进料电磁阀或密封垫或气缸；检修或更换输送电磁阀或输送气动双闸板或气缸；清洗或更换滤网板。

（5）料位失灵。

显示：同"气源低压"。

原因：料位计在输送完后仍有料位信号。

对应处理方法：按照说明书重新调整料位计；更换料位计。

（6）料位监控。

显示：PLC柜，对应仓泵料位指示灯闪烁。

原因：仓泵在监控计数内以时间输送。

对应处理方法：修改料位监控计数；延长进料时间。

（7）灰库高料位。

显示：①工控机，灰库子画面对应出现闪烁和声光报警，主画面对应出现文字闪烁和声光报警，报警画面同时记录；②PLC柜，对应高高料位指示灯闪烁。

原因：有料满信号；料位计故障。

对应处理方法：灰库接收仓满，立即执行系统退出，单击系统退出；检修或更换料位计。

（8）灰库袋式除尘器

显示：同"灰库高料位"。

原因：灰仓内压力过高。

对应处理方法：排放灰仓压力；袋式除尘器自动排气泄压。

（9）灰库切换阀（开不到位报警，关不到位报警）。

显示：同"灰库高料位"。

原因：气控电磁阀损坏；无气源；磁控限位开关没有到位（切换阀没全部打开）；磁控限位开关损坏。

对应处理方法：更换或检修电磁阀；恢复气源；调节限位开关位置；更换或检修磁控限位开关。

2.6.7 系统设备维护与保养

2.6.7.1 仓泵的维护和保养

（1）仓泵在加压过程中，如出现加压不起作用，压力显示仪表不动作时，应进行现场检查，主要有以下几点：

1）仓泵出料阀和进料阀及排气阀（小容积仓泵一般不设置）的气缸是否动作，如不动作，则为控制系统和电磁阀的问题，应仔细检查连接线路和电磁阀。

2）气缸关闭是否到位，如关闭不到位应查明原因，如有问题应更换或修理。

3）如出料阀和进料阀气缸关闭到位，应检查压力变送器和显示仪表，如有问题应更换或修理后再输送。

4）在排除其他因素后，可检查仓泵的进料阀和输送阀。

（2）如有堵管仓泵退出，应先进行疏通管道，在管道疏通后，应在就地控制箱上或 PLC 控制柜上按下"报警解除"按钮，然后系统才能正常投运。

（3）仓泵在调试中，料位计的灵敏度、各种程序的动作时间、各种压力值和阀门的开度已经设定，一般在正常情况下不要随便再做调整。

（4）在工作中，应该经常检查仓泵各部分工作是否正常。

（5）应定期对气源处理两联件的空气滤气器和油雾器清洗和加油。

（6）仓泵工作的参数点设定应根据现场情况在调试时最后确定。

（7）进料阀在工作中，应经常加注润滑脂，一般为每半个月加注一次，加注应用黄油枪打入。具体加油点位置如图 2.2 所示。

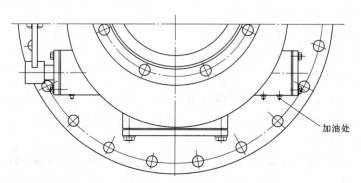

图 2.2　进料嘴加油点位置

进料阀是仓泵上的关键部件，在该阀的工作原理是由外部气缸带动轴作 90°回转，从而带动法兰盘回转，当法兰盘向上时，即关闭进料阀，当法兰盘向下时，即打开进料阀。密封是依靠密封圈的紧密接触来实现的。

其中密封圈是易损件，在仓泵加压发生不正常情况时，应检查该密封圈是否已经磨损。应随时清除泵体上和各阀门上的积灰，保持环境的清洁卫生。

2.6.7.2　双轴搅拌机的维护与保养

（1）使用前搅拌机传动齿轮箱加 HL - 30 号齿轮油至齿轮浸入油层 50～20mm 为宜，三个月检查一次，一年更换一次。

（2）使用前搅拌机配用 JZQ 齿轮减速机必须先加 32 号机械油，具体保养要求参照 JZQ 减速机使用及保养要求。

（3）搅拌轴轴承座在出厂前已加注好油基润滑脂，在使用三个月后需用高压黄油枪在油嘴内压入。

（4）使用一星期，搅拌机壳体和搅拌员需调紧压盖压紧力，防止轴孔冒灰，如果无法调整，需把压盖松开，再增加石棉盘根，压紧压盖。

（5）通过运行，要经常调整三角皮带的松紧度，用拇指用力向下压20mm为宜。

（6）经常检查喷水管，喷觜有无堵塞，保证加水畅通。

（7）搅拌机正常运行要求均匀下料，供水水压保证0.4～0.6MPa，水量用进水球阀调整到最佳状态。

（8）每班工作结束必须清除搅拌机内剩余煤灰，保证正常工作。

2.6.7.3 散装机的维护和保养

（1）本设备在工作过程中呈全封闭状态，所以各用户在使用前必须保证设备所有连接部位密封，包括布袋连接，引风机排气管道连接等。

（2）升降机构是本机关键部件，必须处于完好状态，应仔细检查。如钢丝绳是否完好，有无磨损，积垢，升降中是否有过度的松弛现象；行程开关动作是否灵敏、可靠，顶杆有无阻滞现象，行程开关位置有无松动；压动行程开关的挡杆、挡块有无扳动。

（3）在使用中要经常注意设备的维护和保养，行程开关，电器控制等要特别注意防尘，以防在运行中失控。

（4）对升降驱动装置和传动部位要经常检查有无螺口松动和扎死现象，如有出现，要及时处理，以防运行中损坏设备。

（5）料位装置为本设备重要部件。采用分体气压式料位检测，当装车料满时，散装头下排气橡胶管出口被堵，管内压力升高，触动上部薄膜开关，使微动开关动作。使用时应检查是否正常。橡胶管伸下的位置决定了装车的浅满，使用时应根据车型大小做适当调整。

2.6.7.4 空气电加热器的维护与保养

（1）空气电加热器特别是控制部分，系精密仪器，运输时要小心轻放，严禁冲击，撞打，筒体部分应合理吊装，以免变形损坏内部发热元件。

（2）电加热器应存放在干燥环境下，严禁淋雨、受潮。

（3）当电加热器长期停用或储存时，绝缘电阻会低于2MΩ，此时可通入200℃左右的热空气进行烘烤，一般经过1～2h即能自行恢复。

（4）该电加热器是用于加热流动空气，当空气不流动时，禁止通电加温，以免发生意外。

2.6.7.5 脉冲除尘器的维护与保养

（1）压缩气源压力保证在0.4～0.7MPa范围内。

（2）检查分气管，脉冲阀接合处，在运输、安装后有无渗气现象，有即应排除，打开顶门盖，检查滤袋压紧是否密封。

（3）参照脉冲喷吹控制仪说明书：①接通电源；②调节所需脉冲宽度和电磁脉冲阀的喷吹周期；③调节所需脉冲间隔2只相邻电磁脉冲阀启动的间隔时间；④调节所需脉冲周期完成一个循环过程所需的时间。

（4）脉冲宽度调节：库内存灰量小于50%，喷吹时间可调短；库存量大于50%喷吹时间应调长，范围为0.02～0.2s。

（5）脉冲间隔调节：库内存灰量小于 50%，间隔时间可调长；库存量大于 50%间隔时间应调短，范围为 2～60s。

（6）脉冲周期调节：库内存灰量小于 50%，周期时间可调长；库存量大于 50%周期时间应调短。

（7）灰库内灰量达到库容的 80%以上时，应严禁进灰。

（8）每班检查滤袋，保持完好，如有发现破损情况，应立即更换。

（9）滤袋使用 6 个月以上时或阻力变得很大（即使进行反复清灰操作也不能降低其阻力）时必须卸下，用清水洗净袋上积灰，彻底晾干，查无破损后重新装上。

（10）除尘器使用后，应有专人负责保养，每天检查运行情况，发现故障及时排除，并注意做好除尘器周围的清洁工作。

2.7 吹灰系统

电站锅炉中为了满足主要蒸汽参数的要求，在对流烟道中布置有大量的对流受热面，有顺列布置、错列布置等，管间及管排间等都会产生飞灰的沉积。尾部受热面积灰严重时：①会使过热器、再热器、省煤器、空预器传热效率降低，锅炉排烟温度升高，锅炉效率降低；②受热面结焦、积灰还会引起受热面超温，加剧受热面腐蚀，缩短受热面寿命，严重时会影响锅炉的正常运行，甚至影响到巡检人员的人身安全。因此，正确使用吹灰器对防止和清除锅炉水冷壁、过热器、省煤器、空气预热器管外结渣和积灰有明显作用，对提高锅炉热效率和锅炉安全运行有明显的效果。

2.7.1 吹灰器种类及工作原理

锅炉受热面常用清灰技术有：清灰剂、钢珠清灰、振动清灰、蒸汽吹灰器、声波吹灰器、燃气脉冲激波吹灰器。常用的吹灰器有蒸汽吹灰器、声波吹灰器和燃气脉冲激波吹灰器。

1. 蒸汽吹灰器

蒸汽吹灰器的工作原理是利用高温高压蒸汽流经连续变化的旋转喷头高速喷出，产生较大冲击力吹掉受热面上的积灰，随烟气带走，沉积的渣块破碎脱落。

作为一种传统的吹灰方式，蒸汽吹灰所采用的高温高压蒸汽直接吹扫受热面，对清除受热面的积灰和挂渣都有较好的作用，对结渣性强、灰熔点低的灰效果也很好。其主要优缺点如下：

（1）优点：

1）可以布置在锅炉各个部位，能对炉膛、水平烟边、尾部竖井的受热面直接进行吹灰。

2）对结渣、灰熔点低和较黏的灰效果也很好。

3）蒸汽直接从锅炉引接，按设定程序运行吹灰。

4）短吹灰器运行可靠，长吹灰器也较为可靠。

（2）缺点：

1）吹灰耗费蒸汽，降低了烟气露点，增加了锅炉补给水。

2）吹灰只能清除所吹到的受热面，吹灰有死角。

3）长伸缩式吹灰器伸缩部分易变形卡涩，蒸汽吹伤受热面引起爆管，且维护量大，结构尺寸大，占用较大的空间位置。

2. 声波吹灰器

声波吹灰器有双音双频声波吹灰器和单音单频声波吹灰器两种，其发声原理不尽相同，双音双频声波吹灰器是将压缩空气流经一个高音高频发声哨，产生的高音高频声波和一个低音低频声波发生罩反射形成的低音低频声波进行耦合叠加产生双音双频带状频率声波；单音单频声波吹灰器是将压缩空气或蒸汽流经金属膜片、旋笛、发声共振腔或其他声波发生组件产生很强的声音；声波在烟道或炉膛内传播，牵动烟气中的灰粒同步振动，在声波振动及疲劳反复累计作用下，使微小的灰粒难以靠近积灰面，也使沉积在受热面上的灰尘破坏剥离，从而达到清灰的目的。其具有的优缺点如下：

（1）优点：

1）利用声波与灰粒及积灰发生振动和共振，适合松散性积灰。

2）吹灰器简单可靠，无转动机械，运行程序化，维修工作量很少。

3）声波可以达到其他吹灰器难以达到的位置，不留死角。

4）对受热面管壁无吹损、无腐蚀，运行成本低。

（2）缺点：产生的声能能量有限，影响了其使用范围。

3. 燃气脉冲激波吹灰器

燃气脉冲激波吹灰器的工作原理是利用空气和可燃气体（如氢气、乙炔气、煤气、液化气和天然气等）以适当的比例、在一个特殊的容器中混合，经高频点火，产生爆燃，瞬间产生的巨大声能和大量高温高速气体，以冲击波的形式振荡、撞击和冲刷受热面管束，使其表面积灰飞溅，随烟气带走。

燃气脉冲激波吹灰器存在一定的安全隐患，由于工作介质为可燃气体，一旦设计结构不合理，生产质量有问题，都易引起可燃气体的泄漏，从而造成炉膛或附近发生安全事故。系统较为复杂，对控制系统的要求很高。燃气介质没有稳定气源，需定期更换。其主要优缺点如下：

（1）优点：

1）冲击波能量大，既适合松散性积灰又适合黏结性积灰。

2）整个系统简单，无转动机械，运行程序化，检修工作量小。

3）结构尺寸小，占用较小的空间位置。

（2）缺点：

1）吹灰消耗燃气，需定期更换供气设备。

2）吹灰主要对垂直冲刷面作用大，吹灰有死角。

3）吹灰长期冲刷固定的受热面，燃气须注意安全。

2.7.2 固定旋转式吹灰器

HX-GX型固定旋转式吹灰器主要用于吹扫锅炉管道受热面的积灰。它边旋转边吹灰，吹灰角度由凸轮控制。

吹灰器转动由电动装置提供，其吹扫圈数由控制箱控制。前端大齿轮上装有切制好的凸轮，大齿轮顺时针方向转动（从后端看）时，凸轮控制启动臂，开启和关闭鹅颈阀，为吹灰枪管提供吹灰介质。鹅颈阀是吹灰器的主要部件，内设调压盘，可根据吹灰部位的实际要求，调整吹灰枪管喷嘴的出口压力。

吹灰枪管的多个喷嘴必须对准锅炉管束的间隙，开始吹扫时，喷嘴向下。吹灰枪管根据吹扫部位的烟温情况采用不同的材料。吹灰器鹅颈阀根据不同的压力温度，也可选用不同的材料。

HX-GX 型固定旋转式吹灰器参数：吹灰角度为 $90°\sim335°$；吹灰枪转速为 2.5r/min；每次吹扫圈数 1 圈或 2 圈；最大吹灰半径为 $1\sim1.5m$；吹灰介质为蒸汽或压缩空气；吹扫介质压力见第 2 章；吹灰介质耗量为 $30\sim100kg/min$；电动机型号规格为 YSR6324 B5 型 180W 1400r/min 380V 50Hz 3P；吹器重量为 75kg。

HX-GX 型吹灰器主要由鹅颈阀、空心轴、吹灰枪、减速传动机构与弓形板、电气控制箱、炉墙接口装置、吹灰枪管炉内支撑等组成，有关各部件的主要结构和功能介绍如下：

（1）鹅颈阀。鹅颈阀用于控制吹灰介质，是吹灰器的主要部件，位于吹灰器下部，因其形如鹅颈，俗称鹅颈阀。吹灰器的大部分部件都支承在鹅颈阀上。鹅颈阀内有压力调节装置，可根据现场的吹灰要求，进行压力调整，鹅颈阀上装有启动臂，由凸轮操作，开启和关闭鹅颈阀。鹅颈阀上装有单向空气阀。

（2）空心轴。空心轴将吹灰介质从鹅颈阀导入吹灰枪。空心轴键连在前端大齿轮上，与大齿轮一起转动。其一端伸在鹅颈阀出口侧的填料孔内，由填料实行与鹅颈阀间的转动密封，另一端通过管接头与吹灰枪对接。

（3）吹灰枪。HX-GX 型吹灰器的吹灰枪根据安装部位锅炉管束布置专门设计，上面装有多个喷嘴，故又称多孔管。吹灰枪前端旋压封头，后端加工有螺纹，与空心轴对接。有时如在快装锅炉，省煤器和油加热装置中，吹灰枪管供货长度比按普通设计长 50mm 左右作为调整用。现场安装时进行切割并加工螺纹。

（4）减速传动机构与弓形板。减速传动机构由电动机、蜗轮箱（一般减速比为 1:60）和一组开式传动的齿轮组成。开式齿轮副上设有齿轮罩。空心轴和操作鹅颈阀的凸轮装在末级大齿轮上，随其一起转动。弓形板是吹灰器上位于鹅颈阀前端的一个重要零件，起连接和支撑作用，它既是空心轴转动的前端支点，又将鹅颈阀、减速传动机构和炉墙接口装置等连接成一个整体。

（5）电气控制箱。电气控制箱位于吹灰器后端，箱内装有一个行程开关，行程开关由蜗轮轴传动的齿轮控制。出厂时，控制齿轮上装有两个弹性销，设定吹扫一圈。当只装一个弹性销时，则每次吹扫两圈。为适应不同的控制要求，电控箱有两种形式：一种只装有行程开关和按钮，控制箱外形尺寸较小；另一种还装有交流接触器、空气开关等电气元件，控制箱尺寸较大。

（6）炉墙接口装置。炉墙接口装置是吹灰器与锅炉预留口连接的密封接口装置。同时也是将吹灰器固定在炉墙上的支承点。

接口装置还保证当锅炉管束与炉墙相对位移小于 13mm 时，吹灰器能正常运行。当相对位移大于 13mm 时，推荐使用柔性接头，其允许的相对位移最大可达 38mm。HX-

GX 型吹灰器的炉墙接口装置主要为正压墙箱与墙箱法兰。

正压锅炉必须使用正压墙箱，正压墙箱内装有风环和填料。高压风从风环导入，对吹灰枪与密封环间的间隙进行密封。正压墙箱还有一个作用：在锅炉运行时，若需要从墙箱上卸下吹灰器，可接通压缩空气流过风环形成风幕，封住裸露的开孔，直至盖上盖板。负压锅炉上也可使用正压墙箱，但不必接高压风。

墙箱法兰焊接在锅炉预留接口套管上，正压墙箱采用四个压爪固定在墙箱法兰上。冷态时，压爪不要拧紧。待锅炉正常运行后，墙箱对锅炉的膨胀自行补偿，然后，再将压爪拧紧。吹灰器本体由四根螺栓与墙箱连接。这四根螺栓还可调节吹灰枪的轴向位置。

（7）吹灰枪管炉内支撑。托板装在受热面管子上，托板及枪管的材料根据安装部位的烟温确定。托板之间的距离根据安装图给定的位置确定。托板安装必须保证热态运行时，吹灰枪管处在水平位置。

2.7.3 安装与调整

固定式旋转吹灰器的安装与调整包括以下步骤：

（1）确定吹灰器安装部位。根据吹灰器厂家提供的安装图和锅炉制造厂的有关图纸，确定吹灰器在锅炉上的合适位置。每台吹灰器的本体和吹灰枪管是根据锅炉及吹灰部位的不同而专门设计的。

（2）吹灰枪管的炉内支承。吹灰枪管的炉内支承托板有些是在锅炉制造厂安装好的，有些是在安装吹灰器时安装的，不论哪种情况，务必保证托板将吹灰枪管托成一条直线。

托板的固定形式有两种：一种是焊在受热面管子上；另一种是用管夹固定在受热面管束上，调整合适后点焊。托板焊接时，应选用合适的焊条，采用正确的焊接工艺。

（3）墙箱就位。根据安装图给出的墙箱焊到锅炉上的安装要求及尺寸，墙箱必须与锅炉本体垂直，并保证吹灰器安装时，吹灰枪管支承在各支承托板上。

（4）吹灰枪管的安装和与吹灰器本体的对接。枪管由炉内托板支托，每个喷嘴中心线与锅炉垂直管束管子外表面距离通常不小于 130mm。现场安装时，保证墙箱法兰到第一个喷嘴的距离与安装图相符，然后进行切割并加工螺纹（图 2.3）。

枪管加工好后，将它装入炉内托板上，螺纹向外，再将吹灰器本体吊到位，用管接头将枪管与空心轴连接起来，调整喷嘴到合适方位，点焊两端。

（5）吹灰器的固定和与管道的连接。吹灰器与枪管连接后，将吹灰器固定到墙箱上，用螺栓进行最后调整。

吹灰器出厂时，鹅颈阀下面装有鹅颈阀的配对法兰，现场将输送吹灰介质的管道与配对法兰焊接。在设计及施工中，一定要保证以下几点：

1）管道规格应能保证吹灰流量的要求。

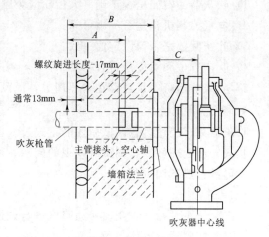

图 2.3 枪管切割尺寸

A—第一孔距端部的尺寸；B、C—由安装图提供的尺寸

2）吹灰介质是蒸汽时，所有蒸汽管道至少应以 4/100 的疏水斜度流向排水管。

3）管道设计和施工都不能把吹灰器作为管道的支承点。管道应有足够的柔性，不论冷态和热态，都应避免使吹灰器承受不合理的应力。

4）所有的吹灰管道与系统连接前，必须"冲管"，将管内的杂物吹除干净。为此，卸下疏水阀，将管道法兰与吹灰器法兰脱开。在法兰间插入一金属片，使两法兰错开，确保冲管时吹出的杂物不进入吹灰器的鹅颈阀。

5）上紧吹灰器法兰。压紧缠绕垫片时，所有的螺栓应十字交叉的分步均匀拧紧，防止压偏使垫片变形损坏，得不到满意的效果。

（6）御烟空气、密封空气和风幕。御烟空气是指在吹灰器不工作时，从装在吹灰器鹅颈阀上的单向阀进入的空气，流经空心轴和吹灰枪，阻止炉膛烟气进入吹灰器并从吹灰器内清除可能倒灌的炉膛烟气；密封空气是指对吹灰枪和炉墙接口之间的环形间隙进行密封的空气，密封空气还有保持墙箱清洁，对主传动齿轮轴承起热屏蔽的作用；风幕是在正压锅炉运行时，需要从炉墙上卸下吹灰器，压缩空气通过墙箱风环的密封孔形成风幕，封住裸露的开孔，防止炉内烟火冒出，直至盖上盖板。

负压锅炉上安装吹灰器时，不需另接空气源，因为炉外大气压高于炉内压力，保证会有足够的气流通过单向阀进入吹灰器（此为御烟空气），炉膛负压也会吸引空气由吹灰器前支承进入，对接口处的环形间隙进行密封，稳定燃烧的负压锅炉也不必接风幕气源。

正压锅炉上安装吹灰器时，其单向阀和墙箱务必接高压风（可引自送风机或其他气源），作为御烟空气和密封空气。正压墙箱的气源管路上还应接一换向阀，与压缩空气连接，在需卸下吹灰器时，转动换向阀，让压缩空气流入墙箱，形成风幕。

（7）凸轮切割、安装及吹灰方位的调整。凸轮操作启动臂控制吹灰器鹅颈阀，凸轮的弧长决定吹灰角度的大小；调整喷嘴与凸轮的相对位置，能控制吹灰的方位。出厂时，若凸轮已按合同的要求切割好，安装时只要调整凸轮与喷嘴的相对方位。

（8）冷态调试。吹灰器就位后，根据控制系统的整体要求，接通电源进行冷态调试，检查下列内容：

1）吹灰器的转向是否正确（大齿轮应为顺时针方向旋转）。

2）电气控制机构是否灵敏可靠。

3）吹灰圈数是否与设定值一致。

4）吹灰方位和弧度是否合乎要求。

5）吹灰器运行中是否存在卡涩现象，鹅颈阀启闭是否平稳可靠。

2.7.4 热态调试

吹灰器只有经过热态调试后才能正式投入运行。

吹灰器已处理好冷态调试时发现的问题，冷态试运行一切正常，且减速箱上足润滑油后，方可进行热态调试。

1. 试运行

冷态完全正常后，吹灰器接通蒸汽进行试运行，特别要注意观察、处理以下问题：

（1）吹灰器运行电流是否正常。

（2）热态时由于锅炉的膨胀和相对位移是否使吹灰器增加不应有的负荷。

（3）枪管与接墙套是否有摩擦发生。

（4）鹅颈阀连接法兰是否上紧，若存在漏气现象，及时上紧。

（5）调整阀杆填料和空心轴填料到合适的松紧程度。

注意：调整阀杆填料空心轴填料的松紧程度时，拧到足以防止泄漏即可，过紧会缩短填料寿命。而且，鹅颈阀填料过紧会影响阀杆的正常复位，空心轴填料过紧，会增加吹灰器负荷，因此，鹅颈阀刚开启时，沿此两处有少量蒸汽和冷凝水的泄漏是正常的。

2. 调整吹灰器压力

由于每台吹灰器的阀前压力不一定等于所需要的吹灰压力，因此，试运行时必须对每台吹灰器的吹灰压力通过吹灰器鹅颈阀内的调压盘进行调整，每台吹灰器合适的吹灰压力参考吹灰器厂家提供的有关资料。

警告：在进行鹅颈阀压力调整时，一定要关闭管路前的阀。

调整吹灰压力时，先卸下定位螺塞，旋动调压盘。上旋使断面间隙放大，出口压力增高，下旋相反，使出口压力降低，拨动调压盘可用螺丝刀或类似工具。

调整高温蒸汽的压力时，有时需要采取特别措施，以防损坏压力表，在连接压力表与鹅颈阀时，建议用一环形管，管内装满水，用螺纹管活接头来进行连接，水就不会漏掉。压力表装在阀体上的位置如图2.4所示。调节步骤为：①卸下螺塞，接上压力表；②启动吹灰器，得到压力读数；③卸下锁紧螺塞，调整调压盘；④装上锁紧螺塞，再次启动吹灰器得到压力读数；⑤必要时反复调整，直至得到满意压力值。

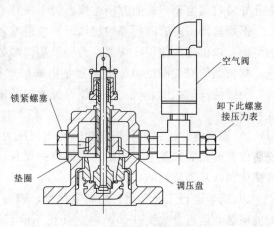

图2.4 阀体结构以及吹灰

2.7.5 吹灰器运行

1. 低负荷时的吹灰

任何吹灰器的运行，应遵照下述安全运行规则：在油炉和煤粉炉上，吹灰器只有在燃料充分燃烧时才能运行，以保证烟气中的低氧含量，并避免吹灰时将燃料带出。吹灰器一般在锅炉负荷为 $50\%\sim100\%$ 时运行。锅炉低负荷时，炉温较低，一部分没有燃烧的燃料会跑出炉膛沉积在管子上或死角处。这时吹灰，搅起这些存积的燃料可能导致爆燃。因此，事先必须让烟气高速流过其通过的区域，带走可能滞留在死角处的可燃性物质。

安装在负压炉上的吹灰器运行前，应增大引风机流量，减少过量空气的含量，避免吹灰时炉内出现正压。在吹灰期间，应保证燃料和空气的比例合适。

2. 吹灰运行操作

HX-GX型吹灰器可采用程控操作、按钮操作和手动操作。

（1）程控操作。程控操作只需按动吹灰程控盘上的启动按钮，吹灰管道系统即开始开阀、疏水、暖管，暖管结束后，自动开始吹灰。每台吹灰器运行完毕后，通过吹灰器上的行程开关将信号传递给程控盘，程控盘再启动下一台吹灰器。如此完成整个吹灰过程。

（2）按钮操作。按钮操作吹灰器必须将转换开关扳到手操位置，然后按下启动按钮，开阀、疏水、暖管过程便自动完成，随即便可开始吹灰。吹灰时，按某台吹灰器的按钮，这台吹灰器便运行。暖管及吹灰过程如下：

1）全开疏水阀，再缓慢打开蒸汽阀。

2）对母管和支管暖管数分钟。

3）疏水完毕后关闭疏水阀。

4）负压炉吹灰前，增大引风机流量，防止吹灰时炉内出现正压。

5）按次序或常规方式操作吹灰器。

6）吹灰器全部运行完毕后，关闭蒸汽阀，并打开疏水阀直至下次吹灰。

（3）手动操作。手动操作可借用调速扳手、电动扳手或启动扳手，用带 11.2mm 的方孔导筒与减速箱蜗杆的方柄连接。扳手每转 60 转吹灰枪转动一周。

锅炉运行一段时间后停炉检修时，应对吹灰部位进行检查，检查吹灰效果和管子的冲蚀情况，以供正确使用吹灰器，为调整蒸汽参数提供依据。

吹灰器的安装部位和数量通常是由锅炉厂根据运行经验或燃料种类和燃烧方式而定的。一般情况下，所装吹灰器应能保证吹扫范围的吹灰效果。如果效果欠佳，可能有以下几种因素：

1）燃料变化。锅炉燃料变化时，吹灰压力、周期会改变，有时甚至要改变吹灰器的安装位置或加装吹灰器。例如，当改烧的煤灰分大或灰的熔点较低时，将会引起灰焦性质的变化和吹灰器数量的变化。

2）锅炉运行工况变化。燃料变化时，燃料空气比，锅炉运行参数常常碰到受热面清扫的问题。运行参数变高和燃料空气比不恰当，容易形成焦块，这种情况是不希望发生的。它超过了大多数吹灰器的能力范围。当碰到这种问题时，需要和锅炉厂进行商量和探讨。

2.7.6 吹灰器保养以及枪管维护

1. 润滑

蜗轮减速箱需要润滑，加润滑油约 0.25L。蜗轮箱上有两个油嘴，用来润滑蜗杆两端的轴承。电动机轴承已预润滑和密封。

在某些特殊场合安装，减速箱部位可能高于电动机。这时应将减速箱里的轻质润滑油换成黏度较高的机油，防止减速箱蜗杆轴端油封磨损后，油流入电动机。

2. 鹅颈阀

若鹅颈阀关闭后，仍有少量蒸汽泄漏，则说明密封面被冲蚀，或阀瓣翘曲变形。出现这种情况时，需重新研磨密封面。若密封面严重损坏，则要堆焊密封面后再进行研磨。鹅颈阀维修时不必将整台吹灰器拆下，可依照下述步骤只拆下鹅颈管：

（1）卸下减速箱支座上的 M10 螺栓，卸下减速箱。

（2）卸下前支架（弓形板）下部的两个 M12 螺栓和上部的六角螺母。

（3）拧开空心轴处的填料压盖螺母。

（4）卸下鹅颈阀下法兰的连接螺栓。

（5）将鹅颈管和启动臂沿空心轴向后拉出。

（6）正压炉必须用塞子将空心轴端部堵上，直至重装吹灰器时取下。

3. 阀杆填料

（1）填料的压紧。用专用扳手或类似工具，顺时针方向拧紧鹅颈阀下面的填料螺母，拧至防止泄漏即可。过紧会影响填料寿命和阀杆的回位。

（2）填料的更换：

1）拆下启动臂并将销重新插入阀体的销孔。

2）用专用工具压下鹅颈阀弹簧，取出卡子，松开弹簧。

3）取下弹簧压盖和弹簧，旋下填料螺母。

4）取出填料压环和旧填料（每次取一圈）。

5）放入新填料（若为开口形，每圈错开90°）。

6）依次重新装上取下的零件。

7）启动吹灰器，拧紧填料螺母至能防止泄漏即可。

4. 空心轴填料

（1）填料的压紧。填料泄漏，在填料压盖与填料室法兰之间尚有间隙时，可均匀上紧填料压盖至防止泄漏即可，过紧会缩短填料寿命并增加吹灰器负荷。

（2）添加填料圈。填料泄漏，而填料压盖与填料室法兰之间没有间隙，且原填料情况良好（不硬不干）时，可只增加一圈填料，不必全部更换。

（3）更换填料：

1）卸开填料压盖，用螺丝刀或类似工具，依次取出填料圈。

2）重装新填料，切口错开90°。

3）放好填料压盖，并交替拧紧填料压盖螺母。必要时，可启动吹灰器检查是否泄漏。螺母拧至不泄漏即可（不可过紧，否则会影响填料寿命并使吹灰器增加负荷）。

5. 枪管的校直

如果枪管严重变形，必须拆下校直。若炉内支承托板内孔同轴度好，枪管可不拆下，只需在炉内转动枪管，让弯曲点顶在托板内自然校直数小时。假若此法不行时，可拆下枪管，采用机械方法校直。

如果枪管为浸铝材料且变形不大时，可用冷压的方法校直。

如果枪管弯曲非常严重，必须将枪管加热成暗红色，置于平板上，用木槌敲击弯曲部位，但用力不得过猛，以免变形。如果枪管不能整根加热，也可采用分段或局部加热的方式进行，直至校直为止。中度变形的枪管可加热到暗红色，用冷石棉布进行急冷处理，操作时，注意冷却合适的一侧，这样可使枪管校得很直。

6. 枪管及支承托板的焊接

炉内吹灰枪支承托板的焊接，吹灰枪的对接焊，必须根据母材材质，选用合适的焊条，并采用相应的焊接规范施焊（图2.5）。

浸铝枪管焊接前，必须先除去表面的浸铝层，然后施焊。吹灰枪管对接焊时，务必保证同轴度，注意喷嘴的方位和排列。

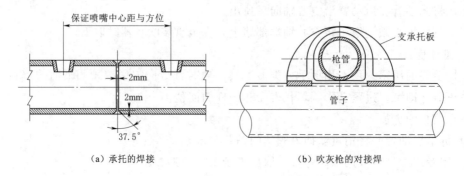

（a）承托的焊接 （b）吹灰枪的对接焊

图 2.5 支承托板及枪管焊接

2.7.7 吹灰器故障分析

（1）故障类型：吹灰器不能启动。

原因分析：①没电，没送电、开关断路、保险丝烧断、启动器与电机回路断开；②电动机线圈断路或短路；③单相启动；④接触器启动故障，控制电源丧失、电源两相断电、启动按钮接触不良、热继电器触电断开、线圈短路或断路。

（2）故障类型：吹灰器不能停止。

原因分析：①控制转数的小齿轮折断或脱落；②撞销没装或丢失，行程开关不动作；③行程开关失灵；④线路故障。

（3）故障类型：电动机过载。

原因分析：①枪管被炉内支承托板或墙箱卡死；②吹灰枪严重变形；③大齿轮上的凸轮脱落，卡住启动臂；④大齿轮卡死；⑤大齿轮上圆柱销位置不对，与启动臂干涉；⑥空心轴填料过紧；⑦鹅颈阀的阀杆卡死；⑧锅炉膨胀过大，吹灰器本体和枪管严重错位；⑨管道支吊不合理，吹灰器承受外力过大而变形；⑩推力轴承锈蚀，空心轴被咬死；⑪电动机质量不高。

（4）故障类型：吹灰鹅颈阀不能关闭。

原因分析：阀杆卡死；阀杆上部卡子折断或变形脱出；鹅颈阀弹簧折断；阀瓣脱落密封面严重损。

（5）故障类型：吹灰器本体转动而枪管不转。

原因分析：当墙箱处无蒸汽泄漏时，电动机与蜗杆的连接销脱落，大齿轮带动空心轴转动的销子松脱，枪管在炉内折断（外面观察不到）；当墙箱处有蒸汽泄漏时，空心轴断裂；管接头破裂；枪管与管接头松脱。

（6）故障类型：被吹面有磨损或冲蚀现象。

原因分析：吹灰压力过高；喷嘴位置排列不正确或受热面距离太近；吹灰角度不对；吹灰蒸汽过湿；吹灰次数过多；烟气流速过高或管道在烟气流向转折点上。

（7）故障类型：枪管变形，支承托板与枪管咬死。

原因分析：支承托板间距不合理；支撑托板不同轴；锅炉管束安装不当，致使拖板移动；墙箱安装不正确，未考虑热膨胀。

第 3 章

汽 轮 机 本 体

3.1 汽轮机专业基础知识

3.1.1 汽轮机

汽轮机是透平机械的一种,用于使气体热能与机械功发生相互转化。汽轮机是以蒸汽为工质并将蒸汽的热能转化为机械功的热力透平机械。

汽轮机作为最主要的热力原动机,在能源、电力与动力工程等国民经济各领域以及国防方面都占有极其重要的地位。汽轮机是科技含量极高的重型精密旋转机械。

3.1.2 汽轮机分类及特点

1. 反动式汽轮机

反动式汽轮机指蒸汽不仅在喷嘴中,而且在动叶片中也进行膨胀的汽轮机。

特点:反动式汽轮机与冲动式相反,在总功率相同时,其级数比冲动式多,但效率较高。由于蒸汽在反动级动叶栅中继续膨胀,在动叶栅两侧存在压力差,因此反动级不能部分进汽,所以反动式汽轮机的第一级(也即调节级)通常是冲动级或速度级,在结构上,由于反动级动叶栅两侧有压力差,为避免过大的轴向推力,一般采用转鼓形转子,这也可以使机组的轴向尺寸有所减少,此外,反动式汽轮机转子上一般都装有平衡盘,以平衡掉部分轴向推力

2. 冲动式汽轮机

冲动式汽轮机指蒸汽仅在喷嘴中进行膨胀的汽轮机,在冲动式汽轮机的动叶片中,蒸汽并不膨胀做功,而只是改变流动方向。

特点:蒸汽主要在喷嘴中进行膨胀,在动叶片中不再膨胀或膨胀很少,而主要改变流动方向,现代冲动式汽轮机各级均具有一定的反动度,即蒸汽在动叶片中也发生很小的一部分膨胀,从而使气流得到一定的加速作用,但仍算作冲动式汽轮机。

3.1.3 汽轮机基本概念

(1)压力、表压力与绝对压力:

1)压力。物理学上把垂直作用在物体表面上的力称为压力。

2)表压力。压力表显示的压力称为表压力,是指设备内部某处的真实压力与大气压之间的差值。

3)绝对压力。将大气压力计算在内的数值才是力的真正数值,工程上称这个压力为

绝对压力。

表压力和绝对压力的关系为

$$P_表 = P_绝 - B \quad 或 \quad P_绝 = P_表 + B$$

式中　$P_表$——工质的表压力；

　　　$P_绝$——工质的绝对压力；

　　　B——当时当地的大气压力（近似等于 1 工程大气压）。

（2）真空与真空度。当密闭容器中的压力低于大气压力时，称低于大气压力的部分为真空。

用百分数表示的真空，称真空度。即用测得的真空数值除以当地大气压力的数值再化为百分数。

（3）液体的汽化潜热。在一定压力下把 1kg 的饱和水加热成干饱和蒸汽所需要的热量，称为该液体的汽化潜热。

（4）汽耗率及其计算公式。发电机组每发出 1kW·h 的电能所消耗的蒸汽量称为汽耗率。用字母 d 表示。

$$d = D/N_f$$

式中　d——汽耗率，kg/(kW·h)；

　　　D——汽轮机每小时的汽耗量，kg/h；

　　　N_f——发电量，kW。

（5）热耗率及其计算。发电机组每发 1kW·h 的电能，所需要的热量称热耗率。用字母 q 表示。

$$q = d(I_0 - t)$$

式中　q——热耗率，kJ/(kW·h)；

　　　d——汽耗率，kJ/(kW·h)；

　　　I_0——蒸汽初焓，kJ/kg；

　　　t——给水焓，kJ/kg。

（6）泵的汽蚀。水泵的入口处是系统内液体压力最低的地方，因此有可能出现入口处的液体压力低于与其温度相对应的饱和压力，这时就会出现汽化现象，有气泡逸出。在液体的高压区域，气泡周围压力大于汽化压力，气泡被压破而凝结，如在金属表面附近，则液体质点就连续打击金属表面，使金属表面变成蜂窝状或海绵状。另外，空气中的氧气又借助凝汽放热而对金属表面产生化学腐蚀作用，这种现象就是汽蚀。

泵发生汽蚀的现象：会产生噪声，泵的流量、扬程和效率明显下降，电流表指针摆动。

（7）速度变动率。汽轮机由满负荷到空负荷时转速的变化量与额定转速比，称为汽轮机的速度变动率。合格的速度变动率可以保证汽轮机在甩负荷后的超速维持在安全转速范围内（转速在超速保护动作转速之内）。

（8）迟缓率。调速系统中由于各部件的摩擦、卡涩、不灵活以及连杆、铰链等结合处的间隙、错油门的重叠度等因素造成的动作迟缓程度。表示为在同一负荷点时，负荷在下降时的转速与负荷上升时的转速差值与额定转速的比值百分数。

（9）仪表的一次门。热工测量仪表与设备测点连接时，从设备测点引出管上接出的第一道隔离阀门称为仪表一次门。

（10）轴向位移。汽轮机转子在轴向的位移，具体表示为汽轮机转子相对于膨胀死点（推力轴承）向汽轮机尾端膨胀的数值。

轴向位移保护装置作用：当轴向位移达到一定数值时，发出报警信号；当轴向位移达到危险值时，保护装置动作，切断汽轮机进汽，停止汽轮机运行。由于汽轮机转子与静子之间的轴向间隙很小，当转子的轴向推力过大，致使推力轴承钨金熔化时，转子将产生不允许的轴向位移，造成动静部分摩擦，导致设备严重损坏事故，因此汽轮机都装有轴向位移保护装置。

轴向位移增大的主要原因有：气温、气压下降，通流部分过负荷或某几段回热抽汽减少；凝汽器真空降低过多；隔板轴封间隙因磨损使漏汽增大；蒸汽品质不良，造成通流部分结垢及发生水冲击事故等。

（11）差胀。汽轮机转子与汽缸之间的相对膨胀的差值。

（12）抽汽逆止门作用。切断抽汽，防止管道中的汽、水倒流造成水冲击损坏汽轮机。

（13）过冷度。加热器汽侧压力下的饱和温度与凝结水的温度差值。凝汽器的过冷度是汽轮机排汽压力下所对应的饱和蒸汽温度与凝结水温度的差值。

监督过冷度的意义：凝结水过冷度凝结表示凝汽器热水井中凝结水的冷却程度，它是衡量凝汽器经济运行的重要指标之一。

产生过冷度的主要原因：凝汽器内管束排列不好；抽气器工作不正常；空气漏入凝汽器；将温度较低的水直接补入热井及热井水位高。

（14）汽封的作用。为了避免动、静部件之间的碰撞，必须留有适当的间隙，这些间隙的存在势必导致漏汽，为此必须加装密封装置——汽封。根据汽封在汽轮机中所处位置可分为轴端汽封（简称轴封）、隔板汽封和围带汽封（通流部分汽封）三类。

（15）推力轴承作用。推力轴承的作用是承受转子在运行中的轴向推力，确定和保持汽轮机转子和汽缸之间的轴向相互位置。

（16）径向轴承作用。轴承是汽轮机的一个重要组成部件，主轴承也称径向轴承。它的作用是承受转子的全部重量以及由于转子质量不平衡引起的离心力，并确定转子的径向位置，使其中心和汽缸中心保持一致。由于每个轴承都要承受较高的载荷，而且轴颈转速很高，所以汽轮机的轴承都采用液体摩擦为理论基础的轴瓦式滑动轴承，借助于有一定压力的润滑油在轴颈与轴瓦之间形成油膜，建立液体摩擦，使汽轮机安全稳定地运行。

（17）汽轮机自动主汽门作用。自动主汽门在汽轮机跳闸保护装置动作或手打危急保安器后迅速切断汽轮机进汽，停止汽轮机。

（18）射汽抽气器作用。不断地将凝汽器内的空气及其他不凝结气体抽走，以维持凝汽器的真空。

（19）端差。加热器端差分为上端差及下端差；上端差指加热器汽侧压力下的饱和温度与水侧出水温度的差值。下端差指加热器疏水温度和加热器进水温度的差值。加热器端差增大说明加热器传热不良或运行方式不合理。端差增大的主要原因有：加热器管子表面结垢、加热器内积聚了空气、疏水水位过高淹没了部分管子、抽汽压力及抽汽量不稳定及加热器水侧走旁路等。

凝汽器的端差是汽轮机排汽压力下的饱和蒸汽温度与循环水的出水温度的差值。凝汽器端差增大说明传热不良或运行方式不合理。

端差增加的原因有：凝汽器铜管水侧或汽侧结垢、凝汽器汽侧漏入空气、冷却水管堵塞及冷却水量减少等。

（20）滑压运行。滑压运行指汽轮机在不同工况运行时，不仅主汽门全开，而且调速汽门也是全开的，这时机组功率的变动是靠新蒸汽压力的改变来实现，即锅炉按汽轮机的负荷需要，改变出口蒸汽压力而新蒸汽温度则维持不变的运行方式。

（21）定压运行。定压运行指汽轮机在不同工况运行时，依靠改变调速汽门的开度来改变机组功率而新蒸汽压力和温度维持不变的运行状态。母管制的发电厂只能用定压运行方式，在许多单元机组上也采用这种运行方式。

（22）给水回热循环。把汽轮机中部分做过功的蒸汽抽出，送入加热器中加热给水，这种循环称为给水回热循环。采用给水回热加热以后：一方面从汽轮机中间部分抽出一部分蒸汽，加热给水提高了锅炉给水温度，这样可使抽汽不在凝汽器中冷凝放热，减少了冷源损失；另一方面，提高了给水温度，减少给水在锅炉中的吸热量。因此，在蒸汽初参数、终参数相同的情况下，采用给水回热循环的热效率比朗肯循环热效率高。

（23）极限真空。凝汽器的真空高低，主要决定冷却水的温度和流量，提高真空，主要靠降低冷却水温或增大流量。当凝汽的真空提高时，蒸汽在末级叶片中膨胀，如果背压很低，就可能在斜切部分进行膨胀，背压再降低，膨胀超出了斜切部分后就起不到作用了，这时汽轮机做功将不再增加，即此时的真空达到了极限真空。

（24）最有利真空。所谓最有利真空就是在给定凝汽器的热负荷和冷却水的进口温度下，增加冷却水量，则凝汽器的真空提高，使机组的出力增加 Δd，但同时输送冷却水的消耗的功率也增加 Δa，则 $\Delta d - \Delta a$ 之差为最大时的冷却水量所对应的真空为最有利真空。

（25）热应力。物体内部温度变化时，只要物体不能自由伸缩，或其内部彼此约束，则在物体内部就产生应力，这种应力称为热应力。

（26）热冲击。所谓热冲击，是指蒸汽与汽轮机金属部件之间，在短时间内有大量的热交换，金属部件温度直线上升，热应力增大，甚至超过材料的屈服极限，严重时，甚至造成部件的损坏。

（27）热疲劳。当金属零部件被反复加热和冷却时，在其内部将产生很大的温差，引起很大的冲击热应力，这种现象称为热疲劳。

（28）热变形。由于温度变化引起零部件变形称为热变形。

（29）转子临界转速。与转子及其支承系统的固有振动频率相对应的转速称为转子临界转速。非振型节点上具有质量偏心的转子，当其在该特征转速下运行时，将会发生剧烈振动。一般汽轮发电机组在启动升速过程中，当转速升至某数值时，激起机组产生最大振动，此转速称为临界转速，即此时转子及其支承系统的固有振动频率与转速的激振频率共振。为使转子能稳定安全运行，设计转子时应使其临界转速避开工作转速 $15\% \sim 20\%$，由于计算临界转速时轴系参数的误差，计算结果是近似的，还需要经过现场实测确定，并尽可能在工作转速范围内使转子得到精确的质量平衡。

转子在各种振型下有一系列固有振动频率，因而也有相应的一系列临界转速，由低及高依次称为第一阶临界转速、第二阶临界转速等。影响临界转速的因素是转子的温度和轴承支承的刚度。转子材料弹性模量与温度有关，转子临界转速与其材料的弹性模量的平方根成正比。因转子的温度随运行工况变化，故临界转速也受运行工况的影响。支承刚度一般是指油膜、轴承和基础的总刚度，其中油膜刚度随运行工况变化较大。因轴承的相对标高在冷态与热态下有所差异，从而改变了油膜的刚度和阻尼，会影响转子的临界转速。

（30）汽蚀现象。由于叶轮入口处压力低于工作水的饱和压力，引起一部分液体蒸发，汽泡进入压力较高的区域时，受压突然破裂，于是四周的液体就向此处补充，造成水压冲击，可使附近金属表面逐步脱落，这种现象称为汽蚀现象。

（31）水锤现象。在有些管道中，由于某一管道部分工作状态突然改变，使液体的流速发生急剧变化，从而引起液体压强的剧烈大幅度变动，这种现象称为水锤现象。

（32）冷却倍率。凝结 1kg 排汽时，所需的冷却水量称为冷却倍率。

（33）汽轮机油系统的油循环倍率。汽轮机主油泵每小时出油量与主油箱总油量之比称油的循环倍率。一般油循环倍率应小于 12，如果油循环倍率过大，油在油箱内停留的时间短，空气、水分等来不及分离，使油质恶化。

（34）除氧器自生沸腾。所谓自生沸腾现象是指过量的热疏水进入除氧器时，其汽化出的蒸汽量已经满足或超过除氧器的用汽量，从而使除氧器的回水不需要回热抽汽加热，自己就沸腾了，这种现象就称为除氧器的自生沸腾现象。

（35）转子惰走时间。发电机解列后，从汽轮机主汽门、调门关闭时起，到转子完全静止这段时间称转子惰走时间。

（36）转子寿命。转子寿命是指从初次投入运行到转子出现第一道宏观裂纹期间的总工作时间。

（37）金属低温脆性转变温度。低碳钢和高强度合金钢在某些温度下有较高的冲击韧性，但随着温度的降低，其冲击韧性将有所下降。冲击韧性显著下降时的温度是金属低温脆性转变温度，金属的低温脆性转变温度就是脆性断口占 50％ 的温度。

（38）应力松弛。零件在高温和某一初始应力作用下，若维持总变形不变，则随时间的增长，零件的应力逐渐降低，这种现象称为应力松弛。

（39）金属蠕变。金属蠕变是在应力不变的条件下不断产生塑性变形的现象。

（40）监视段压力。各抽汽段（除最末一、二级外）和调节级室的压力统称为监视段压力。

（41）蒸气的干度。湿蒸汽中干蒸汽的含量与湿蒸汽总量之比。

（42）蒸气的过热度。蒸汽的温度高于其相对应压力下饱和温度的数值。

（43）弹性变形。物体在受外力作用时，不论大小，均要发生变形，当外力停止作用后，如果物体能恢复到原来的形状，则这种变形称物体的弹性变形。

（44）塑性变形。当物体受到外力的作用，当外力增大到一定程度即使停止外力作用，物体也不能恢复到原来的形状，这种物体的变形称塑性变形，也称为永久变形。

（45）金属腐蚀。金属表面和浸蚀性流体或介质发生电化学或化学作用，使金属从表面开始转入氧化离子状态，即金属单质被氧化形成化合物。

（46）金属强度。金属材料在外力作用下抵抗变形和破坏的能力。

（47）表面式加热器。冷热两种流体被壁面分开，在换热过程中，两种流体互不接触，热量由热流体通过壁面传递给冷流体。这种加热器称为表面式加热器。

（48）混合加热器。抽汽与给水直接混合接触的给水加热器。

（49）汽轮机原则性热力系统。原则性热力系统主要由下列各局部热力系统组成，连接锅炉、汽轮机的主蒸汽系统、回热抽汽系统、主凝结水系统、除氧器和给水泵的连接系统、补充水系统、锅炉连续排污利用系统，热电厂还有对外供热系统等。

（50）汽轮机全面性热力系统。发电厂的全面性热力系统是指全厂所有热力设备及其汽水管道和附件连接的总系统。它是发电厂进行设计、施工及运行工作的指导性系统之一。全面性热力系统明确反映了电厂在各种工况及事故时的运行方式，全面性热力系统既要按设备的实有数量表示全部主要热力设备和辅助设备，锅炉、汽轮发电机组、各种热交换器及水泵等，也要按实际情况出发表示。

除发电厂的主蒸汽系统、凝结水系统及给水系统等，全面性热力系统和所有局部热力系统还要表示出各管道系统中的一切操作部件及保护部件，如截止阀、安全阀、流量孔板等，从而了解全厂热力设备的配置情况及各种工况的运行方式。

（51）发电量及计算公式。一是指在确定的时段内，电站发电机生产电量的总和。二是指计算电能生产数量的指标，单位为 kW·h。某时间段的发电量＝（电度表后一个读数－前一个读数）电度表的倍率。

（52）厂用电量及计算公式。发电厂自用电量，指统计期内发电量与售电量的差值；综合厂用电率定义：指统计期内综合厂用电量与发电量的比值。综合厂用电量＝发电量＋网购电量－售电量。

（53）供电量。供电量是指一段时间内的供应的电量总和，单位为 kW·h。

（54）热平衡方程。温度不同的两个或几个系统之间发生热量的传递，直到系统的温度相等。在热量交换过程中，遵从能量转化和守恒定律。从高温物体向低温物体传递的热量，实际上就是内能的转移，高温物体内能的减少量就等于低温物体内能的增加量。

其平衡方程式为

$$Q_{放} = Q_{吸}$$

此方程只适用于绝热系统内的热交换过程，即无热量的损失，在交换过程中无热和功转变问题，而且在初、末状态都必须达到平衡态。系统放热，一般是由于温度降低、凝固、液化及燃料燃烧等过程。而吸热则是由于温度升高、熔解及汽化过程而引起的。

（55）工质。实现热能和机械能相互转化的媒介物质称为工质，依靠它在热机中的状态变化（如膨胀）才能获得功，而做功通过工质才能传递热。

（56）温度。温度是表示物体冷热程度的物理量，微观上来讲是物体分子热运动的剧烈程度。温度只能通过物体随温度变化的某些特性来间接测量，而用来量度物体温度数值的标尺称温标。它规定了温度的读数起点（零点）和测量温度的基本单位。

国际单位为热力学温标（K）。目前国际上用得较多的其他温标有华氏温标（℉）、摄氏温标（℃）和国际实用温标。

(57) 热量。热量指的是由于温差的存在而导致的能量转化过程中所转移的能量，而该转化过程称为热交换或热传递。热量的单位为焦耳。

(58) 比容。单位质量的物质所占有的容积称为比容，用符号"V"表示。其数值是密度的倒数。

(59) 焓。焓是一个热力学系统中的能量参数。规定由字母 H（单位为 J）表示。

(60) 熵。熵指的是体系的混乱的程度，在不同的学科中也有引申出的更为具体的定义，是各领域十分重要的参量。熵由鲁道夫克劳修斯提出，并应用在热力学中。

(61) 汽轮机相对内效率。汽轮机相对内效率是反应汽轮机内部工作状况的重要指标，即汽轮机中能量转换损失的评价。分为相对内效率和绝对内效率。蒸汽的理想比焓降不可能全部变为有用功，而有效焓降小于理想焓降，两者之比即汽轮机相对内效率。绝对内效率是相对内效率与循环热效率的乘积。循环热效率是反应热功转换的完善程度指标。（如朗肯循环过程）工质从某一状态点开始，经过一系列的状态变化，又回到原来状态点的全部变化过程的组合称为热力循环，简称循环。工质每完成一个循环所做的净功 W 和工质在循环中从高温热源吸收的热量 q 的比值称为循环的热效率，即 $\eta = w/q$。循环热效率说明了循环中热转变为功的程度，η 越高，说明工质从热源吸收的热量中转变为功的部分就越多，反之转变为功的部分越少。

(62) 功率。功率是指物体在单位时间内所做的功，即功率是描述做功快慢的物理量。功的数量一定，时间越短，功率值就越大。求功率的公式为 功率＝功/时间。

(63) 内能。内能是物体或若干物体构成的系统内部一切微观粒子的一切运动形式所具有的能量总和。内能常用符号 U 表示，国际单位是焦耳（J）。

(64) 卡诺循环。由两个可逆的等温过程和两个可逆的绝热过程所组成的理想循环。

卡诺循环包括四个步骤：等温膨胀、绝热膨胀、等温压缩和绝热压缩。即理想气体从状态 1（P_1，V_1，T_1）等温膨胀到状态 2（P_2，V_2，T_2），再从状态 2 绝热膨胀到状态 3（P_3，V_3，T_3），此后，从状态 3 等温压缩到状态 4（P_4，V_4，T_4），最后从状态 4 绝热压缩回到状态 1。这种由两个等温过程和两个绝热过程所构成的循环称为卡诺循环。

(65) 平衡活塞。平衡活塞是转子的一部分，和汽轮机转子红套或整体加工出来。平衡活塞是平衡轴向力的，但不能完全平衡掉，剩余的部分靠止推轴承来承担。

(66) 高温超高压（机组）。蒸汽压力为 11.8～14.7MPa，温度为 538℃ 左右的蒸汽动力汽轮发电机组。

(67) 流量。流量是指单位时间内流经封闭管道或明渠有效截面的流体量，又称瞬时流量。当流体量以体积表示时称为体积流量；当流体量以质量表示时称为质量流量。单位时间通过流管内某一横截面的流体的体积，称为该横截面的体积流量，简称为流量，用 Q 来表示。

(68) 扬程。单位重量液体流经泵后获得的有效能量，是泵的重要工作能参数，又称压头。可表示为流体的压力能头、动能头和位能头的增加。

即
$$H = (p_2 - p_1)/\rho g + (c_2 - c_1)/2g + z_2 - z_1$$

式中　H——扬程，m；

p_1、p_2——泵进出口处液体的压力，Pa；

c_1、c_2——流体在泵进出口处的流速，m/s；

z_1、z_2——进出口高度，m；

ρ——液体密度，kg/m³；

g——重力加速度，m/s²。

（69）转速。做圆周运动的物体单位时间内沿圆周绕圆心转过的圈数，称为转速，也称频率。用符号 n 表示；其国际标准单位为 r/s（转/秒）或 r/min（转/分），也有表示为 R/MIN，主要为日本和欧洲采用，我国采用国际标准。

（70）雷诺数。一种可用来表征流体流动情况的无量纲数，以 Re 表示，$Re = \rho v d / \eta$，其中 v、ρ、η 分别为流体的流速、密度与黏性系数，d 为一特征长度。例如流体流过圆形管道，则 d 为管道直径。利用雷诺数可区分流体的流动是层流或湍流，也可用来确定物体在流体中流动所受到的阻力。例如，对于小球在流体中的流动，当 Re 比"1"小得多时，其阻力 $f = 6\pi r \eta v$（称为斯托克斯公式），当 Re 比"1"大得多时，$f^* = 0.2\pi r_2 v_2$ 而与 η 无关。流体各质点平行于管路内壁有规则地流动，呈层流流动状态。雷诺数大，意味着惯性力占主要地位，流体呈紊流（也称湍流）流动状态，一般管道雷诺数 $Re < 2300$ 为层流状态，$Re > 4000$ 为紊流状态，$Re = 2300 \sim 4000$ 为过渡状态。在不同的流动状态下，流体的运动规律、流速的分布等都是不同的，因而管道内流体的平均流速 v 与最大流速 v_{max} 的比值也是不同的。因此雷诺数的大小决定了黏性流体的流动特性。

（71）热膨胀。物体因温度改变而发生的膨胀现象称"热膨胀"。

（72）热传导。热传导是由大量物质的粒子热运动互相撞击，而使能量从物体的高温部分传至低温部分，或由高温物体传给低温物体的过程。

3.2 汽轮机本体结构

3.2.1 本体概述及技术规范

1. 主要概述

C30-8.83/1.75 型汽轮机为高压单缸、冲动、水冷、调整抽汽凝汽式，具有一级调节抽汽。调节系统采用独立油源数字电液调节，操作简捷，运行安全可靠。汽轮机转子通过刚性联轴器直接带动发电机转子旋转。

2. 主要技术参数

（1）型号：C30-8.83/1.75。

（2）型式：高压单缸、冲动、水冷、调整抽汽凝汽式。

（3）调节方式：喷嘴调节。

汽轮机调节系统采用低压透平油数字电液调节系统。

（4）功率。额定抽汽工况：30000kW，最大抽汽工况：30000kW，纯凝汽工况：30000kW，最大功率工况：33000kW。

（5）工作转速：3000r/min。

（6）转子旋转方向：从汽轮机端向发电机端看为顺时针。

（7）工作电网频率：50Hz。

(8) 蒸汽初压：8.83MPa。

(9) 蒸汽初温：535℃。

(10) 额定抽汽压力：1.75MPa。

(11) 抽汽流量。额定抽汽量：39.6t/h，最大抽汽量：50t/h。

(12) 进汽流量。额定抽汽工况：149.5t/h，最大抽汽工况：158.5t/h，纯凝汽工况：115t/h。

(13) 排汽压力。额定抽汽工况：0.0055MPa，纯凝汽工况：0.0055MPa。

(14) 冷却水温：20℃（最高33℃）。

(15) 汽轮机转子临界转速：1723r/min。

(16) 汽缸数：1。

(17) 级数：Ⅰ+7+Ⅰ+10（共19级）。

(18) 回热抽汽级数：5级。

(19) 最大吊装重量。～36t（安装时，凝汽器未装管束）、～22t（检修时，上半汽缸组合）。

(20) 汽轮机本体外形尺寸（长×宽×高）8.17m×4.79m×3.39m（高度指后汽缸上部调节阀操纵座至运转平台）。

(21) 运转平台高度：8.0m。

(22) 汽轮机与凝汽器的连接方式：刚性。

(23) 产品执行标准：《固定式发电用汽轮机规范》（GB/T 5578—2007）。

注：上述蒸汽压力均为绝对压力。

3.2.2 主汽阀

主蒸汽从锅炉经一根主蒸汽管进入主汽阀。主汽阀用螺栓固定在主汽阀构架上，相互之间没有滑销，其热膨胀补偿主要靠四周支持板的变形完成。主汽阀构架用螺栓固定在汽轮机运转层以下的基础上。

主汽阀由安装其上部的自动关闭器控制。当安全油压建立起来后，自动关闭器在压力油的作用下将阀门开启；当安全油压泄掉后，自动关闭器上弹簧的作用使主汽阀关闭。主汽阀带有预启阀，当预启阀打开后，主汽门上、下压力平衡，使提升力减小。主汽阀带有蒸汽滤网，其阀杆漏汽引入电站除氧器，低压段和汽封加热器相连。

主汽阀阀壳、螺栓、阀后均设有温度测点。主汽阀在阀前，阀后均设有压力测点。主汽阀螺栓材料为耐热铬钼钒合金钢，需要热紧。

为了防止机组在长期运行中主汽阀卡涩，在运行中应定期进行主汽阀的活动试验。

3.2.3 主蒸汽导管

主蒸汽进入主汽阀后，再由四根主蒸汽管分别引入四个调节阀进入汽轮机。

3.2.4 调节阀

汽轮机有四个调节阀，每一调节阀对应一组喷嘴。调节阀由高压油动机经凸轮配汽机构控制。高压油动机装于前轴承座内。根据电液调节系统控制信号，高压油动机经凸轮配汽机构使各调节阀顺序开启。高压油动机带有行程指示器，其行程、调节阀开度与蒸汽流量的关系等均与电液调节系统控制信号一一对应。油动机活塞向上移动时打开调节汽阀，当油动机的脉冲油压失去时，在操纵座上的弹簧压力的作用下使调节阀关闭。每个调节阀都带有预启阀，启动时四个预启阀全部开启，不仅能减少调节阀的提升力，而且使汽缸全周进汽受热均匀。由于预启阀直径小，小流量开度时比较稳定。按流量计算，四个预启阀全开可以维持机组 3000r/min，甚至低负荷暖机。

3.2.5 汽缸

汽缸由前汽缸、中汽缸、后汽缸三部分组成，并用垂直法兰连接。前汽缸用猫爪支承在前轴承座上。工作承力猫爪设置在前汽缸上半。下猫爪设有安装、检修用的安装垫片。下缸猫爪搭在横键上，横键固定在前轴承上。

汽缸膨胀时，借横键推动轴承座做轴向移动。横键内部有冷却水室，用凝结水带走猫爪传来的热量，保证支承面高度不因受热而改变，也能隔绝猫爪传热于轴承座，影响轴承座内的油温。汽缸上部猫爪支承使汽缸水平中分面和转子中心处于同一高度。当猫爪受热膨胀时，能够保证汽缸洼窝中心线与转子中心线一致，提高了机组的安全可靠性。汽轮机全部安装完毕后须进行猫爪支承面的转换，抽出安装垫块，以便下次检修再用。机组很重，顶汽缸（或吊汽缸）要十分小心，力量过大，容易影响汽缸内部的径向间隙。

前汽缸的蒸汽室和喷嘴室材质选用铬钼钒铸钢件。汽缸本体材质选用铬钼钒铸钢件。水平中分面法兰为高窄法兰，在启动和运行时不会产生较大的热应力，高窄法兰中分面大螺栓距汽缸中心近，可以改善螺栓工作时的密封应力。

前汽缸调节级处上、下半（垂直）均设有测汽缸壁测温测点（测汽缸外壁和内壁），左、右法兰（水平）设测内外壁测温测点，调节级处左右螺栓设有测温测点。测温元件为铠装热电偶。调节级后设有蒸汽温度测点和压力测点。

中压缸为碳素铸钢件。前、后部用垂直法兰分别与前汽缸和后汽缸连接，在汽缸上或抽汽管路上设置有压力测点。

后汽缸由后座架支承，座架上有横向销，后汽缸导板上有一纵向键，纵向键中心线与横向销中心线的交点就构成了汽轮机的"死点"。当机组受热膨胀时，可沿纵向键和横向销膨胀。

3.2.6 喷嘴组、隔板

高压喷嘴组分为4组，分别装于四个喷嘴室。喷嘴组两端用"п"型密封键密封，其中一端用定位销固定在喷嘴室上，另一端可以自由膨胀。在喷嘴组各弧段间留有膨胀间隙。

本汽轮机共19级。第2～8、10～19级为焊接隔板，第9级为旋转隔板。

抽汽是采用旋转隔板（由隔板体、转动环和平衡环组成）结构：由中压油动机控制旋转隔板调节连杆，使转动环摆动，达到调节目的。为了减少蒸汽压差引起的轴向力对转动环的影响，由平衡环引入了一股级前蒸汽到转动环的出汽侧，达到压力平衡。

3.2.7 转子

转子为整锻加套装轮盘结构，重量16.0t。汽轮机侧联轴器套装在转子上，它通过特制螺销与发电机侧联轴器刚性连接。转子上后4级叶轮以足够的过盈量套装在其上。末级叶轮和第一级叶轮、第九级叶轮外侧均有燕尾式平衡槽，供安装平衡块用。转子出厂前在制造厂作动平衡试验。

动叶片采用全三维设计，其气动、振动和强度方面的技术水平较高。第一个调节级为单列调节级，除调节级外，2～17 级叶轮上有 5 个 $\phi50mm$ 的平衡孔，以减少叶轮两侧压力引起的转子轴向推力。为防止水蚀，末级动叶片上部采用电火花处理。

3.2.8　轴承

前轴承为推力支持联合轴承，称作推力支持轴承。支持轴承为椭圆瓦，轴瓦体外表面为球形面，球形面与轴瓦套的接合面应保证 0.02～0.04mm 过盈，其接触面积不得小于 70％且均匀分布。球面自位式轴承，可以随转子挠度的变化而自动调整中心，保证轴颈与轴瓦接触良好，从而达到沿轴承全长度的负荷分配均匀。

机组正常运行时，轴向推力向后，由位于转子推力盘后端（电机侧）的工作推力瓦承受。特殊情况下，可能出现的瞬时反推力，由位于转子推力盘前端（机头侧）的定位推力瓦承受。工作推力瓦和定位推力瓦各由多块瓦块组成，瓦块工作面铸有轴承合金。瓦块可在支承点上摆动，在推力的作用下，与推力盘间形成油膜所需要的油楔。

汽轮机后轴承为椭圆瓦支持轴承。安装轴承箱盖后，轴承垫块与箱盖间应有一定的过盈量，可通过在顶部垫块下加垫片的方法保证过盈量。轴承找中后，每一个调整垫块下的垫片不得超过三片。

为了保证轴承工作的安全可靠性，支持轴承和推力瓦块装有测量轴承合金温度的铂热电阻（Pt100）。工作推力瓦每块瓦有一个测点，定位推力瓦整圈有两个测点。运行时注意瓦块合金温度，上升到 95℃需报警，到 105℃发出危险信号。支持轴承和推力轴承轴瓦体上，安装有测回油温度的铂热电阻。工作推力瓦和定位推力瓦的回油温度还可以通过前轴承座上盖设有的两个液体压力式电接点温度计直观反映（电接点温度计安装位置见前轴承座图纸）。

3.2.9　前轴承座

前轴承座位于前汽缸的前端，为铸铁材料的长方形箱体结构。其内、外安装有支撑转子前半部的推力支持轴承、主油泵、危急遮断器、轴向位移测量装置、汽缸热膨胀指示器、转速测量装置、振动监视传感器及其他调节控制系统部套。

轴向位移测量装置通过测量支架安装在前轴承座内。推力盘紧贴定位推力瓦为"0"，向发电机侧串动定为"＋"，向机头方向串动定为"－"。轴向位移达到＋0.8mm 或 －0.8mm 时，发信号报警；达到＋1.4mm 时，紧急停机并做事故记录。

前轴承座内部还安装有油管路系统，它连接调节保安系统并提供测点。轴承座的侧部设有回油窥视连管。在窥视连管上有监视轴承箱回油温度的温度计接口，供用户选择使用。前轴承座的润滑油进油及回油口左、右对称布置。

前轴承座的后部两侧有两凸台，用于支承前汽缸猫爪。汽缸上猫爪搁置在垫块上，用压块固定。为了不影响热胀，压块和猫爪之间留有间隙。汽缸下猫爪搁置在横键上。压块、垫块、横键用螺栓固定在前轴承座的凸台上，并用定位螺销定位。汽缸受热膨胀时，下猫爪推动横键，使轴承座自由向前滑动。

在前、后轴承箱上盖顶部，轴承中心线附近垂直方向，安装有测振传感器。

热膨胀测量支架，通过螺钉固定在前座架上。

前轴承座由前座架支撑。两者间装配有纵向键。当前轴承座沿轴向滑动时，可以保证轴向中心线不变。前轴承座与前汽缸下部设有垂直导向键。

当汽轮机受热膨胀时，保证径向中心不左右移动。前轴承座底部两侧的压板，限制了轴承座的抬起。压板与轴承座之间留有足够的间隙，以保证其自由滑动。

3.2.10 汽封

汽轮机汽封的主要作用是使蒸汽不向外泄漏，并防止空气沿轴端进入后汽缸破坏凝汽器真空。

隔板汽封的作用是防止级间漏汽，以提高级效率。前、后汽封和隔板汽封均为梳齿形结构（前、后汽封的最外端采用先进的蜂窝式汽封）。每圈汽封沿圆周分成 6 段，每段都带有弹簧片。一旦汽封齿和轴相碰，汽封弧段可以做径向退让，减轻动静间的摩擦。径向汽封多为不锈钢镶片式。

3.2.11 盘车装置

机组盘车装置安装在后汽缸轴承的后箱盖上，由电动机通过蜗轮蜗杆减速后带动转子，盘车转速为 5.48r/min，当转子转速高于该值时盘车装置自动退出工作位置。

3.2.12 保温层

保温层的质量对机组启停和安全性及热经济有显著的影响。保温装置说明书中对汽轮机需要保温的部位，保温层的结构，保温材料厚度及施工均提出了明确要求。汽轮机保温层由安装和使用单位根据保温装置说明书要求施工。

3.2.13 罩壳

为降低厂房内噪声，本机组安装了罩壳。其结构合理，简洁美观，隔热防噪。罩壳两个侧面有供检修人员进出的门。为便于运输和现场施工，罩壳采用了板块拼装式结构。现场装配时注意质量，保证隔音、防振。

安装单位应对各种汽、水和油管道进行规范和合理的安装，以避免现场对汽轮机罩壳进行切割而影响罩壳的强度和外形美观。

3.2.14 汽轮机的安装

机组安装前，安装部门应仔细查阅随机图纸和技术文件，了解本机组的结构特点和性能要求，按行业技术规范，进行施工准备，编写安装工艺。汽轮机的现场安装调试，是有别于设计制造的另一专业范畴。国家及行业已经制定了一整套较为完善的技术规范，如《电力建设施工及验收技术规范 汽轮机机组篇》（DL 5011—92）等。

1. 垫铁布置

垫铁布置应符合下列原则：负荷集中的地方、台板地脚螺栓的两侧、台板的四角处、台板加强筋部位适当增设垫铁；垫铁的静负荷不应超过 4MPa；相邻两叠垫铁之间的距离一般为 250～400mm，最大距离不得超过 700mm。每叠垫铁一般不超过 3 块，特殊情况下允许 5 块，其中只允许有一对斜垫铁（按 2 块计算）。两块斜垫铁错开的面积不应超过垫铁面积的 25%。台板与垫铁及各层垫铁之间应进行修刮研磨，做到接触密实，0.05mm 塞尺一般应塞不进，局部塞入深度不得超过侧边长的 1/4。在垫铁安装完毕，汽缸正式扣盖前，应在各叠垫铁侧面点焊。

本机组提供一种型号斜垫铁：材料为碳素结构钢。若斜垫铁下需平垫铁，由电厂施工单位根据基础情况现场配制。平垫铁尺寸应比斜垫铁尺寸在长和宽方向大 20mm 左右，平垫铁的厚度应按用户需要确定，以保证汽机中心标高为准，平垫铁材质为碳素结构钢。

2. 座架安装

汽轮机各座架安装前应检查各接触面的加工情况。座架的滑动面应平整、光洁。前轴承座基架与前轴承座底面，后座架与后汽缸的接触面应进行修刮研磨。要求每平方厘米有接触点的面积应占 75％以上，并均匀分布。接触面四周 0.05mm 塞尺不进。座（基）架的安装标高与汽轮机中心位置应符合图纸要求。

3. 前轴承座及汽缸下半就位

座（基）架就位，穿好地脚螺栓，垫铁摆放好，前轴承座和汽缸下部准备安装就位。前轴承座就位前应对油室及油路彻底清洗、吹干，确保其清洁、畅通，无任何杂物。汽缸就位前，前、中、后三汽缸为组合好的整体，各垂直中分面螺栓紧固完毕。检查水平中分面的严密性，如存在间隙，应进行修刮消除。修配好滑销系统中各滑销和键的间隙。汽缸和轴承座的安装使其水平中分面的标高符合设计要求，以后汽缸为基准，找正前轴承座中心。汽缸和轴承座的横向水平偏差不超过 0.20mm/m；纵向水平以转子根据洼窝找好中心后的轴颈扬度为准。

4. 轴承安装

支持轴承安装前先要检查轴瓦上钨金的浇铸质量。钨金应无夹渣、气孔、凹坑、裂纹等缺陷，承受面不得有黏合不良现象等。一般可用浸油或着色法检查。轴瓦的进油孔应清洁畅通，并应与轴承座上的供油孔对正。埋入推力瓦和轴瓦的温度测点较多，各测点的位置应按图纸要求正确无误，铂电阻安装牢靠接线紧固。轴承找中时调整垫块下面的调整垫片应采用整张的钢质垫片，要求平整，单片垫片不能太薄，每层之间应接触紧密。最终定位后，应记录每叠垫片的张数及每张垫片的厚度。推力轴承工作推力瓦的承力面应光滑。

5. 转子就位

转子就位前应对转子进行全面清洗，特别是轴颈处，不允许存在任何的细小缺陷。用专用的转子起吊工具起吊转子，起吊时应使转子保持水平。

检查转子扬度：汽轮机后轴承为 0，前轴承向上扬。按转子联轴器找中要求定好转子安装扬度，确定前轴承坐标高。转子在汽缸内找中心一般以油挡洼窝为准，测量部位应光洁，各次测量应在同一位置。转子找中采用调整轴承下垫块与轴承座之间的垫片来实现。

汽轮机转子和发电机转子为刚性连接。联轴器套装在各自的转子上，并与各自的转子同心。联轴器找中以汽轮机转子为基准，并按外圆允许偏差和端面允许偏差找好中心。

汽轮机安装时，联轴器找中是在未连凝汽器的状态下进行的。检修时，联轴器找中时凝汽器可不灌水，必要的话，可在灌一半水的状态下对中心进行复查。当联轴器中心与转子扬度有矛盾时，应以联轴器中心为准。联轴器中心找好后，还应在下列工作阶段进行复查：凝汽器与汽缸连接完毕；基础二次浇灌混凝土完毕并紧好地脚螺栓后；汽缸最后扣好大盖紧完结合面螺栓后。两联轴器铰孔前按找中心时的相对位置对正，进行临时连接。首先在接近直径方位铰好两个孔，穿上正式配好的两只联轴器螺栓，然后盘动转子，依次铰好其他孔。联轴器铰孔时不允许凝汽器灌水。

测量通流部分间隙时，先组合好上下半推力轴承，转子上的推力盘靠上工作推力瓦，让工作推力瓦工作面处于承力位置。第一次测定时应使危急遮断器的前面一个飞锤向上（本机带有两个飞锤）；第二次测量时，顺转子运行转动方向旋转 90°，每次应测量左右两侧的间隙。

6. 旋转隔板组装

旋转隔板找中和一般隔板的找中一样,用隔板下半左右悬挂销所带的调整垫片进行中心高、低调整,用下半隔板的纵向键进行中心的左右调整,最后固定。

旋转隔板安装后,在汽轮机扣大盖之前必须进行动作试验,转动环转动应灵活,全开和全关位置应与油动机的动作相适应,并与指示器指示相符合。为了运行的准确性,现场应复核转动环由全关到全开的行程与油动机行程的对应关系。特别注意汽缸扣大盖前,必须取出旋转隔板上的定位销,否则旋转隔板不能工作。

7. 汽缸扣大盖

汽轮机汽缸内、外一切安装工作完成后,可进行最后组装及扣大盖工作。为了安全可靠,一般在最后组装工作开始前,应对大盖进行试扣。

冷紧汽缸螺栓,使结合面无间隙,盘动转子,用听音棒监听汽缸内部有无碰擦等异声,确认无异常后,方可正式扣大盖。在正式扣大盖前对缸内易松动件应采取相应的紧固防松措施。

吊装上缸时,应用水平仪监视汽缸的水平,使之与下缸的水平扬度相适应。安放时应装好涂油的导杆,上缸沿导杆缓慢下落,随时检查,不得有不均匀的下落和卡住现象。上缸扣至接近下缸 200~300mm 时,在汽缸四角做好防止汽缸意外落下的安全措施,并在上下汽缸结合面涂一层合适的涂料,涂料应均匀,厚度一般为 0.50mm。在上、下缸水平结合面即将闭合而吊索尚未放松时,应将定位销打入汽缸销孔。扣缸完毕后应盘转子倾听,汽缸内部应无摩擦音响。汽缸大盖扣上后,螺栓冷紧顺序一般从汽缸中部开始,按左、右对称分别进行紧固。冷紧后汽缸水平面应严密结合,前、后轴封处上、下半汽缸不得错位之后进行螺栓热紧(螺栓热紧数据参见螺栓热紧说明)。汽缸扣上大盖拧紧螺栓后应进行猫爪受力点转换。转换过程:将下汽缸顶起,顶汽缸的力不应过大,抽出下猫爪的安装垫片,放下汽缸,重量由上猫爪承受,转换完毕。抽出的下猫爪安装垫片保管好,下次检修时再用。最后复查汽轮机和发电机转子联轴器中心。

8. 汽轮机安装的维护

汽轮机维护要求:认真做好机组的维护工作是保证机组长期安全、可靠运行的重要条件之一。因此,从机组安装起,用户应建立机组档案,定期检查,做好记录,监视机组性能的变化和重要零部件状态的变化以便及早发现隐患,及时检修,杜绝事故的发生。

机组许多零件之间采用螺栓连接,螺栓连接的可靠性,直接关系到机组的安全,因此安装和检修时,用户应认真执行螺栓紧固规范。

机组设备到达现场后,由于所在地区自然条件和存放时间,存放条件的影响,因此对设备应妥善保存,以免遭受损伤、腐蚀、变形或丢失。

3.3 汽轮机热力系统

3.3.1 主蒸汽系统

主蒸汽系统包括从锅炉过热器出口联箱至汽轮机进口主汽阀的主蒸汽管道、阀门、疏水装置及通往用新汽设备的蒸汽支管所组成的系统。对于装有中间再热式机组的发电厂，还包括从汽轮机高压缸排汽至锅炉再热器进口联箱的再热冷段管道、阀门及从再热器出口联箱至汽轮机中压缸进口阀门的再热热段管道、阀门。

主蒸汽系统设计应力求简单，工作安全可靠，安装、维修、运行力求方便灵活，同时留有扩建余地。在发生事故需要切除管路时，对发电量及供热量的影响应最小。火电厂常用的主蒸汽系统有以下几种类型。

1. 单母管制系统

单母管制系统（又称集中母管制系统）的特点是发电厂所有锅炉的蒸汽先引至一根蒸汽母管集中后，再由该母管引至汽轮机和各用汽处。

为保证系统安全可靠，一般将母管分段，分段阀门为两个串联的切断阀，以确保隔离，并便于分段阀门的检修。正常运行时，分段阀处于开肩状态，单母管处于运行状态。出现事故或分段检修时关闭，使事故或检修段停止运行，而相邻的一段可以正常运行。

该系统的优点是系统比较简单、布置方便．但运行调度不够灵活，缺乏机动性。当任一锅炉或与母管相连的任一阀门发生事故，或单母管分段检修时，与该母管相连的设备都要停止运行。因此，这种系统通常用于全厂锅炉和汽轮机的运行参数相同、台数不匹配，而热负荷又必须确保可靠供应的热电厂以及单机容量为 6MW 以下的电厂。

2. 切换母管制系统

每台锅炉和相对应的汽轮机组成一个单元，单元之间用母管连接起来。每一单元与母管相连处装有几个切换阀门，作用是当某单元锅炉发生事故或检修时，可通过这个切换阀门由母管引来相邻锅炉的蒸汽，使该单元的汽轮机继续运行，而不影响从母管引出的其他用汽设备。

为了便于母管检修或电厂扩建不致影响原有机组的正常运行，机炉台数较多时，也可考虑用两个串联的关断阀将母管分段。母管管径一般是通过一台锅炉的蒸发量来确定，通常处于热备用状态；若分配锅炉负荷时，则应投入运行。

切换母管制系统的优点是可充分利用锅炉的富余容量，切换运行，既有较高的运行灵活性，又有足够的运行可靠性，同时还可实现较优的经济运行。该系统的不足之处在于系统较复杂，阀门多，发生事故的可能性较大；管道长，金属耗量大，投资高。

3. 单元制系统

其特点是每台锅炉与相对应的汽轮机组成一个独立单元，各单元间无母管横向联系，单元内各用汽设备的新蒸汽支管均引自机炉之间的主蒸汽管道。

这种系统的优点是系统简单、管道短、阀门少（引进型 300MW、600MW 有的取消了主汽阀前的电动隔离阀），故能节省大量高级耐热合金钢；事故仅限于本单元内，全厂安全可靠性较高；控制系统按单元设计制造，运行操作少，易于实现集中控制；工质压力损失少，散热小，热经济性较高；维护工作量少，费用低；有母管，便于布置，主厂房土建费用少。其缺点是单元之间不能切换，单元内任一与主蒸管相连的主要设备或附件发生事故，都将导致整个单元系统停止运行，缺乏灵活调度和负荷经济分配的条件；负压变动时对锅炉燃烧的调整要求高；机炉必须同时检修，相互制约。

蒸汽系统输送工质流量大，参数高，用的金属材料质量高，对发电厂运行的安全性、可靠性、经济性影响大。

3.3.2 回热抽汽及高低压加热器系统

3.3.2.1 回热抽汽系统

回热抽汽系统是指从汽轮机的抽汽口到各加热器之间的系统，包括抽汽管道和管道上的阀门以及阀门前后的疏水管道、疏水阀门。

由于回热抽汽管道一侧是汽轮机，一侧是加热器（包括除氧器），在汽轮机突降负荷、甩负荷或低负荷运行时，如果操作不当，就可能使湿蒸汽或水倒流入汽轮机，引起汽轮机超速或水击事故，为此，在抽汽管道上装设了气动或液动止回阀和电动隔离阀。当电网甩负荷、汽轮机发生故障或加热器水侧水位超警戒水位时，能迅速切断抽汽管路。电动隔离阀还可用于加热器故障停用时，切断加热汽源而不影响汽轮机的运行。止回阀和隔离阀一般靠近汽轮机抽汽口布置，以减少抽汽管道上可能储存的蒸汽能量。对于 300MW 以上的机组，由于除氧器汽化能量大，为加强保护，在与除氧器连接的抽汽管道上均增设一个止回阀。另外在每一根与抽汽管道相连的外部蒸汽管道上也装设了止回阀和隔离阀。

1. 气动止回阀

回热抽汽止回阀通常采用压缩空气控制的翻板式结构，止回阀主要由阀体、阀盖、阀盘等组成。阀盘的一端吊在阀体的转轴上，介质依靠阀盘两边的压力差将阀盘绕转轴顶开，正向流过，反向关闭。操作机构由电磁三通阀、试验阀及空气筒组成。正常运行时，压缩空气可通过继动阀直达空气筒下部，将活塞顶起，带动强关机构与止回阀转轴啮合片脱开，此时止回阀作为一只自由摆动的翻板阀工作。当汽轮机的危急保安系统动作导致继动阀动作，或加热器出现警戒水位使电磁阀动作时，压缩空气来源被切断，空气筒内的活塞杆在弹簧力作用下向下移，带动强关机构将止回阀转轴压制在使阀盘关闭的位置，强迫切断汽流通道。机组正常运行时，可手动操作试验阀，泄去活塞筒下部的压缩空气，观察止回阀阀位的变化情况，以检查强关装置的动作是否可靠。回热抽汽止回阀结构及控制原理如图 3.1 所示。

2. 液动止回阀

回热抽汽止回阀也可采用液动控制。机组正常运行时，电磁阀关闭，切断压力水去路，液动活塞上部充满由电磁阀旁路节流孔来的主凝结水，此时液动活塞在弹簧力的作用下移至上限位置，止回阀在抽汽压力作用下处于开启状态。当自动主汽门因故关闭时，连锁装置动作，电磁阀开启，此时来自凝结水泵的控制水通入止回阀操纵活塞上方，克服弹簧力的作用强行关闭抽汽止回阀。连锁装置失灵时，运行人员可手动开启电磁阀。

3. 电动隔离阀

电动隔离阀前后、止回阀前后的抽汽管道上，均设有疏水阀。当任何一个电动隔离阀关闭时，连锁打开相应的疏水阀，以便排走可能积聚在抽汽管内的凝结水。在机组启动时，疏水阀开启，将抽汽管道暖管后积存的凝结水及时排出。当机组低负荷时，利用疏水阀保持抽汽管道处于热备用状态。

3.3.2.2 高低压加热器系统

1. 高低压加热器的作用

高低压加热器是利用汽轮机抽汽加热锅炉给水的装置，提高电厂热效率，节省燃料，

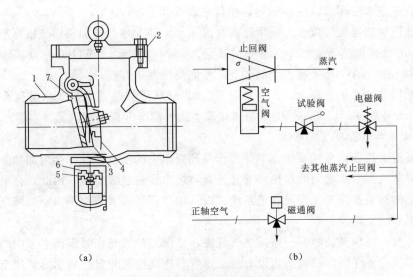

图 3.1 回热抽汽止回阀结构及控制原理

(a) 抽汽翻板式止回阀结构；(b) 强关装置控制原理

1—阀体；2—阀盖；3—阀盘；4—阀盘臂；5—气缸活塞；6—弹簧；7—密封圈

并有利于机组安全运行。

2. 高低压加热器的工作原理

从汽轮机来的温度较高的过热蒸汽，从加热器的蒸汽口进入，首先在过热蒸汽冷却段完成第一次热传递：利用蒸汽的过热度加热即将离开本段加热器的给水（凝结水），使给水（凝结水）出口温度进一步提高。随后蒸汽进入饱和段，在此进行第二次传热：加热蒸汽再次释放大量的潜热并凝结成饱和疏水是加热器主要的传热区。饱和疏水聚集在设备下部，并在压差的作用下靠虹吸原理进入疏冷段，饱和疏水放热加热刚进入加热器的给水（凝结水），完成第三次传热，最后疏水成为过冷水经由疏水出口离开本体。

注：大型机组的低压加热器不采用过热蒸汽冷却段。

3. 高低压加热器疏水系统

高低压加热器的疏水指抽汽在加热器内放热后形成的凝结水。

高低压加热器疏水系统的作用：①疏放及回收各级加热器的蒸汽凝结水；②保持加热器内水位在正常范围内，防止汽轮机进水。

（1）高压加热器正常疏水。高压加热器疏水系统正常疏水采用疏水逐级自流方式，即上一级加热器的疏水通过级间的压差排入下一级加热器中，最低一级 3 号高压加热器疏水排入除氧器。3 号高压加热器的疏水管道上的调节阀前靠近除氧器处还安装逆止阀，以防止除氧器内的水汽倒入 3 号高压加热器，造成振动。正常疏水调节阀在低二水位时全关，在高一水位及以上时全开。

（2）高压加热器危急疏水。当加热器水位达到高二水位及以上时，应开启危急疏水调节阀将疏水排向凝汽器事故疏水扩容器。其中 1 号高压加热器危急疏水排入低压侧凝汽器扩容器，2 号、3 号高压加热器危急疏水排入高压侧凝汽器扩容器。

注：低负荷时，加热器的级间压差较小，可能出现正常疏水不畅，加热器水位升高，

危急疏水阀参与水位调节，保持加热器在高三水位以下运行。

（3）低压加热器正常疏水。采用逐级自流疏水，即 5 号低压加热器疏水排至 6 号低压加热器，6 号低压加热器疏水分两路分别排至 7A 号和 7B 号，7A（B）号低压加热器疏水排至 8A（B）号；8A（B）号疏水至低（高）压侧凝汽器扩容器。

（4）低压加热器危急疏水。5 号、7B 号、8B 号低压加热器危急疏水排至高压侧凝汽器扩容器；6 号、7A 号、8A 号低压加热器危急疏水排至低压侧凝汽器扩容器。

4. 高低压加热器排空气系统

（1）高压加热器排空气系统。加热器管系和壳体中的不凝结气体会增加加热器的传热热阻，阻碍蒸汽与给水之间的换热，并且还会对热力设备造成腐蚀。因此，在所有加热器的汽侧和水侧均装置排汽装置及管道系统。以从加热器和除氧器中排出不凝结气体，以提高传热效率和防止腐蚀。

水侧排气：每台高加都有一路排空气管道，以便加热器充水时排出水室中的空气。

汽侧排气：各级高加的汽侧均设有启动排气和连续排气装置。启动排气用于机组启动和水压试验时迅速排气；连续排空气用于正常时连续排出加热器内不凝结气体。

每台高加汽侧设有两路启动向空排空气管道，启动排气通过隔离阀排向大气。每台高加汽侧还有一路连续排空气管道，接入除氧器。

每台高加的抽汽系统是独立的，且出口管均设有逆止阀。每台抽汽管道上均有节流孔板，以防止过多蒸汽流入除氧器。

（2）低压加热器排空气系统。

水侧排空气管道：5 号、6 号低压加热器上各设有两路水侧排空气管道。

汽侧排空气系统：直接排入大气中，5 号、6 号低压加热器都设有一路启动排气，与一路运行排气管道一起接入凝汽器。7A（B）号、8A（B）号低压加热器没有启动排气管道。只有一路连续排空气管道。运行排空气管道上设有节流孔板，如果节流孔板堵塞，启动排气管可作为连续排空气使用。

5. 高压加热器给水系统和抽汽系统

（1）水侧。从给水泵来的给水，通过给水入口三通阀进入高加，在高压加热器内进行热交换后通过给水出口闸阀进入锅炉，当加热器水位达到切除水位时，由变送器发出信号，迅速关闭给水入口三通阀和出口闸阀，给水走旁路进入锅炉。

（2）汽侧。每台高压加热器的抽汽管道上装有电动止回阀和隔离阀。电动止回阀和隔离阀于抽汽口之间的管道装设放水阀，在每次冷启动前，应开启抽汽管道的放水阀，排尽积水。启动时应缓慢开抽汽阀，设备温升不宜大于 3℃/min。

6. 高压加热器联成阀（高加三通）

高压加热器联成阀就是切换三通阀。当高加故障时，关闭通往高加的水路，同时打开旁路，保证锅炉给水供应。此时的给水温度因没有经过高加而降低。高压加热器联成阀是高压加热器配备的自动保护装置，以保证在高压加热器管系发生泄漏，或疏水调整门卡死等异常情况时，由此阀门自动关闭向高压加热器管系通水而打开旁路通水，由于高压加热器为了要切断给水，所以设计一套水侧的保护阀门，高压加热器联成阀的称呼是指一套阀门所以称为联成阀，有入口连成阀及出口联成阀之分。高压加热器入口联成阀也就是大家常说的给水三通阀，三通阀有电动、液压之分，因为高压加热器水侧出口阀设计为电动闸阀居多。

高压加热器联成阀都是水压阀门，靠给水做动力，在需要时关闭联成阀切断给水，给由小旁路管（两根）出口联成阀（也称止回阀）。止回阀在小旁路来水的作用下关闭，同时给水通过止回阀流到锅炉，避免锅炉断水，同时保护了高压加热器。此阀门的设计比较独特，分为上阀座及下阀座，当阀门打开给水进入高加时，阀芯与上阀座接触密封，保证给水不走小旁路；当阀门关闭，给水走小旁路进入锅炉时，阀芯与下阀座接触密封，保证高加能够解列、检修。

3.3.3 主凝结水系统

主凝结水系统指由凝汽器至除氧器之间与主凝结水相关的管路与设备。主凝结水系统的主要作用是加热凝结水，并将凝结水从凝汽器热井送至除氧器。作为超临界机组，对锅炉给水的品质要求很高，因此主凝结水系统还要对凝结水进行除盐净化。此外，主凝结水系统还对凝汽器热井水位和除氧器水箱水位进行必要的控制调节，以保证整个系统安全可靠运行。同时，主凝结水管路还引出了多路分支，在运行过程中提供有关设备的减温水、密封水、冷却水和控制水。由于热力循环中有一定流量的汽水损失，在凝结水系统中必须给予补充。补充水源来自化学除盐水。

本系统的主凝结水系统包括两台 100％容量立式筒形凝结水泵、凝结水精处理装置、一台轴封冷却器、三台低压加热器、一台凝结水补水箱和三台凝结水补水泵。为保证系统在启动、停机、低负荷和设备故障时运行的安全可靠性，系统设置了为数众多的阀门和阀门组。主凝结水的流程为：低背压凝汽器热井——凝结水泵——轴封冷却器——7 号低压加热器——6 号低压加热器——5 号低压加热器—除氧器。

1. 凝结水泵及其管道系统

设有两台全容量的电动凝结水泵，一台正常运行，一台备用。凝结水从低背压凝汽器热井经一总管引出，然后分两路接至两台凝结水泵的进口，经升压后再合并成一路去凝结水精处理装置。每台泵的进口管道上装有闸阀和滤网。闸阀用于水泵检修时的隔离，在正常运行时应保持全开。滤网能防止热井中可能积存的残渣进入泵内。凝泵进口管道上设置电动隔离阀、滤网及波形膨胀节，出口管道上设置止回阀和电动隔离阀。逆止阀能够防止凝结水倒流入水泵。进出口的电动阀门将与凝泵联锁，以防止凝泵在进出口阀门关闭状态下运行。两台凝结水泵及其出口管道上均设置抽空气管，在泵启动时将空气抽至低背压凝汽器。

2. 凝结水的精处理

为进一步确保锅炉给水品质，主凝结水系统中加入凝结水精处理装置。防止由于凝汽器白钢管泄漏或其他原因造成凝结水中含盐量大。本系统的凝结水精处理装置采用中压系统的连接方式，即无凝结水升压泵而直接将凝结水精处理装置串联在凝结水泵出口。这时，凝结水精处理装置承受凝结水泵出口的较高压力。这种系统的优点是设备少（节省了两台凝结水升压泵及其再循环管路、阀门等）、阀门少、凝结水管道短，简化了系统，便于运行人员操作。低压系统（凝结水精处理装置位于凝结水泵和凝结水升压泵之间，凝结水须经二次升压，此时凝结水精处理装置承受较低压力）常常因凝结水泵和凝结水升压泵不同步及压缩空气阀门不严，导致空气漏入凝结水精处理系统，使凝结水中溶解氧含量大增。中压系统则避免了这个问题，运行时几乎无空气漏入凝结水系统，保证了凝结水的较低含氧量。凝结水精处理装置的进、出口管道上各装有一个电动隔离阀，同时与之并联一条旁路管道，装有电动旁路阀。在启动充水或运行时装置故障需要切除时，旁路阀开启，进、出口阀关闭，主凝结水走旁路；装置投入运行时，进、出口阀开启，旁路阀关闭。

3. 轴封冷却器及凝结水最小流量再循环

经凝结水精处理装置后的凝结水的大部分进入轴封冷却器。轴封冷却器进口的主凝结水管路上设置流量测量孔板，以便测量主凝结水流量。轴封冷却器为表面式热交换器，用于凝结轴封漏汽和门杆漏汽。轴封冷却器以及与之相连的汽轮机轴封汽室依靠轴封风机维持微真空状态，以防止蒸汽漏入环境或汽机润滑油系统。为维特上述的真空，降低轴封风机的功率，还必须有足够的凝结水量流过轴封冷却器来保证完全凝结上述漏汽。在机组启动或低负荷时，主凝结水的流量将远小于额定值，但如果凝结水泵的流量小于允许的最小流量，水泵有发生汽蚀的可能。同时轴封冷却器的加热蒸汽是来自汽轮机轴封漏汽，无论是启动还是负荷变化，这些蒸汽都要有足够的凝结水来使其冷却后凝结，因此为兼顾在正常运行、启动停机和低负荷运行时机组、凝结水泵及轴封冷却器各自对流量的需求，轴封冷却器后设有再循环装置，必要时使部分凝结水经再循环阀返回凝汽器，以加大通过凝结水泵和轴封冷却器的凝结水流量。再循环流量取凝结水泵或轴封冷却器最小流量的较大值。而连接轴加进出口管道的旁路阀则能够调节通过凝结水泵和轴加的凝结水流量，使其分别满足两者的要求。凝结水最小流量再循环装置由一个调节阀、两个隔离阀和一个旁路阀组成，其后设置流量测量装置。正常运行时，隔离阀全开，旁路阀关闭。调节阀检修时，关闭两侧隔离阀，开启旁路阀。

4. 除氧器水箱水位控制

除氧器水箱水位调节装置安装在轴封冷却器和 7 号低压加热器之间，由调节装置和一个旁路阀组成。调节装置由一个调节阀和其前后的两个隔离阀组成。当除氧器水箱水位升高且机组负荷减少时，调节阀关小，反之则开大。

5. 低压加热器及其管道

系统中的低压加热器均采用全容量表面式加热器，抽汽压力由高到低为 5 号、6 号、7 号。5 号和 6 号低压加热器为卧式，均采用小旁路（每个加热器有单独的旁路）。当加热器水位过高或因其他故障需要隔离检修时，关闭该加热器进、出口电动闸阀，电动旁路阀自动开启。7 号低压加热器为卧式组合结构置于凝汽器喉部，采用大旁路系统。当发生故障时，进、出口电动闸阀自动关闭，电动旁路阀自动开启。5 号低压加热器出口的主凝结水经过一个逆止阀进入除氧器。逆止阀可以防止机组低负荷或事故甩负荷时，除氧器内蒸汽倒入凝结水系统，造成管系振动。7 号安装在低背压凝汽器喉部，7 段抽汽管道分别布置在凝汽器内部，因此无法装设隔离阀和逆止阀。为防止 7 号低压加热器满水造成汽轮机进水，在水侧采取隔离措施。7 号低压加热器的进、出水阀和旁路阀均采用电动阀，并与低加高高水位信号联动。当 7 号低压加热器出现高水位时，在控制室报警；当水位继续升高达到高高水位时，在控制室报警的同时，进出口电动闸阀关闭，电动旁路阀开启，凝结水经旁路运行。

6. 启动排水系统

5 号低压加热器出口管道上引出一路排水管接至循环水排水管道，排水管道上设有一个电动闸阀和一个逆止阀。该管道只在机组启动期间使用，以排放水质不合格的凝结水。当凝结水的水质符合要求时，关闭排水阀，开启 5 号低压加热器出口阀门，凝结水进入除氧器。在凝汽器底部也接出一根排污管道，管道上装设手动闸阀，在机组投运前冲洗凝结水管道时，将不合格的凝结水排至循环水坑。

7. 主凝结水的其他用途

为满足热力系统的运行需要，从凝结水精处理装置出口的主凝结水管上引出多路分支，供给热力系统的不同部位。这些分支主要包括：低压旁路的二级、三级减温水；汽机低压缸的低负荷喷水；凝汽器 1 号、2 号疏水扩容器；低压缸汽封减温器；真空泵补充水；闭式循环冷却水系统；定子冷却水系统；凝汽器真空破坏阀密封水；采暖减温器；灭火蒸汽减温器；厂前区系统减温器；给水泵密封水；小汽机排汽管；辅助蒸汽至轴封蒸汽减温器。

8. 补充水系统

每台机组设有一台 $300m^3$ 的储水箱，在正常运行时向凝汽器热井补水和回收热井高水位时的回水，以及提供化学补充水；机组启动期间向凝结水系统及闭式循环冷却水系统提供启动注水。储水箱水源来自化学水处理室来的除盐水，其水位由补充水进水管上的调节阀控制。两台机组的储水箱设有联络管。每台储水箱配备一台启动凝结水补水泵和两台正常凝结水补水泵，启动补水泵主要用于启动时向热力系统、锅炉、闭式循环冷却水系统注水。泵入口设有滤网和手动隔膜阀，泵出口设有止回阀和手动隔膜阀，在泵出口与止回阀间接出最小流量再循环管路。此外，该泵设有由一止回阀和一手动隔膜阀组成的旁路，机组正常运行时通过该旁路靠储水箱和凝汽器真空之间的压差向凝汽器补水。当真空直接补水不能满足时，开启凝结水输送泵向凝汽器补水。凝汽器补水控制装置设置两路：一路为正常运行补水，另一路为启动时凝结水不合格放水时的大流量补水。

3.3.4 轴封与抽真空系统

汽机轴封能防止空气由大气漏入汽机或蒸汽由汽机漏入大气。凝汽器保持真空状态时不得停止轴封蒸汽供汽。汽轮机轴封系统的主要设备有轴封进汽阀、轴封溢流阀、轴封冷却器、凝汽器等。轴封蒸汽系统的主要功能是向汽轮机、给水泵小汽轮机的轴封和主汽阀、调节阀的阀杆汽封提供密封蒸汽，同时将各汽封的漏汽合理导向或抽出。

(1) 轴封系统（低负荷或空负荷状态），如图 3.2 所示。

(2) 轴封系统（高负荷状态），如图 3.3 所示。

在汽轮机的高压区段，轴封系统的正常功能是防止蒸汽向外泄漏，以确保汽轮机有较高的效率；在汽轮机的低压区段，则是防止外界的空气进入汽轮机内部，保证汽轮机有尽可能高的真空，也是为了保证汽轮机组的效率。

在汽轮机组启动初期，轴封进汽阀控制轴封蒸汽母管压力，将轴封蒸汽供至高中低压缸的各段，这时轴封溢流阀基本处于关闭状态。

随着机组负荷的升高，高中压缸内的蒸汽将溢流至轴封母管中，使得轴封母管压力高于设定值，轴封进汽阀逐渐关闭，轴封溢流阀逐渐打开控制轴封母管压力，使得多余的轴封蒸汽进入凝汽器，这个阶段也称自密封阶段。

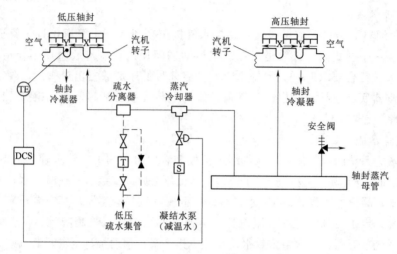

图 3.2　轴封系统（低负荷或空负荷状态）

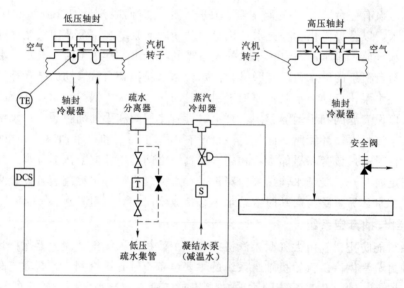

图 3.3　轴封系统（高负荷状态）

由汽轮机无论是处于自密封状态还是非自密封状态，轴封进汽阀和轴封溢流阀都是根据轴封蒸汽母管压力来动作，轴封系统的所有工况的压力控制与温度控制都是通过轴封进汽阀和轴封溢流阀完成的。

（1）低压轴封（低负荷或空负荷状态）（高负荷状态），如图 3.4 所示。

（2）高压轴封（低负荷或空负荷状态），如图 3.5 所示。

（3）高压轴封（高负荷状态），如图 3.6 所示。

注：轴封的供汽压力根据不同的机组参数具体整定，为了汽轮机部件的安全，汽轮机轴封系统除了对轴封蒸汽母管压力进行控制外，还会对轴封蒸汽母管的温度进行控制，防止轴封蒸汽母管温度过高。在机组启动阶段，轴封蒸汽母管温度主要靠汽源的温度来控制，控制住汽源蒸汽的温度就等于控制了轴封蒸汽母管的温度。

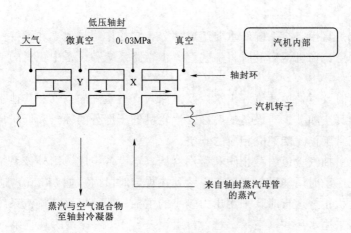

图 3.4　低压轴封

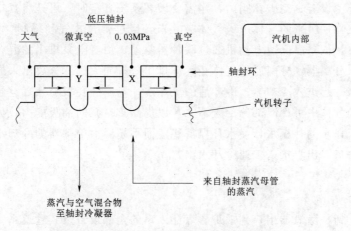

图 3.5　高压轴封（低负荷或空负荷状态）

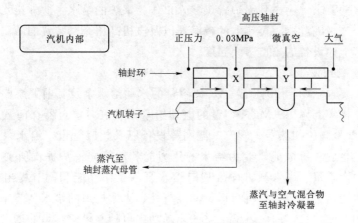

图 3.6　高压轴封（高负荷状态）

　　当汽轮机进入自密封状态后，由于轴封蒸汽其实是高中压缸的漏汽，温度比汽源的温度高，所以在这个时候系统将轴封进汽阀微开，用较冷的汽源汽来冷却轴封母管的蒸汽温度。

抽真空系统是直接空冷系统的重要组成部分，它的作用是建立和维持汽轮机组的低背压和凝汽器的真空。在机组启动时将一些汽、水管路系统和设备中积集的空气抽掉，以便加快启动速度。

在正常运行时及时抽掉蒸汽、疏水以及泄漏入真空系统的空气和其他不凝结气体，以维持空冷凝汽器真空和减少对设备的腐蚀。汽轮机低压部分的轴封和低压加热器也依靠真空抽气系统的正常工作才能建立相应的真空。

抽真空系统由抽气管道、截止阀和凝汽器抽真空设备组成。国外该系统多采用射汽抽气器。在汽轮机启动时用辅助抽气器，以达到在规定时段内（如 30min）适应汽轮机启动的要求。在汽轮机正常运行时，采用出力较小的主抽气器，以维持排汽系统的真空。国内直接空冷机组多采用水环式真空泵，每台机组设三台 100% 容量的真空泵，机组启动时三台泵全部投入。机组正常运行时，则保持一到二台泵运行。

抽真空系统中设有真空破坏阀门，当需要破坏系统真空时，可开启真空破坏阀。

由空冷凝汽器抽吸来的气体进入气体吸入口，经过常开式气动蝶阀，沿泵吸气管道，进入水环真空泵，该泵由低速电动机通过联轴器驱动，由真空泵排出的混合气体经泵出口管道，进入气水分离器，分离后的气体经气体排出口排向大气。分离出来的水与来自水位调节器的补充水一起进入冷却器；冷却后的工作水，一路经孔板喷入真空泵吸气管，使即将进入真空泵的气体中可冷凝部分冷凝下来，以提高真空泵的抽吸能力；另一路水直接进入泵体，作为工作水的补充水，使水环保持稳定而不超温。冷却器的冷却水一般可直接取自工业冷却水进口，出水接入工业冷却水出口。

3.3.5 除氧给水系统

1. 给水系统的作用

给水系统是指从除氧器出口到锅炉省煤器入口的全部设备及其管道系统。给水系统的主要功能是：将除氧器水箱中的凝结水通过给水泵提高压力，经过高压加热器进一步加热后达到锅炉给水的要求，输送到锅炉省煤器入口作为锅炉的给水。此外给水系统还向锅炉过热器的一级、二级减温器、再热器的减温器以及汽机高压旁路装置的减温器提供高压减温水，用于调节上述设备的出口蒸汽温度。

2. 给水系统的组成

给水系统主要包括两台 50% B-MCR 容量的汽动给水泵及其前置泵驱动小汽轮机及其前置泵驱动电机、35% B-MCR 容量的电动给水泵、液力耦合器、前置泵及其驱动电机 1 号、2 号、3 号高压加热器、阀门、滤网等设备以及相应管道。给水泵是汽轮机的重要辅助设备，它将旋转机械能转变为给水的压力能和动能向锅炉提供所要求压力下的给水。随着机组向大容量、高参数方向发展对给水泵的工作性能和调节提出越来越高的要求。为适应机组滑压运行、提高机组运行的经济性，大型机组的给水调节采用变速方式避免调节阀产生的节流损失。同时，给水泵的驱动功率也随着机组容量的增大而增大，若采用电动机驱动，其变速机构必将更庞大，耗费的电能也将全部由发电机和厂高变提供，为保证机组对系统的电力输出，发电机的容量将不得不作相应的增加，厂高变的容量也需增大，因此，大型机组的给水泵多采用转速可变的小汽轮机来驱动。通常配置两台汽动给水泵（简称汽泵），作为正常运行时供给锅炉给水的动力设备，另配一台电动给水泵（简称电泵），作为机组启动泵和正常运行备用泵。为提高除氧器在滑压运行时的经济性，同时又确保给水泵的运行安全，通常在给水泵前加设一台低速前置泵与给水泵串联运行。由于前置泵的工作转速较低，所需的泵进口倒灌高度即汽蚀裕量较小，从而降低了除氧器的安装高度，节省了主场房的建设费用，并且给水经前置泵升压后，其出水压头高于给水泵所需的有限汽蚀裕量和在小流量下的附加汽化压头，有效地防止给水泵的汽蚀。

    3. 给水系统流程

除氧器水箱的给水，经粗滤网下降到前置泵的入口，前置泵升压后的给水，经精滤网进入给水泵的进口，给水泵的出水经出口逆止阀、电动闸阀汇流至出水母管，然后依次进入 3 号、2 号、1 号高压加热器，给水泵的出水母管还引出一路给水，供高旁的减温水给水泵的中间抽头汽泵的第二级后、电泵的第四级后引出的给水供锅炉再热器的喷水减温器。在 1 号高加出口、省煤器进口的给水管路上，设有电动闸阀，为了满足机组启动初期锅炉给水的调节，给水管路配有不小于 35% B-MCR 容量的启动旁路，旁路管道上设有气动调节阀，在省煤器出口的给水管路上引出给水供锅炉过热器的减温水管路。

3.3.6 循环水系统及工业冷却水系统

供水系统流程为：双曲线逆流自然通风冷却塔集水池——→自流回水管——→进水前池——→滤网——→循环水泵——→压力供水管——→循环水进入凝汽器冷却汽轮机排汽——→回水排水管——→冷却塔竖井——→配水槽——→喷淋装置——→冷却塔淋水填料——→双曲线逆流自然通风冷却塔集水池。

循环水系统的功能是将冷却水（海水）送至高低压凝汽器去冷却汽轮机低压缸排汽，以维持高低压凝汽器的真空，使汽水循环得以继续。另外，它还向开式水系统和冲灰系统提供用水。循环水冷却系统主要由冷却塔、循环水池、循环水泵、旁滤系统、加药系统、控制仪表系统及管道、阀门等组成。循环水与工艺装置区经热交换后温度升高，然后分别进入冷却水塔，在塔内与空气进行热交换后滴入塔下冷却水池流入集水池，集水池出水经过双层格栅进入吸水井，再经循环水泵加压后送往各装置区。部分循环水回水进入旁路系统，以降低循环水的悬浮物浓度。为减少循环冷却水对管道及设备产生腐蚀、结垢，系统设置了一套全自动加药装置。

3.3.7 本体疏水系统

本体疏水系统组成主要包括：各疏水管路及阀门组、凝汽器、大气式疏水扩容器、本体疏水集合器和减温水管道等。

汽轮机本体疏水共三路，分别从汽轮机不同级间的汽缸底部引出，另外有三路调门疏水和一路轴封平衡管疏水均排至本体疏水集合器集管，各抽汽管道气动逆止门前疏水及两个逆止门之间的疏水亦属于本体疏水范围，排至本体疏水集合器疏水集管，各路疏水以压力高低不同排序，压力高的远离凝汽器，压力低的靠近凝汽器，以防止高压疏水对低压疏水的干扰而使低压疏水不畅，另外各路疏水以斜插方式接入疏水集管以保证疏水的通畅。疏水排至疏水集合器后，经扩容汽水分离，蒸汽排至凝汽器上部，水排至凝汽器热井。当机组启动时，本体疏水集合器随机组一起抽真空，属于真空系统范畴。

汽轮机组在启动、停机和变负荷工况下运行时，蒸汽与汽轮机本体和蒸汽管道接触，蒸汽被冷却，当蒸汽温度低于与蒸汽压力相对应的饱和温度时，蒸汽凝结成水，若不及时排出凝结的水，它会存积在某些管段和汽缸中。运行中，由于蒸汽和水的密度、流速都不同，管道对它们的阻力也不同，这些积水可能引起管道发生水冲击，轻则使管道振动，产生噪声，污染环境；重则使管道产生裂纹，甚至破裂。更为严重的是，一旦部分积水进入汽轮机，将会使动叶片受到水的冲击而损伤，甚至断裂，使金属部件急剧冷却而造成永久变形，甚至使大轴弯曲。另外本体疏水设计时应考虑一定的容量，当机组跳闸时，系统能立即排放蒸汽，防止汽轮机超速和过热。

为了有效地防止汽轮机超速、过热、进水事故以及管道中积水而引起的水冲击，必须及时地把汽缸中蒸汽和蒸汽管道中存积的凝结水排出，以确保机组安全运行。同时还可回收洁净的凝结水，这对提高机组的经济性是有利的。为此，汽轮机都设置有疏水系统，它包括汽轮机的高、中压自动主汽阀前后、各调节汽阀前后、抽汽管道、轴封供汽母管、阀杆漏汽管的疏水管道、阀门和容器等。另外汽轮机的辅助蒸汽系统、给水泵的小汽轮机本体、进汽管、除氧器加热等系统也都有自己的疏水系统。所有这些疏放水有直接排放至本体疏水扩容器，也有直接排至地沟的。

1. 系统组成

汽轮机疏放水主要由以下部分组成：主蒸汽、再热蒸汽管道上低位点疏水，汽轮机缸体及主汽调节阀、高压导汽管疏水，抽汽管道疏水，给水泵汽轮机供汽管道疏水，辅助蒸汽、除氧器加热管道疏水，轴封系统疏水及阀杆漏汽，其他辅助系统的疏放水。

(1) 主、再热蒸汽管疏水。汽轮机主蒸汽管布置形式为 2—1—2，主蒸汽管穿过 B 排墙进入汽轮机厂房标高 11m 处形成三通，在三通前最低点，主蒸汽管设一疏水点。三通后左右蒸汽管各设一疏水点，每个疏水管都有一个气动疏水阀和一个手动阀，用于排出主汽阀前主蒸汽管道内凝结水。

再热蒸汽管道与主蒸汽管道布置形式相同，也为 2—1—2 布置，三通后左右再热蒸汽管各设一疏水点，装设有疏水袋，每个疏水管有一个气动疏水阀和一个手动阀。

另外，高旁减压阀前管道设有一个疏水点，每个低旁减压阀前各设一个疏水点，每个疏水管各有一只气动疏水阀和一个手动阀。高旁减压阀前接一暖管管路至再热热段管路上，低旁减压阀前也接一暖管管路至 4 段抽汽管，使旁路系统管道、阀门保持在热备用状态，保证旁路系统可随时投入。

(2) 缸体疏水。汽轮机高压主汽阀上下阀座均设有疏水阀；中压联合汽阀门座上下也设有疏水阀，均为气动控制。4 根高压导汽管下部均设有疏水，且 4 根疏水管汇集在一起，共用一个疏水母管。高中压转子中间 2 号汽封段安装一个事故排放阀，机组跳闸后自动开启排放蒸汽，防止汽轮机超速。这些疏水阀均为程控，并能远方手动操作，在失去压缩空气气源时，所有疏水阀均自动开启。

(3) 抽汽管道疏水。本汽轮机有 8 段抽汽，其中 7 号、8 号低加布置在凝汽器喉部，不设抽气逆止阀及隔离阀；1 段、2 段、3 段抽汽向 3 台高加供汽；4 段抽汽向除氧器、小机、辅助蒸汽供汽。另外，2 段抽汽还作为辅汽和小机的备用汽源。为防止汽轮机超速和进水，1～6 段抽汽管道上均设有气动止回阀和电动隔离阀，每段抽汽管道上均设多个疏水阀。抽汽管道上的气动疏水阀可投程控，也可以投手动。

（4）给水泵汽轮机疏水。小机主要布置以下疏水：给水泵汽轮机低压进汽电动阀前、后疏水；给水泵汽轮机排汽电动阀前设有疏水；给水泵汽轮机高压进汽疏水；缸体疏水。4 段抽汽管道至除氧器加热电动阀前设有一个疏水手动阀，4 段抽汽管道至辅助蒸汽电动阀前设有一个疏水气动阀，后有一个疏水器，带有旁路阀。辅助蒸汽联箱设一疏水点，装设疏水袋，疏水管装设有一个气动疏水阀，疏水通过辅助蒸汽疏水母管进入锅炉疏水扩容器。

（5）轴封系统疏水。轴封进汽总管有一个手动疏水阀，高压轴封供汽母管一个手动疏水阀，至有压放水母管，作为轴封系统暖管用。高压缸轴封供汽管各有一个滤网，每个滤网有两个手动常关放水阀。

低压轴封供汽母管有两个手动疏水阀，两侧也各有滤网，每个滤网有两个手动常关放水阀，这些疏水阀需要在投轴封时开启暖管。

两个高压主汽阀阀杆一段漏汽接至轴封供汽母管上；2 段漏汽接至轴封回汽母管上。四个主汽调节阀一段阀杆漏汽接至再热冷段母管上，母管上设一逆止阀；2 段阀杆漏汽接至轴封回汽母管上。中压联合汽阀阀杆漏汽接至轴封供汽母管上，各有一个逆止阀。事故排放阀、高压缸通风阀阀杆 1 段漏汽接至再热冷段管，2 段漏汽接至轴封供汽母管上。

（6）进口疏水阀特性。本机组大部分疏水阀采用美国 VTI 公司进口，该 VTI 阀门特性如下：一体化阀座避免第二泄漏通道，保证零泄漏运行；在开启和关闭时，不会造成阀门的松动；阀杆是内置式结构，下大上小，确保绝对安全；上游为完整环形碟簧，给球一很大内压，确保低时保证零泄漏；盘根为四个螺栓顶压，加三对碟簧，保证盘根受力均匀受到持续恒久的压力免于维护；球与阀座都采用最先进火箭喷涂工艺硬度达到 66RC -72RC，并一对一的研磨配对，确保零泄漏。

（7）本体疏水扩容器。本体疏水扩容器的作用是接收汽轮机组本体疏水、主蒸汽疏水、再热蒸汽疏水、抽汽系统疏水、高加事故疏水、低加正常和事故疏水、小汽机疏水、辅汽疏水、除氧器溢流等疏水，将这些疏水进行扩容、减压、降温后进行回收。运行时注意本体疏水扩容器不能超温、振动，以免产生裂纹，影响主机真空和机组运行。

因为各处疏水压力和温度相差很大，需将各处疏水按压力高低进行分级归类，压力相近的疏水都接到同一汇流管上，以避免不同压力的疏水之间互相干扰，引起事故和应力增加。每台机设有两台本体疏水扩容器，高背压及低背压凝汽器侧各有一台，每台配有喷水装置、喷水控制阀、排汽管、疏水管等，排汽与凝汽器喉部相通，疏水接至热井最高水位以上，喷水为凝结水来。本体疏水扩容器容量为 15m³。

2. 疏放水系统运行方式

（1）本体疏水运行。汽轮机本体疏水分为高压疏水、中压疏水、低压疏水，并通过 DEH 实现自动控制。机组在启动之前，所有疏水阀全部在开启位，当机组负荷到额定负荷的 10％时，高压段疏水阀自动关闭；当负荷达到额定负荷的 20％时，中压段疏水阀自动关闭；当负荷达到额定负荷的 30％时，低压段疏水阀自动关闭。机组停机时，当机组负荷降至额定负荷的 30％、20％、10％时，自动依次开启低压段、中压段、高压段各疏水阀。当机组各疏水阀自动控制失灵时，应及时手动控制。在机组热态停机时，在确认汽缸疏水疏尽后，需关闭本体疏水闷缸，防止上下缸温差大，引起动静部分摩擦。如果发生严重事故破坏真空紧急停机时，压力高的疏水应禁止开启，避免损坏设备。主再热蒸汽管道疏水及本体疏水在启机之前均应开启，充分疏水，防止汽轮机进水，且在启机之前要确认疏水阀可动作正常。

（2）辅助系统疏水运行。小机疏水系统、辅汽疏水系统、除氧器加热系统、轴封疏放水系统等辅助系统疏水在其相应系统启动之前都应开启，进行充分的疏水、暖管，以防止发生汽水冲击，造成管道的振动以及其他的事故。待暖管结束后应及时关闭各疏水阀。操作时严格执行运行规程及安全规程的规定。注意在主机未建立真空之前禁止向凝汽器排入蒸汽和热水，避免凝汽器超温损坏。

（3）汽轮机防进水。汽轮机为防止机组运行及停机时汽缸进水，造成水击和上下缸温差大，大轴弯曲等事故的发生而设有防进水保护系统。疏水系统设计应遵照 ASME 标准 TDP-1 的要求设计，在各主要蒸汽管道的疏水口设置疏水袋，在每个疏水袋上设置两个水位开关，用于自动联锁开关疏水阀和在主控室内报警。再热冷段以及各段抽汽逆止阀前管道上、下方均设置了热电偶，以便根据该管道上下温差来检测管内是否积水，同时发出报警信号，以便运行人员尽早发现并及时采取措施。

汽机抽汽管路系统和加热器设计有独立的防进水自动保护手段，包括加热器壳体的自动疏水系统、汽轮机与加热器之间抽汽管道上的自动关段阀以及各抽汽逆止阀、各加热器水侧的关断阀等。在机组跳闸或各加热器水位达危险值时自动关闭相应关断阀，确保机组不进水、不超速。

3.3.8 除盐水补水系统

在生产过程中，由于系统泄漏和汽水排污等因素，会导致热力系统中的汽水产生损失，要保证发电正常进行，就必须向汽水系统补水，考虑到除盐水的温度和凝汽器接近以及提高热力系统效率的因素，电厂凝汽器补水补的是除盐水。

除盐水一般从凝汽器的上部喷淋补入，一方面降低排气温度提高凝汽器真空，另一方面促进蒸汽凝结降低抽气器负荷提高凝汽器真空度。尤其在汽轮机定速后未并网，或刚并网初带发电负荷，排气温度偏高时常采用。

3.4 汽轮机的调节、保安及润滑油系统

3.4.1 EH 控制系统说明

汽轮机独立油源（抗磨油）式控制系统通常由动力装置（油站）、高压蓄能器、低压蓄能器、高调油动机、中调油动机、AST 组件、OPC 组件和隔膜阀等部分组成。

3.4.1.1 系统各部套总成介绍

1. 油站

油站为系统的动力装置，其主要作用是提供满足系统需要（包括压力、清洁度、温度）的压力油，另外还起到存储液压油等作用。其主要包括油箱、主油泵、冷却泵、高压蓄能器、阀组、接线箱和管路附件等部分。

（1）油箱（总容积为 500L）主要是存储液压油，同时油箱上安装有吸油滤器、回油滤器、加热器、冷油器、液位开关、磁翻板液位计、呼吸阀（空滤）、磁棒组件和取样口等。

1）吸油滤器精度为 $100\mu m$，主要是为了防止泵吸入异物，当由于泵吸油不足而造成

系统压力下降时，应更换此滤芯。

2）回油滤器精度为 $3\mu m$，主要是吸收系统回油中的固体杂质；回油滤器内部还设置了一个旁通阀（打开压力为 0.21MPa），当滤芯堵塞或者系统回油压力较高时保证回油通畅；回油滤芯进油口还设置了一个压力开关，主要是监测滤芯是否堵塞，当此压力开关在系统正常运行时长时间处于报警状态，说明滤芯堵塞，需要更换此滤芯。

3）加热器的作用是加热温度较低的液压油。油在低温时黏度较高，为了保护泵（特别提醒：在油温低于 20℃时禁止启动主油泵）及系统组件，当油温低于 32℃时加热器自动开启加热油，当油温升到 40℃时加热器自动切除（通常情况下，这两个投切温度点设置在 32℃与 40℃，用户可根据实际情况在热控系统更改动作值）。

4）冷油器的作用是冷却温度较高的液压油。油在温度过高时黏度较低，润滑效果降低，同样不利于泵及系统组件的正常使用，而且油温过高，密封件容易老化。当油温高于 55℃时自动投冷油器（同时开启冷却泵），油温低于 40℃时自动切冷油器（同时关闭冷却泵及冷却水电磁阀）。

5）液位开关主要是检测油箱液位，油箱液位高于 500mm 时，液位开关发送液位高报警信号；液位低于 300mm 时，液位开关发送液位低报警信号；当液位低于 180mm 时，液位开关发送低低报警信号。

6）磁翻板液位计的作用是就地显示油箱液位。

7）呼吸阀的作用主要是保持箱内外的气压保持平衡。

8）磁棒组件的作用是吸附箱内的铁屑等磁吸性杂质。

9）取样口主要是为了日常化验等取样之用。

（2）主油泵。主油泵由电机、恒压变量柱塞泵和管接头等组成。其作用是给系统提供恒定压力的液压油，并且能根据系统实际需要的流量自动适应调整泵的输出流量。

启动泵之前一定要检查管路中的常开阀应打开，尤其是泵溢油口管路中的阀一定要打开，否则将损坏泵。备用的主油泵相应管路中的常开阀门也应打开，目的是随时应对泵的联锁启动。

主油泵参数：泵的额定排量为 22mL/r；电机参数：11kW/380VAC/三相。

（3）冷却泵。冷却泵是由电机、泵和接头等组成。冷却泵主要是给冷却系统提供低压循环油。启泵前应当检查管路中的常开阀应打开。

冷却泵参数：泵的额定排量为 22mL/r；电机参数：0.75kW/380VAC/三相。

（4）高压蓄能器。油站中高压蓄能器的作用主要是吸收泵输出油压的脉动。其配置有进油阀与回油阀，正常运行时进油阀常开，回油阀常闭；在线检修蓄能器时应先将进油阀关闭，回油阀打开后方可进行检修工作。

高压蓄能器的充氮压力约为系统额定压力的 65%（充氮压力约为 9.1MPa）。

（5）阀组。阀组是主泵出口到系统高压母管之间的中间重要环节，上面安装有泵出口高压滤芯、滤网压差发讯器、截止阀、逆止阀、安全阀、压力开关、系统压力变送器和就地压力表等功能模块。

（6）接线箱。接线箱主要是安装仪表接线端子。

（7）管路附件。管路附件包含阀门、接头和管夹等附件。

2. 高压蓄能器

此处高压蓄能器为系统高压母管上用的高压蓄能器，其作用：一是当油动机接收到快关信号时，由高压蓄能器作为辅助动力源给油动机迅速提供压力油；二是当由于某种原因（比如突然停电）主油泵出口压力不足时，由高压蓄能器作为辅助动力源在短时间内给油动机提供一定的压力油，让油动机能够做到平稳过渡。

3. 低压蓄能器

低压蓄能器的作用是当油动机快关时，由低压蓄能器瞬间吸收油动机的低压排油。

4. 高调油动机

高调油动机为本系统较为重要的一个部套。其由油缸、控制油路块、电液转换器、位移传感器和卸荷阀等组成。

控制系统给伺服放大器一个阀位指令信号，此信号与位移传感器反馈给伺服放大器的当前阀位信号做比较，伺服放大器将此差值经运算放大后发送给电液转换器，由电液转换器控制油的流动方向从而控制阀门运行于某个位置。当控制系统发出快关指令时，遮断控制模块卸掉安全油，高压油迅速通过一只卸荷阀进入油缸下腔，油缸上腔的油迅速从另外一只卸荷阀排至回油，从而油动机迅速关闭。

5. 中调油动机

中调油动机（图 3.7）为本系统较为重要的一个部套。由油缸、控制油路块、电液转换器、位移传感器和卸荷阀等组成。中调油动机液压原理如图 3.8 所示。

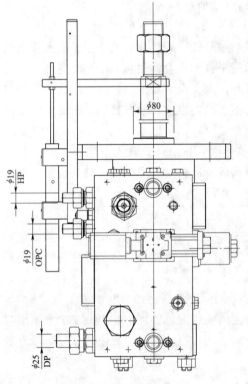

图 3.7　中调油动机

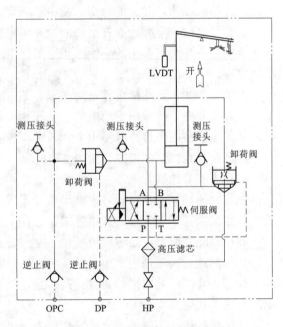

图 3.8　中调油动机液压原理

6. AST 组件

（1）AST 组件工作原理，如图 3.9 所示。

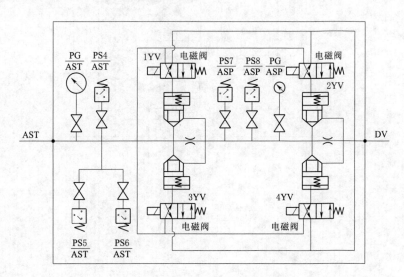

图 3.9　AST 组件工作原理

（2）构成及功能。AST 组件主要由电磁阀、压力开关、压力表、截止阀、油路块及支架等组成。

四个电磁阀受停机信号的控制，正常运行时，电磁阀带电，当电磁阀 1、2 或者 3、4 失电，AST 安全油泄掉，导致隔膜阀 OPC 安全油泄掉，使系统所有调门关闭；另外又设置了 ASP 的两个压力开关，由其高低报警来监视四个电磁阀及卸荷阀是否处于正常工作状态。当其 ASP 压力开关发出 1.3MPa 高报警信号时，一般为原理图上 1、3 电磁阀及其对应卸荷阀发生故障或者后置节流孔发生堵塞，如若发出 0.7MPa 低报警信号，则为 2、4 电磁阀及其对应卸荷阀发生故障或者前置节流孔发生堵塞。

AST 管路上安装有三个压力开关，用来监测 AST 压力，另配有两个 ASP 压力开关，用来检测电磁阀及对应卸荷阀是否处于正常工作状态。而在 AST 管路上和 ASP 上安装的压力表则用来就地观测 AST 安全油压及 ASP 油压。

7. OPC 组件

当汽轮机出现故障需要调门动作或停机时，危急遮断系统动作并泄掉超速保护控制油（OPC），关闭全部汽轮机蒸汽调节阀门，以保护汽轮机安全。

（1）OPC 组件工作原理，如图 3.10 所示。

（2）OPC 电磁阀。图 3.10 为汽机在正常工作时的状态，OPC 电磁阀有两个，它们是受 DEH 控制器的 OPC 部分所控制，按并联布置。正常运行时，该两个电磁阀是常闭的（失电），即堵住了 OPC 总管 OPC 油液的卸放通道，从而建立起 OPC 油压。当转速达 103％额定转速时，OPC 动作信号输出，两个 OPC 电磁阀被励磁（通电）打开，使 OPC 母管 OPC 油液卸放，从而使调节汽阀迅速关闭。待汽机转速正常时，电磁阀即刻失电，各调门恢复正常工作状态。

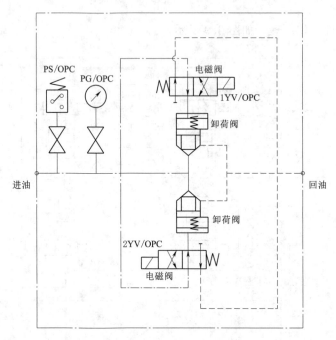

图 3.10　OPC 组件工作原理

8. 隔膜阀

隔膜阀连接着润滑油（低压安全油）系统与 EH 油（高压安全油）系统，其作用是当低压安全油压力降到隔膜阀的动作值时，可通过 EH 油系统遮断汽轮机（图 3.11）。

当汽轮机正常运行时，润滑油系统的低压安全油通入隔膜阀上面的腔室中，并克服弹簧力，使隔膜阀保持在关闭位置，堵住 EH 危急遮断油母管通向回油的通道，从而建立起危急遮断油压（AST）。当润滑油保护系统动作并泄掉低压安全油后，隔膜阀在弹簧力的作用下而打开，泄掉 EH 危急遮断油母管 OPC 油，从而关闭所有的蒸汽阀门。

3.4.1.2　EH 液压控制系统各总成的安装就位

安装前，应对各部件功能全面了解，并参阅液压系统原理图、部件安装接口图及油管路系统图等相关资料（这些资料一般随机一起发至现场）。

1. 油站的安装

油站安装地基应平整，且周围要留有一定的空间，以便油站的检修。安装时可采用膨胀螺钉把底座和地基固定起来。油站的朝向根据现场情况决定，一般以油管出油口方便为主。油站应低于本系统其他部件 2m 以上，但不应超过 5m，与蒸汽管道相隔要大于 2m，且上方不应有高温、高压蒸汽管道及阀门通过。由于现场施工时灰尘很大，所以开箱后的油站应用帆布遮盖。油站定位后在其上面用铁皮（不能用帆布）搭一个临时遮挡篷，以避免石棉屑、尘土、焊渣等落在油站上。油站所接的冷却水应采用闭式循环水，其水压为 0.2～0.5MPa，水温为 25～30℃。切不可使用水质较差的水，以免其在冷却器内积聚水垢，降低冷却效果或堵塞冷却器。

本供油站净重约 1.5t。起吊时，应注意防止起吊工具损坏油箱侧面的元器件。

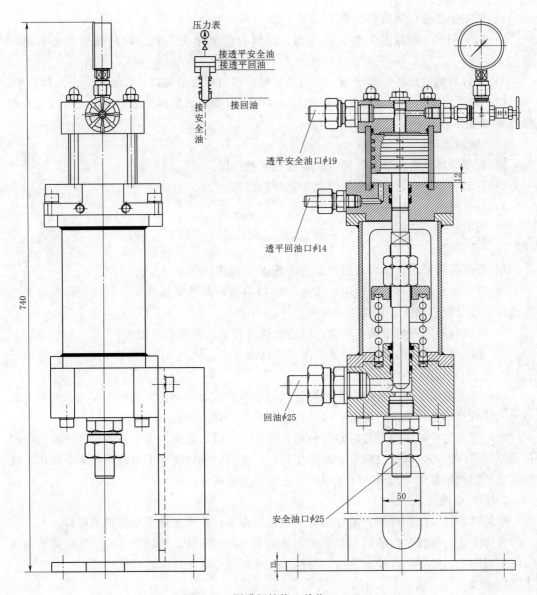

压力表

接透平安全油
接透平回油

接安全油

接回油

透平安全油口ϕ19

透平回油口ϕ14

12

回油ϕ25

50

安全油口ϕ25

740

图 3.11 隔膜阀结构（单位：mm）

2. 高压蓄能器组件的安装

高压蓄能器组件安装在汽轮机侧面靠近油动机的旁边。安装地基应平整，并考虑待铺的地砖高低。安装时可采用膨胀螺钉把蓄能器底板和地基固定起来。

3. 低压蓄能器组件的安装

低压蓄能器组件安装在汽轮机侧面靠近高压调门旁边。安装地基应平整，并考虑待铺的地砖高低。安装时可采用膨胀螺钉把蓄能器底板和地基固定起来。

3.4.1.3 油管路的安装

1. 安装规范

（1）管道下料：

1）严禁用砂轮切割机切割管子。

2）应采用手工锯或手工割管刀切割。切口处应倒角去毛刺，以防铁屑和毛刺进入管道。

3）下好料的管道要注意清洁，应用套管和白布包好管子切口，以防灰尘进入管道中。

（2）管道弯制。应注意弯管处管壁不被损坏，以免造成损坏处应力集中，导致运行时发生管道破裂。

（3）管道走向：

1）管道应尽量避开热源，严禁把油管包入绝热层。

2）管道应尽量直走，并且弯道最少，管距最近。

3）管道每隔 3m 左右应设一管夹。

4）所有管道严禁踩踏。

（4）管道焊接：

1）管道焊接采用氩弧焊，焊缝处应进行 X 光探伤。

2）与管接头焊接时，应拆除管接头中的 O 形圈，并拧紧管接头。否则会使管接头密封面在焊接过程中拉弧，并烧坏密封面。

3）焊接时不能用焊头敲击油管，以避免烧穿管子或造成管壁损坏。

4）建议由有经验的安装和焊接技工完成这项工作。

2. 管件清洗

（1）管道清洗。用铁丝把白绸布扎好，沾上丙酮或酒精，在管内多次拉擦，直至白绸布看不见脏点为止。清洗后的管子两端封口堆放在一起以便安装时使用。

（2）管路附件的清洗。管路附件包括管接头、三通、弯头、大小头等。清洗时用白绸布擦零件的内表面，保证白绸布上看不见脏点，然后将零件装在干净的塑料袋中备用。清洗时绝不能选用易产生布屑、纤维屑或其他碎屑的布料。

3. 系统管道安装

安装时参见系统原理图、油管路图及相关部件图，并仔细查看系统相关资料。

母管安装：母管是指油站上与系统相连的高压油管 HP、回油管 DP。两根管子引出后，垂直向上。然后从母管上分出，与油动机或其他总成上对应的管道相接。

4. 检查

管路系统安装焊接完毕后，应检查：管道的走向及连接是否正确；焊接处焊缝是否合格；管接头密封圈是否有漏装；管接头是否拧紧；截止阀状态是否正确；管夹及支架安装是否牢靠。

5. 系统油冲洗

（1）加油。

EH 油系统所有连接管道安装完毕。油站周围及顶部清理干净。

各相关仪表校验完后复装，热工接线完毕。

用点动方式确定冷却泵的转向正确。

油桶顶部清洗干净，打开抽油孔。并将吸油钢管一端伸入到油桶内，另一端与油站冷却泵的旁路吸油接口相连，关闭冷却泵吸油滤器与油箱之间的阀门，打开冷却泵吸油滤器前抽油旁路的阀门。

加油过程中，应同热工人员一起记录液位开关报警发信时所对应的油位指示。且当液位到达如下各值时，注意开关是否动作。

180mm 油位低低报警。

300mm 油位低报警。

500mm 油位高报警，加油结束。

保存好空油桶，以备今后储放油用。

（2）油冲洗规范。

油冲洗时供油压力控制在 2.0～3.0MPa，不宜超过 4MPa。

油冲洗时油温保持在 35～55℃，必要时可以启动电加热器。

油冲洗时应开启二台主油泵并应 24h 连续运转。

油冲洗过程中，应经常用木棒轻打油管，以震掉附着在管壁上的脏污物。

（3）油冲洗。

拆下油动机上的伺服阀（电液转换器）、遮断控制模块上的电磁阀，换上相应的冲洗板；拆下遮断控制模块上的节流孔。

检查高压蓄能器内氮气压力并与工程图纸资料对比。若压力不足则应补充充氮。

检查低压蓄能器内氮气压力并与工程图纸资料对比。若压力不足则应补充充氮，压力过高应放气。

点动检查主油泵电机转向是否正确，其转向应同泵组上的提示方向一致。

开启 A 泵，检查系统有否泄漏并及时消除漏点。检查完毕后，停止 A 泵，启动 B 泵，检查系统泄漏情况。如正常，则启动 A 泵，使二台泵同时运转。

逐个调整泵的调压螺钉使 A、B 泵出口压力及系统压力保持在 3MPa 左右。

将各蓄能器的进油截止阀完全关闭后回约 2 圈，完全打开各蓄能器回油截止阀，进行蓄能器的冲洗。

冲洗约 15d 后（冲洗天数不定，根据管道焊接时的清洁程度，油冲洗开始到合格在 15d 左右），开始第一次油质化验。

（4）油样化验。

取样方法：在单泵运行油冲洗时取样。取样前把取样口周围擦干净，把截止阀打开，先放掉一些油约 500mL，然后用油样瓶接上去，放出约 200mL 的油样以后，然后关闭截止阀。

取样时间应选在空气污染较少的早晨上班前。

取样瓶应使用专门的油样瓶。

油样应由权威单位化验，报告上应有具体颗粒度数据及清洁度等级结论意见。清洁度等级达到 NAS 6 级合格，合格后方可进行系统调试。

3.4.1.4 系统调试

1. 调试前应具备的条件

（1）液压系统部件复装及蓄能器充氮结束，各阀门处于运行要求的状态；油泵工作正常，无异常噪音和振动。

（2）压力开关、压差开关和液位开关等仪表校验合格并复装上。

（3）所有接线完毕，各电气及热工回路功能正常。

（4）油箱油温控制在 35～55℃。

2. 耐压试验

关闭关紧安全阀。启动 A 泵（启动之前应松开锁紧螺母并将其上的调压螺钉退出 2～3 圈），使用扳手调节 A 泵上的调压螺钉（顺时针拧紧调整杆为升高泵出口压力，逆时针旋转为降低泵出口压力），将系统压力调至 14.5MPa，检查系统泄漏情况。10min 后，调节调压螺钉，将系统压力调至 21MPa，保压 3min，检查系统所有各部件接口和焊口处，不应有渗漏、变形。

3. 安全阀的整定

耐压试验结束后，调节泵的调压螺钉将系统压力由 21MPa 调下至 17.5MPa±0.5MPa，再慢慢调松安全阀，当一听到安全阀有轻微"唏唏"的卸油声后，锁紧安全阀。然后调整泵的调压螺钉，将系统压力恢复至 14.5MPa。

3.4.1.5 报警信号测定

1. 压力开关动作测定

停 A 泵，启动 B 泵（启动之前应松开锁紧螺母并将其上的调压螺钉退出 2～3 圈），调整 B 泵的调压螺钉，当系统压力升至 14.5MPa 时，再调整泵的调压螺钉，使系统压力下降。当压力降至所需检测的压力开关设定值时，压力开关动作，发送信号。

2. 压力变送器信号测定

继续调整 B 泵的压力，热控部分是否能正常接受压力变送器的模拟量信号并观察在系统要求的几个信号点有无设置开关点（如联锁、压力低报警、压力高报警等）。

3.4.1.6 静态调试

各准备工作结束后可进行系统静态调试。

3.4.2 系统技术参数

主油泵出口油压为 1.96MPa。

主油泵进口油压为 0.1MPa。

脉冲油压为 0.98MPa。

润滑油压为 0.08～0.15MPa。

3.4.3 DEH 控制系统说明

（1）系统技术指标：转速控制范围为 20～3600r/min；负荷控制范围为 0%～115% 额定负荷；转速不等率为 4.5%（3%～6%可调）；抽汽压力不等率为 10%（可调）；系统迟缓率不大于 0.3%；汽轮机从额定工况甩负荷时，转速的最高飞升小于 9%额定转速；DEH 控制系统平均连续无故障运行时间为 MTBF 大于 25000h；系统可用率为 99.9%。

（2）DEH 系统基本功能：

1）汽机复位（挂闸及开主汽门）。在调节系统中，配置有一套挂闸电磁阀，该阀安装于汽轮机前轴承座的前端，该阀的作用就是用于汽轮机的挂闸，使保安系统部套在开机前处于准备完毕状态。

启动时，使启动阀得电，则危急遮断器滑阀恢复到工作状态，系统的安全油压得以建立，因为安全油压的建立，使保安系统完成挂闸。

挂闸完成后，就使得控制主汽阀和调节汽阀的独立油源油动机与保安系统安全油压的关联得以建立，并通过独立油源系统的隔膜阀使二者联系起来。注意在挂闸完成后，使启动阀失电。

2）手动控制。使挂闸电磁阀得电，危急遮断滑阀挂闸，则安全油建立，开主汽门，冲转暖机升速，当转速达到给定值时，再通过 DEH 控制系统的操作手动控制汽轮机进行升/减转速和负荷。

3）操作员自动控制。使挂闸电磁阀得电，危急遮断滑阀挂闸，则安全油建立，开主汽门，再由运行人员自行选定目标转速、升速率、暖机时间以及目标负荷和升负荷率。

4）程序控制启动。使挂闸电磁阀得电，危急遮断滑阀挂闸，则安全油建立，开主汽门，根据预先输入到 DEH 控制系统的最佳运行曲线做成程序控制启动，整个升速过程全部自动完成，无须人为干预，但可由运行人员任意切换至以上两种方式且切换无扰，运行曲线可在线修改。

5）摩擦检查。DEH 控制系统控制汽轮机在 500r/min 范围内来回进行升速和降速以检查汽轮机的工作和安装情况。

6）超速试验。在 DEH 控制系统控制下可进行 103％超速试验、电超速试验以及机械超速试验。当转速达到 103％额定转速时，DEH 系统发出超速保护信号送到 OPC 电磁阀，使其动作将调节汽门关闭，减少转子动态超调量。当转速达到 110％额定转速时，DEH 系统发出停机信号。

7）同期（AS）。DEH 控制系统设有与 AS 装置的接口，可以接收 AS 装置发出的脉冲量或开关量信号。通过接收 AS 装置的信号使 DEH 控制系统将实际转速很快达到网频转速，再由电气并网。

8）机组并网后，DEH 将自动带 2％～3％初负荷，以防止逆功率运行，并且有负荷限制功能。

9）DEH 可按运行人员给定的目标值及负荷变动率自动调节机组的电负荷和热负荷。

10）能够与 CCS 系统配合实现机炉协调，接收 AGC 控制指令。

11）故障诊断报警。DEH 控制系统的故障可以达到通道级，对每个 DEH 控制系统的故障点均会在显示器上作出报警显示。

12）可以实现与 DCS 通信，提供 DCS 所需信息。

13）可以在工作站进行参数修改、组态。

14）实现运行过程中的监视功能。

3.4.4　保安系统说明

1. 保安系统在下述情况下，切断汽轮机的主蒸汽供应

当机组转速超过额定转速（3000r/min）的 11％～12％（即 3300～3360r/min）时，危急遮断器撞击转子动作，通过危急遮断器杠杆使危急遮断滑阀下移，泄掉安全油，从而关闭主汽门和调节汽门，实现停机。

当汽轮机轴向位移超过＋1.4mm，润滑油压降至 0.02MPa，转速升至 3300r/min，

真空降低至−0.06MPa，轴承回油温度达 75℃时，ETS 系统发出停机信号都将使停机电磁阀（在保安操纵箱中）动作，使安全油泄掉，由于安全油的失落，使独立油源系统隔膜阀动作，则主汽门油动机和高调门油动机均发生动作，主汽阀和调节汽阀均向关闭方向动作，实现停机。

主汽阀关闭信号同时送到 DEH 控制系统，通过 DEH 控制系统关闭调节汽阀和旋转隔板。

压力开关是油压低时的保护装置。当主油泵出口油压低于 0.7MPa 时联锁启动交流启动泵；当润滑油压低于 0.055MPa 时，联锁启动交流电动润滑油泵；当润滑油压低于 0.04MPa 时，联锁启动直流电动润滑油泵；当润滑油压低于 0.015MPa 时，不允许盘车装置运行。

在汽轮机前轴承座侧部的保安操纵箱，在其面板上装有手动停机装置（与停机电磁阀杠杆连接）。当机组出现需要手动紧急停机的情况时，可向下拍动按钮，使保安操纵箱内相应滑阀下移，泄掉危急遮断器滑阀底部的油压，即可实现停机。

2. 保安系统各部套说明

（1）危急遮断器说明。该部套壳体与转子前端直接连接，在额定转速下，撞击转子的离心力小于弹簧的压力，撞击转子不能飞出。当转子的转速超过额定转速为 110%～120%时，撞击转子的离心力就超过弹簧的压力，使撞击转子突然飞出，打出行程为 6mm，迫使保安系统动作，并迅速关闭主汽阀及调节汽阀，当转子的转速下降到接近 3000r/min 时，弹簧力又开始大于离心力，在弹簧力的作用下，撞击转子又缩回到壳体内，恢复到原来的状态。

危急遮断器中的每个撞击转子的动作转速可以用该装置中的调整螺母分别进行调整，调整螺母顺时针旋转 30°，相当于撞击转子的动作转速约增高 105r/min。

利用喷油装置，可以在正常转速（3000r/min）下，分别活动二个撞击转子，从喷管出来的油经过油室进入撞击转子底部，撞击子底部的油柱由于旋转所产生的离心力，可把撞击转子压出，停止喷油后，油从壳体底部小孔溢出，撞击转子恢复到原来的位置。

（2）危急遮断器滑阀（图 3.12）。该部套主要由滑阀、套筒、心轴、壳体和弹簧等零件组成。机组运行时，危急遮断器滑阀处于上支点位置，A 室经心轴上的槽孔和排油相通，所以没有压力。撞击转子动作后，撞击转子打击危急遮断器杠杆，杠杆转动迫使心轴下移，B 室的压力油经心轴进入 A 室增大了滑阀上部受油压作用的面积，使得滑阀上部油压的作用力大于下部的附加保安油压作用力，故此滑阀下落，当附加保安油压跌落到 0.96MPa 以下时，滑阀也跌落至下支点，其结果使得自动关闭器滑阀下的安全油及综合滑阀下的脉冲油均和排油相通，主汽阀和调节汽阀迅速关闭，切断汽源。

操作停机按钮，可使滑阀下部的附加保安油压泄掉，这样滑阀在 B 室压力油的作用下，落至下支点，使主汽阀和调节汽阀迅速

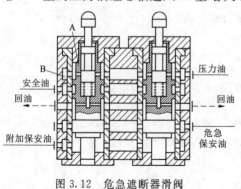

图 3.12 危急遮断器滑阀

关闭。

危急遮断器滑阀由两套结构相同的滑阀，套筒等并联组成，它所控制的自动关闭器安全油路和综合滑阀下脉冲油路亦为并联而成，由此，只要该部套中的任一个滑阀动作，均可使主汽阀及调节汽阀迅速关闭，这样就保证了保安系统的工作可靠性。

3.4.5 润滑油及顶轴油系统

1. 主油泵说明

油泵为后弯式离心泵。油泵右端以螺纹与危急遮断器体连接，由汽轮机主轴带动。油泵的出口油压力增为 0.98MPa，其出口油一路通往各保安部套，另一路通往射油器作为喷射用油。

2. 油动机说明

本机组配套了两台独立油源型油动机，分别为高压调门油动机和中压抽汽油动机，两个油动机均属外购产品，因此，其具体原理和构成详见生产厂商的说明书。

高调门油动机接受来自 DEH 电液转换装置的液压信号，并将其变成活塞的位移，通过配汽杠杆和凸轮配汽机构操纵调节阀。

中压抽汽油动机接受来自 DEH 电液转换装置的液压信号，并将其变成活塞的位移，通过旋转隔板调节连杆操纵旋转隔板来调节抽汽。中压抽汽油动机全行程为 140mm，根据 DEH 的指示信号，油动机活塞杆可以稳定在 0~140mm 的行程内任意位置上。

在油动机活塞杆上配装有 LVDT 位移传感器，它是用来将油动机活塞的位移反馈给 DEH 控制系统。

3. 自动关闭器说明

自动关闭器是用来控制主汽阀的开启和关闭，它直接安装在主汽阀的上面（图 3.13）。使用时以启动阀改变自动关闭器主体旁的小滑阀下的油压（安全油压），来控制主汽阀的位置。随着启动阀的旋转，作用于自动关闭器主体旁的小滑阀下的油压不断升高，小滑阀也随之上移，当油压达到 0.65MPa 时，通往自动关闭器活塞腔室的油口（压力油）开始打开，压力油通过该油口进入到自动关闭器活塞的下部，带动主汽阀向上开启，而活塞的上升又通过杠杆带动小滑阀上部的弹簧座，弹簧座的下移使弹簧力增加而压迫小滑阀下移，直至该油口重新关闭为止。从以上叙述可知，自动关闭器开启后，每个安全油压值对应于一个确定的自动关闭器活塞行程，当小滑阀下的油压至 0.85MPa 以上时，小滑阀在油压作用下压到上限止点，油口全开，此时，自动关闭器活塞行程升至最大，活塞也在此油压作用下保持主汽阀的最大开度。滑阀控制两挡油口 b1 和 b2，其作用为：①打开油口 b1，可在运行时活动主汽阀阀杆；②b1 和 b2 全开可全关主汽阀，把制动销松开逆时针转动手轮使滑阀上移，滑阀下的压力油（与滑阀下部腔室相通），经油口 b1 进入排油，油压跌落，活塞就带动主汽阀下降，在油口 b1 全开时，活塞也只能下降 15mm 左右，不致引起汽轮机负荷的变动，进而转动手轮使滑阀再上移，b1 和 b2 全开，滑阀下油压降低到不足以克服弹簧的预紧力，自动关闭器全关。

4. 溢油阀

溢油阀（图 3.14）的作用是保持润滑系统中（冷油器后）的油压为一常数。正常工作压力为 0.08~0.15MPa，最大耐压为 1.0MPa。

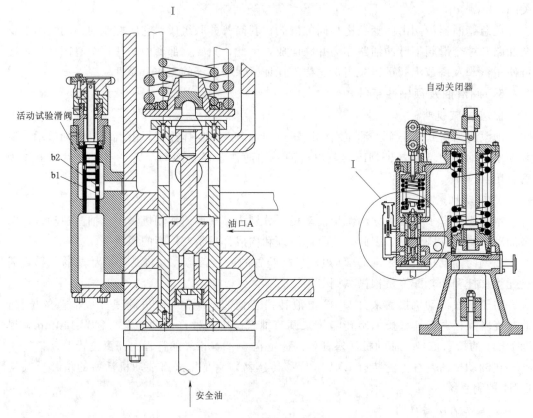

图 3.13　自动关闭器

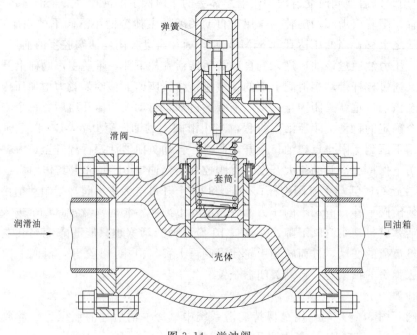

图 3.14　溢油阀

溢油阀直接装在管路上，其套筒直接固定在溢油阀的壳体上，滑阀在弹簧力和油压力的作用下处于平衡状态。

在润滑系统油压改变时滑阀就会渐渐上下移动，使套筒上的窗口开度发生改变，从而改变了流入油箱中的排油量。

维持润滑系统中的油压，可通过旋转调节螺钉调整弹簧的紧力来达到，调整好弹簧压力后，用螺母将调节螺钉摒紧。弹簧紧力的最后调整在电站进行。

为了减少波动，增加溢油阀工作的稳定性，在其壳体与套筒上均加工有相对应的半圆形缺口，装配时壳体上的缺口应与套筒上的缺口对齐。

3.4.6 TSI 仪表简介

1. TSI 概述

为了保证发电机组安全、经济和可靠地运行，故需对汽轮机建立起相应的安全监视保护系统。

汽轮机的安全监视保护系统（TSI）能够连续监测发电机组的诸多安全方面的重要参数，从而能够及时地帮助运行人员判断运行机组出现的故障，使机组在不能正常工作并可能引起严重损坏前迅速遮断发电机组。

在提供的外购安全监视保护系统仪表的装箱中，相应仪表均有随箱提供的具体仪表使用说明书，在该箱验货后，应将相应说明书及时交付给电厂的相关电气专业的负责人员统一保管，以使随后的安装不致引起混乱。

2. 汽轮机主要监测仪表的安装说明

在安装 TSI 仪表前，应先仔细阅读相关 TSI 仪表的安装要求和使用条件，然后根据说明书中的要求，进行正确的安装。安装好后，还应对各仪表进行相应的校验和检查，以保证 TSI 仪表能够正常的工作。

在机组的前轴承箱内，安装有汽轮机的转速测量、轴向位移监视等仪表，其中汽轮机的转速测量安装、轴向位移监视安装在汽轮机前轴承箱内的主油泵前端的支臂上，轴向位移传感器在安装时，应以推力盘紧贴定位推力瓦（副瓦）设置机械"0"位，在确认推力盘紧贴定位推力瓦（副瓦）后，设定讯号"0"位，安装好后的自由状态下（未启动），轴向位移值往往显示一个小的负值，这是因为此时的推力盘未紧贴推力瓦，所以是正常的。轴向位移值定义轴系向电机方向窜动为"＋"，向汽机方向窜动为"－"。

在机组的前轴承箱与前基架接触处、靠近前轴承（轴承进油口）附近外侧，安装有汽轮机的热膨胀位移传感器，安装应在汽轮机处于冷态时进行，安装时，把热膨胀位移传感器紧固在热膨胀测量支架上，调整热膨胀位移传感器，使热膨胀位移传感器指示为 0 即可。

在各轴承箱上盖外壳各轴承的垂直中心线附近，安装有振动测量仪表，将振动测量仪旋进相应的安装螺孔即可；在汽轮机与发电机的联轴器处附近，安装有相对膨胀测量仪表，相对膨胀用于测量汽轮机转子和汽缸之间的相对热膨胀，规定转子的热膨胀大于汽缸热膨胀为正方向，反之为负方向，同样，相对膨胀也以推力盘紧贴定位推力瓦（副瓦）设置为机械"0"位。

3. 电超速试验说明

机组在做电超速保护试验前，必须先进行并确认如下试验：

（1）手动打闸试验正常。

（2）机械保护的注油试验、动作试验正常。

确认上述试验后，设定电超速保护动作值 $n_电$。$n_电 = n_机 - (15 \sim 30)\text{r/min}$。

试验中，当转速超过电超速设定值而机组未跳闸时，立即手动打闸停机。

3.4.7 特殊说明

用户应按照《电力建设施工及验收技术规范 汽轮机机组篇》（DL 5011—92）中，油循环的相关要求，使用合适的滤油设备，严格进行油循环工作，确保油系统工作时，油质清洁度符合要求。否则，易引起机械卡涩，使调节控制系统失稳、安全保护部套拒动，给机组的运行带来重大隐患。

3.5 汽轮机设备运行

3.5.1 汽轮机启动前的几点说明

汽轮机启动状态是以汽轮机启动前下汽缸调节级处金属温度来决定的：

冷态启动：$150 \sim 200℃$；温态启动：$200 \sim 350℃$；热态启动：$350 \sim 400℃$；极热态启动不小于 $400℃$。

一般将温态启动和热态启动统称为热态启动。

本说明书中的蒸汽压力均为绝对压力，油压均为表压。

3.5.2 启动前的检查

（1）向 DEH 系统供电，检查各功能模块的功能是否正常。

（2）检查 TSI 系统功能。

（3）检查集控室及就地仪表能否正常工作。

（4）检查油箱油位，油位指示器应显示在最高油位，并进行油位报警试验。

（5）检查各辅助油泵工作性能，电气控制系统必须保证各辅助油泵能正常切换。

（6）检查润滑油温，油压和油位是否正常。

（7）启动排烟风机，检查风机工作性能。风机工作时，油箱和轴承箱内应维持微负压。油箱和轴承箱内压力不宜过低，否则易造成油中进水和吸粉尘。

（8）检查调节，保安系统各部件的工作性能是否满足要求。

（9）投盘车后，确认转子没有发生弯曲，并监听通流部分有无摩擦声。

（10）关闭真空破坏阀，向凝汽器热井补水，投入水环真空泵，使凝汽器投入运行，以检查凝汽系统设备工作是否正常。

（11）检查疏水系统各截止阀能否正常工作，并进行系统正常开、关试验。

（12）检查主汽阀和抽汽逆止阀是否正常工作，并进行联动试验。

（13）应对主汽阀，调节汽阀进行静态试验并整定。

（14）在冲转前进行轴向位移保护试验和其他电气试验。

（15）以上各项检查与试验，如有设备说明书的按相关的说明书进行。

（16）检查完到正式启动间隔时间不得过长（一般不要超过10d）。

3.5.3 启动前的准备

（1）向DEH供电，表盘和系统都应处于正常状态。

（2）启动润滑油泵，确认润滑油系统处于正常工作状态。

（3）再次检查润滑油系统、DEH和TSI系统及盘车装置。

（4）冲转前1～2h投入盘车装置，以利于消除转子可能存在的热变形。

（5）在确认汽封蒸汽管道中无水后，投入汽封系统辅助汽源，要求汽封母管压力为0.12MPa左右，温度150～260℃。

（6）凝汽器汽侧补水至水位计的3/4处。

（7）新蒸汽系统的电动主闸门，预先进行手动和电动开关检查。

（8）准备好水环真空泵电动机的电源和水源，作水环真空泵的联动试验，使抽真空设备投入运行。

（9）凝汽器真空稳定保持在0.067MPa左右。

（10）在真空达到冲动转子所要求的数值（0.067MPa）之前，向轴封送汽。

（11）保持轴封送汽和轴封抽气的正常工作，使轴封供汽和轴封抽气形成环流，防止轴封蒸汽压力过高而沿轴泄出。

（12）关闭供热抽汽管道的逆止门。

（13）开启主汽阀，导汽管和汽缸上的疏水阀。

（14）真空达到启动要求时，即可挂危急遮断器；打开自动主汽门和调速汽门，准备用旁路门冲转。

（15）任何启动方式，均应控制下列指标：

1）自动主汽门壁温升速为2～3℃/min。

2）汽缸壁温升速为3～4℃/min。

3）调节级处上、下缸壁温差不超过50℃。

4）汽缸壁温内外温差小于80℃。

5）法兰壁温内外温差小于100℃。

6）法兰与螺栓温差小于30℃。

7）相对差胀为－2～＋4mm。

（16）启动时润滑油的油温不得低于25℃；正常运行油温一般控制在35～45℃。

3.5.4 机组禁止启动，运行限制要求

机组在启动前或冲转带负荷过程中应确认是否出现下列情况，若发生则禁止启动或停机进行检查。

（1）任一安全保护装置失灵。如低油压保护、背压保护等保护装置不能正常投入。

（2）机组保护动作值不符合规定。

（3）汽轮机调速系统不能维持空负荷运行，机组甩负荷后不能控制转速在危急遮断器动作转速以下。

（4）主汽阀、调节汽阀、抽汽逆止阀卡涩或关不严。

（5）汽轮机转子弯曲值不超过原始值0.03mm。

（6）盘车时有清楚的金属摩擦声或盘车电流明显增大或大幅摆动。

（7）主要显示仪表（如测转速、振动、轴向位移、相对膨胀、压力油压、润滑油压、冷油器出口油温、轴承回油温度，主蒸汽压力与温度，凝汽器真空等的传感器和显示仪表以及调节、保安系统压力开关，测汽缸金属温度的热电偶和显示仪表等）不全或失灵。

（8）交、直流辅助油泵、润滑油系统故障。

（9）润滑油油质不合格，润滑油进油温度不正常，回油温度高。

（10）主油箱的油位低于允许值。

（11）回热系统中，主要调节及控制系统（如除氧器水位、压力自动调节、给水泵控制系统等）失灵。

（12）汽轮机水冲击或进水。

（13）机组保温不完善。

（14）机组启动，运行过程中，有的指标超过限制值（参见运行中的限制值及检查）。

（15）水汽品质不符合要求。参见火力发电机组及蒸汽动力设备水汽质量标准等相关要求。

（16）DEH 控制系统故障。

（17）主油箱中油温低于 18℃。

3.5.5 额定参数冷态启动

（1）启动前的检查和准备见上述各项要求。

（2）主蒸汽参数高，汽轮机为冷态，进行充分暖管和暖机相当重要。关闭电动主闸门和旁路门，用 0.5～0.6MPa 的低压蒸汽（饱和温度约 160℃）对电动主闸门前的新蒸汽管道进行暖管。低压暖管时间持续约 40min。

（3）低压暖管到管壁温度接近 150℃后，进行升压暖管。一般在 1.5MPa 前，以 0.1MPa/min 的速度升压，在 1.5～4MPa 时，以 0.2MPa/min 的速度升压。升温速度均应小于 5℃/min。

（4）当新蒸汽管道末端的蒸汽温度比额定压力下的饱和温度高 70～100℃时，可以使管道内的蒸汽升至全压。

（5）升压暖管时，为防止向汽轮机内漏入蒸汽造成上、下汽缸温差过大和转子热弯曲，一定要设法关严电动主闸门和旁路门。

（6）冲动转子前，应检查转子有无弯曲，转子轴颈的晃度应在允许的范围内。

（7）当真空达 0.04～0.0533MPa 后，全开调节汽门，用主汽门的旁路门冲动转子。这种进汽方式可以使汽缸受热均匀。

（8）转速维持在 500r/min 左右，进行下列检查：

1）倾听机组内部有无金属摩擦声。

2）检查机组各轴瓦的振动。

3）检查凝汽器的真空，防止出现凝汽器无水或满水的情况。

4）检查各轴瓦的油温及回油情况。

5）当转速大于盘车转速时，盘车装置是否自动脱开。

（9）转速 500r/min 停留 5～10min，检查正常后，以 100～150r/min 的升速率，将转

速升至 1200～1400r/min，进行暖机 20～30min，检查所有的监控仪表。

（10）严格控制法兰内外壁温差，法兰与螺栓温差，汽轮机的绝对膨胀和相对差胀及汽缸膨胀情况。

（11）暖机结束后，快速通过临界转速。在 2200～2400r/min 进行暖机（约 20min），当汽缸或法兰内壁温度达到运行规定值（一般 180℃左右）。仍用原升速率将转速升至 3000r/min。

（12）升速暖机的过程中，应重点监视机组的振动，特别是通过转子的临界转速时。要求转速升到 2500r/min 以上时，凝汽器真空达到正常值。

（13）当转速升到 2800r/min 左右，主油泵已正常工作，可以停止启动油泵。此时主油泵出口油压已达 1.7～1.9MPa。

（14）转速从 2800r/min 向 3000r/min 提升时，将旁路门进汽倒换为用调速汽门控制进汽。

（15）在 3000r/min 对机组进行暖机，全面检查并做危急遮断器试验。高速暖机时间视检查和试验快慢，一般为 20～30min。

（16）检查一切正常，试验后应使机组迅速并入电网。

（17）并网后进行低负荷暖机，一般取额定负荷的 3%～5%。暖机时间为 30～40min，经全面检查，一切正常后，可以将负荷均匀增加，选择 0.25MW/min，将由 5%额定负荷提升到 100%额定负荷。

3.5.6 额定参数温态启动

（1）启动前的检查和准备见上述各项要求。

（2）启动冲转前必须做到以下各条：

1）新蒸汽是过热状态且高于汽机调节级下汽缸金属温度 50℃以上。

2）转子晃动值不超过原始值 0.03mm。

3）调节级区域上、下温差不得超过 50℃。

4）调节级处上汽缸温度已达 200℃以上，应先向轴封送汽，然后再抽真空。

5）监视汽轮机相对膨胀。当相对膨胀超过 -2mm 时，应向前汽封送高温蒸汽。

6）冲动转子前，应把油温加热到机组正常运行油温 35～45℃。

（3）冲动转子，在 500r/min 维持短暂时间 5～10min，进行下列检查：

1）倾听机组内部有无金属摩擦声。

2）检查机组各轴瓦的振动。

3）检查凝汽器的真空，防止出现凝汽器无水或满水的情况。

4）检查各轴瓦的油温及回油情况。

5）当转速大于盘车转速时，盘车装置是否自动脱开。

（4）一切正常后，以 150～200r/min 的速度把转速提升到 1200～1400r/min，进行短暂的中速暖机 5～10min 并检查所有的监控仪表。

（5）检查没问题，转速升到额定转速 3000r/min，定速暖机 15min 左右。

（6）3000r/min 暖机时，做全面检查。

（7）做超速试验后，应使机组迅速并入电网。

（8）并网后进行低负荷暖机，一般取额定负荷 3%～5% 作为暖机负荷。低负荷暖机时间的长短主要取决于温态启动金属温度的初始值。

（9）选择 0.3MW/min 升负荷率将机组负荷均匀增加到额定负荷。

3.5.7 额定参数热态、极热态启动

（1）启动前的检查和准备见上述各项要求。

（2）启动冲转前必须做到以下各条：

1）新蒸汽是过热状态且高于汽机调节级下缸金属温度。蒸汽温度的热态为 350～400℃；极热态不小于 400℃。

2）转子晃动值不超过原始值 0.03mm。

3）调节级区域上下温差不得超过 50℃。

4）检查盘车装置的运行情况。

5）先向轴封送汽，然后再抽真空。要求汽封母管压力 0.12MPa 左右，温度 280～350℃。

6）监视汽轮机相对膨胀，当相对膨胀超过 −2mm 时，应向前汽封送高温蒸汽。

7）冲转前应把油温加热到机组正常运行油温 35～45℃。

（3）冲动转子，在 500r/min 维持 5min 进行下列检查：

1）倾听机组内部有无金属摩擦声。

2）检查机组各轴瓦的振动。

3）检查凝汽器的真空，防止出现凝汽器无水或满水的情况。

4）检查各轴瓦的油温及回油情况。

5）当转速大于盘车转速时，盘车装置是否自动脱开。

（4）检查机组正常，选择热态 200r/min 升速率，极热态 250r/min 升速率，迅速将转速提升到额定转速 3000r/min。同时应监视机组过临界转速的振动。

（5）升速过程中应完成下列各项工作：

1）检查所有的监控仪表。

2）主油泵和启动油泵切换已完成。

3）检查润滑油系统。

（6）做完超速试验后使机组迅速并入电网。

（7）并网后取 3%～5% 额定负荷作为低负荷暖机，因此时机组整个温度水平较高，如无问题，暖机时间可以缩短。

（8）升负荷率：热态 0.4MW/min；极热态 0.5MW/min。将机组负荷均匀增加到额定值。

3.5.8 滑参数冷态启动

（1）启动前的准备工作与额定参数冷态启动基本相同。

（2）采用压力法滑参数启动前，电动主闸门，旁路门，自动主汽门和调节汽门应全部关闭。

（3）投入水环真空泵抽真空，当真空达到 0.04MPa 左右，通知锅炉点火。

（4）当真空增长速度减慢时，开始向轴封送汽。因此滑参数启动需要配有辅助汽源作

为轴封送汽的工作用汽。

（5）锅炉点火后，锅炉过热器的积水，新蒸汽管道的疏水以及蒸汽等都通过凝疏管经减温减压器直接排入凝汽器。

（6）当蒸汽压力达到 0.4MPa 左右，温度高于调节级处汽缸或法兰金属温度 50～85℃时，确信管道已无积水，就可以打开电动主闸门，自动主汽门、逐渐开启调节汽门。

（7）当真空稳定保持在 0.067MPa 左右时，锅炉供低温/低压新蒸汽冲动转子，暖管和暖机同时进行。

（8）转子转速超过盘车转速，盘车装置自动退出；关闭疏凝门和电动主闸门前的疏水门。

（9）主汽门前蒸汽压力稳定在 0.8MPa 左右，汽温高于调节级上缸金属温度 50℃的过热蒸汽（280℃左右），用调节汽门控制转速。

（10）主汽门前蒸汽的升压速度一般取 0.1～0.2MPa/min，升温速度一般取 1～2.5℃/min。

（11）在 500r/min 时可稍做停留，进行下列检查：

1）倾听机组内部有无金属摩擦声。

2）检查机组各轴瓦的振动。

3）检查凝汽器的真空，防止出现凝汽器无水或满水的情况。

4）检查各轴瓦的油温及回油情况。

5）当转速大于盘车转速时，盘车装置是否自动脱开。

（12）一切正常后，可以按 100～150r/min 的升速率提升转速，或者按运行规程规定的升速率和暖机时间提升转速。

（13）转速升至 1200～1400r/min 暖机一段时间并检查所有的监控仪表。

（14）检查完毕，一切正常后，锅炉继续升温升压，直至达到汽轮机额定转速 3000r/min。

（15）当转速达到 2800r/min 时，主油泵出口油压正常，则可以进行主油泵和电动启动油泵的切换。

（16）在 3000r/min 后，维持汽温汽压的稳定，作超速试验和保护系统的其他试验。试验完成，暖机一段时间，一切正常后，迅速并网。

（17）并网后，当负荷达到额定负荷的 5% 左右时，锅炉汽温汽压保持稳定，进行低负荷暖机 20～30min。如无问题，开始升负荷。

（18）在低负荷升负荷过程中，若出现汽轮机胀差正值过大或机组振动增加，应控制主蒸汽升温升压，使机组在稳定的转速和稳定的负荷下暖机。

（19）当汽轮机的负荷达到 80% 的额定负荷后，调速汽门可以逐渐关小，主蒸汽可较快地升温升压至额定值，机组负荷也随之升至额定值。

（20）滑参数启动过程中应密切监视下列数据：

1）相对膨胀值应控制在 +4～-1.5mm。

2）法兰金属温升速度控制在 3～4℃/min。

3）保证汽缸左右法兰温差为 10～15℃。

4）法兰内外壁温差不超过 100℃。

5）螺栓温度低于法兰温度，最大不超过 30℃。

6）调节级处上下缸壁温差不超过 50℃。

3.5.9　滑参数热态启动

（1）启动前的检查和准备见上述各项。

（2）为避免汽轮机金属的冷却，只能采用压力法，不能采用真空法。

（3）启动冲转前须满足以下各条：

1）新蒸汽的初始压力和温度应高于进汽处金属温度 50～85℃。

2）转子热弯曲值不超过原始值 0.03mm。

3）调节级区域上下汽缸的温差不得超过 50℃。

4）检查盘车装置的运行情况。

5）先向轴封送汽，然后再抽真空。金属温度如果较高，抽真空前可向前汽封送高温蒸汽。

6）冲转前应把油温加热到机组正常运行油温 35～45℃。

（4）根据汽轮机金属温度在滑参数冷态启动曲线上找出对应工况及起始负荷，在新蒸汽压力和温度达到该工况点要求时，使用调节汽阀冲动转子。

（5）在起始负荷之前的升速和加负荷应该尽可能地快。在 500r/min 短暂停留，进行下列检查：

1）倾听机组内部有无金属摩擦声。

2）检查机组各轴瓦的振动。

3）检查凝汽器的真空，防止出现凝汽器无水或满水的情况。

4）检查各轴瓦的油温及回油情况。

5）当转速大于盘车转速时，盘车装置是否自动脱开。

（6）检查各项合格后用 10min 左右可升速至额定转速 3000r/min，并完成下列各项：

1）监视机组过临界转速的振动。

2）检查所有的监控仪表。

3）主油泵和启动润滑油泵切换已完成。

4）检查润滑油系统。

（7）迅速并列后即以每分钟 5%～10% 的额定负荷加到起始负荷点。

（8）在起始负荷之后，蒸汽才开始对汽轮机金属进行加热，加热后应监视汽缸和转子的差胀，根据出现的正负差胀采取不同的处理方法。

（9）达到起始负荷以后，以 0.4MW/min 的速率按照冷态滑参数启动曲线开始新蒸汽参数的滑升。以后的工作与冷态滑参数启动时相同。

3.5.10　额定参数下的正常停机

（1）额定参数停机前准备工作：

1）试转电动启动油泵、交、直流润滑油泵，使其处于备用状态。如果辅助油泵不正常，必须检修好，否则不允许停止汽轮机。

2）盘车马达的空转试验应正常。

3）确认主汽阀和调节阀，抽汽逆止阀灵活，无卡涩现象。

4）做轴封辅助汽源，除氧器备用汽源的暖管工作。

5）确定热用户已另有汽源或不供汽不影响其他方面的工作。

6）做好必要的联系工作，包括主控制室、锅炉等部门联络信号试验。

（2）额定参数停机往往用于临时停机。机组若计划停机后检修，采用喷嘴调节方式是有利的，因该方式停机后金属温度较低，可缩短机组冷却时间。

（3）均匀减负荷，减负荷速度主要取决金属温度下降速度和温差，金属的降温速度控制在 $1.5\sim2℃/min$。为保证这个降温速度，须以 $0.3\sim0.5MW/min$ 的速度减负荷。每下降一定负荷后，必须停留一段时间，使汽缸和转子的温度均匀下降。

（4）密切监视相对差胀值不超过 $-2\sim+4mm$。

（5）为防止汽轮机出现负差胀，尽量保证汽封供汽有足够的温度。如有必要，前轴封备有高温汽源，应投入高温汽源供汽。

（6）先减去 40％额定负荷后停留 30min，同时切断高压除氧器供汽，停止供热抽汽。

（7）再减去 20％的额定负荷后停留 30min，同时停止高压加热器（低压加热器一般可以随机停止）。

（8）继续减负荷到 10％额定负荷左右停留一段时间，此时流量较小，若调节阀不好控制，可关闭电动主闸门，由旁路汽门向汽轮机供汽。

（9）在低负荷停留后，迅速减负荷到零，解列发电机。解列之后非调整抽汽管道逆止门应自动关闭，同时密切注视汽轮机的转速变化，防止超速。

（10）手打危急保安器，主汽阀和调节汽阀关闭，汽轮机转速将迅速下降。打闸停机前一定要注意汽缸的相对膨胀指示大小。

（11）汽轮机打闸以后，交流润滑油泵应自动启动，否则应手动启动。同时记录转子惰走时间，不破坏真空，本机惰走时间为 $15\sim20min$。

（12）在机组惰走到 300r/min 时，打开真空破坏阀破坏真空（如不停炉可不打开真空破坏阀）。机组转速降到 0 时投盘车装置，停水环真空泵。真空到 0，停轴封供汽。

（13）前汽缸上半内壁温度降到 200℃左右时，可以采用间歇盘车，每半小时转动180°。温度降到 150℃以下时停盘车，在停盘车后过 8h 再停润滑油泵。

（14）在停机后，确信主油箱内无油烟时，方可停排烟风机。

（15）在降负荷，打闸停机期间应注意监视以下几点：

1）密切监视机组振动，发生异常振动时应停止降温降压，立即打闸停机。

2）在盘车时如果有摩擦声或其他不正常情况时，应停止连续盘车而改为定期盘车。若有热弯曲时应用定期盘车的方式消除热弯曲后再连续盘车 4h 以上。

3）停机后应严密监视并采取措施，防止冷汽、冷水倒灌入汽缸引起大轴弯曲和汽缸变形。

4）主汽阀和调节汽阀的阀杆漏汽及轴封漏汽，在降负荷中停止排向其他热力系统，应随着负荷的降低而切换为排大气运行。

3.5.11 滑参数停机

（1）停机前的准备工作与上述相同。

（2）本机若为母管制的机组，为缩短检修时间，将机组切换为单元制后才能采用滑参数停机。

（3）滑参数停机过程中要做到以下各条：

1）要求金属温度下降速度不要超过 1.5℃/min。

2）滑停时新蒸汽的平均降压速度为 0.02～0.03MPa/min，平均降温速度为 1.2～1.5℃/min。在较高负荷时，温度、压力的下降速度较快；在较低负荷时，温度、压力下降速度将减慢。

3）滑停中新蒸汽温度的控制应始终保持有 50℃ 的过热度，以保证蒸汽不致带水。过热度低于 50℃ 时，应考虑开启凝疏门。

4）滑停过程中，调节汽门逐渐全开，依靠主蒸汽参数的逐渐降低而渐渐减负荷，直至停机。

5）因为调节汽门全开，机组解列后，大量低温蒸汽进入汽轮机，所以滑停过程中不得进行汽轮机超速试验。

（4）若机组在额定工况下运行，滑停前先将负荷降低到 80%～85% 额定负荷，把新蒸汽的压力和温度控制在允许的较低程度，逐渐全开调节汽门稳定运行一段时间。当金属温度降低，并且各部分金属温差减小后，开始滑停。

（5）滑参数停机是分阶段进行的，在主蒸汽温度下降 30℃ 左右时应稳定 5～10min 后再降温，目的是控制汽轮机的热膨胀和胀差。

（6）当调节级后蒸汽温度降到低于汽缸调节级处法兰内壁金属温度 30～50℃ 时应暂停降温，稳定运行一段时间以控制差胀。

（7）主蒸汽先降温，当金属温差减小，蒸汽温度的过热度接近 50℃ 时，开始降低压力，负荷也随着下降。降到下挡负荷停留一段时间，使汽轮机金属温差减小后，再降温，再降压，这样一直降到较低负荷。

（8）减负荷过程中应注意机组胀差的变化，当负胀差达到 −2mm 时，应停止减负荷。若负胀差继续增大，采取措施无效而影响机组安全时，应快速减负荷到 0。

（9）当降到较低负荷后有两种停机方法：

1）汽轮机打闸停机，同时锅炉熄火，发电机解列。汽缸金属温度一般都在 250℃ 以上，停机后还必须投入盘车装置。

2）锅炉维持最低负荷燃烧后即熄火，汽轮机调速汽门全开，利用锅炉余热将负荷带到零时发电机解列。汽轮机利用余汽继续空转，快到临界转速时，降低凝汽器真空，快速通过临界转速。在低转速下即可打开防腐汽门，让空气进入汽轮机，使汽缸金属温度进一步冷却，直到转子静止。这种停机方法可使汽缸金属温度降到 150℃ 以下。

（10）汽轮机空转后，交流润滑油泵应自动启动，否则应手动启动。同时应在不破坏真空的情况下记录转子的惰走时间（17～20min）。

（11）真空到 0，停轴封供汽。

（12）在停机后，确信主油箱内无油烟时，方可停排烟风机。

（13）高压加热器和低压加热器在滑参数停机时最好随机滑停。

（14）在降负荷，打闸停机期间应注意以下几点：

1）减负荷过程中应注意轴封及除氧器汽源的切换。

2）在减负荷过程中注意对疏水系统的控制：在 30% 额定负荷时打开低压段疏水；20% 额定负荷时打开高压段疏水。

3）减负荷过程中，应密切监视机组振动，发生异常振动时应停止降温，降压，立即打闸停机。

4）在盘车时如有摩擦声或其他不正常情况时，应停止连续盘车而改为定时盘车。若有热弯曲时应用定期盘车的方式消除热弯曲后，再连续盘车 4h 以上。

5）停机后应严密监视并采取措施，防止冷气，冷水倒灌入汽缸引起大轴弯曲和汽缸变形。

6）调节汽阀、主汽阀的阀杆漏汽，在机组降负荷中停止排向其他热力系统，应随着负荷的降低而切换为排大气运行。

3.5.12 紧急停机

（1）紧急停机处理原则：

1）事故的处理，应以保证人身安全，不损坏或尽量少损坏设备为原则。

2）机组发生事故时应立即停止故障设备的运行，并采取相应措施防止事故蔓延。必要时应保持非故障设备运行。

3）事故处理应迅速、准确、果断。

4）应保留好现场特别是保存好事故发生前和发生时仪器、仪表所记录的数据，以备分析原因，提出改进措施时参考。

5）事故消除后，运行值班人员应将观察到的现象，当时的运行参数，处理经过和发生时间进行完整、准确的记录，以便分析事故原因时供有关人员查询。

（2）在下列情况下，机组打闸后应立即破坏真空紧急停机：

1）机组发生强烈振动，瓦振振幅达 0.15mm 以上。

2）汽轮机或发电机内有清晰的金属摩擦声和撞击声。

3）汽轮机发生水冲击或主蒸汽温度 10min 内急剧下降 50℃ 以上。

4）任一轴承回油温度升至 75℃ 或任一轴承断油冒烟时。

5）任一支持轴承轴承合金温度升至 115℃ 或推力轴承轴承合金温度升至 110℃。

6）轴封或挡油环严重摩擦，冒火花。

7）润滑油压降至 0.0294MPa 以下，启动辅助油泵无效。

8）主油箱油位降低至油位停机值以下，补油无效。

9）油系统着火而又来不及扑灭时。

10）轴向位移超过跳闸值（+1.4mm），轴向位移保护装置而未动作。

11）汽轮机转速超过 3360r/min，危急遮断器不动作。

12）凝汽器真空降到 0.064MPa 以下。

13）循环水中断不能立即恢复。

14）主蒸汽管、抽汽管或其他管道破裂。

（3）在下列情况下，机组打闸后可不破坏真空停机：

1）主蒸汽温度高于 551℃ 或汽压高于 10.15MPa，而又不能立即降低时。

2）调节汽门全关，发电机转为电动机运行方式带动汽轮机运行时间已超过 1min。

3）主汽门阀杆卡住，无法活动。

4）后汽缸已向空排汽。

5）凝结水泵故障，凝汽器水位过高，而备用泵不能投入。

6）机组甩负荷后空转时间超过 15min。

7）汽缸胀差增大，调整无效超过极限值。

8）DEH 系统和调节保安系统故障无法维持正常运行。

（4）紧急停机注意事项：

1）主汽阀及调节汽阀应立即关闭。

2）抽汽逆止阀应立即关闭。

3）交流或直流润滑油泵应立即投入。

4）全开汽轮机各疏水。

3.5.13　汽轮机的正常运行

（1）主蒸汽参数：

1）主蒸汽温度。额定温度 T_0 为 535℃；连续运行的年平均温度不超过 T_0；在保证年平均温度下，允许连续运行的温度不超过 $T_0+8℃$；不超过 $T_0+14℃$ 的年累计运行时间不超过 400h；允许在 $T_0+14℃$ 至 $T_0+28℃$ 之间摆动，但连续运行时间不得超过 15min，且任何一年的累计运行时间不得超过 80h。

2）主蒸汽压力。额定压力 P_0 为 8.83MPa；连续运行的年平均压力为 P_0；在保证年平均压力下允许连续运行的压力不超过 $1.05P_0$；在异常情况下允许压力浮动不超过 $1.20P_0$，但此值的累计时间 12 个月周期内不超过 12h。

（2）冷却水温高达 33℃ 时，应严密监视各抽汽段的压力。

（3）控制油压。当润滑油压降到 0.08MPa 时，控制盘上发出报警信号；降低到 0.055MPa 投入交流润滑油泵并发声光讯号；降低到 0.04MPa 时启动直流润滑油泵并发声光讯号；降低到 0.02MPa 时停机；降低到 0.015MPa 时，断开盘车装置，停止盘车。润滑油压低应进行下列检查：

1）检查主油箱油位。

2）检查润滑油系统有无泄漏。

3）检查主油泵和射油器运行是否正常。

（4）支持轴承回油温度和瓦温高。支持轴承回油温度 65℃ 报警、75℃ 停机；瓦温（即轴承合金温度）上升到 95℃ 报警、上升到 110℃ 停机。支持轴承回油温度和瓦温高应作下列检查：

1）检查润滑油质，确认油中是否有杂质。

2）检查进油温度是否正常。

3）检查汽封漏汽是否严重。

（5）正推力瓦温及回油温度高。正推力瓦温上升到 95℃ 报警、上升到 110℃ 停机；回油温度不大于 65℃。推力瓦温及回油温度高应作下列检查：

1）检查轴向位移是否过大。

2）检查润滑油质，确认油中是否有杂质。

3）检查进油温度是否正常。

（6）振动大。轴承座振动：正常值为 0.025mm；报警值为 0.08mm；停机值为 0.16mm（手动）。注意每一轴承的振动趋势，判明振动类型。检查下列指示值是否正常：

1）轴承合金温度及进油温度。

2）主蒸汽温度与汽缸金属温度不匹配量是否太大。

3）凝汽器压力，后汽缸排汽温度。

4）调节级处汽缸上下半壁温差。

5）汽缸膨胀量与胀差。

6）停机时检查大轴弯曲值。

如果在汽轮机启动期间发生振动过大，不应让机组运行在临界转速区。如振动过大发生在加载期，应停止加载而维持汽轮机原负荷运行，待查出原因并消除后再加载。如在升速期振动超限，应停机检查，不得降速运行。

（7）轴向位移大。轴向位移达到＋0.8mm 或－0.8mm 发出光信号报警；达到＋1.4mm 时紧急停机，并作事故记录。作下列检查：

1）检查主蒸汽参数及真空是否有大幅度波动。

2）检查推力轴承瓦温，排油温度，确认轴承合金是否磨损。

（8）胀差大：

1）确认胀差方向（正胀差增大或负胀差增大）。

2）保持机组负荷，减小主蒸汽温度的波动。

3）检查后汽缸排汽温度。

4）如发现正胀差增大，应降低主蒸汽温度或逐渐降低机组负荷。

5）如发现负胀差增大，应提高主蒸汽温度或逐渐提升机组负荷，同时提高转子温度。

（9）低压缸排汽温度高：

1）检查凝汽器的真空。

2）检查凝汽器和真空系统的严密性。

3）检查水环真空泵的工作情况。

4）检查冷却水量及循环水泵等设备的工作情况。

5）增加负荷运行。

（10）凝汽器真空降低。凝汽器真空降到 0.086MPa 后继续下降，应减负荷；从 0.086MPa 降到 0.073MPa，按比例减负荷至 0；真空降到 0.063MPa 时停机。

1）检查后汽缸排汽温度是否正常。

2）检查真空破坏阀，事故排放阀是否关严。

3）检查后汽封送汽压力是否正常。

4）检查凝汽器循环水温和凝汽器水位是否正常。

（11）油箱油位高或低：

1）当油箱油位低时，查明润滑油系统是否有泄漏。

2）当油箱油位高时，查明冷油器是否漏水或主油箱内是否积水过多。

（12）油箱中油温低。按运行要求油箱中油温低于 10℃，不得启动辅助油泵。

1）开动启动油泵使用油循环的办法来提高润滑油的油温。

2）采用油箱电加热器加热油箱中的油温（特别是北方电厂冬天运行）。

（13）机组启动、运行期间各段抽汽压力和调节级压力的限制值。（见热力特性计算书）。

（14）周波运行范围为 48.5～50.5Hz。

3.5.14　一般注意事项

（1）应避免在 30％额定负荷下长期运行。

（2）机组未解列前发生电动机运行时间不应超过 1min，且凝汽器真空必须正常。

（3）在投入盘车前，不得向轴封送汽。

（4）在排汽温度高时，应注意胀差，振动、轴承油温和轴承金属温度的变化。

（5）除紧急事故停机应立即破坏真空外，一般机组跳闸后仍需维持真空，直到机组惰走 10％的额定转速为止。

（6）必须保证汽轮机本体疏水系统及主汽管和抽汽管的疏水系统在启动停机时保持畅通。

（7）喷油试验后不能马上做超速试验，以免积油引起超速试验不准。

（8）机组带 50％～60％额定负荷时，允许凝汽器半侧清洗，检修，但此时必须注意后轴承振动，轴承油温和金属温度的变化。

（9）机组在电网解列带厂用电状态运行时，任何一次连续运行时间不应超过 15min。在 30 年运行寿命期内，累计不超过 10 次。

（10）机组在升速过程中应快速通过临界转速，在此阶段轴瓦振动不得超过 0.15mm。对于新安装机组的首次启动，应实测并记录转子的临界转速，确认后将实测值作为机组的临界转速。

（11）"手动方式"控制不得作为机组长期运行的控制方式。

（12）在机组整个运行期间，必须加强监护和检查，若发现问题应及时解决处理，避免事故发生。

3.5.15　停机以后的维护和保养

（1）刚停机不久的保养：

1）停机过程中所有主要操作，均应清楚记入运行日志，交接班时逐条查对。

2）停机后应严密监视并采取措施，防止冷气，冷水倒灌入汽缸引起大轴弯曲和汽缸变形。

3）短时间不启动的机组，当确认凝汽器无任何水源进入后，才可停止凝结水泵和循环水泵的运行，停止向凝汽器供冷却水。

4）冷却水停止后，应保证冷油器仍有冷却水通过。

5）严密监视凝汽器汽侧水位上升情况，若停机时间长，凝汽器汽侧应放水。

6）关严凝汽器补水管路阀门。

7）可靠地切断机组和外界其他蒸汽和疏水系统。

8）关严各汽水系统的阀门，全开防腐汽门和导管排大气疏水门，并设法排除与汽缸相连的管道和汽缸低洼处的积水。

9）为防止腐蚀，有时还要给某些部件涂抹保护油层。

10）为防止腐蚀，采用鼓入热风的办法干燥汽轮机内部。热风自汽缸中部（自抽汽管道）送入，由轴封间隙，疏水门，防腐汽门和真空破坏门逸出。送风时排汽缸的温度应低于80℃。要调整热风温度，以使汽缸温度保持高于室温3～5℃。

11）采取措施，如充氮和充蒸汽的养护方法，防止高压加热器薄壁钢管腐蚀；定期开启启动油泵运行一段时间，用冷油冲洗油系统并活动调速系统，以去除凝聚在油管内和调速系统部套上的水分，同时投入盘车装置。

12）冬季停机应做好防冻工作，应全开辅助设备和有关管道的放水门，如冷油器、空气冷却器、加热器、凝汽器、蒸发器、循环水泵、凝结水泵、水箱和各汽水管道，尤其是对布置在室外的设备和管道更应加强防冻措施。

（2）10d以内的停机：

1）严闭蒸汽管道、疏水系统。可定期通入热空气，或定期使用抽汽器，以保持汽轮机内部干燥。

2）外部加工表面涂以防锈油。

3）每天将转子转过1/3圈，转动时先开电动润滑油泵。

（3）3个月以内的停机：

1）按10d以内的停机保养。

2）堵塞端部汽封。

3）调节保安系统各零件解体，涂防锈油。

4）在汽轮机低转速时（约100r/min），用凡士林随汽流喷涂到通流部分。

（4）3个月以上的停机：

1）须拆下汽缸大盖，将通流部分表面涂保护油层。

2）拆下的部套，如汽封、隔板、轴承、轴承座、上下半汽缸等均应用帆布遮盖好，定期检查和清点。

3）拆下的紧固件，如螺栓、螺母、较大的定位销等应顺序摆放整齐并打好印记。对螺纹和销钉加工精度高的部位应采取防腐蚀措施。

3.5.16 汽轮机用油规范

（1）汽轮机安全油及润滑用油，应采用《涡轮机油》（GB 11120—2011）规定L-TSA32汽轮机油（A级）或L-TSA46汽轮机油（A级）。部分质量指标参考表3.1。

表3.1　　　　　　　　部分质量指标参考

序号	项　　目	质量指标		参　考　标　准
		L-TSA32（A级）	L-TSA46（A级）	
1	运动黏度（40℃）/(mm²/s)	28.8～35.2	41.4～50.6	GB/T 265—1988《石油产品运动粘度测定法和动力粘度计算法》
2	黏度指数　　　　　不小于	90	90	GB/T 1995—1998《石油产品粘度指数计算法》

续表

序号	项 目		质量指标		参 考 标 准
			L-TSA32 （A级）	L-TSA46 （A级）	
3	倾点/℃ 不高于		-6	-6	GB/T 3535—2006《石油产品倾点测定法》
4	闪点（开口）/℃ 不低于		186	186	GB/T 3536—2008《石油产品 闪点和燃点的测定克利夫兰开口杯法》
5	密度（20℃）/(kg/m³)		报告	报告	GB/T 1884—2000《原油和液体石油产品密度实验室测定法》 GB/T 1885—1998《石油计量表》
6	酸值（以KOH计）/(mg/g) 不大于		0.2	0.2	GB/T 4945—1985《石油产品和润滑剂中和值测定法—颜色指示剂法》
7	水分（质量分数）/% 不大于		0.02	0.02	GB/T 11133《液体石油产品水分卡费法》
8	抗乳化性（54℃）（乳化液达到3mL的时间)/min 不大于		15	15	GB/T 7305—2003《石油和合成液水分离性测定法》
9	泡沫性（泡沫倾向/泡沫稳定性)/(mL/mL)	程序Ⅰ（24℃） 不大于	450/O	450/O	GB/T 12579—2002《润滑油泡沫特性测定法》
		程序Ⅱ（93.5℃） 不大于	50/O	50/O	
		程序Ⅲ（后24℃） 不大于	450/O	450/O	
10	氧化安定性	1000h后总酸值（以KOH计）/(mg/g) 不大于	0.3	0.3	SH/T 0565—2008《加抑制剂矿物油的油泥和腐蚀趋势测定法》 GB/T 12581—2006《加抑制剂矿物油氧化特性测定法》
		总酸值达2.0（以KOH计）mg/g的时间/h 不小于	200	200	
		1000h后油泥/mg 不大于	3500	3000	
11	液相锈蚀（24h）		无锈	无锈	GB/T 11143—2008《加抑制剂矿物油在水存在下防锈性能试验法标准》
12	铜片腐蚀（100℃，3h)/级 不大于		1	1	GB/T 5096—2017《石油产品铜片腐蚀试验法》
13	空气释放值（50℃)/min 不大于		5	5	SH/T 0308—1992《润滑油空气释放值测定法》
14	过滤性（干法)/% 不小于		85	85	SH/T 0805—2008《润滑油过滤性测定法》
15	清洁度/级 不大于		—	18	GB/T 14039—2002《液压传动油液固体颗粒污染等级代号》

（2）控制测量仪表的润滑，可以依据 SH/T 0138 标准，选用润滑油参考表 3.2。

表 3.2　　　　　　　　　　　润滑油选用参考

序号	项　目		质量指标	参　考　标　准
1	运动黏度（40℃）/(mm²/s)		9～11	GB/T 265—1988《石油产品运动粘度测定法和动力粘度计算法》
2	中和值（以 KOH/g 计）/mg	不大于	0.05	GB/T 4945—1985《石油产品和润滑剂中和值测定法—颜色指示剂法》
3	灰分/%	不大于	0.005	GB/T 508—1985《石油产品灰分测定法》
4	水溶性酸碱		无	GB/T 259—1988《石油产品水溶性酸及碱测定法》
5	机械杂质		无	GB/T 511—2010《石油和石油产品及添加剂机械杂质测定法》
6	水分（出厂）/(mg/kg)	不大于	100	GB/T 11133—2015《石油产品、润滑油和添加剂中水含量的测定　卡尔费休库仑滴定法》
7	闪点（闭口）/℃	不低于	125	GB/T 261—1983《石油产品闭口闪点测定法》
8	倾点/℃	不高于	−50	GB/T 3535—2006《石油产品倾点测定法》

3.6　汽轮机组的事故处理

汽轮机的事故是多种多样的，其发生的原因也是多方面的。除了由于设备结构、材料、制造时存在缺陷，安装检修质量不良等原因外，有很多事故是由于运行维护不当而造成的。常见的典型事故有汽轮机超速、大轴弯曲、通流部分损坏、轴瓦烧损、叶片断裂、凝汽器真空跌落、油系统工作失常、汽轮机进水、油系统着火、氢气爆炸、除氧器超压爆炸、振动异常等。

3.6.1　事故处理原则

（1）运行值班人员在监盘和巡回检查中发现异常，应根据异常征兆，对照有关表记、信号进行综合分析判断，并尽快向班长、值长及所属车间汇报，以便共同分析判断，统一分析处理。如果班长、值长不在事故现场，应根据运行规程有关规定，自己及时进行处理；如果已经达到紧急故障停机条件，为保证主设备的安全应果断打闸，破坏真空停机，千万不可存在侥幸心理或担心承担责任而犹豫不决，拖延了处理时间，造成事故扩大。

（2）发生事故时，班长是本专业处理事故的组织者和指挥者；值长是处理事故的统一指挥者，值长的命令班长必须服从；班长应在值长统一指挥下，带领本班值班人员根据各自的职责迅速果断地处理事故，车间领导应根据现场实际情况，给予必要的指导，有权在处理事故时指挥班长和本专业人员，但不得与值长的命令相抵触，若有抵触，应以值长的命令为准。对值长的命令除直接危害人身、设备安全的外，均应坚决执行。并按以下原则沉着、冷静地进行处理：

1）迅速解除对人身和设备的威胁，应首先保证人身安全。

2）最大限度地缩小事故范围，确保非故障设备的正常运行。

3）故障消除后尽快恢复机组正常运行，满足系统负荷的需求，确保对外供电。只有在设备确已不具备运行条件或继续运行对人身、设备安全有直接危害时，方可停运机组。

4）事故发生时，应停止一切检修与试验工作。机组人员有权制止无关人员进入事故现场。

5）当发生本规程未列举的事故时，运行人员应根据自己的经验，具体情况作出正确判断，主动采取对策迅速处理。

6）遇自动装置故障时，运行人员应正确判断，及时将有关自动装置切至手动，及时调整，维持机组参数正常，防止事故扩大。

7）事故处理完毕，运行人员应实事求是地把事故发生的时间、现象及所采取的措施，详细记录在值班记录中，下班后立即召集有关人员对事故原因、责任及以后应采取的措施认真讨论、分析。总结经验，从中吸取教训。

8）交接班时发生事故，交接班人员应互相协助，但须服从当班班长、值长的统一指挥。直至事故处理告一段落后，方可交接班。

3.6.2 事故处理条件及步骤

1. 汽轮机紧急事故停机

（1）汽轮机破坏真空紧急停机：①转速升高为3300～3360r/min，或制造厂家规定的上限值，而危急保安器与电超速保护未动作；②汽轮机发生水冲击或汽温直线下降（10min内下降50℃）；③轴向位移达极限值或推力轴承温度超限而保护未动作；④胀差增大超过极限值；⑤油系统油压或主油箱油位下降，超过规定极限值；⑥汽轮机轴承金属温度或轴承回油温度超过规定值，或轴承冒烟时；⑦发电机组突然发生强烈振动或振动突然增大超过规定值；⑧汽轮机油系统着火或汽轮机周围发生火灾，就地采取措施而不能扑灭以致严重危机设备安全；⑨加热器、除氧器、等压力容器发生爆破；⑩汽轮机主轴承摩擦产生火花或冒烟；发电机冒烟、着火或氢气爆炸；励磁机冒烟、着火。

（2）汽轮机不破坏真空紧急停机：①凝汽器真空下降或低压缸排汽温度上升，超过规定极限值；②主蒸汽或再热蒸汽参数超限；③主蒸汽、再热蒸汽、抽汽、给水、凝结水、油系统管道及附件破裂无法维持运行；④调节系统故障，无法维持运行；⑤主蒸汽温度升高（通常允许主蒸汽温度比额定温度高5℃左右）超过规定温度及规定允许时间时。

（3）机组运行中，对于机组轴瓦乌金温度及回油温度出现以下情况之一时，应立即打闸停机：①任一轴承回油温度超过75℃或突然连续升高至70℃时；②主油瓦乌金温度超过85℃或厂家规定值时；③回油温度急剧升高或轴承内冒烟时；④润滑油泵启动后，油压低于运行规程允许值；⑤盘式密封回油温度超过80℃或乌金温度超过95℃时；⑥发现油管、法兰及其他接头处漏油、威胁安全运行而又不能在运行中消除时。

（4）汽轮机紧急故障停机的步骤：①立即遥控或就地手打危急保安器；②确证自动主汽门、调速汽门、抽汽止回阀关闭，负荷到零后，立即解列发电机；③启动辅助油泵；④破坏真空（开启辅抽空气门或关闭主抽总汽门），并记录转子惰走时间；⑤进行其他停机操作（同正常停机）。

2. 凝结器真空下降的现象及处理

（1）凝结器真空下降的主要特征：①凝汽器真空表指示降低，排汽温度升高；②在进汽量相同的情况下，汽轮机负荷降低；③凝结器端差明显增大；④凝汽器水位升高；⑤当采用射汽抽汽器时，还会看到抽汽器口冒汽量增大；⑥循环水泵、凝结水泵、抽气设备、循环水冷却设备、轴封系统等工作出现异常。

（2）凝结器真空急剧下降的原因：①循环水中断；②低压轴封供汽中断；③真空泵或抽气器故障；④真空系统严重漏气；⑤凝汽器满水。

（3）凝结器真空急剧下降的处理：①若是循环水泵掉泵或循环水量不足引起，启用备用循环泵；②若是凝结泵掉泵或热水井水位过高引起，则立即启动备用凝结泵或开大凝结泵出水门；③若是抽气器喷嘴堵塞，则切换备用抽气器或启用辅抽保持真空，再联系处理；④若是真空系统泄漏引起，可以在泄露处加膨胀补偿节；⑤若是低压轴封中断，立即查找原因并处理。

（4）凝结器真空缓慢下降的原因：①真空系统不严密；②凝结器水位升高；③循环水量不足；④抽气器工作不正常或效率降低；⑤凝结器铜管结垢；⑥冷却设备异常。

（5）凝结器真空缓慢下降的处理：对照仪表指示、设备缺陷、系统特点等多方查找原因，并对症处理。应避免长时间在低真空下运行，造成设备的损坏。

3. 主蒸汽温度下降的影响及处理

（1）主蒸汽温度下降的影响：①在机组出力不变的情况下，将增大进汽量，从而导致末级焓降增大，末级叶片过负荷；②末几级蒸汽湿度增大，将加剧末几级长叶片的水冲刷，降低叶片的经济性和安全性，同时也降低其使用寿命；③蒸汽温度急剧下降，高温部件将产生很大的热应力和热变形；④主蒸汽温度降低会导致高压部分的焓降减少，要引起各级的反动度增加，增加机组的轴向推力，推力瓦块温度升高，机组运行的安全可靠性降低；⑤蒸汽温度降低可能造成汽轮机水冲击事故。

（2）主蒸汽温度下降的处理：①主蒸汽温度降低时，提升蒸汽温度；②主、再热蒸汽温度下降至规程规定值时，开始降负荷；③当蒸汽温度下降时，应开启高、中压调速汽门室疏水，高、中压调速汽门后导管疏水门，汽轮机本体疏水门，抽汽隔绝门前疏水门；④当主、再热蒸汽温度下降至极限时，故障停机；⑤蒸汽温度下降过程中，如果出现温度骤降或在 10min 内温度下降超过 50℃，立即故障停机；⑥在蒸汽温度下降过程中，要特别注意胀差、轴位移、振动的变化，超出标准立即故障停机；⑦在当蒸汽温度下降时发现汽轮机有进水象征时，按汽轮机进水处理。

4. 汽轮机轴向位移增大的原因及处理

（1）汽轮机轴向位移增大的原因：①叶片结垢；②汽轮机进水；③通流部分过负荷；④真空降低；⑤推力轴承损坏；⑥蒸汽参数变化大；⑦负荷变化或机组突然甩负荷；⑧回热加热器停止；⑨高压轴封严重磨损；⑩汽轮机单缸进汽。

（2）汽轮机轴向位移大的处理：①发现轴向位移大时，应检查推力轴承温度、推力轴承回油温度（65℃）；②倾听机组内部声音，检查轴承振动；③检查运行工况是否变化，采取相应措施恢复正常；④当轴位移达到报警值时，应降低机组负荷；⑤当推力瓦温达极限值（95℃）时，应故障停机；⑥当轴位移达到极限值而保护未动作时，应故障停机。

5. 汽轮机大轴弯曲的事故现象及预防措施

（1）事故现象：①机组振动增大、甚至发生强烈振动；②前后汽封处可能会产生火花；③汽缸内部有金属摩擦声；④有大轴扰度指示的机组，大轴扰度指示值增大或超限（转子弯曲度大于 0.035mm）；⑤在推力轴承损坏的情况下，推力瓦温度升高，轴向位移指示值增大；⑥汽缸上、下缸温差增大等。

（2）事故处理：结合仪表指示及运行工况，判断机组已发生较为严重的故障。应果断停机，并记录惰走时间。停机后若转子盘不动，不要强行盘车，以免造成其他部件的更大损坏。发生这类故障，应揭缸检查处理后，再考虑下次的启动。

（3）预防措施：①每次启动前必须认真检查大轴的晃动度，确认大轴弯曲度在允许范围内，一般要求大轴晃动值不超过原始值 0.02mm；②上下汽缸温差不超过 50℃；热态启动时，轴封系统应先送蒸汽，然后抽真空，一般轴封送汽温度高于轴封段壁温 30～50℃；（禁止转子在不转动的情况下进行暖机和向轴封送汽）；③汽轮机启动前应充分连续盘车，一般为 2～4h，无论任何原因停机时，必须立即投入盘车；若转子热弯曲较大时，应先盘车，待转子热弯曲消失后再投入连续盘车；④机组启动时必须投入有关的仪表和保护装置，如转速表、超速保护、轴向位移保护、轴弯曲指示、大轴与轴承振动、汽缸膨胀、胀差、低油压保护、低汽温保护等，并检查大轴挠度、上下缸温差在规定范围内，方可启动。

6. 厂用电源中断的事故现象及处理

（1）厂用电源中断的事故现象：①机组声音突变，所有照明灯熄灭，事故照明启动；②凝汽器循环水压力到 0，真空急剧下降；③热水水位升高，凝结泵、给水泵、输水泵等停转，事故报警器鸣叫；④主抽汽器排水管冒白色蒸汽。

（2）厂用电源中断的事故处理：①立即启动事故油泵紧急故障停机；②冷油器的冷却水改为备用水源供给，注意各轴承温度的变化；③停止主抽气器的运行，复位各电动机开关至停止位置；④注意除氧器水位，厂用电来后立即通知化验室送水；⑤厂用电恢复后，依次启动给水泵、循环泵，班长、司机立即组织启动机组（在启动时，为避免二次厂用电中断，辅机不能同时启动）。

7. 水冲击事故前的象征及处理

（1）水冲击事故前的象征：①主蒸汽温度急剧降低或主蒸汽温度在 10min 内降低 50℃ 以上，汽压大幅度摆动；②汽轮机声音突变，发生振动，机内有金属声和冲击声；③从主蒸汽管道的法兰、轴封、汽缸结合面处冒出白色蒸汽或溅水点；④抽汽管发出水击声或振动；⑤推力轴承温度过高，轴向位移增大；⑥汽缸上下温差变大，下缸温度要降低很多。

（2）发生水冲击事故的处理：①发生水冲击事故时，应迅速、果断的进行紧急故障停机；②及时全开总汽门前后的疏水门、主汽门前后的疏水门、一、二、三段抽汽的疏水门、汽缸的疏水门；③在转子惰走时仔细倾听机内声音，检查各轴承的温度、轴向位移和振动情况；④准确记录转子惰走时间，对水冲击事故做详细记录。

（3）水冲击事故后，重新开机的基本要点：①水冲击事故停机中，确认机组无异音，动静部分无摩擦声；②各轴承温度，轴向位移，机组振动和转子惰走时间均正常时；③加强机组疏水并使主蒸汽温度合格，重新开机时要严格检查机组各部情况，发现异常立即停止启动，再次紧急停机。

（4）水冲击事故后，如有下列情况，应严禁重新启动机组：①水冲击事故中和停机后盘车发现机内有异音或摩擦声；②推力轴承温度升高，轴向位移超过正常运行参数值；③惰走时间明显缩短，必须停机检查推力瓦，根据推力瓦的摩擦情况，对汽轮机进行揭大盖检查；④机组有强烈振动，在惰走时间内不消除。

8. 凝结泵自动跳闸的现象及处理

（1）现象：①凝汽器真空下降，汽机负荷下降；②凝结泵的电流、流量指示为0；③跳闸凝结泵的开关绿灯闪光，自启动凝结泵的开关红灯闪光。

（2）处理：①若备用凝结泵自启动成功，复位各开关，调整运行参数至正常；②若备用凝结泵自启动不成功，手动启动备用凝结泵（无备用凝结泵，强制启动已跳闸凝结泵），若手动启动不成功，按规定降低汽机负荷运行，同时联系电气人员就地手动合凝结泵空气开关；③若汽机真空降至停机极限值时，应立即停机，启动直流油泵。

9. 汽轮机发生超速事故的原因、现象及处理

（1）汽轮机发生超速事故的原因：①汽轮机调节系统存在缺陷（调速系统迟缓率最大不应超过0.5%）；②超速保安系统故障（危急保安器动作转速为额定转速的110%～112%）；③运行操作、调整、维护不当。

（2）汽轮机发生超速事故的现象：①功率表指示到零；②转速表或频率表指示值超过红线数字并连续上升；③机组声音异常，振动逐渐增大；④主油压迅速升高，离心式主油泵机组上升更为显著。

（3）汽轮机发生超速事故的处理：①发生超速事故应手打危急保安器，破坏真空故障停机，拉闸后应检查自动主汽门、调汽门、抽汽止回阀迅速关闭，转速应下降；②如果转速超过3360r/min而危急保安器未动作，应立即手打危急保安器，破坏真空紧急故障停机；③如果危急保安器动作，自动主汽门、调速汽门、抽汽止回阀卡住或关不严时，应设法关闭上述阀门或立即关闭电动主汽门和抽汽门；④如果采取上述措施后，机组转速仍不降低，应迅速关闭与汽轮机相连的一切汽门，以切断汽源；⑤必要时可将发电机励磁投入，增加制动力；⑥机组停运后，要求全面检查与修复调节、保安系统的缺陷，否则不允许机组再次启动；⑦机组重新启动时，要注意检查机组的振动情况，在并网前，要求做危急保安器动作试验，动作转速合格后，方允许机组并入电网。

10. 汽轮机油系统事故的原因、现象及处理

（1）汽轮机油系统事故的原因：①由于本身机械部分的损伤或破坏导致主油泵工作失常；②由于油系统的管道、阀门、冷却器等部件的安装检修不良，运行中机组振动而松弛，以及储油设备破裂或误操作等原因导致油系统漏油；③由于轴封间隙大、油系统不完善、汽轮机回油室负压过高、轴封冷却器不正常或轴封抽汽器容量不足导致油系统进水；④油系统着火。

（2）汽轮机油系统事故的现象：①油系统压力下降、油量减少及主油泵声音异常；②油箱油位降低；③轴承油挡漏油，油管振动增加；④油系统着火。

（3）汽轮机油系统事故的处理：①启动辅助油泵，若仍不能维持油压则立即紧急停机；②发现油压降低或油箱油位下降时，应立即检查主油泵出口的高、低压油管道及有关管件，并采取有效措施堵漏；③检查油箱放油阀是否误开。

11. 汽轮机轴瓦损坏事故的原因、象征及处理

（1）轴瓦损坏事故的原因：①发生水击或机组过负荷，引起推力瓦损坏；②轴承断油；③机组强烈振动；④轴瓦本身缺陷；⑤润滑油中夹带有机械杂质，损伤乌金面，引起轴承损坏；⑥检修方面的原因；⑦由于安装或检修质量不高，造成轴承受力分配不均，会使过载的轴承造成损坏；⑧油温控制不当，影响到轴承油膜的形成与稳定，严重时会导致轴瓦乌金损坏；⑨运行方面的原因；⑩轴电流的存在，会造成轴承的损坏。

（2）事故的象征：①轴承回油温度超过 75℃ 或突然连续升高至 70℃；②主轴瓦乌金温度超过 85℃，推力瓦乌金温度超过 95℃；③回油温度升高且轴承内冒烟；④润滑油压下降至运行规程允许值以下，油系统漏油或润滑油泵无法投入运行；⑤机组振动增加。

（3）事故的处理：在机组运行中发现以上象征且证明机组已发生异常或损坏，应立即打闸紧急停机，检查损坏情况，采取检修措施进行修复。

12. 叶片断落事故的象征及处理

（1）事故的象征：①汽轮机内部或凝汽器内部产生突然的声响；②当断落的叶片落入凝汽器时，会导致凝结水硬度和导电度突然增大，凝结水水位增高，凝结水泵电动机电流增大；③机组振动包括振幅和相位通常会明显变化，有时会产生瞬间强烈抖动，有时只在启动、停机过程中的临界转速附近，机组振动会出现明显增大；④在同一负荷下蒸汽流量、调节汽门开度、监视段压力都会发生变化；⑤若断落叶片发生在抽汽部位，则会造成抽汽止回阀卡涩或使加热器管子受撞击损坏，引起加热器疏水水位升高；⑥在停机惰走过程或盘车状态下，能听到金属摩擦声，惰走时间缩短；⑦转子掉落叶片后，其平衡情况及轴相推力要发生变化，有时会引起推力瓦温度和轴承回油温度升高。

（2）事故的处理：根据以上现象进行综合判定，当清楚听到汽缸内发生金属响声或机组出现强烈振动时，应判断为通流部分损坏或叶片断落，则应紧急故障停机，准确记下惰走时间，在惰走和盘车过程中仔细倾听汽缸内声音。

汽轮机辅机设备

4.1 辅机设备投运准则

4.1.1 辅机设备投运条件

（1）现场整洁，无影响设备启动的杂物。

（2）设备完好，保护装置和仪表配置齐全、准确且已投用。

（3）润滑油油质良好，油位正常，盘动转子灵活，靠背轮护罩完好牢固。

（4）电动机绝缘合格，接地线完好，操作开关在停用位置，联锁开关在解除位置，事故按钮在投用位置。

（5）保护装置静态校验动作正常。

4.1.2 辅机设备启动注意事项

（1）启动前应与有关岗位联系，监视和检查辅机启动后的运行情况。

（2）辅机的启停由集控人员操作时，试转设备时就地须有人检查监护，确认事故按钮位置，启动后发现异常情况，立即按事故按钮并报告主值。

（3）启动 10kV 电源辅机时，操作按钮或操作开关应按住至少 2s。

（4）离心泵在出口阀关闭的情况下启动时，运行时间不能超过 2min。

（5）辅机在启动正常后，备用辅机需要联锁备用时，手动盘车灵活，联锁开关单击至"投入"位置。

（6）辅机启动一般在 CRT 上操作（DCS 启动）。

（7）辅机进行大小修及电动机有拆线工作后，启动前应进行点动电机，检查该电动机正常、转向正确。

4.1.3 辅机设备启动后的检查

（1）辅机在试运第一次启动后，应检查电动机转向正确。

（2）电流、进出口压力、流量应正常。

（3）维持进水口水位。

（4）冷却水、密封装置、振动、声音正常，轴承、泵体等不过热。

（5）设备管道无泄漏。

4.1.4 辅机设备运行中的维护

（1）按巡回检查制度规定，监视或定期检查各项要求，确保辅机运行正常，发现设备缺陷要及时联系维护人员予以消除，并做好记录。

（2）按维护要求，定期检查轴承油质并添加润滑剂，发现各轴承油位过低时应及时加油并记录。

（3）按有关规定，定期对各辅机设备做好清洁工作。

4.2 水泵

4.2.1 给水泵

1. 概述

FT10R33M 型给水泵由电机或小汽机直接驱动，各设备之间是通过叠片式联轴器来传递动力，每个联轴器外部需安装可拆卸的保护罩。

2. 给水泵结构

（1）泵壳体。给水泵为卧式离心多级泵。泵壳体采用不锈钢锻件。各泵壳金属结合面经精密加工，严格保证平行，靠穿杠螺栓施以一定的预紧力而密封。进出口管均用法兰连接，拆装方便。在进水段支脚与泵座间装有横销，在进水段、出水段垂直中分面下端与泵座间均装有纵销，在热态时，泵以进水段支脚为死点，向自由端膨胀。各级导叶为不锈钢精铸，叶轮密封环为沉淀硬化不锈钢，与泵壳及导叶紧配点焊。密封环内侧开有环形槽。

（2）转子。转子共有 10 级叶轮，叶轮为不锈钢精铸。主轴材料为锻钢，关键位置镀铬。叶轮与轴为过盈配合。

（3）平衡装置。轴向力平衡装置采用平衡盘结构，由节流衬套、节流轴套、静平衡盘和平衡盘组成。在平衡盘背面有 O 形密封圈，以阻止高压水沿轴窜出。

为了减少泄漏量并增加流体动力刚度，在节流轴套外圆开有浅齿形槽。节流衬套和轴套由出水段外侧装入，在主轴上有一定间隙，抵消零件的热应力。另外，还设有瓦块推力轴承/滚动球轴承作为推力轴承（起停装置），给水泵在启停过程中，在推力轴承弹簧力作用下，转子向自由端位移 0.5mm，使平衡盘与节流衬套脱开。因此，平衡盘不易磨损。

（4）轴端密封。给水泵两端都由机械密封加以密封，每个机械密封由闭式循环水冷却，密封循环水由各自的冷却器冷却并用磁性滤网过滤，冷却器及机械密封体用来自外部的清洁水源进行冷却。机械密封为整体快装式，使得安装、拆卸十分方便。

（5）轴承与联轴器。泵的转子支持在两端滑动轴承上，轴承为乌金衬套，推力轴承采用滚动球轴承。轴承为稀油润滑，自带润滑油杯。

电机或小汽机、给水泵之间的连接采用叠片式联轴器（或齿轮联轴器）。

3. 密封水系统

给水泵机械密封冷却水采用闭式自循环系统，经磁性过滤器、密封水冷却器，进入轴两端。

4. 暖泵系统

为了使给水泵在起动前能充分加热，避免启动过程中部分零件产生过大的应力和变形，可以设置一套暖泵系统，但不是必须，可不设置暖泵系统。

通过外部联系管路可以采用两种暖泵方式：启动时正暖，热水从除氧器依次进入给水泵入口，通过各级通流部分后从给水泵出口经隔离阀排入地沟；热备用时采用倒暖方式，热水来自运行泵出口管暖泵接口，经针形阀从给水泵出口进入给水泵，通过各级通流部分后从给水泵进出水段排水孔排入地沟。

5. 给水系统

来自除氧器的给水经进口管道、进口阀和进口滤网进入给水泵。逆止阀前有一接口处接有再循环管道。再循环水经再循环阀出口节流减压后回至除氧器水箱。额定转速下，当给水流量为 $40\sim45m^3/h$ 时，再循环阀自动打开，给水从再循环阀中流出后，排至除氧器。主给水经逆止阀去高压加热器后进入锅炉。主泵的出水段外壳上接有平衡水管，连接至进水段。

6. 油系统

（1）若采用强制油润滑（定速泵和调速泵）。

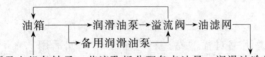

润滑油质：按合同，润滑油压为 $\geqslant0.1\sim0.12MPa$，润滑油量为 $20L/min$。

孔板尺寸：泵推力轴承不加孔板，径向轴承加 $\phi4.5$，电机轴承加 $\phi4.5$（以电机厂资料为准）。

（2）若采用稀油润滑（定速泵和调速泵）。无须额外设置润滑油系统，设备自带润滑装置。

7. 技术参数

电动给水泵组参数，见表 4.1。

表 4.1　　　　　　　　　　电 动 给 水 泵 组 参 数

类　　型	FT10R33M	类　　型	FT10R33M
设计工况：		密度/(kg/m³)	908.7
入口流量/(t/h)	175	效率/%	76.4
出口流量/(t/h)	175	轴功率/kW	874
扬程/m	1401.4	转速/(r/min)	2950
进口温度/℃	158.5	必须气蚀余量/m	6.7

8. 给水泵的运行

（1）启动前检查：

1）泵组的电气回路应保证正确无误地安装完毕，电气回路及电机绝缘测试合格。

2）检查所有仪表是否正确接好，并检查仪表接线和管子连接是否牢固可靠。

3）给仪表和润滑油泵（耦合器辅助油泵）或稀油站油泵接好电源（如适用）。

4）启动润滑油泵（耦合器辅助油泵）或稀油站油泵，从各设备的轴承回油是否畅通，检查润滑油系统是否正常（如适用）。

5）打开所有冷却水进出口阀门，从各设备的回水观察窗（若有）检查回水是否畅通，检查冷却水系统是否正常。

6）若是在安装或大修后首次启动，则应该将泵与电机，泵与耦合器（若有）的联轴器断开，用手动盘动给水泵转子，确保能转动自如。

7）断开电机与给水泵或耦合器（若有）的联轴器，接好电源，启动电机检查其转向，检查结束后要切断电机的电源。

8）重新装好联轴器及保护罩。

9）重新接通各电机电源。

10）打开管道上的放气阀。

11）微开进口阀，向给水泵及各设备注水。

12）当有水从各放气孔中溢出时关闭这些放气阀。

13）全开泵组的进口阀。

14）关闭抽头逆止阀（如有抽头）。

15）打开再循环阀。

16）按电机使用说明书对电机进行启动前的检查工作。

17）按稀油站使用说明书对稀油站进行检查工作（如适用）。

18）按耦合器（若有）使用说明书对偶合器进行检查工作（如适用）。

（2）给水泵暖泵。泵组备用和泵组启动前暖泵极为重要，应特别引起注意。在泵启动前暖泵时间应不少于 2h，或用手持式温度计测量，上下壳体温度差为 15～20℃，则暖泵结束。

暖泵方式：启动时采用正暖方式，热备用时采用倒暖方式。

9. 启动

泵组必须在确保已注满水之后才能启动。

电机的启停频数应按制造厂说明书的规定。

保证已进行全部的启动前的检查，若给水主管道内无水，开始时不能全开出口阀门，应用此阀控制进入主管道流量，决不能用进口阀来控制泵的流量。

10. 泵组正常启动程序

（1）定速泵：

1）建立润滑油压力，检查润滑油压力在 0.12MPa 以上（如适用）。

2）建立密封冷却水流量。

3）闭合给水泵电动机回路断路器。

4）开出口阀。

5）启动电机。

6）流量大于一定值（按项目要求）时，关闭再循环阀。

（2）调速泵：

1）建立润滑油压力，检查润滑油压力在 0.12MPa 以上（如适用）。

2）建立密封冷却水流量。

3）闭合给水泵电动机回路断路器。

4）开出口阀。

5）液力耦合器（如有）勺管设置在零位，使给水泵处于最小转速位置。

6）启动电机，逐步提高液力耦合器的输出转速，直到泵达到正常转速，置调速装置在自动位置。

7）流量大于一定值（按项目要求）时，关闭再循环阀。

注：变频电机启动参照电机厂说明书。

11. 给水泵组热控保护

（1）给水泵进口阀开。

（2）再循环阀全开。

（3）润滑油压力正常（压力不小于 0.12MPa）（如适用）。

（4）暖泵完成（暖泵时间不少于 2h 或用手持式温度计测量上下筒体温差为 15～20℃）（如适用）。

（5）除氧器水箱水位正常，泵进口压力正常。

12. 泵组报警条件

（1）定速泵报警条件，见表 4.2。

表 4.2　　　　　　　　　　　　定 速 泵 报 警 条 件

报 警 项 目	Ⅰ类报警值	Ⅱ类报警值	测点数目
给水泵轴承温度高	75℃	90℃	2点
电机轴承温度高	80℃	90℃	2点
电机绕组温度高	120℃	130℃	6点
润滑油压力低（如适用）	表压≤0.08MPa 报警（同时启动备用油泵）		1点
给水泵入口滤网前后差压大	≥0.06MPa		1点
润滑油滤网前后差压大（如适用）	≥0.06MPa		1点

（2）调速泵报警条件，见表 4.3。

表 4.3　　　　　　　　　　　　调 速 泵 报 警 条 件

报 警 项 目	Ⅰ类报警值	Ⅱ类报警值	测点数目
给水泵轴承温度高	75℃	90℃	2点
耦合器轴承温度高（如适用）	90℃	95℃	5点
电机轴承温度高	80℃	90℃	2点
电机绕组温度高	120℃	130℃	6点
工作油冷油器进口温度高（如适用）	110℃		1点
工作油冷油器出口温度高（如适用）	75℃		1点
润滑油冷油器进口温度高（如适用）	65℃		1点
润滑油冷油器出口温度高（如适用）	55℃		1点
润滑油压力低（如适用）	表压≤0.08MPa 报警，同时启动备用油泵		1点
给水泵入口滤网前后差压大	≥0.06MPa		1点
润滑油滤网前后差压大（如适用）	≥0.06MPa		1点
当调速泵与定速泵并联运行时，增加以下报警条件			
给水泵转速（如适用）	≤2700r/min（参考值）		1点

13. 泵组跳闸条件

(1) 定速泵跳闸条件,见表 4.4。

表 4.4　　　　　　　　　　　　　　定 速 泵 跳 闸 条 件

报　警　项　目	跳　闸　值	测　点　数　目
润滑油压力低(如适用)	表压≤0.05MPa	1 点
再循环阀	15s 未开	1 点

(2) 调速泵跳闸条件,见表 4.5。

表 4.5　　　　　　　　　　　　　　调 速 泵 跳 闸 条 件

报　警　项　目	跳　闸　值	测　点　数　目
工作油冷油器进油(勺管回油)(如适用)温度太高	130℃	1 点
润滑油压力低(如适用)	表压≤0.05MPa	1 点
再循环阀	15s 未开	1 点

(3) 再循环阀控制。再循环阀应能在流量小于 $40m^3/h$ 时自动打开,流量大于 $45m^3/h$ 时自动关闭;本项目采用自律式小流量阀。

14. 停机

(1) 打开再循环阀,停止电动机。

(2) 关闭泵组的进、出口阀(若作为备用,则不应关闭)。

(3) 关闭再循环阀(若作为备用,则不应关闭)。

(4) 保证电机的防凝结加热器接通电源,投入运行。

15. 故障检查

当某一部件或组件出现故障,必须在更换损坏的零部件前,确定发生故障的主要原因,见表 4.6。

表 4.6　　　　　　　　　　　　　　故障的可能原因及处理操作

故　　障	可　能　原　因	处　理　操　作
1. 泵组没能启动	电源故障	检查电源
	电机故障	检查电机
	启动装置故障	检查启动装置
	泵组卡住	隔离泵组联动设备的联轴器,确定卡住部位,必要时进行检修
	泵组处于跳闸状态	检查原因,重新整定跳闸值
2. 泵组出力低	电机或电源故障	检查电机与电源
	旋转方向不对	检查旋转方向
	给水泵内极度磨损	水泵解体检查,必要时进行大修
	再循环系统故障	检查该系统工作情况

故　障	可　能　原　因	处　理　操　作
3. 轴承过热	润滑油量不足	检查油源
	泵或电机对中不好	检查对中情况
	轴承磨损	检查轴承
	润滑油规格不对	检查油的规格
4. 泵组在额定工况时功率过大	出口压力低	检查流量
	水泵内转子与静子部件有磨损	检查间隙
	水泵内间隙过大	检查间隙
5. 水泵过热或卡住	水泵在断水状况下工作	检查进口滤网是否清洁，泵入口压力是否正常
	水泵内部部件磨损	检查间隙
	供油不足或油的规格不对	检查油源和油的规格
	轴承磨损	检查轴承
	泵组对中不好	检查轴承对中情况
6. 噪声和振动过大	转子部件动平衡差	找出泵组中引起故障的设备，检查其转子的动平衡
	联轴器对中性过差	检查对中情况
	轴承磨损	检查轴承
	地脚螺栓松动	检查地脚螺栓
	泵内部间隙过大	检查间隙
	吸入口失压	检查进水系统
	联轴器损坏	检查联轴器
	由于管道支承不良造成振动而引起共振	检查泵组附近管道
	再循环系统故障	检查再循环系统

4.2.2　凝结水泵

N 型冷凝水泵主要供火力发电厂输送冷凝水之用，也可用在介质与冷凝水相似的其他地方。水泵有较好的吸入性能。

1. N 型冷凝水泵分类

N 型冷凝水泵有卧式悬臂单级、两级、单级带诱导轮等结构形式，共有 9 个品种。单级的有 3N6、4N6、100N130 [图 4.1 (a)]；两级的有 2.5N3×2、3N6×2、4N6×2 [图 4.2 (b)]；单级带诱导轮的有 6N6、150N110 [图 4.2 (c)]。

2. 部件材料

泵体、泵盖：铸铁。

密封环、轴套、衬套：耐磨铸铁。

叶轮：硅黄铜（铝铁青铜），第二级为铸铁。

诱导轮：铝铁青铜。

轴：优质碳素钢。

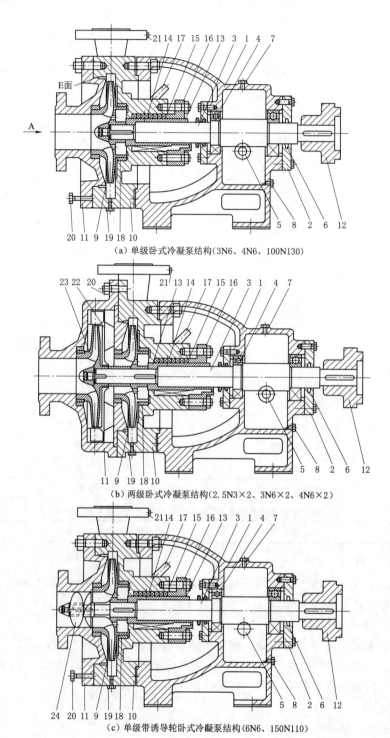

(a) 单级卧式冷凝泵结构(3N6、4N6、100N130)

(b) 两级卧式冷凝泵结构(2.5N3×2、3N6×2、4N6×2)

(c) 单级带诱导轮卧式冷凝泵结构(6N6、150N110)

图 4.1 N 型冷凝水泵结构形式

1—托架;2—轴承压盖;3—轴;4—轴承;5—油标;6—密封圈;7—管堵;8—丝孔;

9—叶轮;10—泵体;11—泵盖;12—联轴器;13—轴套;14—填料环;15—填料;

16—填料压盖;17—接管;18—密封环;19—丝孔;20—起盖螺钉;

21—测压孔;22—导叶;23—第一级叶轮;24—诱导轮

3. 支承部分

支承部分主要件有托架、前后轴承压盖和轴组合定位在托架上的前后径向滚珠轴承上，滚珠轴承亦承受未被平衡的轴向力。用稀油润滑，油量可从油标看出。前后轴承压盖均装有毛毡密封圈或骨架油封作为轴封以防漏油。管堵处的孔用来灌油。清洗换油时从丝孔将油放出。

4. 密封和传动

轴采用机械密封，在轴封处装有可更换的轴套。

泵通过弹性联轴器由电动机驱动。从电机方向看，泵为逆时针方向旋转。

5. 工作部分

（1）单级。主要件有硅黄铜铸成的叶轮通过键固定在优质碳素钢制成的轴上，叶轮装在由铸铁 HT200 铸成的泵体、泵盖所构成的泵工作室内，电机通过联轴器带动支在轴承中的轴和叶轮，泵就工作，铸铁 HT200 制成的轴套，与衬套（6N6 和 4N6×2）之间有着水润滑的轴承的作用，泵体后的填料函内装有填料环及填料油浸石墨石棉绳，开口填料压盖借助加长双头螺栓压紧填料，并可调整松紧，外部引入高于大气压的密封水，通过接管对准填料环，在整个填料函内就形成隔绝空气侵入泵内的密封腔，同时阻止泵内水向外流，仅有少量的润滑水滴出。在叶轮上开有平衡孔。使高压区和进口低压区沟通从而消除轴向推力，为了防止磨损泵体和泵盖，易于修理，达到良好密封，在泵体、泵盖上装有密封环，泵体上部备有丝孔作为放气用，停车检修时，泵中之水从丝孔放出，为了方便泵体和泵盖的装卸备有起盖螺钉，进出口均备有测压孔。

（2）两级。其余与单级相同，仅泵盖、泵体和中间导叶构成两个工作室，在两室内相应装有硅黄铜铸成的第一级叶轮和铸铁 HT200 制成的叶轮。

（3）单级带诱导轮。其余与单级相同，仅叶轮材料为铝铁青铜，在叶轮前加一个有铝铁青铜制成的诱导轮，以改善汽蚀性能。

6. 启动前的准备

（1）从托架上部注油孔将 22 号机械油灌入托架体内一直到游标中部。

（2）水泵不能在没有水的情况下工作，启动前应使水泵中充满水，水封必须给上或确认平衡管中是否有水，水封水的压力应大于吸入口压力 0.2MPa 以上，否则不能开车启动。

（3）测定电动机旋转方向。从电机端看水泵应是逆时针旋转的，电动机与水泵连接好后，盘动泵转动轻快均匀。

（4）启动后吐出管路的闸阀应是关闭的。

7. 启动

（1）使泵与电机脱离，检查电机转向是否正确。

（2）关闭压力表旋塞及吐出管道上的闸阀。

（3）打开吸入管道上的闸阀。

（4）启动电机，打开压力表旋塞。当压力表显示适当压力后，缓缓打开吐出管道上的闸阀到所需要的压力为止（水泵在出口闸阀关闭的情况下工作的时间不准太长）。

（5）检查轴承和填料函的温度，发现过热立即停车，填料函中正常漏出水来。

（6）如果运转已很正常则出口闸阀开启到所需要的工作状况启动即告完成。

8. 停车

（1）慢慢关闭水压路上的闸阀，然后切断电动机的电路。

（2）停车时作备用运转的泵，水封仍需给上。

（3）长期停止使用时，应把泵拆卸涂油包装妥善保管。

9. 运转与维护

运转中必须注意观察压力计，真空计的读数，轴承温度，填料出水情况轴承油位及水泵振动与异响的发生。

（1）注意轴承升温。轴承的最高温度不得高于75℃，轴承的升温不得超过50℃。

（2）填料压紧程度。以保证漏水能一滴一滴溢出为宜。

（3）在工作的第一个月内经过100h左右运转后应更换一次润滑油，以后每工作2400h左右更换新油。

（4）泵运转中应进行周期性检查，叶轮与密封环之间的间隙如磨损大，应更换叶轮和密封环。

（5）工作中发现异常情况（如剧烈振动）应采取紧急措施找出原因，设法清除，并把观察与处理的结果列入记载。

（7）无特殊情况发生，水泵的检修与机组大修一起进行。用户应根据具体情况订出较为细致的操作过程。

（8）运转过程中无论吸入口管道内是否有介质，都必须保证机封冲洗管路的冲洗水常开，以免造成机封摩擦副温度过高而烧坏。

10. 可能发生的故障及解决办法

凝结水泵可能发生的故障及解决办法，见表4.7。

表 4.7　　　　　　　　凝结水泵可能发生的故障及解决办法

序号	故障	原因	解决办法
1	水泵不出水	（1）水泵转动方向不对； （2）灌注压力不够	（1）站在电机一方看，水泵轴应成逆时针方向旋转，如方向不对，可以交换接入电线接头； （2）调节吐出闸阀降低流量或增高灌注压力； （3）打开泵体顶部丝堵放尽水蒸气
2	在运转中流量或扬程降低	（1）入口温度过高； （2）密封环磨损间隙过大； （3）工作轮损坏或堵塞； （4）测量仪表不正确； （5）输送导管中产生气囊	（1）只能使用在所规定的温度80℃以下； （2）必要时重新更换密封环； （3）清理工作轮内部； （4）检查仪表； （5）打开泵体顶部丝堵放净气体
3	电机超过负荷	（1）水泵流量超过规定的流量； （2）填料过紧； （3）水泵内部有棉纱等缠住	（1）检查流量计并用闸阀调整流量； （2）放松填料函压盖螺母； （3）拆开清除内部杂物

序号	故障	原因	解决办法
4	轴承过热	(1) 由于泵轴弯曲造成密封环衬套磨损； (2) 轴承润滑油不足； (3) 水泵轴与电机的中心不对	(1) 检查密封环衬套及轴的平行度； (2) 注油； (3) 检查沿联轴器对正中心
5	水泵发生振动	(1) 水泵轴电机中心不对； (2) 转子不平衡； (3) 地脚螺栓及泵座双头螺栓不当	(1) 检查沿联轴器对正中心； (2) 拆卸水泵检查工作情况并检查转子平衡； (3) 紧固一切稳定的螺栓

4.2.3 疏水泵

KQL 系列泵适用于空调、采暖、卫生用水、水处理、冷却冷冻系统，液体循环和供水、增压及灌溉等领域中无腐蚀的冷水和热水输送。

1. 使用条件

输送介质为清水或物理化学性质类似于清水的其他液体。介质应无腐蚀性液体，介质固体不溶物，其体积不超过单位体积的 0.1%，粒度小于 0.2mm；转速为 2960r/min 或 1480r/min；流量为 8～1400m³/h；扬程不大于 127m。介质温度为 -10～+80℃、+80～+120℃（耐高温机封、轴承、O 形密封圈）；环境温度不大于 +40℃；海拔高度小于 1000m；相对湿度不超过 95%。

疏水泵工作压力，见表 4.8。

表 4.8 疏水泵工作压力

型号	工作压力/MPa	测试压力/MPa
125 口径（2 极转速）及 125 口径以下	1.6	2.1
125～200 口径（4 极转速）	1.2	1.6
250 口径及 250 口径以上	1	1.3
125 口径（4 极转速）及 125 口径以上	1.6	2.1

最大工作压力＝进口压力＋闭阀压力（$Q=0$）

当进口压力大于 0.4MPa，或系统最高工作压力大于 1.6MPa [125 口径（2 极转速）及 125 口径以下]、1.2MPa [125 口径（4 极转速）及 150～200 口径]、1.0MPa（250 及以上口径）时，应在订货时另行提出，以便在制造时泵的过流部件采用球墨铸铁或铸钢材料，机封另行选配。

汽蚀余量是设计点实测值，实际使用时应加 0.5m 的安全裕量；电源为 380V，50Hz；可选配 PN16 - GB/T 17241.6—2008 配对法兰。

2. 结构

疏水泵结构如图 4.2 所示。

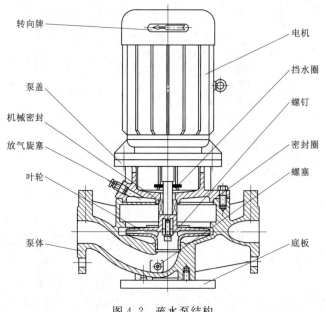

图 4.2 疏水泵结构

4.3 真空系统设备

凝汽设备主要由凝汽器、抽气器、凝结水泵、循环水泵以及这些部件之间的连接管道和附件组成。

在一个无非凝结气体存在的密闭容器内，充满水蒸气，当部分蒸汽凝结成水时，比容降低，体积缩小，原来被蒸汽充满的空间压力降低而形成一定的真空。实际上，蒸汽凝结时，要不断地释出非凝结气体，外界还不断地向真空系统漏入空气，所以必须把这些非凝结气体及时不间断地抽出，才能保持容器内的负压值。凝汽器内形成真空和保持真空必须有凝汽器和抽气装置的联合工作。从热力学分析，密闭容器内蒸汽与液体之间的平衡压力，是由蒸汽和液体在该容器内所共处的温度决定。在饱和状态下的蒸汽温度与一定的平衡压力相对应。蒸汽进入凝汽器凝结，凝结放出热量不断被冷却水带走，凝结水不断地被凝结水泵抽走，这样在凝汽器内就形成了蒸汽的等压凝结过程。此时，在容器中将确立与温度相对应的压力，此温度随蒸汽被冷却的条件而改变。显然，蒸汽被冷却到的极限温度就是冷却水的温度。如冷却水温度为 20℃，蒸汽被凝结到的极限温度为 20℃，相应凝汽器内的极限压力为 0.00233MPa。

实际上，蒸汽在凝汽器的等压凝结过程中，总是有非凝结气体存在的，如果不把这些非凝结气体不断地抽出，尽管与温度相对应的饱和蒸汽压力可以比大气压力低得很多，但蒸汽与非凝结气体所构成的总压力仍然会逐渐增大而等于大气压力。只有把蒸汽凝结过程中释出的非凝结气体不断地被抽出，才能把容器内的真空稳定在一定的水平上。由于排汽中存在的和真空系统所漏入的空气量，在正常条件下与排汽量相比总是很小的，而且又不断地被抽出，所以凝汽器中的压力接近凝结温度对应的饱和蒸汽压力。

4.3.1 凝汽器

凝汽器是汽轮机辅助设备中最主要的设备之一，它的主要作用是利用循环冷却水使汽轮机排出的蒸汽凝结，在汽轮机排汽空间建立并维持所需要的真空，并回收纯净的凝结水以供锅炉给水。

凝汽器是由外壳、水室与端盖、管板、铜管、与汽轮机排汽口的连接等部件组成的。

1. 外壳

现代汽轮机凝汽器的外壳有生铁铸成的和钢板焊接制成的两种形式。用生铁铸成的凝汽器具有结合面少、不容易漏气、生铁不易被氧化等特点。因此，它特别适合于用海水做冷却水的电厂，因为这种外壳具有良好的抗腐蚀性能。但是，生铁铸成的凝汽器经受不住过大的温度变化，当温度变化过大时，外壳就容易开裂。同时，大型凝汽器铸造起来比较困难。所以，现在的凝汽器外壳均采用 10～15mm 的钢板焊接而成，为了避免钢板生锈腐蚀，在外壳内壁涂有防腐漆。

一般中小型机组的凝汽器的外壳为圆形，大型机组则为方形，并在外壳的内部及外表面的适当位置加焊一些筋板，以增加刚度。凝汽器的喉部应具有合适的散角，使蒸汽进入凝汽器后，均匀地分布于整个管束。

2. 水室与端盖

凝汽器的水室与端盖有用生铁铸成，也有用钢板制成的。水室装在外壳两端，外壳与水室之间装有管板，端盖上开有入孔门，用以检修时使用。双道制和多道制凝汽器的水室用水平挡板分隔，这些隔板把水室分成若干个部分，将水流分成若干个流程，使冷却水能充分吸收排汽的热量。水室的结构形状应尽量避免引起冷却水在进入铜管时产生涡流，因为这种涡流会引起铜管进水端的冲击腐蚀。

3. 管板

管板装在凝汽器外壳内的两端与端盖一起围成水室，它的作用是固定管子并将凝汽器的汽侧与水侧分开。管板的材料随冷却水的性质而不同，如果冷却水为海水，则管板用含锡黄铜（HSn-70-1号）和不锈钢制作较为适宜；如果冷却水为淡水，则管板用普通钢板制成。

管板上所受的力为水室与蒸汽空间的压力差，为了避免管板向蒸汽侧弯曲或汽侧做水压试验时向水侧弯曲，在两块管板之间用支撑螺栓把管板连接起来，以增加其刚性。

4. 铜管

凝汽器的铜管应具有足够的抗腐蚀性能，否则极易被腐蚀而泄漏，造成冷却水进入蒸汽空间，使凝结水水质变坏。同时也要求冷却水管应有良好的导热性能及机械性能。

凝汽器的运行经验证明，铜管往往由于冷却水品质不良（有腐蚀性）、电化学作用、冷却水对铜管入口处的冲蚀作用、铜管的振动及铜管安装时造成的应力集中等原因而受到破坏。电化学作用使铜管成为脆而多孔的状态，大大降低了管子的机械强度，严重时会引起管子的漏水。冷却水在管子中的流速超过一定数值时，会引起管子进口端的冲蚀现象。以水做冷却水的凝汽器，冲蚀现象在水速为 2.5～3m/s 时发生；而以海水做冷却水时，冲蚀现象在水速超过 1.5m/s 时就会发生。

为了防止铜管的腐蚀，除了对冷却水进行严格处理并经常注意监督冷却水质外，还要根据冷却水质合理地选择铜管材料。应用得最广泛的冷却水管材料是铜合金，所以常把冷却水管称为铜管。近年来不少使用海水冷却的电厂开始使用钛管或不锈钢管，它们有良好的抗腐蚀能力，只是价格较贵，使投资有所增加。

铜管在管板上的安装必须保持足够的严密性，这种严密性的任何破坏都将导致冷却水漏入汽侧，使凝结水质变坏。铜管在管板上的固定方法有胀接法和垫装法。垫装法能保证管子受热时自由膨胀，但工艺复杂，紧凑性差，所以，只在船用凝汽器上采用；胀接法用胀管器将管子头部胀接在管板上，结构和工艺都很简单，严密性也较好，因此得到广泛应用。为满足大机组特别是直流锅炉对凝结水质的更高要求，还可以在胀口处涂施密封涂料来保证其密封效果。

5. 凝汽器喉部与汽轮机排汽口的连接

凝汽器喉部与汽轮机排汽口的连接必须保证严密不漏，同时在汽轮机受热时能自由膨胀，否则将会引起汽缸发生位移和变形。

大中型机组，一般将凝汽器喉部与汽轮机排汽口直接焊接在一起，也有的用法兰盘固定连接在一起。这两种连接方法都是将凝汽器本体用弹簧支持在基础上，当汽轮机和凝汽器受热膨胀时，可借弹簧的伸缩来补偿，同时它的重量又不作用在汽轮机的排汽管上。也有的凝汽器和基础间采用刚性连接，但它在凝汽器的喉部和汽轮机的排汽缸之间设有橡胶补偿节。

4.3.2 抽气器

1. 抽气器概述

不断抽出汽轮机凝汽器内的空气等不凝结气体，以保证凝汽器良好的真空与传热条件。

2. 抽气器种类及工作原理

(1) 射气式抽气器。在中压机组中应用比较广泛，根据作用不同，又分为启动抽气器和主抽气器两种。

1) 启动抽气器。在机组启动阶段使用，使凝汽器迅速建立真空，以缩短启动时间，当工作蒸汽流经喷管时，发生降压增速，喷管出来的蒸汽速度可以达到 1000m/s，在高速蒸汽流过的区域里造成一个低压区，压力低于凝汽器内的压力，这就使凝汽器中的不凝结气体被夹带进入高速气流中进行混合而吸入扩压管，经过扩压管的降速增压过程，混合物在扩压管的出口剖面上，压力升高到比大气压稍高一些，然后排入大气。

2) 主抽气器。汽轮机正常工作时使用主抽气器。主抽气器的工作原理同启动抽气器的作用原理相同，主要区别在于主抽气器一般分为两级并装有蒸汽冷却器—回收工作蒸汽的热量和凝结水。

(2) 射水抽气器。一般由工作水入口、混合室、扩压管及喉部等组成，射水抽气器与射气抽气器工作原理基本相同，只是使用的工作介质为水，由射水泵提供，并由进水管进入水室，再由此进入喷嘴。水在喷嘴中产生压降，压力能转变为速度能，水以高速通过混合区，形成高度真空，通过混合室和凝汽器抽气口相连的管道抽吸凝汽器内的汽水混合物，并送往扩压管，在扩压管中水的流速降低，到排水管出口处压力增加到稍大于大气压，然后排出。

(3) 液环式真空泵。这种泵在圆筒形泵壳内偏心安装着叶轮转子,其叶片为前弯式,当叶轮旋转时,由于离心力的作用形成沿泵壳旋转流动的水环,由于叶轮的偏心布置,水环相对于叶轮做相对运动,这使得相邻两叶片之间的容积随着叶片的旋转而呈周期性变化。当叶片转到下部时,空间容积达到最大。轴向吸气窗口安排在右侧,叶片转过此处时,正是其空间容积由小变大的时候,因而能将气体吸入。而在叶片由最下方向左上方转动的过程中,空间容积变小,其间的气体压力增大;当转到最上方时,空间容积最小而气体压力最大,排气窗口安排在左上方叶片空间最小处,气体由此排出。随着叶片的周期性转动,凝汽器内的不凝结气体被持续不断地排出。

水环式真空泵在工作时,工作水不可避免地与气体一起被排出一部分,因此在工作过程中必须连续不断地补充工作水。此外工作水除作为密封水外,还有润滑和冷却作用。

4.3.3　真空系统设备的运行与监督

1. 真空恶化的原因

在运行中,凝汽器真空恶化可分为真空急剧下降与缓慢下降的两种情况。凝汽器真空急剧下降的原因有:①循环水中断;②凝汽器内凝结水位升高,淹没了抽气器入口空气管口;③抽气器喷管被堵塞或疏水排出器失灵;④汽轮机低压轴封中断或真空系统管道破裂;⑤在冬季运行,利用限制凝汽器冷却水入口流量保持汽轮机排汽温度,致使冷却水流速过低而在凝汽器冷却水出口管上部形成气囊,阻止冷却水的排出。

对于上述事故处理不及时,将会迫使机组停机。因而要求运行人员做到熟悉运行设备迅速发现设备的故障点,确保安全、经济生产。凝汽器真空缓慢下降,虽然危害较小,允许有较长时间寻找故障点,但找出故障点也是比较困难的。

水温上升过高,引起凝汽器真空缓慢下降的主要因素有:①冷却水量不足;②冷却通常发生在夏季,采用循环供水系统更容易产生这种情况;③凝汽器内冷却水管结垢或藏污;④凝汽器内缓慢漏入空气;⑤抽气器效率降低;⑥由于冷却水内有杂物使部分冷却水管被堵塞。

2. 投运前的检查与实验

投运前的检查与试验是保证凝汽器顺利投运的重要步骤,以便及早发现问题及时处理,防止一些设备缺陷影响机组运行。凝汽器投运前的检查与试验项目如下:

(1) 凝汽器灌水试验。该试验是查找凝汽器泄漏的最有效方法之一,可以及时发现凝汽器管子及与凝汽器相连的部分管道和附件有无泄漏。

(2) 电动阀的开关试验。与凝汽设备有关的循环水系统、补充水系统及胶球清洗系统等处的电动阀门和气动阀门均应做开关、调整试验,以确保其动作灵活可靠及关闭严密。对于循环水系统电动阀门,还应注意终端开、关位置是否正确,并记录其全开至全关的动作时间,供运行时参考。

(3) 按照运行规程要求对凝汽器的汽、水系统阀门进行检查,各阀门的开关状态应符合要求,一般汽、水侧放水阀关,水侧入口阀开,水侧出口阀适当开启。

(4) 检查热工仪表在正确投入状态,如水位计、压力表和温度表等。

(5) 检查凝汽器所有工作票结束,入孔门关闭,灌水试验用的临时支撑物拆除,设备处于启动状态。

3. 凝汽器的投运操作

凝汽器投运分水侧投运和汽侧投运两个步骤。水侧投运在机组启动前完成，不宜过早，以节约厂用电。汽侧投运与机组启动同步进行，是机组启动的一部分。

(1) 水侧投运。对于单元制系统，凝汽器水侧的投运与循环水系统同步进行。启动循环水泵，循环水系统及凝汽器水侧投入运行。凝汽器通水后应检查入孔门等部位是否漏水，调整凝汽器的出口阀门开度，保持正常的循环水流。

(2) 汽侧投运。凝汽器汽侧投运分清洗、抽真空、带热负荷三个步骤：①清洗，凝汽器汽侧的清洗是保证凝汽器水质合格的重要手段之一，清洗前应联系相关部门储备足够的补充水量，并检查关闭凝汽器汽侧放水阀，启动补充水泵，向凝汽器补水至一定水位后，开汽侧放水阀，继续冲洗凝汽器汽侧冷却水管外壁及室壁，直到水质合格，水质合格后，关闭汽侧放水阀；②抽真空，在锅炉升压后，通过主蒸汽送轴封汽后抽真空，抽真空时，应监视凝汽器真空的上升情况，判断抽真空系统是否正常；③带热负荷，锅炉点火后，随着汽水进入凝汽器开始带热负荷，到机组冲转并网后，凝汽器的热负荷将逐渐增加。这一阶段，应注意与凝汽器相连的各系统运行是否正常，监视凝汽器真空是否稳定，确保机组的顺利启动。

4. 凝汽器投运时的注意事项

(1) 投运前要拆除临时支撑物，否则将影响凝汽器的膨胀，甚至造成机组振动。

(2) 凝汽器在抽真空及进入蒸汽后，应检查凝汽器各部分的温度和膨胀变形情况，并对真空、水位、排汽温度及循环水压、温度等参数进行监视。

(3) 凝汽器水侧投运前，禁止有疏水进入。抽真空之前，要控制进入凝汽器的疏水量。

(4) 真空低于规定值时，禁止投运旁路系统。

5. 凝汽器的停运

凝汽器停运应在机组停机后进行，操作顺序是先停汽侧，后停水侧。凝汽器停运时应注意以下几点：

(1) 真空到 0 后，开启真空破坏阀。

(2) 排汽缸温度低于 50℃后，方可停运水侧循环水泵。

(3) 为防止凝汽器因局部受热或超压造成损坏，停运后应做好防止进汽及进水的措施。较长时间停运时，还应做好防腐工作。

(4) 凝结水系统在运行或停运后、认真监视凝汽器水位、防止满水后冷水进入汽缸造成恶性事故。

6. 凝汽器的正常运行监视

为保证汽轮机组的安全经济运行，凝汽器在运行中要求能达到最有利的真空值，保证凝结水水质合格。因此，必须对凝汽器运行情况进行严格的控制和监视。凝汽器正常运行中应监视以下项目。

(1) 凝汽器真空。正常运行时，凝汽器真空应在规定的范围内。真空下降会减小蒸汽在汽轮机中的有效焓降，使机组的热经济性下降。严重的是在真空下降时，汽轮机排汽温度升高，可能导致排汽缸变形，引起汽轮机动静碰摩，损坏设备。当发现真空下降，机组要降负荷运行，同时查找原因，并采取措施予以消除。当真空降低到允许的下限值，仍不能减轻或消除时，就要作紧急停机处理。

（2）凝汽器温度。凝汽器汽侧温度与正常工作压力相对应。温度过高会使排汽缸变形，造成汽轮机事故；温度过低，不仅会使凝结水的含氧量增加，而且增加了凝结水的过冷度，降低了机组的热经济性。凝汽器温度过低的主要原因有：①凝汽器水位过高，淹没冷却水管，凝结水的热量直接由冷却水带走；②凝汽器内积聚空气，使蒸汽分压力减小；③管子排列不佳，蒸汽流动阻力过大等。

（3）凝汽器水位。要保持凝汽器水位在正常范围内。水位过高，不仅使凝汽器真空下降，还会造成冷却水带走凝结水的热量，致使凝结水过冷度增大；水位过低，又会使凝结水泵汽蚀。凝汽器水位要由主凝结水系统的补水调节阀和高水位放水阀控制。

（4）凝结水品质。为了防止热力设备结垢和腐蚀，在运行过程中还要经常对凝结水水质进行监督。使凝结水的硬度、含氧量及 pH 值等在规定的范围内。运行中若发现水质不合格，其主要原因是冷却水漏到汽侧。这时，应查出泄漏的冷却水管，并予消除。凝汽器的运行测量项目见表 4.9。

表 4.9　　　　　　　　　　　　　　凝汽器的运行测量项目

序号	测　量　项　目	单位	仪　表　测　点　位　置
1	大气压力	kPa	表盘
2	排气温度	℃	排气缸
3	凝汽器真空	kPa	凝汽器接颈
4	冷却水进口温度	℃	冷却水进口处之前
5	冷却水出口温度	℃	冷却水出口处
6	凝结水温度	℃	凝结水泵之前
7	被抽出的气、汽混合物温度	℃	抽气器抽空气管道上
8	冷却水进口压力	kPa	冷却水进口之前
9	冷却谁出口压力	kPa	冷却水出口处
10	凝结水流量	m^3/s	在循环管后的凝结水管道上

7. 凝汽器的腐蚀及防护办法

凝汽器冷却水管的腐蚀速度决定了其使用寿命，而管子腐蚀速度又取决于运行条件及管子的材料。在某些情况下管子的腐蚀是很剧烈的，有时运行几个月就需更换新管。凝汽器管子的腐蚀由下列几个原因所引起：

（1）化学性腐蚀。这种腐蚀从管子的内壁开始，逐渐深入向外发展，即由冷却水侧向蒸汽侧发展。受腐蚀的面积可能出现在某一部分，也可能是均匀的遍布在整根管子里面。

产生化学腐蚀的原因是冷却水中含有酸或氨等成分，这样黄铜管内所含的锌便溶解在冷却水中，被水带走。目前防止化学腐蚀的方法是采用对抗脱锌性能较强的铜合金，但是，这会提高凝汽器的造价，因而这种铜管主要用在以海水为冷却水的凝汽器中。

（2）电腐蚀。在电厂中可能由于发电设备和用电设备的绝缘不良发生漏电，使冷却水成为电解质。凝汽器的构成材质有铁壳和铜管，因而形成一个原电池，使铜管被电解而腐蚀。为防止铜管电解腐蚀，可在凝汽器的两侧端盖上加锌板，因为锌的电化次序在铜之前而起到了保护铜管的作用。

（3）机械腐蚀。产生机械腐蚀的原因是冷却水的流动对管子端部和内表面的冲击、汽轮机排汽流速对管子外表面的冲刷等。

凝汽器管子长期被冷却水冲刷而变薄，尤其是当冷却水内含有不溶解的空气时，管子内表面上的氧化膜将被气泡冲击而剥落，使冷却水管在腐蚀和冲蚀作用下损坏。

当引入凝汽器的疏水及其他设备的排汽直接冲刷管子时，被冲刷的管段会很快发生磨损。为了防止这种现象的发生，在凝汽器的疏水和排入口处安装有保护挡板，但其安装一定不能影响凝汽器管子的传热效果。

8. 凝汽器管子的振动及其防止办法

整个凝汽器的振动，往往是由于汽轮机或某些其他部件的振动，或因蒸汽对冷却水管的冲击等原因引起的。蒸汽流过管子时会产生周期性的冲击作用，尤其当排汽内含有水滴时，其冲击作用就更大了，将引起顶部的两三排冷却水管的振动加剧。

如果冷却水管的自然振动频率与迫使冷却水管振动的频率相一致时，则冷却水管的振动幅度将急剧增加，形成共振。因此在设计和安装冷却水管时，必须避开共振范围。

管子振动会使管子穿过凝汽器中间隔板的部分被磨损，有时会引起管壁破裂，甚至使管子断裂，而断裂部位往往是靠近管板或中间隔板的位置，而且断裂面很光、很平。

为了减轻管子的振动，应在运行中加强监视，避开振动负荷。要采取措施对设备进行改进，也可将冷却水管更换为厚壁管，或者在凝汽器内加装中间隔板，也可用木条或铜片在适当的位置上把管子楔住。

4.4 除氧加热设备

1. 概述

除氧器通过蒸汽直接加热给水，除去给水中的溶解氧和其他不凝结气体，使给水达到所要求的水质，除氧器同时作为混合加热器。

2. 工作原理

内置式除氧器主要由壳体、不锈钢喷嘴、加热蒸汽鼓泡管排和支座等部件组成。进水通过恒速喷嘴，在压差的作用下，将进水以圆锥形的膜状喷出，进入喷雾除氧段。在该段空间中，进水与蒸汽充分接触进行喷雾除氧，绝大部分的非凝结气体在此段中被除去，并通过排气管排向大气。深度除氧段的作用是喷雾除氧后的进水喷洒在除氧器储水段的水面上，在除氧器储水段下部，布置了蒸汽鼓泡管排将进水进行加热，不断进行再沸腾，从而完成一个非常完善的深度除氧过程，使锅炉给水含氧量达到指标。

3. 运行前的检查

（1）除氧器的安装工作应全部结束，施工用临时设施都已拆除，保温完善，现场干净无杂物，道路畅通，照明良好，通信正常。

（2）除氧器的进水管、进汽管等在除氧器进口阀之前的管道应冲洗干净，防止杂物进入除氧器。在进水管冲洗干净前，绝不允许将喷嘴装入到除氧器内。

（3）各汽水系统的阀门位置应符合运行规程要求。阀门的开闭和自动调节装置的动作应灵活可靠，灯光音响和报警信号、联锁装置良好。

（4）除氧器与加热蒸汽管道之间的止回阀方向应安装正确。

（5）检查压力表、温度表、磁翻板水位计、平衡容器、安全阀、电动阀、手动阀，应完好无损，保护装置都应在检验有效期内。

（6）除氧器底部支座应完好，滚柱和下低部应清扫干净，无卡涩，滚柱与止挡块之间应留有足够的膨胀间隙。

（7）整台除氧器应通过冷态验收，具有产品质量合格证。

4. 除氧器的投运

除氧器的启动一般采用 2 种方式：第 1 种为先上汽后上水；第 2 种为先上水后上汽。

内置式除氧器内部设有 2 套独立的蒸汽鼓泡管排。如无特殊说明，除氧器启动时应用辅助蒸汽（启动蒸汽）鼓泡管排来加热除氧器。正常运行时应用加热蒸汽鼓泡管排来加热除氧器。

（1）先上汽后上水：

1）开启除氧器向空排气阀，缓慢开启加热蒸汽管道上的隔离阀，预热除氧器筒体，一般预热 30min 左右。

2）极慢开启进水阀。不要立即将喷嘴满负荷运行，当蒸汽不足时，会引起压力快速下降而损坏喷嘴。

3）随着进水量的增大，缓慢开大加热蒸汽管道上的隔离阀。

4）当除氧器水位达到低水位时，对除氧器就地磁翻板水位计进行检查。同时利用除氧器放水阀来调节水位。此时应投入低水位报警装置，在超过低水位后报警信号应解除。

5）当除氧器水位达到高水位时，调节报警装置的整定值，报警装置应发出高水位报警信号。如没有信号，应重新调节整定值，直至符合要求为止。

6）当除氧器水位达到溢流水位时，调节溢流水位报警装置的整定值，同时调试电动溢流阀的控制装置，使报警装置发出溢流水位信号，并自动打开电动溢流阀。

然后缓慢开启除氧器放水阀，降低除氧器水位，观察溢流水位报警信号是否解除，电动溢流阀是否关闭，如不符合要求则需反复调试。

7）溢流水位调试工作完成后，关闭放水阀，缓慢打开进水阀，维持除氧器在正常水位运行。

8）逐步开大加热蒸汽管道上的进汽阀，缓慢提高除氧器内的压力，直到达到除氧器额定工作压力为止，并维持在该压力下运行。检查除氧器有无异常变形，有无泄漏，膨胀是否正常，压力表指示是否正确。如发现异常情况，应及时处理。

9）安全阀校验。校验安全阀宜在安全阀试验台上进行。如无法实现，经设计单位或压力容器监察工程师同意后可在除氧器上进行。校验安全阀时应有专门的保护措施，安监人员应在现场监督。

10）安全阀校验后，关小加热蒸汽管上的进汽阀，降低除氧器压力，维持在除氧器额定工作压力运行，不断加热除氧器内的给水。

11）随着水温的提高，检查就地温度计与热电偶温度计指示是否相同，如不相同，应予以处理。

12）当除氧器内的水温达到除氧器工作压力下的饱和温度后，取样化验水中的含氧量。

13）在除氧器内的给水质量指标合格后，投入水位自动调节装置。

14）投入加热蒸汽压力调节阀，实现压力自动调节。然后全开加热蒸汽进汽阀，压力自动调节装置应能把除氧器内压力始终维持在额定工作压力。

15）当开启高加疏水阀时应严格监视除氧器的压力。

16）取样化验除氧器出水含氧量，如果含氧量不合格，开大向空排气阀，如果除氧器内的压力达不到额定工作压力，则应检查加热蒸汽进汽阀是否全开，如果加热蒸汽量不够，则应解决汽源问题，直至出水含氧量合格为止。

17）机组在额定功率运行时，调节向空排气阀开度。

（2）先上水后上汽：

1）向除氧器充水至正常水位的 30%，开始加热除氧器。

2）提升除氧器的压力和温度。

3）当除氧器达到要求的温度与压力时，缓慢开启进水阀进一步给除氧器充水至正常水位。

4）逐步开大加热蒸汽管道上的进汽阀，缓慢提高除氧器内的压力，直到达到除氧器额定工作压力为止，并维持在该压力下运行。

5. 运行中的监视和调节

（1）运行中应保持除氧器各项参数正常和稳定，压力随着机组负荷变化，出水温度达到运行压力之下的饱和温度。

（2）应经常检查各指示表计，表计完好，指示正确。核对水位、压力、温度的远方指示与就地指示，数值应相同。

（3）除氧器正常运行时，禁止将铜、铁等杂质含量较大的不合格水，例如不合格的疏水箱疏水、回水、直接打入除氧器。只有取样化验合格后才允许把这些水送入除氧器。

（4）正常运行中，应定期取样测定出水合氧量，如果含氧量不合格，应分析原因、造成含氧量不合格的原因大致有以下几种：

1）进水温度太低。

2）进水含氧量太高。

3）加热蒸汽量不够。

4）内部构件损坏。

如果出水温度达不到相应压力下的饱和温度，则应检查除氧器进口的加热蒸汽压力和温度，如果加热蒸汽压力和温度达不到规定值，说明加热蒸汽量不足，应增大进汽量，同时适当开大向空排气阀，直至出水含氧量合格为止。

（5）应经常检查除氧器压力、水位的自动调节装置，其动作应正确、灵活，检查压力、水位报警准确无误，各阀门开关灵活。

（6）在除氧器运行中，特别是在进行重大操作时，应监视除氧器压力和水位的变化，防止压力表指示错误、水位计堵塞等所引起的误判断。

6. 除氧器的停运

（1）根据机组下降的负荷情况，关闭高加疏水阀、补给水、凝结水等隔离阀。

（2）除氧器的压力调节改为手动调节。当除氧器内压降低到零时，关闭加热蒸汽阀和各连通阀，全开向空排气阀。

（3）除氧器停用期间应采取防腐保养措施。

7. 除氧器的事故处理

（1）除氧器发生故障时，运行人员应根据表计指示和故障现象，分析故障原因，迅速采取对策，并防止其扩大。

（2）除氧器的重大事故通常有下列几种：

1）除氧器压力急速升高。

2）除氧器压力急速降低。

3）除氧器水位急速升高。

4）除氧器水位急速降低。

5）出水含氧量不合格。

发生上述事故的原因和处理对策见《电站压力式除氧器安全技术规定》（能源安保〔1991〕709 号）或其他相关规定。

8. 水位连锁、保护说明

除氧器的水位一般分为六档，从高到低分别为危险高水位、高高水位、高水位、正常水位、低水位、危险低水位。

除氧器水位连锁、保护说明如下：

（1）高水位分为三档：

第一档——高水位：报警。

第二档——高高水位：开启溢流阀。

第三档——危险高水位：开启紧急放水阀，关闭进水、进汽阀。

（2）低水位分为二档：

第一档——低水位：报警。

第二档——危险低水位：停止给水泵。

9. 维修

（1）定期检验。除氧器定期检验分为外部检查、内外部检验和水压试验。

1）外部检查应结合机组小修，每年进行一次。

2）内外部检验应结合机组大修，每 2 个大修进行一次。

3）水压试验，每 3 个大修进行一次

对有严重缺陷的除氧器应缩短检验间隔时间。

（2）检验项目。外部检查、内外部检验的项目按照《电站压力式除氧器安全技术规定》（能源安保〔1991〕709 号）或其他相关规定。

（3）内部装置及除氧器附件的修理：

1）检查喷嘴是否堵塞，并进行清洗。

2）检查内部构件的焊接有无松动，出现松动应及时焊接。

3）安全阀、调节阀、溢流阀等汽水阀门按各自的检修工艺进行修理，定期检验。

4）对压力表、温度计、水位计应予检查、修理和校验。

（4）壳体母材及焊接接头缺陷修理：

1）除氧器壳体发生表面裂纹、表面腐蚀及焊接接头缺陷时，应根据《电站压力式除氧器安全技术规定》（能源安保〔1991〕709 号）或其他相关规定中的要求进行修理。

2）除氧器大面积修补后应进行水压试验。

4.5 发电机空冷器

1. 概述

发电机在运行中，铜和铁的损耗均转变成热能，使发电机各部分发热。为了保证发电机的绕组绝缘材料能在允许温度下长期运行，必须把铜损和铁损产生的热量排除出去，因此，对发电机必须不断进行冷却。发电机冷却效果的好坏，对发电机的容量有极大的影响。

2. 工作原理

发电机密闭式空气冷却系统，当发电机转动时，由于转子两端风扇的作用，a 室形成负压，使冷风室 c 的冷风进入 a 室，然后经过风扇打到 d 室。d 室的风压较高，为正压，并分两路进入机体内部。第一路冷风到 e 室进行气封，防止潮湿空气进入发电机；第二路冷风通过转子端部进行冷却，然后经过铁芯到热风道；第三路通过冷风孔进行冷却发电机中部铁芯及转子，然后回到热风道，由于热风道出来的热风都到热风室 b，然后通过空气冷却器进行冷却，变成冷风又回到冷风室进行循环。电厂空气冷却器与循环水系统连在一起，利用循环水进行冷却。

3. 空冷器的日常维护及注意事项

空冷系统应保证其完全密封，特别注意热风道，入孔及发电机出风支管与风道接口处密封是否良好，热风在此不应有泄漏，不然会把未经冷却的空气重新吸入发电机内。

（1）冷却器散热片上附有尘土，用扫帚将灰尘清扫后，还要用压缩空气将它吹净，风道壁上的灰尘需要在机组停运时，从入孔钻进风道里面清扫。

（2）根据运行情况相隔一段时间之后清洗管子内部，这项工作最好在机组停运后进行，关闭空冷器的进水阀，当水放完后，将冷却器盖上的螺丝拆下，进行这项工作时，应注意不要把冷却室盖上的盘根弄坏。如已损坏应用 3mm 厚的橡胶重新做盖子上的垫圈，而法兰的垫圈则用 2mm 厚的橡胶做。管子的清洗可用绑在棒上的钢丝刷或用压缩空气将橡皮塞来回在管子内擦洗。清洗完毕后，还需用布擦净，之后将盖子和垫圈装好，拆盖子之前须先做好记号，以使重新安装时不致弄错，不然冷却器的正常运行就会受到影响。

如果空冷器停用时间多于两个月，建议在使用前，将冷却器的水全部放清。冷却器运行半年之后，应检查内部滞留的污垢，如果清洁，可以允许继续运行至一年后再进行检查，由于各地水质不同，所以不能确定清洗冷却器间隔时间。

（3）当发现空冷器水管内结垢时，可以对管子进行酸洗，这项工作应在化学技术人员的协助下进行，避免将管子洗漏，管子清洗干净后，及时将酸冲洗掉。

4. 结论

空冷器冷却效果的好坏直接影响发电机的出力，影响发电机的使用寿命，空冷效果的好坏可通过发电机的进风温度的高低进行检测。发电机的进出风温差与空气带走的热量以及空气量有关，与冷却器中冷却水的水温，水量也有关系，此值随机组形式不同而不同，一般为25～30℃，如果发电机在相同条件下运行。而发电机的进出口风温差显著增高时，则说明发电机的冷却系统已不正常，或者发电机内部损耗有所增加或空气减少，应及时检查并分析原因。

4.6 消防水系统设备

1. 概述

XBC系列柴油机消防泵组可以分别配备卧式多级泵、单级双吸泵、立式长轴泵等多种泵型。泵组以国外、国内内燃机行业的大型骨干、重点企业生产的以及国产康明斯、沃尔沃、道依茨和无锡动力等国内知名柴油机厂家生产的10～1300kW各种系列柴油机为动力，通过专业厂家生产的高弹性联轴器或膜片式联轴器与水泵直接相连、若转速不匹配可通过变速箱与水泵传动。可配备不同流量和扬程的水泵供客户按不同需要进行选择。设备具有启动迅速、运行可靠、结构紧凑、使用简单、维护方便等特点，主要用于输送不含固体颗粒的常温清水或黏性类似于水的液体。

2. 使用条件

内燃机运行的标准环境条件：国家标准《往复式内燃机 性能 第1部分：功率、燃料消耗和机油消耗的标定及试验方法 通用发动机的附加要求》（GB/T 6072.1—2008）规定，环境温度25℃，大气压力100kPa，海拔100m，相对湿度30%，机组功率是在上述条件下标定的。机组额定功率在实际使用环境条件差于机组设定的环境条件时，应按柴油机规定的功率修正方法进行修正。推荐的使用条件为：环境大气压力大于90kPa；环境温度为5～40℃；空气相对湿度不大于80%。

若机组运行在低气压、高温或相对湿度大的地方，则必须按减小的输出功率使用。否则柴油机将处于过载运行状态，柴油机会严重冒黑烟、过热。如此长时间运转，机组将产生重大故障损坏。功率修正的准确计算参照《往复式内燃机 性能 第1部分：功率、燃料消耗和机油消耗的标定及试验方法 通用发动机的附加要求》（GB/T 6072.1—2008）和《往复式内燃机 性能 功率、燃料消耗量和润滑油消耗量和试验方法说明 通用内燃机的附加要求》（BS ISO 3046-1—2002）执行，具体数据请查阅发动机随机文件。

油料与冷却液合理地使用：油料与冷却液是确保机组良好运行的重要因素。不按规定使用将造成发动机出力不足以及影响使用寿命，缩短维修期，甚至造成发动机故障。

发动机供油系统可能产生气陷回路，因此需要排气。同样发动机润滑系统可能需要注油。发动机手册上记载着这些程序全部的详细资料和燃油、润滑油的使用规定。

注意：一旦燃油箱排空，发动机再运行前必须对供油系统排气。

通常，柴油机要求采用不含水、无杂质的柴油，并且要求其含硫量低，使用经过沉淀后的干净柴油。其质量应符合 BS. 2869A1 或 A2 等级或采用符合《普通柴油》（GB 252—2015）或 DIN/EN590、ASMD975 - 88：1 - D 等标准柴油，并按工作地点的气温选用合适的牌号。

燃油使用从开始就要严格控制，以保证燃油的清洁度。在油桶的柴油加入油箱之前，先放置 24h，沉淀油桶中的杂质，油桶出油孔周围用布擦干净后再打开油孔盖。使用的输油胶管和手摇泵等装置必须保存于干净的环境中。燃油中的水分对发动机危害较大，其危害方式有两种：一是会引起生锈；二是当水化为蒸汽时会损坏喷油嘴，使其精度降低影响柴油机输出功率及排烟度。另外水分在油箱底部会不断凝结，使柴油机不能正常工作。将油水完全隔离是不容易的，因此需要采用油水分离器进行油水分离后使用。

在机组冷却时向发动机油底壳内注润滑油直到油尺到刻度为止、加得过多容易产生飞轮壳抛油现象。发动机机油的黏度分类：不同的发动机在不同的气温条件下工作，所选用的机油黏度级别也不同。我国采用国际上通用的美国汽车工程协会 SAE 黏度分类。即 SAE1300 发动机机油黏度分类，分类有 6 个冬季用油黏度级别和 4 个夏季用油黏度级别。冬季用油黏度级别和夏季用油黏度级别组合在一起，如 5W/30、15W/40、20W/50，具有两种黏度级别的发动机机油称为多级机油，例如 15W/40 油。这种油在冬季使用相当于 SAE15W 单级油的黏度要求，在夏天则相当于 SAE40 的黏度要求。这种多级油既能在冬季用，又能在夏季用，具有使用范围广的特点。建议用户使用多级油，推荐在我国大部分地区使用 15W/40 的机油，而在北方寒冷地区用 5W/30 或 5W/40 机油。

3. 结构

机组由水泵、柴油机、连接装置、控制柜、蓄电池和燃油箱等基本部分组成。柴油机和水泵通过弹性联轴器共同安装在槽钢底架上，控制柜和燃油箱单独放置。

按柴油机冷却循环系统的区别，可分为闭式机组和开式机组两种。闭式机组中，由风扇水箱和水热交换器构成，冷却水在机体和水箱中闭式循环。使用开式机组，用户应另外设置高位冷却水池，冷却水在机体和水池中开式循环。

（1）水泵。水泵分为单级单吸卧式离心泵（IS）、卧式多级单吸离心泵（KQDW）、卧式单级中开式双吸离心泵（KQSN）。

（2）柴油机。产品的驱动源动力选用国内、外著名品牌的柴油机。优先选用高性能、高可靠性、负载能力强、污染排放低的产品。本系列产品通常选用无锡动力、上海内燃机厂、朝柴、潍柴、济柴、重庆康明斯、东风康明斯、VOLVO、MAN、IVECO 等公司的柴油机，转速为 1000r/min、1500r/min、1800r/min 及 3000r/min。

XBC 型柴油机消防泵所配套的柴油机全部采用水冷却。风扇水箱冷却和热交换器冷却指的是二次冷却方式的不同。柴油机工作时产生的热水从柴油机的出水管流到热交换器，热交换器的冷却管内的冷水冷却柴油机的循环热水，柴油机的循环热水被冷却后重新回到柴油机，并对柴油机进行冷却。

热交换器的冷却管内的冷水在冷却柴油机的循环热水后水温升高，被输送冷却塔进行冷却，冷却后送到热交换器的冷却管。

（3）连接装置。产品的柴油机与水泵一般采用弹性套柱销联轴器直接连接，因而具有安装简易、成本低、体积小、可靠、安全的特性。特殊要求时也可采用金属膜片联轴器、液耦联轴或离合器。对于柴油机与泵转速不匹配或采用长轴泵时，则需要采用减速机或转角齿轮箱联轴。

（4）控制柜。设备配套使用 KQK900 系列控制柜。

（5）蓄电池。设备配套免维护蓄电池，通常常有两种规格 12V/150Ah 及 12V/200Ah，根据机器启动马达的容量及启动要求，可以配备数量不等的蓄电池。为满足客户的个性化需求，也可以根据客户特殊指定选用其他品牌、型号的蓄电池产品。

蓄电池尽可能靠近发动机，分别连接蓄电池和启动电机的正负极，连线尽量缩短，太长须加大连线截面的规格，根据不同的启动电机接线。

（6）燃油箱。根据设备功率、耗油量及运转时间的要求，可以选用各种容积的燃油箱。通常消防应急产品按 4～6h 选用。

4. **启动前准备**

（1）柴油、机油和冷却液的选用。

1）柴油：0 号或 −10 号柴油，根据环境温度选择。

2）机油：CF‑4 级以上 15W/40 号，不允许不同牌号的机油混合使用。

3）冷却液：冷却柴油机的冷却水应该使用自来水或清洁的河水，井水含有较多杂质，容易产生水垢，不宜使用。也可根据柴油机使用维护手册的推荐选用相应的防冻液。

（2）柴油机泵起动前的准备：①检查柴油机各部分是否正常，各附件连接是否可靠；②检查冷却液是否加满；③检查机油液面是否在规定油面位置；④检查燃油箱内柴油是否足够；⑤检查起动系统各线路接头是否紧固；⑥检查蓄电池电量是否充足；⑦完全打开泵的进水阀门；⑧将泵腔内的空气彻底排尽。

（3）控制柜的操作：

1）设备平时处于待机状态时，必须保证柴油机泵控制柜的交流电源（AC220 20A）供给，交流电源有两个作用：一是蓄电池的充电用；二是水套预加热器工作需要。

2）将"充电开关"闭合，让蓄电池处于浮充电状态。

3）将"预加热开关"闭合，让水套预加热器处于工作状态。

4）确认"手动‑自动"选择开关处于"手动"挡。

5）对于电子调速，请确认"怠速‑全速"选择开关处于"怠速"挡。

6）确认"紧急停机"按钮处于释放位置。

7）按下"启动"按钮并保持，启动机器，当机器成功启动后应立即松开，如一次不能启动成功，须待启动机停止运转后才能作第二次启动，且每次启动时间不应超过 5s，两次启动时间间隔应不少于 2min。启动后应密切注意各项运行参数，特别是机油压力。

8）若柴油机成功启动，则进入怠速运行状态。柴油机启动后，必须先低速运行一段时间后方可加速，柴油机应避免长时间怠速运行。

9）对于机械调速，在怠速阶段运行 3min 后，可按下"升速"按钮，此时柴油机转速逐渐升高，可以调节至水泵运转所需要的任意转速（怠速至额定转速之间）。对于电子调速，在怠速阶段运行 3min 后，可切换"怠速‑全速"选择开关至"全速"挡位，此时柴油机转速逐渐升高，直至全速运行。

10）对于机械调速，当需要停机时，可先按下"降速"按钮，此时柴油机转速逐渐降低，进入怠速运行状态。等待几分钟后，再按下"停机"按钮，柴油机将逐渐减速直至完全停止。对于电子调速，当需要停机时，可切换"怠速-全速"开关至"怠速"挡位，此时机器转速降低并进入怠速运行状态。等待几分钟后，再按下"停机"按钮，柴油机将逐渐减速直至完全停止。

11）自动挡运行时有两种指令来源：一是来自中控室的启停控制；另一个是断电启动。当柴油机因断电启动运行后，即使恢复也不会自动停机，必须将控制柜面板上的工作方式选择开关切换至"手动挡"后才可以停止运行。若不需要断电启动功能、或设备尚不具备稳定的供应，则可将检测继电器（KA1）拔除。

12）当有紧急情况出现时，可使用"紧急停机"按钮让机器迅速停机。柴油机停车前需怠速运行 2～3min，在非特殊情况下，不允许突然停车。

（4）运行注意事项：

1）泵组在运行过程中不可超负荷工作，注意观察水泵的进、出口压力表显示，出水压力减去进水压力后的实际扬程必须大于或等于水泵铭牌上标注的额定扬程。当实际扬程低于泵的额定扬程时，水泵处于超流量工作状态，此时柴油机超功率运行。

2）泵组运行的环境温度必须合适，当环境温度高于设计温度时，应考虑降功率使用。

5. 运行与维护

（1）附着机组的水迹、油迹和铁锈杂物等清除干净，清除柴油机漏油、漏水及漏气现象。

（2）对机组各装置应全面巡视一遍，检查各连接、坚固和操纵部分是否都已装接牢固妥当。检查柴油机各附件的安装情况，包括各附件安装的牢固程度，地脚螺栓及水泵连接的牢靠性。

（3）检查油箱内燃油储存量是否满足需要，柴油牌号按柴油机说明书规定，检查各仪表，观察读数是否正常，否则应及时修理或更换。

（4）检查柴油机油底壳中的机油量，不足时，应加注机油，牌号按柴油机说明书规定，油面应达到机油标尺上的刻度线标记。先向水箱注水，断定水路畅通和系统中空气排掉后关闭放水阀，再向水箱（散热器）注满冷却水。

（5）清洁柴油机及附属设备外表，用干布或浸柴油的抹布揩去机身、涡轮增压器、汽缸盖罩壳、空气滤清器等表面上的油渍、水和灰尘。揩净或用压缩空气吹净充电发电机、散热器、中间冷却器、风扇等表面上的灰尘。

（6）每周启动运行一次，直到水温、油温达到 60℃ 以上为止。

（7）柴油机的启动系统一般为负极搭铁，请注意不得接错电池极性！（有的柴油机要求"正极"搭铁）按所配套的柴油机说明书要求。

（8）在寒冷季节或周围环境温度低于 +5℃ 时，待水温降到 40～50℃，打开散热器、水泵、机油冷却器以及柴油机冷却系统的水阀，将积水放尽，防止冻坏机件。已经有防冻液的水，而环境温度高于防冻液冰点温度，则不必放水，否则亦需放出。

6. 故障原因

消防水系统设备故障原因及处理措施见表 4.10。

表 4.10 消防水系统设备故障原因及处理措施

故　障	可　能　原　因	处　理　措　施
一、柴 油 发 动 机		
1. 发动机不转动	(1) 蓄电池电压、电流不足； (2) 启动马达或启动马达开关障； (3) 发动机抱轴	(1) 蓄电池重充电或更换； (2) 检查修理故障的零件； (3) 按发动机厂的说明书维修
2. 发动机不启动	(1) 燃油供油不正常； (2) 控制回路有故障； (3) 电气系统有故障； (4) 发动机太冷	(1) 检查燃油系统； (2) 检查所有控制回路； (3) 检查电气系统； (4) 采用加热系统
3. 发动机启动困难	(1) 蓄电池电压、电流不足； (2) 燃油箱缺油； (3) 燃油牌号不对； (4) 燃油系统供油不足； (5) 燃油系统有空气； (6) 发动机进排气阀门密封不严； (7) 活塞环磨损； (8) 进入汽缸的空气不足； (9) 点火时间不正确	(1) 蓄电池重充电或更换； (2) 检查燃油箱，加满油； (3) 更换燃油； (4) 调节喷油嘴，更换故障的零件； (5) 检查油泵进口边管路是否漏气，排出油路内的气体； (6) 更换进排气阀门、研磨气门； (7) 更换活塞环； (8) 清洗或更换空气滤清器； (9) 调整点火时间
4. 发动机经常停车	(1) 发动机怠速太低； (2) 燃油供应有故障	(1) 调整发动机怠速； (2) 检查燃油系统
5. 发动机突然停车	(1) 燃油用完； (2) 燃油供应有故障； (3) 燃油管路断裂，泄漏； (4) 电气系统有故障	(1) 加油，排除管路空气； (2) 检查燃油系统； (3) 修理或更换故障零件； (4) 检查电气系统
6. 发动机过热	(1) 冷却系统泄漏； (2) 散热器芯堵塞； (3) 散热器风道堵塞； (4) 风扇皮带太松； (5) 温度调节装置不工作； (6) 发动机机油冷却器堵塞； (7) 发动机润滑不好； (8) 水泵故障	(1) 消除泄漏，加满冷却液； (2) 清洁冲洗散热器； (3) 清除散热器芯风道堵塞物； (4) 调整风扇皮带到合适的松紧； (5) 检查调整温度调节装置； (6) 清洗或更换机油冷却器； (7) 检查机油泵； (8) 修理或更换水泵
7. 发动机功率低	(1) 进入汽缸的空气不足； (2) 进入汽缸的燃油不足； (3) 调速器设置不合适； (4) 燃油系统有空气； (5) 燃油滤清器堵塞； (6) 进排气阀门开度不合适； (7) 压缩损耗	(1) 清洁空气系统； (2) 检查燃油系统； (3) 检查调整调速器； (4) 排除燃油系统内空气，检查油泵进口侧管路是否漏气； (5) 更换滤油芯； (6) 检查定时，调整气门脚间隙； (7) 检查压缩，调整数据

续表

故　障	可　能　原　因	处　理　措　施
二、启　动　系　统		
1. 启动马达不能转动发动机	(1) 蓄电池电压电流不足； (2) 电缆接头连接松或腐蚀； (3) 启动开关不工作； (4) 启动马达碳刷损坏或接触不良； (5) 碳刷弹簧太弱； (6) 启动马达的换向器表面脏或磨损； (7) 启动马达电枢轴套磨损； (8) 启动马达电枢烧损	(1) 检查蓄电池； (2) 清洁蓄电池桩头，拧紧接头； (3) 修理或更换启动开关； (4) 更换碳刷，修磨接触面； (5) 检查弹簧强度，必要时更换； (6) 磨光换向器表面，必要时车削换向器和镶嵌的云母； (7) 更换磨损的轴套； (8) 更换电枢
2. 启动马达与发动机飞轮齿不咬合	(1) 启动马达的驱动机构有油脂； (2) 零件磨损或损坏油泥	(1) 拆卸清洗驱动机构； (2) 更换损坏的零件
三、燃　油　系　统		
1. 燃油供应不足	(1) 油箱缺油； (2) 燃油泵不工作； (3) 燃油喷嘴阀卡在阀体； (4) 燃油管路或滤清器堵塞； (5) 喷油泵故障； (6) 燃油喷嘴调整不合适	(1) 加满油箱，排除管路中的空气； (2) 修理或更换燃油泵； (3) 修理喷嘴； (4) 清洁燃油管路，更换滤清器芯； (5) 修理或更换油泵； (6) 调整喷油嘴
2. 燃油系统中有空气	(1) 管路连接松，油泵吸入侧泄漏； (2) 燃油滤清器垫损坏	(1) 拧紧接头，更换损坏的管路； (2) 更换滤清器垫
3. 油泵故障	(1) 油泵脏； (2) 零件损坏	(1) 拆洗油泵； (2) 更换损坏的零件
四、电　气　系　统		
1. 发电机不发电	(1) 驱动皮带松或损坏； (2) 调节器不工作； (3) 发电机不工作	(1) 调整驱动皮带； (2) 修理或更换调节器； (3) 修理或更换发电机
2. 发电机输出低或不稳定	(1) 驱动皮带调整得不合适； (2) 发电机碳刷卡滞； (3) 调节器工作不正常； (4) 发电机碳刷弹簧太弱； (5) 发电机电枢脏或损坏； (6) 发电机绕组坏	(1) 调整驱动皮带； (2) 消除卡滞现象； (3) 修理或更换调节器； (4) 更换碳刷弹簧； (5) 清洁电枢，必要时车削电枢； (6) 更换发电机
3. 蓄电池不能充电	(1) 接头线松； (2) 电路中有短路； (3) 蓄电池内有短路； (4) 电解液浓度低； (5) 调节器不工作	(1) 拧紧连接处； (2) 排除短路； (3) 修理或更换蓄电池； (4) 降低充电率，更换电解液； (5) 修理或更换调节器
五、润　滑　系　统		
1. 润滑油无压力	(1) 曲轴箱油不足； (2) 油压表故障； (3) 润滑油泵油网筛堵塞； (4) 润滑油泵不工作； (5) 曲轴箱内油管坏	(1) 加油到合适的水平； (2) 修理或更换油压表； (3) 清洗油网筛； (4) 修理或更换润滑油泵； (5) 更换损坏的油管

故　障	可　能　原　因	处　理　措　施
2. 润滑油压力低	(1) 油压表不正确； (2) 油压卸压阀或调节阀在打开位卡着； (3) 曲轴箱内油管松或损坏； (4) 不合适的润滑油； (5) 连接杆轴承磨损； (6) 凸轮轴轴承磨损； (7) 润滑油泵损坏	(1) 检查油压表，必要时更换； (2) 清洁修理有关零件； (3) 修理或更换损坏的油管； (4) 更换合适的润滑油； (5) 更换轴承； (6) 更换轴承； (7) 修理或更换润滑油泵
3. 润滑油压过高	(1) 油压表不正确； (2) 油压调节阀调整不合适； (3) 不合适的润滑油	(1) 检查油压表，必要时更换； (2) 调节阀至合适的油压； (3) 更换合适的润滑油
4. 润滑油温过高	(1) 曲轴箱油不足； (2) 不合适的润滑油； (3) 润滑油冷却器堵塞	(1) 加油到合适的水平； (2) 更换合适的润滑油； (3) 清洗冷却器
5. 润滑油耗量大	(1) 润滑油有泄漏； (2) 润滑油太稀； (3) 活塞环或汽缸套磨损； (4) 活塞环卡在槽内； (5) 气门导杆磨损	(1) 消除所有的泄漏； (2) 更换合适的润滑油； (3) 更换有关零件； (4) 清洁活塞环槽或更换活塞环； (5) 更换气门导杆
6. 发动机零件磨损快	(1) 润滑油污染； (2) 不合适的润滑油	(1) 更换润滑油，清洗滤清器； (2) 更换合适的润滑油
六、冷　却　系　统		
1. 发动机温度高，冷却液充足	(1) 水温表有故障； (2) 散热器通风道堵塞； (3) 温度调节器有故障； (4) 风扇皮带松或损坏； (5) 散热器水道，汽缸头汽缸体堵塞； (6) 油冷却器水道堵塞； (7) 水泵故障； (8) 超负荷； (9) 发动机速度太高	(1) 检查水温表，必要时更换； (2) 清理散热器外部； (3) 更换温度调节器； (4) 调整风扇皮带或更换； (5) 清理有关零件； (6) 清洗冷却器芯； (7) 修理或更换水； (8) 减少负荷； (9) 调整速度到额定值以下
2. 发动机温度高，冷却液缺少	(1) 冷却系统外部泄漏； (2) 润滑油冷却器芯破裂； (3) 发动机汽缸头垫破裂； (4) 发动机汽缸头裂； (5) 发动机汽缸体裂	(1) 修理有关的零件； (2) 更换冷却器芯； (3) 更换汽缸垫； (4) 更换汽缸头； (5) 更换汽缸体
七、控　制　器		
1. 发动机启动问题	(1) 连接线有故障； (2) 速度传感器故障； (3) 蓄电池故障	(1) 检查连接线； (2) 修理或更换速度传感器； (3) 修理或更换蓄电池
2. 定期运行故障	(1) 定期设置有问题	(1) 重设置定期运行
3. 低油压报警故障	(1) 连接线故障； (2) 油压传感器故障	(1) 重连接或更换连接线； (2) 更换油压传感器

续表

故　障	可　能　原　因	处　理　措　施
4.高水温报警故障	(1) 连接线故障； (2) 水温传感器故障	(1) 重连接或更换连接线； (2) 更换水温传感器
5.超速报警故障	(1) 连接线故障； (2) 速度传感器故障	(1) 重连接或更换连接线； (2) 更换速度传感器
6.蓄电池充电故障	(1) 交流电供应故障； (2) 变压器故障； (3) 整流器故障； (4) 熔断器断； (5) 连接线故障	(1) 修复交流电供应； (2) 更换变压器； (3) 更换整流部件； (4) 更换熔断器； (5) 重连接或更换连接线
八、水 泵 故 障		
1.水泵流量扬程不足	(1) 发动机转速低； (2) 进出水管堵塞； (3) 水泵内叶轮流道堵塞； (4) 叶轮磨损	(1) 调整发动机转速； (2) 清理进出水管； (3) 清理叶轮流道； (4) 更换叶轮
2.消耗功率太大	(1) 填料压得太紧； (2) 叶轮转动有摩擦	(1) 拧松填料压盖； (2) 检查原因消除摩擦
3.水泵振动大	(1) 叶轮不平衡； (2) 发动机与水泵不同心； (3) 地脚螺栓松	(1) 叶轮进行平衡； (2) 调整发动机轴与水泵轴的同心； (3) 拧紧地脚螺栓
4.轴承发热，噪声大	(1) 轴承缺油； (2) 发动机与水泵不同心； (3) 轴承损坏	(1) 添加润滑油； (2) 调整发动机轴与水泵轴的同心； (3) 更换轴承

4.7 厂外补给水系统设备

机组循环冷却水系统采用自然通风冷却塔的二次循环供水系统，厂区的循环水、工业水、消防水及化学用水均来自厂外水源，通过安装在补给水泵房补给水泵供给，补给水泵一用一备，为保证低水位时水泵仍能顺利启动，配置一套抽真空成套设备装置（含两台真空泵、汽水分离器等套设备）。

4.8 阀门

4.8.1 阀门的作用

阀门是流体管路的控制装置，在电力生产过程中发挥着重要作用，阀门的作用主要有：①接通和截断介质；②防止介质倒流；③调节介质压力、流量；④分离、混合或分配介质；⑤防止介质压力超过规定数值，保证管道或设备安全运行。

4.8.2 阀门的分类

4.8.2.1 按用途和作用分类

(1) 截断类，主要用于截断或接通介质流。如闸阀、截止阀、球阀、蝶阀、旋塞阀、隔膜阀。

(2) 止回类,用于阻止介质倒流。包括各种结构的止回阀。

(3) 调节类,调节介质的压力和流量。如减压阀、调压阀、节流阀。

(4) 安全类,在介质压力超过规定值时,用来排放多余的介质,保证管路系统及设备安全。

(5) 分配类,改变介质流向、分配介质,如三通旋塞、分配阀、滑阀等。

(6) 特殊用途,如疏水阀、放空阀、排污阀等。

4.8.2.2 按压力分类

(1) 真空阀,工作压力低于标准大气压的阀门。

(2) 低压阀,公称压力 $PN<1.6MPa$ 的阀门。

(3) 中压阀,公称压力 $2.5≤PN<6.4MPa$ 的阀门。

(4) 高压阀,公称压力 $10.0≤PN<80.0MPa$ 的阀门。

(5) 超高压阀,公称压力 $PN>100MPa$ 的阀门。

4.8.2.3 按介质工作温度分类

(1) 高温阀,$t≥450℃$ 的阀门。

(2) 中温阀,$-120℃≤t<450℃$ 的阀门。

(3) 常温阀,$-40℃≤t<120℃$ 的阀门。

(4) 低温阀,$-100℃≤t<-40℃$ 的阀门。

(5) 超低温阀,$t<-100℃$ 的阀门。

4.8.2.4 按阀体材料分类

(1) 非金属阀门。如陶瓷阀门、玻璃钢阀门、塑料阀门。

(2) 金属材料阀门。如铸铁阀门、碳钢阀门、铸钢阀门、低合金钢阀门、高合金钢阀门及铜合金阀等。

4.8.2.5 根据阀门的公称通径可分

(1) 小口径阀门,公称通径 $DN<40mm$ 的阀门。

(2) 中口径阀门,公称通径 $50mm≤DN<300mm$ 的阀门。

(3) 大口径阀门,公称通径 $350mm≤DN<1200mm$ 的阀门。

(4) 特大口径阀门,公称通径 $DN≥1400mm$ 的阀门。

4.8.2.6 按与管道连接方式可分为

(1) 法兰连接阀门,阀体带有法兰,与管道采用法兰连接的阀门。

(2) 螺纹连接阀门,阀体带有螺纹,与管道采用螺纹连接的阀门。

(3) 焊接连接阀门,阀体带有焊口,与管道采用焊接连接的阀门。

(4) 夹箍连接阀门,阀体上带夹口,与管道采用夹箍连接的阀门。

(5) 卡套连接阀门,采用卡套与管道连接的阀门。

4.8.2.7 通用分类法

这种分类方法既按原理、作用又按结构划分,是目前国际、国内最常用的分类方法。一般分为:闸阀、截止阀、节流阀、仪表阀、柱塞阀、隔膜阀、旋塞阀、球阀、蝶阀、止回阀、减压阀、安全阀、疏水阀、调节阀、底阀、过滤器、排污阀等。

4.8.2.8 电厂常用阀门

电厂中常用阀门主要有：气动阀、电动阀、疏水阀、安全阀、液压阀、冷油器恒温控制阀、电磁阀、自动主汽门、调速气门、抽汽止回阀、高压加热器给水进口电动三通阀、给水泵再循环阀和 HD 液动蝶阀等。

1. 气动阀

(1) 气动阀定义。气动阀是借助压缩空气驱动的阀门。

(2) 气动知识介绍：

1) 气动自动化控制技术。利用压缩空气作为传递动力或信号的工作介质，配合气动控制系统的主要气动元件，与机械、液压、电气、电子（包括 PLC 控制器和微电脑）等部分或全部综合构成的控制回路，使气动元件按生产工艺要求的工作状况，自动按设定的顺序或条件动作的一种自动化技术。

2) 气动阀原理。气动阀是工业自动领域流体控制系统中的一种主要执行单元，它是由气动执行器与阀门组合而成的，然后通过气源压力来驱动执行器，从而控制阀门运作，本章节主要讲述的是常用的角行程开关式气动阀。

3) 气源系统。气源系统包括有空气压缩机、储气罐、空气净化设备和输气管道等。它为气动设备提供清洁、干燥、恒压和足够流量的压缩空气，它是气动系统的能源装置。气源的核心是空气压缩机，它将原动机的机械能转换为气体的压力能。

4) 气动执行元件。它是把气体的压力能转变成机械能，实现气动系统对外做功的机械运动装置。做直线运动的是气缸，作摆动或回转运动的是气马达。

5) 气动控制元件。它包括有压力、流量、方向等动力控制元件和传感器、逻辑元件、伺服阀等信号转换、逻辑运算和放大的一类元件。它们决定着气动系统的运动规律。

6) 气动辅件元件。它们是保证气动系统正常工作不可缺少的元件。有气动三联件、消声器、管接头等。将上述各类元件用符号和连线进行绘制成图，称为气动控制原理图。

7) 消音器。压缩空气高速通过气动元件排到大气时，会产生刺耳的噪声，为克服这一噪声，常在排气口处安装消声器，也可将消声器与节流阀组合为一体，构成消声节流。

8) 气动三联件。气动三联件是在气动控制系统的入口所必需的器件。它的组成是由过滤器、减压阀、油雾器三位一体。

a. 过滤器。

作用：将压缩空气里的杂质、油污、水分等过滤掉，存放在过滤器里，达到使压缩空气干燥、清洁的目的，过滤器应定期排污。

工作原理：压缩空气进入过滤器内部后，因导流板的导向，产生了强烈的旋转，在离心力作用下，压缩空气中混有的大颗粒固体杂质和液态水滴等被甩到滤杯内表面上，在重力作用下沿壁面沉降至底部，然后，经过这样预净化的压缩空气通过滤芯流出。为防止造成二次污染，滤杯中每天都应该是空的。

b. 减压阀。用来调整压缩空气压力。当减压阀调整到合适的压力后，应将锁定装置锁定，避免误操作。

c. 油雾器。因气动控制系统里，很多气缸需用油润滑，所以在气路里，就加入了油雾器，目的是将油雾器里的油通过气管送到气缸里，达到润滑气缸的目的。油雾器可以根据需要调节滴油的快慢。油雾器应定期加油，加油时不要超过油线。

9）气缸：

a. 分类，如下所述：

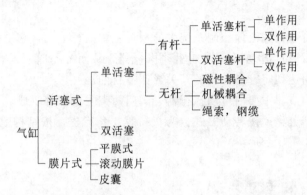

b. 气动阀门主要种类：①气动 V 形调节球阀；②气动 O 形切断球阀；③扭矩式汽缸球阀；④电磁隔膜阀；⑤气动直行程式隔膜阀；⑥电动阀。

c. 动作方式：

（a）气动调节阀动作分气开型和气关型两种。气开型（Air to Open）是当膜头上空气压力增加时，阀门向增加开度方向动作，当达到输入气压上限时，阀门处于全开状态。反过来，当空气压力减小时，阀门向关闭方向动作，在没有输入空气时，阀门全闭。故有时气开型阀门又称故障关闭型（Fail to Close FC）。气关型（Air to Close）动作方向正好与气开型相反。当空气压力增加时，阀门向关闭方向动作；空气压力减小或没有时，阀门向开启方向或全开为止。故有时又称为故障开启型（Fail to Open FO）。气动调节阀的气开或气关，通常是通过执行机构的正反作用和阀态结构的不同组装方式实现。

气开气关的选择是根据工艺生产的安全角度出发来考虑。当气源切断时，调节阀是处于关闭位置安全还是开启位置安全？举例来说，一个加热炉的燃烧控制，调节阀安装在燃料气管道上，根据炉膛的温度或被加热物料在加热炉出口的温度来控制燃料的供应。这时，宜选用气开阀更安全些，因为一旦气源停止供给，阀门处于关闭比阀门处于全开更合适。如果气源中断，燃料阀全开，会使加热过量发生危险。又如一个用冷却水冷却的换热设备，热物料在换热器内与冷却水进行热交换被冷却，调节阀安装在冷却水管上，用换热后的物料温度来控制冷却水量，在气源中断时，调节阀应处于开启位置更安全些，宜选用气关式（即 FO）调节阀。

气开式改变为气关式或气关式改变为气开式，如调节阀安装有智能式阀门定位器在现场可以很容易进行互相切换。但也有一些场合，故障时不希望阀门处于全开或全关位置，操作不允许，而是希望故障时保持在断气前的原有位置处。这时，可采取一些其他措施，如采用保位阀或设置事故专用空气储缸等设施来确保。

（b）阀门定位器。阀门定位器是调节阀的主要附件，与气动调节阀配套使用，它接受调节器的输出信号，然后以它的输出信号去控制气动调节阀，当调节阀动作后，阀杆的位移又通过机械装置反馈到阀门定位器，阀位状况通过电信号传给上位系统。阀门定位器按其结构形式和工作原理可以分成气动阀门定位器、电气阀门定位器和智能式阀门定位器。阀门定位器能够增大调节阀的输出功率，减少调节信号的传递滞后，加快阀杆的移动速度，能够提高阀门的线性度，克服阀杆的摩擦力并消除不平衡力的影响，从而保证调节阀的正确定位。

2. 电动阀

电动阀是工业自动领域流体控制系统中的一种主要执行单元，它是由电动执行器与阀门组合而成的，然后通过电动机运转来驱动执行器，从而控制阀门运作，实现阀门的开关、调节动作。从而达到对管道介质的开关或调节目的。

（1）电动阀的构成。主要由电动执行器、阀门两大主要部分组成。

（2）电动执行器分类。按转动方式分为直行程、角行程；按结构原理分为多回转型、AC 可逆电动机。如图 4.3 所示。

图 4.3　电动门及执行器

（3）电动阀分类：

1）按运动方式分为：直行程、角行程。

2）按阀体结构上分为：电动球阀、电动蝶阀、电动闸阀、电动截止阀等。

3）从适用性、稳定性、可靠性等综合性价比来看，电动球阀、电动蝶阀在实际应用中最多。

（4）电动阀的控制形式，常用的有开关切断型和连续调节型两种。

（5）电动阀门的操作。

1）操作前的准备：

a. 操作阀门前，应认真阅读操作说明。

b. 操作前一定要清楚汽、气、液体的流向，应注意检查阀门开闭标志。

c. 检查电动阀外观，看该电动阀门是否受潮，如果有受潮要做干燥处理；如果发现有其他问题要及时处理，不得带故障操作。

d. 对停用 3 个月以上的电动装置，启动前应检查离合器，确认手柄在手动位置后，再检查电动机的绝缘、转向及电气线路。

2）电动阀门操作注意事项：

a. 启动时，确认离合器手柄在相应位置。

b. 如果是在控制室控制电动阀，把转换开关打到 REMOTE（远程）位置，然后通过SCADA（监测控制和数据采集）系统控制电动阀的开关。

c. 如果手动控制，把转换开关打在 LOCAL（就地）位置，就地操作电动阀的开关，电动阀开到位或者关到位的时候它会自动停止工作，最后把运行转换开关打到中间位置。

d. 采用现场操作阀门时，应监视阀门开闭指示和阀杆运行情况，阀门开闭度要符合要求。

e. 采用现场操作全关闭阀门时，在阀门关到位前，应停止电动关阀，改用微动将阀门关到位。

f. 对行程和超扭矩控制器整定后的阀门，首次全开或全关阀门时，应注意监视其对行程的控制情况，如阀门开关到位置没有停止的，应立即手动紧急停机。

g. 在开、闭阀门过程中，发现信号指示灯指示有误、阀门有异常响声时，应及时停机检查。

h. 操作成功后应关闭电动阀门的电源。

i. 同时操作多个阀门时，应注意操作顺序，并满足生产工艺要求。

j. 开启有旁通阀门的较大口径阀门时，若两端压差较大，应先打开旁通阀调压，再开主阀，主阀打开后，应立即关闭旁通阀。

k. 操作球阀、闸阀、截止阀、蝶阀只能全开或全关，严禁做调节用。

l. 操作闸阀、截止阀和平板阀过程中，当关闭或开启到上死点或下死点时，应回转1/2~1 圈。

（6）日常电动阀门维护保养：

1）电动阀门应存于干燥通风的室内，通路两端须堵塞。

2）长期存放的电动阀门应定期检查，清除污物，并在加工面上涂防锈油。

3）安装后，应定期进行检查，主要检查项目有：①密封面磨损情况；②阀杆和阀杆螺母的梯形螺纹磨损情况；③填料是否过期失效，如有损坏应及时更换；④电动阀门检修装配后，应进行密封性能试验。

4）运行中的电动阀门，各种阀件应齐全、完好。法兰和支架上的螺栓不可缺少，螺纹应完好无损，不允许有松动现象。手轮上的紧固螺母，如发现松动应及时拧紧，以免磨损连接处或丢失手轮和铭牌。手轮如有丢失，不允许用活扳手代替，应及时配齐。填料压盖不允许歪斜或无预紧间隙。对容易受到雨雪、灰尘、风沙等污物沾染的环境中的电动阀门，其阀杆要安装保护罩。电动阀门上的标尺应保持完整、准确、清晰。电动阀门的铅封、盖帽、气动附件等应齐全完好。保温夹套应无凹陷、裂纹。

5）不允许在运行中的电动阀门上敲打、站人或支承重物；特别是非金属电动阀门和铸铁电动阀门，更要禁止。

（7）电动门执行机构操作说明：

1）手轮部件。在断电的情况下，可以直接驱动手轮，对执行机构进行操作，手动/电动切换手柄切换到手动状态时，能自动恢复到初始位置。电动操作总是优先的。

2）红外线设定。通过密封的指示窗，可完成执行机构的全部设定。

3）现场控制。现场控制开、关、停旋钮及挂锁式现场、远程、设定的旋钮可操作内部的磁控开关。

4）智能控制系统。此系统包括微控制器、人机界面以及带隔离的输入、输出。同时包括绝对编码器电子行程控制器和带压力传感器的电子力矩控制器。可精确的测量、控制、显示执行机构的行程、力矩数值。

5）接线盒。接线盒出线采用方便、快捷的接插件方式。单独密封的插件可保证执行机构密封的完整性。

6）电动机及驱动。电动机轴与蜗杆是相互独立的，便于快速更换，低惯量、高力矩的电动机能快速开关阀门，定子线圈内埋有热保护开关，当电动机定子线圈达到一定温度时，热保护开关自动切断电源。

7）底座。底座可以在不改变阀门位置的情况下拆卸执行机构，简单、可拆卸的阀杆螺母和驱动轴套可按照阀杆进行加工。阀座有推力型和缓存型，可以满足高温阀门的补偿要求。

（8）电动阀门的保护。为了保护阀门和执行机构的安全和可靠性，电动门设置了以下保护：

1）自动相序纠正。设计的自动相序纠正线路，三相阀门电动机始终具有正确的电压相序。

2）缺相保护。电气控制系统不断监视着电源的三相，如缺相，可及时终止电动机的运行，并发出报警。

3）电动机过热保护。电动机线圈内埋有热保护开关，当线圈温度过热时，自动断开控制电源，温度下降后自动恢复。

4）过力矩保护。如果阀门开关力矩过大，将终止电动机运行，同时系统报警。

5）瞬时反转保护。执行机构接到瞬时反转信号，内部的延时电路会自动延时一段时间后才动作，以防冲击负载对阀杆和齿轮箱等机械传动装置可能造成的损伤。

6）双密封——双保险。采用部件与整体双密封，以确保执行机构能够完全防尘、防潮。

7）控制状态保护。设置了两种状态保护，既可以使用电气箱盖上的机械装置执行机构锁定在远程、就地、或断开状态，以免误操作，也可以进入执行机构的密码设置菜单进行密码设置。

3. 疏水阀

疏水阀也称为阻汽排水阀、汽水阀、疏水器、回水盒、回水门等。它的作用是自动排泄不断产生的凝结水，而不让蒸汽出来。疏水阀要能"识别"蒸汽和凝结水，才能起到阻汽排水作用。"识别"蒸汽和凝结水基于三个原理：密度差、温度差和相变。于是就根据三个原理制造出三种类型的疏水阀：机械型、热静力型、热动力型。

（1）机械型疏水阀。

1）原理。机械型也称浮子型，是利用凝结水与蒸汽的密度差，通过凝结水液位变化，使浮子升降带动阀瓣开启或关闭，达到阻汽排水目的。机械型疏水阀的过冷度小，不受工作压力和温度变化的影响，有水即排，加热设备里不存水，能使加热设备达到最佳换热效率。最大背压率为80%，工作质量高，是生产工艺加热设备最理想的疏水阀。

2）分类。机械型疏水阀有自由浮球式、自由半浮球式、杠杆浮球式、倒吊桶式和组合式过热蒸汽疏水阀等。

a. 自由浮球式疏水阀。自由浮球式疏水阀的结构简单，内部只有一个活动部件精细研磨的不锈钢空心浮球，既是浮子又是启闭件，无易损零件，使用寿命很长，YQ疏水阀内部带有Y系列自动排空气装置，非常灵敏，能自动排空气，工作质量高。设备刚启动工作时，管道内的空气经过Y系列自动排空气装置排出，低温凝结水进入疏水阀内，凝结水的液位上升，浮球上升，阀门开启，凝结水迅速排出，蒸汽很快进入设备，设备迅速升温，Y系列自动排空气装置的感温液体膨胀，自动排空气装置关闭。疏水阀开始正常工作，浮球随凝结水液位升降，阻汽排水。自由浮球式疏水阀的阀座总处于液位以下，形成水封，无蒸汽泄漏，节能效果好。最小工作压力0.01MPa，从0.01MPa至最高使用压力范围之内不受温度和工作压力波动的影响，连续排水。能排饱和温度凝结水，最小过冷度为0℃，加热设备里不存水，能使加热设备达到最佳换热效率。背压率大于85%，是生产工艺加热设备最理想的疏水阀之一。

b. 自由半浮球式疏水阀。自由半浮球式疏水阀只有一个半浮球式的球桶为活动部件，开口朝下，球桶既是启闭件，又是密封件。整个球面都可为密封，使用寿命很长，能抗水锤，没有易损件，无故障，经久耐用，无蒸汽泄漏。背压率大于80%，能排饱和温度凝结水，最小过冷度为0℃，加热设备里不存水，能使加热设备达到最佳换热效率。当装置刚启动时，管道内的空气和低温凝结水经过发射管进入疏水阀内，阀内的双金属片排空元件把球桶弹开，阀门开启，空气和低温凝结水迅速排出。当蒸汽进入球桶内，球桶产生向上浮力，同时阀内的温度升高，双金属片排空元件收缩，球桶漂向阀口，阀门关闭。当球桶内的蒸汽变成凝结水，球桶失去浮力往下沉，阀门开启，凝结水迅速排出。当蒸汽再进入球桶之内，阀门再关闭，间断和连续工作。

c. 杠杆浮球式疏水阀。杠杆浮球式疏水阀基本特点与自由浮球式相同，内部结构是浮球连接杠杆带动阀芯，随凝结水的液位升降进行开关阀门。杠杆浮球式疏水阀利用双阀座增加凝结水排量，可达到体积小排量大，最大疏水量达100t/h，是大型加热设备最理想的疏水阀。

d. 倒吊桶式疏水阀。倒吊桶式疏水阀内部是一个倒吊桶，为液位敏感件，吊桶开口向下，倒吊桶连接杠杆带动阀芯开闭阀门。倒吊桶式疏水阀能排空气，不怕水击，抗污性能好。过冷度小，漏汽率小于3%，最大背压率为75%，连接件比较多，灵敏度不如自由浮球式疏水阀。因倒吊桶式疏水阀是靠蒸汽向上浮力关闭阀门，工作压差小于0.1MPa时，不适合选用。当装置刚启动时，管道内的空气和低温凝结水进入疏水阀内，倒吊桶靠自身重量下坠，倒吊桶连接杠杆带动阀芯开启阀门，空气和低温凝结水迅速排出。当蒸汽进入倒吊桶内,倒吊桶的蒸汽产生向上浮力,倒吊桶上升连接杠杆带动阀芯关闭阀门。倒吊桶上开有一小孔,当一部分蒸汽从小孔排出,另一部分蒸汽产生凝结水,倒吊桶失去浮力,靠自身重量向下沉,倒吊桶连接杠杆带动阀芯开启阀门,循环工作,间断排水。

e. 组合式过热蒸汽疏水阀。组合式过热蒸汽疏水阀有两个隔离的阀腔,由两根不锈钢管连通上下阀腔,它是由浮球式和倒吊桶式疏水阀的组合,该阀结构先进合理,在过热、高压、小负荷的工作状况下,能够及时地排放过热蒸汽消失时形成的凝结水,有效地阻止过热蒸汽泄漏,工作质量高。最高允许温度为600℃,阀体为全不锈钢,阀座为硬质合金钢,使用寿命长,是过热蒸汽专用疏水阀,取得两项国家专利,填补了国内空白。当凝结水进入下阀腔,副阀的浮球随液位上升,浮球封闭进汽管孔。凝结水经进水导管上升到主阀腔,倒吊桶靠自重下坠,带动阀芯打开主阀门,排放凝结水。当副阀腔的凝结水液位下降时,浮球随液位下降,副阀打开。蒸汽从进汽管进入上主阀腔内的倒吊桶里,倒吊桶产生向上的浮力,倒吊桶带动阀芯关闭主阀门。当副阀腔的凝结水液位再升高时,下一个循环周期又开始,间断排水。

(2)热静力型疏水阀。

1)原理。这类疏水阀是利用蒸汽和凝结水的温差引起感温元件的变形或膨胀带动阀芯启闭阀门。热静力型疏水阀的过冷度比较大,一般过冷度为15~40℃,它能利用凝结水中的一部分加热,阀前始终存有高温凝结水,无蒸汽泄漏,节能效果显著,是在蒸汽管道、伴热管线、小型加热设备,采暖设备,温度要求不高的小型加热设备上,最理想的疏水阀。

2)分类。热静力型疏水阀有膜盒式、波纹管式、双金属片式:

a. 膜盒式疏水阀。膜盒式疏水阀的主要动作元件是金属膜盒,内充一种汽化温度比水的饱和温度低的液体,有开阀温度低于饱和温度15℃和30℃两种供选择。膜盒式疏水阀的反应特别灵敏,不怕冻,体积小,耐过热,任意位置都可安装。背压率大于80%,能排不凝结气体,膜盒坚固,使用寿命长,维修方便,使用范围很广。装置刚启动时,管道出现低温冷凝水,膜盒内的液体处于冷凝状态,阀门处于开启位置。当冷凝水温度渐渐升高,膜盒内充液开始蒸发,膜盒内压力上升,膜片带动阀芯向关闭方向移动,在冷凝水达到饱和温度之前,疏水阀开始关闭。膜盒随蒸汽温度变化控制阀门开关,起到阻汽排水作用。

b. 波纹管式疏水阀。波纹管式疏水阀的阀芯不锈钢波纹管内充一种汽化温度低于水饱和温度的液体。随蒸汽温度变化控制阀门开关,该阀设有调整螺栓,可根据需要调节使用温度,一般过冷度调整范围低于饱和温度,为15~40℃。背压率大于70%,不怕冻,体积小,任意位置都可安装,能排不凝结气体,使用寿命长。当装置启动时,管道出现冷却凝结水,波纹管内液体处于冷凝状态,阀芯在弹簧的弹力下,处于开启位置。当冷凝水温度渐渐升高,波纹管内充液开始蒸发膨胀,内压增高,变形伸长,带动阀芯向关闭方向移动,在冷凝水达到饱和温度之前,疏水阀开始关闭,随蒸汽温度变化控制阀门开关,阻汽排水。

c. 双金属片式疏水阀。双金属片疏水阀的主要部件是双金属片感温元件,随蒸汽温度升降受热变形,推动阀芯开关阀门。双金属片式疏水阀设有调整螺栓,可根据需要调节使用温度，一般过冷度调整范围低于饱和温度，为 15～30℃，背压率大于 70％，能排不凝结气体，不怕冻，体积小，能抗水锤，耐高压，任意位置都可安装。双金属片有疲劳性，需要经常调整。当装置刚启动时，管道出现低温冷凝水，双金属片是平展的，阀芯在弹簧的弹力下，阀门处于开启位置。当冷凝水温度渐渐升高，双金属片感温元件开始弯曲变形，并把阀芯推向关闭位置。在冷凝水达到饱和温度之前，疏水阀开始关闭。双金属片随蒸汽温度变化控制阀门开关，阻汽排水。

（3）热动力型疏水阀：

1）原理。这类疏水阀根据相变原理，靠蒸汽和凝结水通过时的流速和体积变化的不同热力学原理，使阀片上下产生不同压差，驱动阀片开关阀门。因热动力式疏水阀的工作动力来源于蒸汽，所以蒸汽浪费比较大。结构简单、耐水击、最大背压率为 50％，有噪声，阀片工作频繁，使用寿命短。

2）分类。热动力型疏水阀有热动力式、圆盘式蒸汽保温型、脉冲式、孔板式。

a. 热动力式疏水阀。内有一个活动阀片，既是敏感件又是动作执行件。根据蒸汽和凝结水通过时的流速和体积变化的不同热力学原理，使阀片上下产生不同压差，驱动阀片开关阀门。漏汽率 3％，过冷度为 8～15℃。当装置启动时，管道出现冷却凝结水，凝结水靠工作压力推开阀片，迅速排放。当凝结水排放完毕，蒸汽随后排放，因蒸汽比凝结水的体积和流速大，使阀片上下产生压差，阀片在蒸汽流速的吸力下迅速关闭。当阀片关闭时，阀片受到两面压力，阀片下面的受力面积小于上面的受力面积，因疏水阀汽室里面的压力来源于蒸汽压力，所以阀片上面受力大于下面，阀片紧紧关闭。当疏水阀汽室里面的蒸汽降温成凝结水，汽室里面的压力消失。凝结水靠工作压力推开阀片，凝结水又继续排放，循环工作，间断排水。

b. 圆盘式蒸汽保温型疏水阀。圆盘式蒸汽保温型疏水阀的工作原理和热动力式疏水阀相同，它在热动力式疏水阀的汽室外面增加一层外壳。外壳内室和蒸汽管道相通，利用管道自身蒸汽对疏水阀的主汽室进行保温。使主汽室的温度不易降温，保持汽压，疏水阀紧紧关闭。当管线产生凝结水，疏水阀外壳降温，疏水阀开始排水；在过热蒸汽管线上如果没有凝结水产生，疏水阀不会开启，工作质量高。阀体为合金钢，阀芯为硬质合金，该阀最高允许温度为 550℃，经久耐用，使用寿命长，是高压、高温过热蒸汽专用疏水阀。

c. 脉冲式疏水阀。脉冲式疏水阀有和两个孔板根据蒸汽压降变化调节阀门开关，即使阀门完全关闭入口和出口也是通过第一、第二个小孔相通，始终处于不完全关闭状态，蒸汽不断逸出，漏汽量大。该疏水阀动作频率很高、磨损厉害、寿命较短。体积小、耐水击，能排出空气和饱和温度水，接近连续排水，最大背压 25％，因此使用者很少。

d. 孔板式疏水阀。孔板式疏水阀是根据不同的排水量，选择不同孔径的孔板控制排水量的目的。结构简单，选择不合适会出现排水不及或大量跑汽，不适用于间歇生产的用汽设备或冷凝水量波动大的用汽设备。

（4）疏水阀使用注意事项：

1）安装前清洗管路设备，除去杂质，以免堵塞。

2）蒸汽疏水阀应尽量安装在用汽设备的下方和易于排水的地方。

3）蒸汽疏水阀应安装在易于检修的地方，并尽可能集中排列，以利于管理。

4）各个蒸汽加热设备应单独安装蒸汽疏水阀。

5）旁路管的安装不得低于蒸汽疏水阀。

6）安装时，注意阀体上箭头方向与管路介质流动方向应一致。

7）蒸汽疏水阀进口和出口管路的介质流动方向应有 4% 的向下坡度，而且管路的公称通径不小于蒸汽疏水阀的公称通径。

8）一个蒸汽疏水阀的排水能力不能满足要求时，可并联安装几个蒸汽疏水阀。用在可能发生冻结的地方，必须采用防冻措施。

（5）疏水阀的防冻保护。选型、安装合适的疏水阀只要有蒸汽通过，就不会出现冰冻问题。但是如果蒸汽断了，蒸汽凝结水就会在热交换器或伴管里形成真空。这就会在发生冰冻之前阻止凝结水从系统中自由排放出去。所以，要在被排放设备和疏水阀之间安装一个真空破坏器。如果从疏水阀到回水管不是使用重力排放，疏水阀和排放管线就应该用人工排放或者使用带防冻措施的排放管自动排放。还有，当多个疏水阀一起安装在疏水阀站的时候，给疏水阀保温可以防止冰冻，防冻措施有：①疏水阀不要选的尺寸过大；②保持疏水阀排放管线尽可能短；③向下倾斜疏水阀排放管线，以加快重力排放的速度；④疏水阀排放管线和凝结水回水管线加保温；⑤当凝结水回水管线暴露在大气条件下时，应考虑加伴热管；⑥如果回水管升高，垂直排放管要与回水集管上部的排放管相邻，并把排放管和疏水阀排放管一起保温。

4. 安全阀

安全阀是一种安全保护用阀，它的启闭件受外力作用处于常闭状态，当设备或管道内的介质压力升高，超过规定值时自动开启，通过向系统外排放介质来防止管道或设备内介质压力超过规定数值，使系统压力不超过允许值，从而保证系统不因压力过高而发生事故，当压力恢复到安全值后，阀门再自行关闭以阻止介质继续流出。安全阀属于自动阀类，主要用于锅炉、压力容器和管道上，控制压力不超过规定值，对人身安全和设备运行起重要保护作用。

（1）安全阀的种类如下：

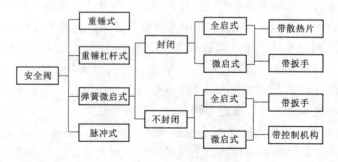

（2）安全阀的分类。

1）按其整体结构及加载机构的不同可以分为重锤杠杆式、弹簧微启式和脉冲式三种。

a. 重锤杠杆式安全阀。重锤杠杆式安全阀是利用重锤和杠杆来平衡作用在阀瓣上的力。根据杠杆原理，它可以使用质量较小的重锤通过杠杆的增大作用获得较大的作用力，并通过移动重锤的位置（或变换重锤的质量）来调整安全阀的开启压力。

b. 弹簧微启式安全阀。弹簧微启式安全阀是利用压缩弹簧的力来平衡作用在阀瓣上的力。螺旋圈形弹簧的压缩量可以通过转动它上面的调整螺母来调节，利用这种结构就可以根据需要校正安全阀的开启（整定）压力。弹簧微启式安全阀结构轻便紧凑，灵敏度也比较高，安装位置不受限制，而且因为对振动的敏感性小，所以可用于移动式的压力容器上。这种安全阀的缺点是所加的载荷会随着阀的开启而发生变化，即随着阀瓣的升高，弹簧的压缩量增大，作用在阀瓣上的力也跟着增加。这对安全阀的迅速开启是不利的。另外，阀上的弹簧会由于长期受高温的影响而使弹力减小。用于温度较高的容器上时，常常要考虑弹簧的隔热或散热问题，从而使结构变得复杂起来。

c. 脉冲式安全阀。脉冲式安全阀由主阀和辅阀构成，通过辅阀的脉冲作用带动主阀动作，其结构复杂，通常只适用于安全泄放量很大的锅炉和压力容器。

上述三种形式的安全阀中，用得比较普遍的是弹簧微启式安全阀。

2）按照介质排放方式的不同安全阀又可以分为全封闭式、半封闭式和开放式三种。

a. 全封闭安全阀。全封闭式安全阀排气时，气体全部通过排气管排放，介质不能向外泄漏，主要用于介质为有毒、易燃气体的容器。

b. 半封闭式安全阀。半封闭式安全阀所排出的气体一部分通过排气管，也有一部分从阀盖与阀杆间的间隙中漏出，多用于介质为不会污染环境的气体的容器。

c. 开放式安全阀。开放式安全阀的阀盖是敞开的，使弹簧腔室与大气相通，这样有利于降低弹簧的温度，主要适用于介质为蒸汽，以及对大气不产生污染的高温气体的容器。

3）按照阀瓣开启的大小与流道直径之比来划分，安全阀又可分为弹簧微启封闭式高压安全阀、弹簧全启式安全阀和中启式安全阀三种。

a. 弹簧微启封闭式高压安全阀。微启式安全阀的开启高度小于流道直径的1/4，通常为流道直径的1/40～1/20。微启式安全阀的动作过程是比例作用式的，主要用于液体场合，有时也用于排放量很小的气体场合。

b. 弹簧全启式安全阀。全启式安全阀的开启高度大于或等于流道直径的1/4。全启式安全阀的排放面积是阀座喉部最小截面积。其动作过程是属于两段作用式，必须借助于一个升力机构才能达到全开启，全启式安全阀主要用于气体介质的场合。

c. 中启式安全阀。开启高度介于微启式与全启式之间。既可以做成两段作用，也可以做成比例作用式。

4）按作用原理分类可以分为直接作用式安全阀和非直接作用式安全阀。

a. 直接作用式安全阀。直接作用式安全阀是在工作介质的直接作用下开启的，即依靠工作介质压力的作用克服加载机构加于阀瓣的机械载荷，使阀门开启。这种安全阀具有结构简单，动作迅速，可靠性好等优点。但因为依靠结构加载，其载荷大小受到限制，不能用于高压、大口径的场合。

b. 非直接作用式安全阀。这类安全阀可以分为先导式安全阀、带动力辅助装置的安全阀：

（a）先导式安全阀是依靠从导阀排出的介质来驱动或控制的。而导阀本身是一个直接作用式安全阀，有时也采用其他形式的阀门。先导式安全阀适用于高压、大口径的场合。

先导式安全阀的主阀还可以设计成依靠工作介质来密封的形式，或者可以对阀瓣施加比直接作用式安全阀大得多的机械载荷，因而具有良好的密封性能。同时，它的动作很少受背压的影响。这种安全阀的缺点在于它的可靠性同主阀和导阀有关，动作不如直接作用式安全阀那样迅速、可靠，而且结构较复杂。

（b）带动力辅助装置的安全阀是借助于一个动力辅助装置，在低于正常开启压力的情况下强制安全阀开启。这种安全阀适用于开启压力很接近于工作压力的场合，或需定期开启安全阀以进行检查或吹除黏着、冻结的介质的场合。同时，也提供了一种在紧急情况下强制开启安全阀的手段。

5）按压力是否能调节分类可分为固定不可调安全阀和可调安全阀。

a. 固定不可调安全阀压力值出厂已设定好，使用时不能变动，常用在中央空调、锅炉壁挂炉、太阳能等系统。

b. 可调安全阀起跳压力可随电厂的不同需求在一定范围能任意设置，常用于系统保护压力需经常变动的场合。

6）按工作温度分为常温安全阀和高温安全阀。

a. 常温安全阀一般是只安装在暖通、空调或者水系统上的耐温110℃的安全阀。

b. 高温安全阀是指专门用在太阳能系统和模温机系统的耐温180℃的安全阀。

（3）安全阀开启压力的调整：

1）安全阀出厂前，应逐台调整其开启压力到电厂要求的整定值。若电厂提出弹簧工作压力级，一般应按压力级的下限值调整出厂。

2）使用者在将安全阀安装到被保护设备上之前或者在安装之前，必须在安装现场重新进行调整，以确保安全阀的整定压力值符合要求。

3）在铭牌注明的弹簧工作压力级范围内，通过旋转调整螺杆改变弹簧压缩量，即可对开启压力进行调节。

4）在旋转调整螺杆之前，应使阀进口压力降低到开启压力的90%以下，以防止旋转调整螺杆时阀瓣被带动旋转，以致损伤密封面。

5）为保证开启压力值准确，应使调整时的介质条件，如介质种类、温度等尽可能接近实际运行条件。介质种类改变，特别是当介质聚积态不同时（例如从液相变为气相），开启压力常有所变化。工作温度升高时，开启压力一般有所降低。故在常温下调整而用于高温时，常温下的整定压力值应略高于要求的开启压力值。高到什么程度与阀门结构和材质选用都有关系，应以制造厂的说明为根据。

6）常规安全阀用于固定附加背压的场合，当在检验后调整开启压力时（此时背压为大气压），其整定值应为要求的开启压力值减去附加背压值。

（4）安全阀排放压力和回座压力的调整。

1）调整阀门排放压力和回座压力，必须进行阀门达到全开启高度的动作试验，因此，只有在大容量的试验装置上或者在安全阀安装到被保护设备上之后才可能进行。其调整方法依阀门结构不同而不同。

2）对于带反冲盘和阀座调节圈的结构，是利用阀座调节圈来进行调节。拧下调节圈固定螺钉，从露出的螺孔伸入一根细铁棍之类的工具，即可拨动调节圈上的轮齿，使调节圈左右转动。当使调节圈向左做逆时针方向旋转时，其位置升高，排放压力和回座压力都将有所降低。反之，当使调节圈向右做顺时针方向旋转时，其位置降低，排放压力和回座压力都将有所升高。每一次调整时，调节圈转动的幅度不宜过大（一般转动数齿即可）。每次调整后都应将固定螺钉拧上，使其端部位于调节圈两齿之间的凹槽内，既能防止调节圈转动，又不对调节圈产生径向压力。为了安全起见，在拨动调节圈之前，应使安全阀进口压力适当降低（一般应低于开启压力的90%），以防止在调整时阀门突然开启，造成事故。

3）对于具有上、下调节圈（导向套和阀座上各有一个调节圈）的结构，其调整要复杂一些。阀座调节圈用来改变阀瓣与调节圈之间通道的大小，从而改变阀门初始开启时压力在阀瓣与调节圈之间腔室内积聚程度的大小。当升高阀座调节圈时，压力积聚的程度增大，从而使阀门比例开启的阶段减小而较快地达到突然的急速开启。因此，升高阀座调节圈能使排放压力有所降低。应当注意的是，阀座调节圈亦不可升高到过分接近阀瓣。那样，密封面处的泄漏就可能导致阀门过早地突然开启，但由于此时介质压力还不足以将阀瓣保持在开启位置，阀瓣随即又关闭，于是阀门发生频跳。阀座调节圈主要用来缩小阀门比例，开启的阶段和调节排放压力，同时也对回座压力有所影响。

4）上调节圈用来改变流动介质在阀瓣下侧反射后折转的角度，从而改变流体作用力的大小，以此来调节回座压力。升高上调节圈时，折转角减小，流体作用力随之减小，从而使回座压力增高。反之，当降低上调节圈时，回座压力降低。当然，上调节圈在改变回座压力的同时，也影响到排放压力，即升高上调节圈使排放压力有所升高，降低上调节圈使排放压力有所降低，但其影响程度不如回座压力那样明显。

（5）安全阀铅封。安全阀调整完毕，应加以铅封，以防止随便改变已调整好的状况。当对安全阀进行整修时，在拆卸阀门之前应记下调整螺杆和调节圈的位置，以便于修整后的调整工作。重新调整后应再次加以铅封。

（6）安全阀常见故障及消除方法：

1）排放后阀瓣不回座，这主要是弹簧弯曲阀杆、阀瓣安装位置不正或被卡住造成的。应重新装配。

2）泄漏。在设备正常工作压力下，阀瓣与阀座密封面之间发生超过允许程度的渗漏。其原因有：阀瓣与阀座密封面之间有脏物，可使用提升扳手将阀开启几次，把脏物冲去；密封面损伤，应根据损伤程度，采用研磨或车削后研磨的方法加以修复；阀杆弯曲、倾斜或杠杆与支点偏斜，使阀芯与阀瓣错位，应重新装配或更换；弹簧弹性降低或失去弹性，应采取更换弹簧、重新调整开启压力等措施。

3）到规定压力时不开启。造成这种情况的原因是定压不准。应重新调整弹簧的压缩量或重锤的位置；阀瓣与阀座黏住。应定期对安全阀作手动放气或放水试验；杠杆式安全阀的杠杆被卡住或重锤被移动。应重新调整重锤位置并使杠杆运动自如。

4）排气后压力继续上升。这主要是因为选用的安全阀排量小于设备的安全泄放量，应重新选用合适的安全阀；阀杆中线不正或弹簧生锈，使阀瓣不能开到应有的高度，应重新装配阀杆或更换弹簧；排气管截有不够，应采取符合安全排放面积的排气管。

5）阀瓣频跳或振动。主要是由于弹簧刚度太大，应改用刚度适当的弹簧；调节圈调整不当，使回座压力过高，应重新调整调节圈位置；排放管道阻力过大，造成过大的排放背，应减小排放管道阻力。

6）不到规定压力开启。主要是定压不准；弹簧老化弹力下降，应适当旋紧调整螺杆或更换弹簧。

5. 液压阀

液压阀是一种用压力液体操作的自动化元件，它受配压阀压力油的控制，通常与电磁配压阀组合使用，可用于远距离控制水电站油、气、水管路系统的通断。用于降低并稳定系统中某一支路的油液压力，常用于夹紧、控制、润滑等油路。有直动型、先导型、叠加型之分。液压传动中用来控制液体压力、流量和方向的元件。其中控制压力的称为压力控制阀，控制流量的称为流量控制阀，控制通、断和流向的称为方向控制阀。

（1）流量控制阀按用途分为溢流阀、减压阀和顺序阀。

1）溢流阀。能控制液压系统在达到调定压力时保持恒定状态。用于过载保护的溢流阀称为安全阀。当系统发生故障，压力升高到可能造成破坏的限定值时，阀口会打开而溢流，以保证系统的安全。

2）减压阀。能控制分支回路得到比主回路油压低的稳定压力。减压阀按它所控制的压力功能不同，又可分为定值减压阀（输出压力为恒定值）、定差减压阀（输入与输出压力差为定值）和定比减压阀（输入与输出压力间保持一定的比例）。

3）顺序阀。能使一个执行元件（如液压缸、液压马达等）动作以后，再按顺序使其他执行元件动作。

（2）流量控制阀利用调节阀芯和阀体间的节流口面积和它所产生的局部阻力对流量进行调节，从而控制执行元件的运动速度。流量控制阀按用途分为五种：

1）节流阀。在调定节流口面积后，能使载荷压力变化不大和运动均匀性要求不高的执行元件的运动速度基本上保持稳定。

2）调速阀。在载荷压力变化时能保持节流阀的进出口压差为定值。这样，在节流口面积调定以后，不论载荷压力如何变化，调速阀都能保持通过节流阀的流量不变，从而使执行元件的运动速度稳定。

3）分流阀。不论载荷大小，能使同一油源的两个执行元件得到相等流量的为等量分流阀或同步阀；得到按比例分配流量的为比例分流阀。

4）集流阀。作用与分流阀相反，使流入集流阀的流量按比例分配。

5）分流集流阀。兼具分流阀和集流阀两种功能。

（3）方向控制阀按用途分为单向阀和换向阀。

1）单向阀。只允许流体在管道中单向接通，反向即切断。

2）换向阀。改变不同管路间的通、断关系，根据阀芯在阀体中的工作位置数分两位、三位等；根据所控制的通道数分两通、三通、四通、五通等；根据阀芯驱动方式分手动、机动、电动、液动等。

（4）对液压阀的要求：①动作灵活，作用可靠，工作时冲击和振动小；②油流过时压力损失小；③密封性能好；④结构紧凑，安装、调试、使用、维护方便，通用性大。

6. 冷油器恒温控制阀

（1）西门子汽轮机主机油系统润滑油管路有一只油温控制阀 AMOT 恒温阀为全自动

化运行，三通流体温度控制阀应用于温度转向或混合。它们能够可靠控制引擎外套冷却水和润滑油冷却系统内的流体温度。润滑油依据温度进行混合，调整油温控制阀可以控制混合油温度。

（2）AMOT 恒温阀如果能够正确使用和安装，几乎不需要任何维修。如需要置换温度元件：

1）拆除螺母或螺栓，分离上端和下端外壳。

2）拆卸元件和元件 O 形密封圈。

3）拆去外壳 O 形环或垫圈，并清除密封面杂质。

4）使用优质石油润滑脂润滑新的元件 O 形密封圈并将其重新嵌入上端外壳的凹槽内。

5）通过扭绞运动使得元件穿过元件 O 形密封圈。

6）将外壳 O 形环或垫圈安装到元件法兰周围。

7）将螺栓固定至下端外壳上。

（3）故障检修。如果冷却系统运行温度没有贴近预期温度，按下列方法处理。

1）系统温度过低：①冷却剂加热不充分，难以维持所需温度；②选择温度元件标准；③恒温阀尺寸过大，或系统冷却能力高于所需能力；④恒温阀向后安装，导致水在低温状态下进入冷却器；⑤O 形环出现磨损或泄漏导致流体侵入冷却器；⑥过大压降穿过阀门；⑦杂质导致元件不能正常闭合；⑧双金属型温度计显示油温过低。

2）系统温度过高：①系统冷却能力不足；②相对于流体流量来说恒温阀尺寸过小，导致压降升高和汽蚀问题出现；③阀门向后安装，导致温度升高时流向冷却器的流体量减少；④由于阀座、滑阀和密封等出现磨损或凹痕，导致旁路不能正常闭合；⑤元件温度过高而不能充分运动，导致完全冷却失败；⑥固体积聚在元件滑阀上导致阀门无法正确运行；⑦杂质卡塞在滑阀和阀座之间。

7. 电磁阀

（1）电磁阀的工作原理。电磁阀里有密闭的腔，在不同位置开有通孔，每个孔都通向不同的油管，腔中间是阀，两面是两块电磁铁，哪面的磁铁线圈通电阀体就会被吸引到哪边，通过控制阀体的移动来挡住或漏出不同的排油孔，而进油孔是常开的，液压油就会进入不同的排油管，然后通过油的压力来推动油缸的活塞，活塞又带动活塞杆，活塞杆带动机械装置动作。这样通过控制电磁铁的电流通断就控制了机械运动。

（2）电磁阀分类。电磁阀从动作方式上可分为三大类：直动式、分步直动式和先导式。而从阀瓣结构和材料上的不同以及原理上的区别分步直动式又可分为：分步直动膜片式电磁阀、分步直动活塞式电磁阀；先导式又可分为：先导式膜片式电磁阀、先导式活塞电磁阀；从阀座及密封材料上分又可分为：软密封电磁阀、刚性密封电磁阀、半刚性密封电磁阀。

1）直动式电磁阀。

原理：常闭型直动式电磁阀通电时，电磁线圈产生电磁吸力把阀芯提起，使阀芯上密封件离开阀座口、阀门打开；断电时，电磁力消失，靠弹簧力把阀芯上密封件压在阀座口上、阀门关闭（常开型与此相反）。

特点：在真空、负压、零压差时能正常工作，阀口径越大，电磁头体积和功率就越大。

2）分步直动式电磁阀（即反冲型）。

原理：它的原理是一种直动和先导相结合，通电时，电磁阀先将辅阀打开，主阀下腔压力大于上腔压力而利用压差及电磁力的同时作用把阀门开启；断电时，辅阀利用弹簧力或介质压力推动关闭密封件，向下移动关闭阀口。

特点：在零压差或约有一定压力时也能可靠工作，一般工作压差不超过 0.6MPa，但电磁头功率及体积较大，要求竖直安装。

3）先导式电磁阀。

原理：通电时，依靠电磁力提起阀杆，导阀口打开，此时电磁阀上腔通过先导孔卸压，在主阀芯周围形成上低下高的压差，在压力差的作用下，流体压力推动主阀芯向上移动将主阀口打开；断电时，在弹簧力和主阀芯重力的作用下，阀杆复位，电磁阀上腔压力升高，流体压力推动主阀芯向下移动，主阀口关闭。

特点：体积小，功率低，但介质压差范围受限，必须满足压差条件（0.03MPa）。

（3）电磁阀常见故障及消除方法。

1）电磁阀通电后不工作：①检查电源接线是否不良，重新接线和接插件的连接；②检查电源电压是否在工作范围，调至正常位置范围；③线圈是否脱焊，重新焊接；④线圈短路，更换线圈；⑤工作压差是否不合适，调整压差或更换相称的电磁阀；⑥流体温度过高，更换相称的电磁阀；⑦有杂质使电磁阀的主阀芯和动铁芯卡死，进行清洗，如有密封损坏应更换密封并安装过滤器；⑧液体黏度太大，频率太高和寿命已到，更换产品。

2）电磁阀不能关闭：①主阀芯或铁芯的密封件已损坏，更换密封件；②流体温度、黏度是否过高，更换对口的电磁阀；③有杂质进入电磁阀阀芯或动铁芯，进行清洗；④弹簧寿命已到或变形，更换；⑤节流孔平衡孔堵塞，及时清洗；⑥工作频率太高或寿命已到，改选产品或更新产品。

3）其他情况：①内泄漏，检查密封件是否损坏，弹簧是否装配不良；②外泄漏，连接处松动或密封件已坏，紧螺丝或更换密封件；③通电时有噪声，头子上坚固件松动，拧紧。电压波动不在允许范围内，调整好电压。铁芯吸合面杂质或不平，及时清洗或更换。

（4）电磁阀安装注意事项如下：

1）安装时应注意阀体上箭头应与介质流向一致。不可装在有直接滴水或溅水的地方。电磁阀应垂直向上安装。

2）电磁阀应保证在电源电压为额定电压的 15%～10% 波动范围内正常工作。

3）电磁阀安装后，管道中不得有反向压差。并需通电数次，使之适温后方可正式投入使用。

4）电磁阀安装前应彻底清洗管道。通入的介质应无杂质。阀前装过滤器。

5）当电磁阀发生故障或清洗时，为保证系统继续运行，应安装旁路装置。

8. 自动主汽门

（1）自动主汽门是汽轮机保护系统的一个执行装置，当机组保护动作后，可以立即切断汽轮机进汽，属于快关门。对其要求：一是动作可靠、迅速，通常要求其关闭时间不大于 0.5s；二是严密性要好，关闭后汽轮机转速应能降到 1000r/min 以下。自动主汽门有两部分组成：主汽门操纵部分和主汽门阀体，另自动主汽门内设有滤网，防止蒸汽携带杂质进入汽轮机内部，损坏机组（图 4.4）。

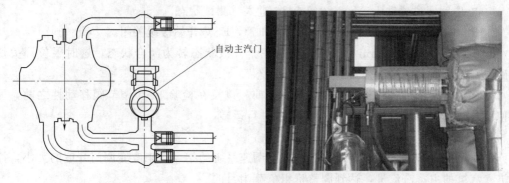

图 4.4　自动主汽门

　　（2）自动主气门操作面板及操作步骤，如图 4.5 所示。液压油执行机构驱动带有阀头和先导锥的阀杆。它仅有两种状态：开启和关闭。呈闭合状态时上游阀的蒸汽压力将主锥头推进阀座。自动主汽门下部呈关闭状态。打开信号被发出后，该执行机构首先打开先导锥。当阀上下部的蒸汽压力相等后，主阀锥完全打开。

图 4.5　自动主汽门操作面板及操作步骤

　　（3）自动主汽门（ESV）执行机构的功能：

　　1）可控止回阀的作用当跳闸油压力 P1 使止回阀处于关闭状态，所以油在设备运行时不会从动力缸跑入泄油管；如果跳闸油压力 P1 突然消失，止回阀会打开，油便可以从动力缸跑入泄油管，接着 ESV 关闭。

　　2）自动主汽门运行状态：

　　a. 电磁阀一直处于运行状态（除了进行阀门可动性检测外），电磁阀的这种状态一直保持不变（甚至在跳闸时）。

　　b. "三选二"安全模块被打开，也就是管道 P1 和 P2 内压力已达到全压。

　　c. 管道 P1 使可控止回阀呈关闭状态。

　　d. 控制油 P2 通过直径为 1mm 的孔板流向动力缸，随后执行机构缓缓地打开 ESV。

　　3）自动主汽门跳闸状态：

　　a. 管道 P1 和 P2 内的压力由于"三选二"安全闭锁突然停止。

　　b. 电磁阀处于"运行状态"。

　　c. 由于管道 P1 内的压力下降，可控止回阀被解封，从动力缸流出的油可以通过该阀流向泄油管，ESV 迅速关闭。

4）自动主汽门测试状态（是指对 ESV 移动性进行检验。当 ESV 完全打开时，该测试可在汽轮机正常运行时进行）：

a. 受控止回阀仍处于关闭状态，被 P1 内油全压堵住。

b. 电磁阀通过磁铁 L4MAX80 AA410 进入"测试状态"。

c. P2 内的油通过孔板从动力缸流向泄油管，ESV 开始缓缓关闭。

d. 当 ESV 移动约 5mm 距离后，便从完全开放状态转为闭合状态，这时限位开关切断磁铁，然后电磁阀借助弹簧进入"运行状态"。

注意：在汽轮机启动并产生蒸汽压力之前，以及在检验 ESV 调节阀移动性之前，可以使用电磁阀的"测试状态"，免得汽轮机进行运转。

9. 调速汽门

（1）调速汽门的作用。调速汽门是根据调速系统的指令，来改变调门开度的大小，控制进入汽缸的主蒸汽流量，达到调整机组负荷为目的。

（2）调速汽门结构。调速汽门为单座式，主要有阀瓣、弹簧、轴套、阀盖、法兰支撑、夹壳联轴器等组成（图 4.6），依靠夹克联轴器有执行机构连接，调节阀在关闭状态时，呈高严密性。它们为增压器设计。扩压器可迅速帮助恢复压力，以减少压力损失。

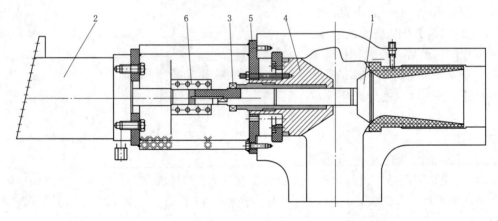

图 4.6 调速汽门阀体结构
1—阀瓣；2—弹簧；3—轴套；4—阀盖；5—法兰支撑；6—夹壳联轴器

呈关闭状态的单座式调节阀借助蒸汽压力和执行机构的弹簧力被压在扩压器底座。阀杆通向轴套，被固定于阀盖内，阀杆被夹在阀室主体和法兰支撑的中间。阀杆经过专用的填料压环进行密封，并用轴封头加固。阀杆通过一个夹壳联轴器与执行机构的活塞杆连接。

（3）执行机构系统的主要部件为：

1）动力缸中的活塞由高压控制油驱动，以此来调节活塞杆与控制阀锥阀杆的升降。

2）弹簧，弹簧力推动带阀杆的活塞杆和控制阀锥处于关闭状态。

3）带控制阀锥的阀杆调节蒸汽流向汽轮机。

4）根据电子自动调速器发出的电子信号，伺服阀"S"控制油流入/流出动力缸。

5）位置反馈传感器。

6）VOITH 控制磁铁 VRM "V" 控制伺服阀 "S" 的状态。

（4）本机组调速汽门共三个，型号为 CV30，每个调速汽门都有一个执行器，第一个调速汽门通径 ϕ55mm，控制喷嘴数量 12 个；第二个调速汽门通径 ϕ50mm，控制喷嘴数量 10 个；第三个调速汽门通径 ϕ45mm，控制喷嘴数量 8 个；三个门的行程均为 25mm，开启顺序为第一个调速汽门开启 10mm 后，第二个调速汽门开始打开，第二个调速汽门开 10mm 后，第三个调速汽门开始打开。调速汽门执行机构如图 4.7 所示。

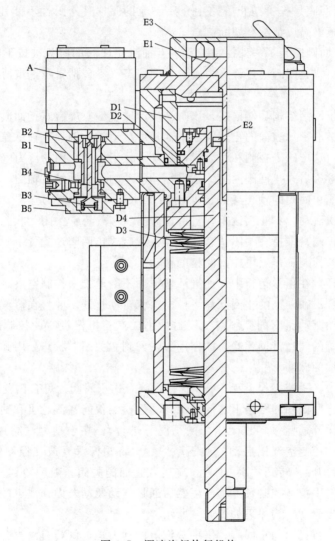

图 4.7　调速汽门执行机构

A—Voith 磁铁；B1—控制住房；B2—控制活塞；B3—控制弹簧；B4—杆；B5—盖；D1—缸；
D2—阻尼；D3—压力弹簧；D4—活塞杆；E1—位置传感器；E2—定位磁铁；E3—盖

10. 抽汽止回阀

（1）在各段抽汽管路中均设计安装有两个止回阀：一个为带执行机构的旋启式止回

阀；另一个为无辅助执行机构的止回阀。都是保护汽轮机的蒸汽出口、防止蒸汽逆流的安全装置。蒸汽逆流会给汽轮机造成超速损坏的危险。

（2）抽汽止回阀的作用：

1）蒸汽逆流导致速度提升至非许可范围（如来自可控或失控抽汽），这将会同时损害汽轮机和驱动器。

2）受蒸汽逆流影响，汽轮机的冷却突然达到不允许范围。

3）加热器内的凝结水倒入汽轮机，造成水冲击。

4）抽汽式止回阀是一种防止管路中介质倒流的阀，其密封性不能让其替代切断阀，因此汽轮机各个蒸汽出口都配有切断阀。

5）旋启式止回阀安装了一种控制装置，当抽汽止回阀的阀盘被按下时，根据气动脉冲损失原理，旋启式止回阀通过弹簧力进入关闭状态（不包括自身重量所产生的力和介质压力）。

（3）旋启式止回阀结构功能描述。该阀被设计成双偏心旋启式止回阀。旋启式止回阀的轴上安有带圆锥形密封表面的止回阀盘，轴是可转动的，轴外有轴承盖，轴上的砝码平衡了阀盘的重量，这个砝码在阀和介质流体之外，位于一个单独的压力气密室，辅助单动式驱动器也连接着旋启式止回阀的主体，靠气动驱动的控制轴经过轴盖，并与带有特殊齿形联轴器的旋启式止回阀的轴连接，该联动轴转动 90°，气动驱动器进入"开启"状态，而阀盘可依赖介质流动，不受其他阻力自由地倾斜。当处于"关闭"状态时，气动驱动器通过齿形联轴器将阀盘维持在关闭状态。同样，旋启式止回阀还配置了附加装置，包含把手和带有联轴器的控制轴，它可控制阀盘的移动。

（4）工作原理。在正常运行中，油缸活塞下面不断地带来控制空气，并且它将弹簧压缩至上位。自由悬吊在轴上的止回阀盘，借助汽流自动打开，并且在蒸汽回流至汽轮机时自动关闭。在气动驱动器内的控制空气压力减小或汽轮机停机时的控制压力释放的情况下，旋启式止回阀的阀片借助弹簧力的作用下，回到"关闭"状态。由弹簧产生的力为关闭程序创造了附加的脉冲。

在正常运行中，手控操作设置"O"状态，旋启式止回阀片可自由使轴转动。手把自由悬挂于旋启式止回阀外的链子上。阀盘的移动性检测仅能在汽轮机和抽汽系统不处于运作状态时进行（无介质流动，也无压力的情况下进行）。在手动测试阀片的移动性之前，必须开启活塞下的控制空气以启动气动驱动。然后将阀杆垂直放在控制轴上，转到"C"位置（阀片完全打开）；转到"Z"位置，旋启式止回阀关闭。随后转到"O"位置，开启旋启式止回阀，将手把从控制轴上移开，然后通过气动驱动器内释放出的气体锁止旋启式止回阀。空气扭矩驱动结构原理如图 4.8 所示。

（5）无辅助执行机构的止回阀。借助蒸汽流的动力矩，阀门自由打开。随着蒸汽流向的变化，借助阀板静力矩媒介，阀门关闭（图 4.9）。

11. 高压加热器给水进口电动三通阀

（1）每台 30MW 机组 2 台高压加热器设置一套 100% 容量的大旁路系统，其中包括一只高压加热器进口电动给水三通阀，主要用于高压加热器故障时隔离 2 台高压加热器，给水经高压加热器旁路管道进入锅炉省煤器。

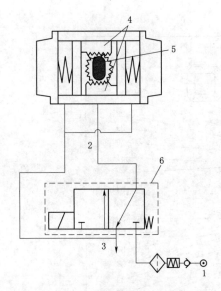

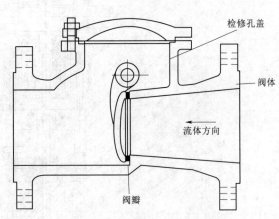

图 4.8 空气扭矩驱动结构原理

1—控制进气口；2—控制空气管线；3—抽气管；

4—齿形块；5—轴上的齿形轮；6—电磁阀

图 4.9 无辅助机构的止回阀结构

（2）高压加热器进口三通阀（图 4.10）。机组正常运行时，三通阀主路开启，旁路关闭，给水从三通阀主路进入高压加热器，通过出口电动闸阀至锅炉。当高压加热器出现故障时，三通阀主路关闭，同时开启旁路，给水经旁路进入锅炉省煤器，三通阀开启后，关闭进汽电动阀，完成高压加热器解列。

（3）填料和压盖：

1）阀门为自润滑填料，其可滤氯化物含量不超过 25mg/L，填料应具有降低不锈钢阀杆腐蚀的措施，并且不需拆卸阀杆就可更换。

2）阀门在不拆执行器时就能更换填料，且不得接长阀杆来满足。

3）所有阀门应配备可调行程挡块，以防止阀门在开/关位置时超行程。

4）为防止阀盖压力过大，设置的疏水小孔应位于其上游。

（4）手/电动切换装置和手轮。当阀门执行机构带电，离合器杆分离，执行机构自动处于电动状态。当离合器杆打到手动位置，可通过手柄进行手动操作。阀门的就地操作组件可以远控/停止/就地切换，以保证电动装置处在不同的控制状态下。开/关转换开关，使电动装置在就地控制方式下能完成操作。电动给水三通阀的控制可以在 DCS 画面操作。

（5）维护保养。阀门在正常运行中需要定期维护保养，首先应检查阀门各密封件情况：如发现阀杆的密封件间有泄漏，即应将双头螺栓上的螺母拧紧，直至封死为止，阀杆在正常情况下，应经常观察主给水系统温度变化情况，发现水温下降，在排除其他原因后，阀门可能发生内漏，此时需解体阀门进行检查。

（6）阀门解体步骤：

1）检查阀门内无压力。

2）拆下六角螺钉，取下限位块。

185

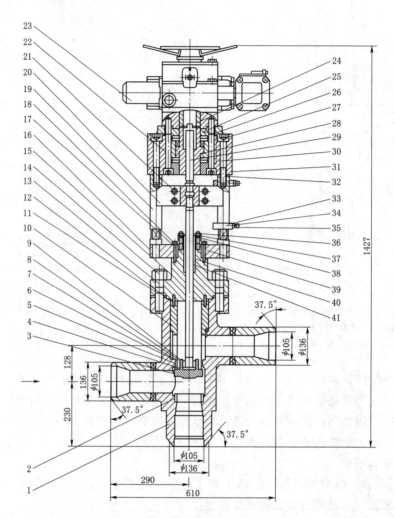

图 4.10　高压加热器进口三通阀结构

1—阀体；2—阀座；3—阀芯；4—阀杆；5—O 形密封圈；6—不锈钢缠绕垫；7—阀芯螺母；
8—防转锁片；9—螺栓；10—套筒；11—圆柱销；12—不锈钢缠绕垫；13—双头螺柱；
14—螺母；15—阀盖；16—底板；17—弹簧垫圈；18—内六角圆柱头螺钉；19—撑杆；
20—限位块；21—内六角圆柱头螺钉；22—内六角圆柱头螺钉；23—电动执行机构；
24—执行器内置螺母；25—盖板；26—蝶形弹簧；27—平面推力球轴承；28—传动
螺母；29—升降螺杆；30—轴承座；31—连接板；32—内六角圆柱头螺钉；
33—挡块；34—螺栓；35—螺母；36—双头螺柱；37—螺母；
38—密封套压盖；39—密封套；40—盘根；41—导向套

3）拆除内六角螺钉，逆时针转动支架部分，使支架底板与阀盖分离，吊下执行器与支架组件。

4）拆除螺母，双头螺栓，吊出阀盖和套筒，整体吊出阀杆阀芯组件，即可检查阀芯阀座密封面。

5）拆除螺母，取下密封套压盖和密封套，即可更换柔性石墨密封圈。

6）检查各阀芯，阀芯密封面是否保持良好，上下阀座，阀芯密封面有轻微吹损可用研磨方法解决，研磨采用铸铁板在平面上拉"8"字槽，上阀座、阀芯吹损深度小于1.00mm，可车削后研磨，大于1.00mm应更换新件，下阀座吹损无法研磨解决，应返厂检修，每次解体均应更换密封件。

（7）组装。阀门组装的好坏对阀门的正常工作非常重要，要严格按照阀门解体步骤的次序从最后一道反之安装即可。

12. 给水泵再循环阀

（1）给水泵再循环的作用。给水泵在启动后，出水阀还未开启时或外界负荷大幅度减少时（机组低负荷运行），给水流量很小或为零，这时泵内只有少量或根本无水通过，叶轮产生的摩擦热不能被给水带走，使泵内温度升高，当泵内温度超过泵所处压力下的饱和温度时，给水就会发生汽化，形成汽蚀。为了防止这种现象的发生，就必须使给水泵在给水流量减小到一定程度时，打开再循环管，使一部分给水流量返回到除氧器，这样泵内就有足够的水通过，把泵内摩擦产生的热量带走。使温度不致升高而使给水产生汽化，在锅炉低负荷或事故状态下给水泵再循环门开启，防止给水在泵内产生汽化，甚至造成水泵振动和断水事故。

（2）自动再循环阀（泵保护阀）性能优势：

1）自动再循环控制阀包括再循环的减压设施，使高压介质经多个小通径绕流，消耗大量的量而降低压力。

2）泵保护阀只在流量很低时才有再循环，使泵冷却，当泵正常运行时，并没有再循环，从而可节省因连续再循环所消耗的电能和水能。

3）自动再循环控制阀不需要电气配线，也不需要两个调节阀串联，一个用于调节，另一个用于切断。并把高压系统容易产生的高速流拉线和侵蚀现象减到最小。

4）泵保护阀具有设计合理，运行平稳，无噪声，寿命长等特点，可完全替代进口产品。

5）阀门应垂直安装。

（3）用途。自动再循环阀安装于锅炉给水泵出口，对给水泵起安全保护作用。泵保护阀用于防止给水泵的低负荷运行时由于过热、严重噪声、不稳定汽蚀引起的损坏。只要泵的流量低到一定数值，阀的辅助回流口就会自动地打开，以此保证液泵所需的最小流量。

13. HD 液动蝶阀

（1）概述。

1）本阀是液控蝶阀，利用液压油源进行操作，它兼有截止和止回的功能可一阀代两阀，并能按预先调好的程序分快关和缓闭两个阶段的动作实现关闭，对于突然停电或事故停泵过程中产生的升压造成的水锤危害及介质倒流引起水泵机组倒转等有显著的消除和抑制作用。

2）本阀主要由阀门本体及液动装置、液压站、电控箱三部分组成。

3）本阀采用蓄能器取代了重锤式液控蝶阀中的重锤，将重锤势能变为流体压力蓄能；本阀具有较完善的液压系统和可靠的电气控制系统，既可就地操作，也可远距离操纵，操作使用方便。

4）本阀液压站和电气控制箱与阀体分离就近安装，阀体可水平布局，也可垂直安装。

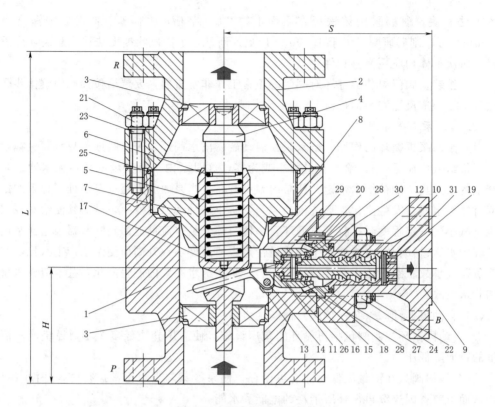

图 4.11 给水泵再循环结构

1—阀体下部；2—阀体上部；3—（配气机构）气门导管；4—导向螺栓；5—弹簧；6—止回阀组件；
7—止回阀；8—班轮或文丘里环；9—旁路；10—涡流衬套；11—控制头；12—涡流火花塞；
13—杠杆控制杆；14—枢轴销；15—衬套；16—释放活塞；17—柄；18—螺纹环；
19—旁路孔；20—导针；21—螺栓；22—螺栓；23—六角螺母；24—六角螺母；
25—透视垫；26—透视垫；27—透视垫；28—透视垫；
29—透视垫；30—胶辊；31—透视垫

（2）阀门开关特性。阀门采用橡胶密封结构，通过油缸驱动曲柄、阀轴带动蝶板转动 90°，实现阀门启闭；通过调节油缸上的各调节塞可以调整阀门的关闭参数；快关时间为：2.5~20s 可调，慢关时间为 6~50s 可调，快慢关切换角度为 90°~15°，慢关 15°~0°，开阀时间为 30~60s 时可调。

（3）液压工作原理。阀门采用三偏心金属密封结构，通过油缸驱动曲柄、阀轴带动蝶板转动 90°，实现阀门启闭；阀门工作前先给油箱加注洁净的液压矿物油（一般为油箱容积的 60%~80%），同时连接正确外围管线路，蓄能器充氮（一般为 6MPa±0.2MPa）。

1）常规工作：

a. 送电后，启动电动机带动油泵运转，液压油经过油泵及油路进入蓄能器，系统中由电接点控制系统的压力高低，当蓄能器油压达到高压时（16MPa）油泵停止供油；当蓄能器压力低于调定的压力（12MPa）下限时电接点压力表阀信号接通油泵电动机，令油泵工作。

b. 阀门开启。按动开启按钮，液压油经蓄能器进入油缸无杆腔，推动活塞和连杆，使阀门开启，有杆腔的油经油路回油箱。

c. 阀门关闭。按动关闭按钮动力油经蓄能器进入油缸有杆腔，油缸无杆腔液压油经油路回油箱，在关闭过程中调整节流阀的位置可改变阀门的快慢关转换角度，快关时间由快关节流塞调整，慢关时间则由节流塞进行调节。

d. 任意位置停止。蝶阀在开启或关闭过程中，按动停按钮，蝶板即锁定在任意位置（此功能不能做调节节流量使用）。

2）电动油泵直接提供压力油开、关蝶阀（切断蓄能器内的压力油，关闭手动截止阀）。按下开阀或关阀按钮，启动电动机，油泵的压力油分别进入油缸的后端或前部即可实现开、关蝶阀。

3）蓄能器补充压力油。一般情况下，蓄能器内的油压为额定值（设定的上限值和下限值之间），当液压系统在长时间的工作状态下，由于有极微量的内泄漏使油压降至定值（下限值）（仍高于工作油压值）时，电接点压力表发出信号，启动油泵电动机，进行补充压力油，当压力上升到设定的上限值时，电接点压力表发出信号，油泵电动机停止工作。

4）当电动泵出现故障不能工作时，可以手动手摇泵给蓄能器补压，补压至14MPa后按正常程序操纵；手摇泵也可用于在没有电源情况下操纵阀门关闭。

5）为了在阀门运行中能检查和检修液压系统时，只需将液压站进、出口两个球阀关闭之后，阀门即保持原位，当长期不使用时，切断电源，即可进行检查和维修液压站。

（4）蓄能器使用维护事项。蓄能器是阀门开关能量的直接来源，亦是一种高压容器，使用时应注意以下事项：

1）蓄能器应充装氮气而不能充装氧气、压缩空气或其他易燃气体，以免引起爆炸；对于已充入压力油的蓄能器，必须放空蓄能器内的压力油方可进行充气或拆卸。

2）充气工具的使用充气工具是蓄能器进行充气、补气、测压、修正气压的专用工具。

3）充气和补气方法。充气和补气前应先是切断电动机电源，打开排油截止阀，排掉蓄能器中的压力油，然后按以下步骤充气和补气。

a. 把蓄能器上的封帽取下，将充气工具的手轮左旋使气阀顶杆退到头，将气塞旋紧。

b. 把充气工具胶管的大头端拧到氮气瓶上，将充气工具的气阀顶杆处螺帽拧到蓄能，将所有接头螺帽紧固后方可开始充气和补气。

c. 先把氮气瓶的气阀松开，使氮气瓶的气体放出，然后缓慢右旋充气工具手枪，把气阀顶杆伸出慢慢顶开蓄能器皮囊的充气阀，使氮气瓶的气体充入蓄能器中，同时注意观察充气工具的压力表，压力表超过充气压力值（6MPa±0.4MPa），左旋手轮使气阀顶杆退到头，蓄能器充气阀自然关闭。

d. 关闭氮气瓶的气阀，松开放气塞释放胶管汇中残留的氮气，然后再旋紧放气塞，右旋手轮顶开蓄能器充气阀，观察充气工具压力表显示的充气压力值。

e. 如果发现充气压力不合适，压力过低时，可以重复步骤c. 继续充气；压力过高时，可以再把手轮右旋顶开蓄能器充气阀，然后慢慢松开塞，缓缓释放气体，直至压力表合适后旋紧放气塞，左旋手轮使放气阀顶杆退出。

f. 最后关闭氮气瓶的气阀，松开放气塞释放胶管中残留的氮气，即完成充气和补气工作。

4）测压及压力修正方法。按充气和补气方法的步骤，旋动充气工具上的手柄，打开蓄能器上的充气阀，压力表反映的数值即是氮气压力。

5）检查漏气的方法。蓄能器充氮气后，开始每周检查胶囊气压一次；一个月后，每月检查一次；半年后，半年检查一次；一年后，每年检查一次。定期检查可以保持最佳使用条件，及早发现泄漏及时修复使用；检查方法如下：

a. 分别打开和关闭蓄能器下面截止阀，使蓄能器内的压力油流回运油箱，同时注意压力表，使压力表指针先是慢慢下降，达到某一压力值后急速降到零。指针移动的速度发生变化的数值，就是氮气压力；也可以在蓄能器内无压力油时启动油泵，油压突然上升的压力值就是氮气压力。

b. 用充氮工具直接检查氮气压力，当蓄能器在系统不能工作时，应检查是否由于气阀泄漏引起，松开蓄能器上端保护螺帽，在充气口位置涂抹肥皂水或滴液压油，若有气泡冒出，则泄漏严重，应进行修理并补充氮气，若皮囊内没有氮气，气阀处冒油应拆卸检查皮囊是否破损，若破损则更换；若蓄能器向外漏油，应旋紧连接部分，若仍然漏油，应拆卸并更换有关零件；拆卸蓄能器前必须泄去压力油，如果解除皮囊时，必须使用充气工具放掉皮囊中的氮气，否则不得拆卸触出。

6）蓄能器氮气气瓶中要求的压力一般为 6MPa±0.2MPa。

（5）压力继电器或电接点压力表：

1）压力继电器或压力表在使用过程中，应保持干燥和洁净，并妥善维护；一般每隔半年检验一次为宜，对于在正常运行中触点不经常切换，使用条件又较好（如负荷变化缓慢，温度变化不大以及无外界振动影响等）时则可酌情延长检验期。

2）压力继电器和压力表经长期使用后，如发现微动开关动作失灵（影响工作可靠性），传动机构磨损或连接导线老化等，应及时予以检修或更换。

（6）液压油。液压油的品质及洁净程度，直接关系到油泵和电磁阀的正常工作寿命，以及液压站的性能，本阀液压系统使用 20 号或 30 号液压油或 46 号抗磨液压油，寒冷地区可选用 20 号低温液压油（注：低温液压油也可四季通用），液压油每季度抽样检查一次，检查其清洁度和润滑性，如不符合要求或发现污染（杂质、沉淀、水分、金属、粉末、酸碱等）应及时处理或更换，并彻底清洗油箱。

1）换油时的要求：

a. 严禁将不同牌号的液压油混用，更换的新油或补加的油必须符合本系统规定使用的油牌号，并通过化验符合规定的指标。

b. 换油时必须将油箱、蓄能器、油缸、胶管等内的旧油全部放完，并且冲洗合格。

c. 新油过滤后再注入油箱内，过滤精度不低于 $25\mu m$；加油时注意油桶、油箱口、油管口等工具的清洁。

d. 油箱的油位，在蓄能器，油缸充满油后，油位高度为油标指示器的最下限。

2）定期清洗滤油器，并检查有无破损，对已经坏的滤油器应及时更换。

3）拆卸注意事项：

a. 拆卸时，应注意场地清洁，零件不能直接置于地面。

b. 清洗液压站、液缸及零件时，应在干净的柴油或煤油中进行，安装前不能用棉纱擦拭。

c. 拆卸电动机、油泵连接器时，注意不要用锤打击电动机、油泵轴。

d. 拆装时，应注意不能错装或漏装密封件，对已损坏的密封件应予以更换。

（7）润滑：

1）凡机械运动部位，每月注一次润滑油。

2）活塞杆若长时间伸出时，应经常擦油，以防潮湿而锈蚀。

3）做到液压设备的合理使用，操作人员还必须注意以下事项：

a. 不准任意调整液压系统、电控系统及互锁装置，或任意移动各限位块的位置。

b. 在设备运行中监视工况：①压力：系统压力是否稳定在规定范围内；②噪声、振动：有无异常；③漏油：全系统有无漏油；④电压：是否保持在额定电压的＋5%～－15%。

c. 当液压系统或电控系统出现故障时，不准擅自乱动，应立即通知维修部门分析原因并排除。

d. 对各种橡胶密封件用蓄能器内的橡胶皮囊应定期更换，时间一般在五年左右为宜，使设备长期保持在良好的状态下运行。另外，应定期检查与紧固各连接螺栓、管接头，定期更换易损的密封圈，定期清洗油箱、更换滤油器滤芯、过滤或更换液压油。

（8）HD 液动蝶阀常见故障及处理方法，见表 4.11。

表 4.11　　　　　　　　　HD 液动蝶阀常见故障及处理方法

故障情况	原　　因	处　理　方　法
密封面泄漏	(1) 密封面间夹杂污垢、泥沙或其他异物； (2) 密封面或密封圈磨损或损坏； (3) 密封面接触过盈量太小或紧定螺钉松动	(1) 清洗密封面； (2) 修整或更换； (3) 均匀拧紧螺钉
阀轴两端支承渗漏	(1) 填料压盖螺栓松动； (2) 填料或 O 形密封圈磨损或损坏	(1) 拧紧填料压盖螺栓； (2) 修整或更换填料及 O 形密封圈
噪声大、系统振动、油中有气泡	(1) 吸空引起； (2) 油位低或油温低	(1) 检查吸油管有无漏气或堵塞，查出原因及时处理； (2) 加油，油箱升温
系统无压力	(1) 油泵运转方向不正确； (2) 吸油管路上滤油器堵塞； (3) 溢油阀压力调得太低或失效	(1) 调整运转方向； (2) 清洗或更换滤油器； (3) 调整溢油阀及修理或更换
油泵噪声太大、系统振动，油中有气泡、严重时为乳白色及系统无压力	(1) 油位低； (2) 吸空引起，严重时管道振动； (3) 泵架或电动机固定螺栓不紧； (4) 柱塞和滑靴的铆合松动或油泵内部零件损坏	(1) 加油增高油位； (2) 检查油管有无漏气，吸油管口和泵进油口是否堵塞，找到原因后消除； (3) 拧紧紧固螺栓； (4) 修理或更换油泵
保压性能降低，油泵电动机启动频繁	液压阀内密封面有杂物	开机后多次冲洗杂物
液压系统外泄漏液压油	(1) 紧固液压元件的螺钉不紧； (2) 密封圈磨损或老化	(1) 拧紧各螺钉或螺帽； (2) 更换密封圈

续表

故障情况	原　因	处　理　方　法
控制失灵	(1) 由于振动使触头及接线点松动； (2) 电气元件出现故障	(1) 检查中间继电器交流接触器的触头，行程开关撞块和其他触头及接线点； (2) 检查电器元件及修理或更换
电磁铁无电	整流回路保险管烧坏	更换保险管

4.8.3　阀门操作注意事项

（1）值班人员操作阀门时，应站在阀门的一侧，尤其是操作高温高压阀门时，严禁将身体正对着阀门操作，以防阀门盘根汽水泄露烫伤或射伤操作人员。

（2）操作阀门时应均匀用力，不能用力过猛，对于低压铸铁阀门，操作时不能使用扳手，需用扳手开关的阀门用力适度。

（3）操作高温高压阀门时应戴手套，操作时用专用的"F"扳手，扳手大小要合适。不准使用套管套在扳手上开启阀门。在操作疏水门、排污门、取样门及仪表一次门等管道较细的阀门时，应均匀用力，一只手拿着扳手，另一只手扶着阀门手轮开启阀门。

（4）关闭阀门应以介质不泄露为标准，不应过分用力，以防顶弯阀杆；对于要求全开和全关的阀门，特别是主汽系统和高压给水系统的截止阀，不能用作调节介质流量。

（5）在操作两个串联的一、二次门时，如排污门、疏水门等，应先全开一次门后再逐渐全开二次门，特殊情况下需用二次门调节时，必须全开一次门；关闭时先全关二次门后，再关一次门。

（6）对锅炉安全运行有影响的阀门，如主汽隔离门、给水门等，操作时应有专人指挥，缓慢操作，切忌操作过快；影响锅炉正常运行，遇有阀门损坏不能正常开关时，不可用蛮力强行操作，应及时汇报值长及部门领导，根据情况处理。

（7）操作电动阀门时，如主汽电动门，给水电动门等，应注意在开启时先手动开启1～2圈，再用电动开启；关闭此类阀门时，先用电动关闭，再用手动检查并关严。

（8）在操作双色水位计阀门时，水位计汽水侧二次门装有防止玻璃管爆裂时汽水喷出伤人的保险钢球。在操作此类阀门时应缓慢操作，切不可一次门开得过大，否则会导致保险钢球动作保护，堵住汽水通路，使水位计无法工作。根据设计要求，水位计汽水侧二次门须全开，否则保险钢球不能动作，起不到保护作用。

（9）操作阀门时，人站立的位置要方便避让，一旦操作过程中出现异常情况，能够及时躲避。

4.9　液位计

4.9.1　玻璃管液位计

玻璃管液位计是一种直读式液位测量仪表，适用于工业生产过程中一般储液设备中的液体位置的现场检测，其结构简单，测量准确，是传统的现场液位测量工具。该液位计两端各装有一个针形阀，当玻璃管发生意外事故而破碎时，针形阀在容器压力作用下自动关闭，以防容器内介质继续外流。仪表在上、下阀上都装有螺纹接头，通过法兰与容器连接构成连通器，透过玻璃板可直接读得容器内液位的高度。有的液位计在上、下阀内都装有钢球，当玻璃板因意外事故破坏时，钢球在容器内压力作用下阻塞通道，这样容器便自动密封，可以防止容器内的液体继续外流。在仪表的阀端有阻塞孔螺钉，可供取样时用，或在检修时，放出仪表中的剩余液体时用。

4.9.2 双色液位计

这种水位表是 1980 年以后在工业锅炉上使用的一种新型水位表。其外形和玻璃板式水位表相似。它是利用棱镜对不同介质（水、蒸汽）的透照和反射原理，实现对有水部位显示红色，无水部位显示绿色（也可使有水部位显示绿色，无水部位显示红色）。因此，水与蒸汽界限十分清晰，而且便于远距离监视。

4.9.3 磁翻板液位计

（1）磁翻板液位计也可称为磁性浮子液位计，根据浮力原理和磁性耦合作用研制而成。当被测容器中的液位升降时，液位计本体管中的磁性浮子也随之升降，浮子内的永久磁钢通过磁耦合传递到磁翻柱指示器，驱动红、白翻柱翻转 180°，当液位上升时翻柱由白色转变为红色，当液位下降时翻柱由红色转变为白色，指示器的红白交界处为容器内部液位的实际高度，从而实现液位清晰的指示。磁翻板液位计可直接用来观察各种容器内介质的液位高度。该液位计结构简单，观察直观、清晰，不堵塞、不渗漏，安装方便，维修简单。液位计上、下端安装法兰与容器相连接构成连通器，透过玻璃板可直接观察到容器内液位的实际高度。上下阀门装有安全钢珠，当玻璃因意外损坏时，钢珠在容器内压的作用下自动密封，防止容器内液体外溢，并保证操作人员安全。

（2）磁翻板液位计的安装与维护：

1）液位计安装必须垂直，以保证浮球组件在主体管内上下运动自如。

2）液位计主体周围不容许有导磁体靠近，否则直接影响液位计的正常工作。

3）液位计安装完毕后，需要用磁钢进行校正对翻柱导引一次使零位以下显示红色，零位以上显示白色。

4）液位计投入运行时应先打开下引液管阀门让液体介质平稳进入主体管，避免液体介质带着浮球组件急速上升，而造成翻柱转失灵和乱翻。若发生此现象待液面平稳后可用磁钢重新校正。

5）运输过程中为了不使浮球组件损坏，出厂前将浮球组件取出液位计主体管外，待液位计安装完毕后，打开底部排污法兰，再将浮球组件重新装入主体管内，注意浮球组件重的一头朝上，不能倒装。如果在出厂时已经将浮球组件安装在主体管内，为保证运输过程中不将浮球组件损坏，用软卡将浮球组件固定在主体管内，安装时只要将软卡抽出即可。

6）根据介质情况，可定期打开排污法兰清洗主体管沉淀物质。

4.9.4 电接点水位计

1. 液位计构成

电接点式液位计主要由测量筒体、陶瓷电极、二次仪表等几部分构成（图 4.12）。

2. 电接点液位计分类

（1）普通型。电接点水位计是利用锅炉水和蒸汽的导电率差异的特性进行液位测量

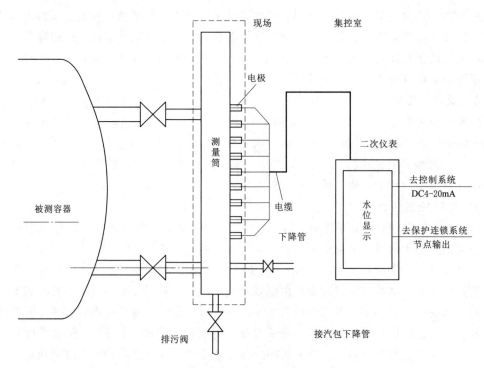

图 4.12　电接点液位计

的。由于液位的变化，部分电极置于水中，部分置于蒸汽中，在水中的电极对筒体阻抗小，而在蒸汽中的电极对筒体的阻抗大，利用这一特性，就可将非电量的水位转化为电量，送入二次仪表，从而实现水位显示、报警输出功能。

（2）自补偿型。通常电接点水位计在使用时，由于做了保温，习惯上认为电接点水位计筒体内的水样是接近汽包的。但是随着这些年来发电机组越做越大，汽包压力、温度越来越高，加上保温达不到预期效果，电接点水位计筒体内的水温就与汽包内的水温产生了差距。又由于习惯上电接点水位计是不做水位补偿的，这样相比之下，电接点水位计与就水位计所显示的水位就会有差异，电接点水位计显示水位往往会偏低，而且越是大机组，偏差越大。针对上述现象，自补偿水位计突破了以往结构形式，增加了伴热和冷凝装置。伴热装置的汽源来自汽侧取样管，汽源进入加热管，通过加热管随筒体内的水样进行加热，以提高水样的温度。冷凝装置所收集的冷凝水由冷凝管输至筒体内不同高度的水样中，这样筒体内就会不断涌现出温度为饱和温度的纯净水，迫使筒体内温度稍低，水质相对稍差的水样流出筒体，经过水侧取样管流回汽包。此过程实现了水质的自优化，可使水位计免冲洗，不仅提高了电极的使用寿命，同时也提高了筒体内水样的平均温度，从而增强了汽包内水样与测量筒体内水样的一致性。这两种结构的采用，使得水位计内的水位无论是在冷态还是在热态都能够保持与汽包内的水位基本相同，使电极如同直接安装在汽包上，测量真实准确、动态响应快、附加误差小、电极寿命长，因此本水位计还可以全工况核对差压水位计，锅炉启动时即可投入水位保护。

3. 二次仪表

二次仪表显示为双色光柱形式，以区分水与汽，其中液相部分为绿色，汽相部分为红色，同时，具备数码显示功能，直观显示水位。二次仪表操作采用功能菜单方式，水阻使用数字化设定，水位设定最大化为 24 点，7 路可在线编程的任意高、低位报警输出（面板有报警指示灯），全部参数均可在线设定，并具有掉电记忆功能。由于二次仪表是通用型设计，故可适应国内不大于 24 点水位、输出不多于 7 路开关量的各种电接点测量筒及各种地域的水阻值。同时，二次仪表利用 CMOS 高输入阻抗的特点，信号输入回路仅有微电流通过电流，可以使被测液体对电极的化学腐蚀减少到最低限度，因此使用二次仪表可以延长电极的使用寿命。

4. 测量筒结构

测量筒是液位计取得水位信号的重要设备，长度及测量点数根据设备要求而定。

5. 安装与调试

（1）本液位计在出厂前测量筒均经过打压试验及与二次仪表联机试验，安装后即可投入使用。

（2）现场安装工作人员一定要根据说明书提供的二次仪表接线图接线。

（3）电源线、信号线、外报警输出线均应接好并根据图纸检查无误后，再接通电源。

（4）参数设置。在进行参数设置和修改前，应先将二次仪表后面板的"设置有效"两端子重新短接，禁止参数改写，以保证系统稳定运行。通电后，自动进入运行状态。在运行中状态下按"设置"键，设置指示灯亮，系统进入菜单操作状态，可在此状态下进行各种功能设定。在功能菜单状态下按"运行"键，运行指示灯亮，系统进入正常运行状态。

1）水阻设定。在功能菜单操作状态下按"设置"键进行功能选择。选择功能 1，数码管显示："1—AA"，此时按下"确认"键进入水阻设定功能，数码管低两位显示当前水阻值。在设置过程中，按"位＋""位－"键进行位选，选中位闪烁；按"＋1""－1"键进行选中位数值调整，调整到希望值后，按"确认"键输入并保存。水阻值的选择对仪表工作过程中抗干扰性有一定的影响；一般情况下，水阻值越低，电极对水的反应灵敏度越高。根据实验，一般电厂的水阻值应设定为 $40\sim90\Omega$（出厂值一般设定在 60）。电厂可根据现场实际情况，向水阻大和小两个方向设定，直至水位显示不正确后，取中间值作为水阻值设定值。

2）水位设定。在功能菜单操作状态下按"设置"键选功能 2，数码管显示："2—BB"，此时按下"确认"键进入水位设定功能，仪表发光柱第一个电极点被选中（选中点为红色，其余为绿色），数码管显示对应的水位值，显示值左侧第一位闪烁。按"位＋""位－"键进行位选，选中位闪烁；按"＋1""－1"键进行选中位数值调整，调整到希望值后，按"确认"键输入并保存，同时选中下一个电极。重复以上操作，直至所有电极水位设置完成。在设置过程中，可随时按"退出"键，回退到功能菜单操作状态。

3）低报设定。在功能菜单操作状态下按"设置"键选功能 3，数码管显示："3—CC"，此时按下"确认"键进入低报设定功能，仪表发光柱第一个电极点被选中（选中点为红色，其余为绿色），数码管显示对应的水位值。如果报警输出指示有灯亮起，则表示该电极点已经被设置成对应报警通道的低报报警点，此时按下"清楚"键可取消该报警点设置，按"确认"键保持当前电极设置同时指向下一电极点；如报警输出指示灯没有亮起，表示该电极未被设成低报报警点，此时按下"确认"键可忽略该点并指向下一电极点，按"设置"键，可将该点设置成报警点。进入报警点设置后，数码管显示"1-1"，左侧第一位指示报警通道选择（1-7）；右侧第一位为报警时声音选择，"0"代表无声，"1"代表有声。在设置过程中，可通过按"位+""位-"键进行位选，按"+1""-1"键进行选中位数值调整，按"确认"键输入并保存，按"退出"键取消当前点设置操作并退出。设置完成后，可按"确认"键顺序检查并确认报警点的设置。

4）高报设定。在功能菜单操作状态下按"设置"键选功能4，数码管显示："4—DD"，此时按下"确认"键进入高报设定功能，仪表发光柱第一个电极点被选中（选中点为红色，其余为绿色），数码管显示对应的水位值。高报报警点的设置和低报报警点的设定相同。

5）报警方式设定。在功能菜单操作状态下按"设置"键选功能5，数码管显示："5—EE"，此时按下"确认"键进入报警方式设定功能，此时数码管显示"—1"，右侧第一位显示"1"代表"与方式"，显示"0"代表"或方式"；可通过"+1""-1"键进行方式切换，按"确认"键保存设置并退出，按"退出"键取消操作并退出。"或方式"报警是指在运行中，满足报警条件的全部报警点输出。"与方式"报警是指在运行中，满足报警条件的最高点或最低点一个报警点的输出。

6）系统复位。在功能菜单操作状态下按"设置"键选功能6，数码管显示："6—FF"，此时按下"确认"键，系统进行复位。

7）缺省水位设定。在功能菜单操作状态下按"设置"键选功能7，数码管显示："7—A1"，此时按下"确认"键，系统进行缺省水位设定，将电极对应水位设置成缺省值，缺省值与面板刻度一致。

8）清除所有报警点。在功能菜单操作状态下按"设置"键选功能8，数码管显示："8—B2"，此时按下"确认"键，系统进行清楚所有报警点操作。该操作清楚所有报警设置，操作时应高度注意。

6. 其他操作说明

（1）运行和筛选。系统上电后，自动进入运行状态；在设置菜单操作下按"运行"键，系统进入运行状态。在运行状态下，二次仪表前面板双色发光柱指示电极状态绿色代表对应电极有水，红色代表对应电极无水。在运行状态下按"筛选"键，筛选指示灯亮，系统进入筛选运行状态；再按"筛选"键，取消筛选。在非筛选状态下，发光柱显示与电极状态完全对应，数码管显示最高有水点，电极全无水时数码管显示"OFF"；在筛选状态下，系统从高位向低位搜索，将第一个连续两点有水的电极位置确认为当前水位，发光条显示剔除单红、单绿的状态。

（2）消音。在系统处于运行状态时按"消音"键，消音指示灯亮起，禁止报警时发声；再按"消音"键，取消消音状态。

7. 高、低报警的逻辑判断

高、低报警输出均以水位状态（有筛选或无筛选）为开启限定。运行时，优先判定高报状态。在有高报的情况下，封锁低报，即使低报值设定比高报值还高，也是如此，这样可避免逻辑混乱。高报时，无论有无筛选，必须该点向下连续两点有水方可输出；低报时，同样向上连续两点无水方可输出，这样处理和有些电厂在报警点装两个平行电极相与的效果是一样的，且逻辑上更为可靠。

8. 4～20mA 变送输出

(1) 普通型二次仪表 4～20mA 输出端空。

(2) 增强型二次仪表具有 4～20mA 变送输出功能，最低水位对应 4mA，最高水位对应 20mA，正常情况下，4～20mA 输出与二次仪表显示的正常水位相对应。4～20mA 输出负载应为 200～250Ω。

9. 安装接线

本机后面板接线端子是通用型设计，某些型号不具有的功能端子为空脚。

10. 使用、维护注意事项

(1) 如需检查更换二次仪表内元件，只需抽出机芯即可。更换元件时所用的电烙铁、测试仪表都必须良好接地。

(2) 如在运行过程中出现显示不正常，可拔下电极信号电缆插头，红灯应全亮；否则可能是水阻值设置过低或发光器件损坏。

(3) 参数设置完毕后，必须将"设置有效"对应的两个端子短接，禁止参数修改，以避免误操作引起设置参数变化。

4.10 密封件

4.10.1 概述

密封件是防止流体或固体微粒从相邻结合面间泄漏以及防止外界杂质如灰尘与水分等侵入机器设备内部的零部件的材料或零件。各种密封其性能影响因素是不同的，如机械密封、填料密封等的影响因素有温度，介质、磨损、所承受压力等。

4.10.2 常用密封件名称

常用密封件名称有密封圈、盘根、机械密封、油封、水封、密封垫板、密封胶和软填料等。下面主要介绍盘根密封和机械密封。

4.10.2.1 盘根密封

1. 密封盘根安装前的准备

去除旧填料检查填料箱是前期安装准备的关键之处，配填料前先将旧填料用专用工具全部取出，把填料箱擦干净，观察填料箱各部位有无损伤偏心等缺陷，损伤的阀杆，轴套和填料箱都能影响盘根性能。检查其他部件是否还可使用。更换所有破损部件。

2. 选择合适的盘根

工况要求与盘根性能应相吻合。可根据相关技术数据来选择最符合要求的盘根。必须根据密封要求正确选择盘根尺寸。为了确定横截面，请用以下公式测算：横截面＝(填料箱直径－阀杆直径)/2，有损伤的装置可能需要稍大横截面的盘根，以此来弥补损伤。

3. 密封盘根的切割和安装

选择合适的盘根，用切割机械精确割下所需长度的盘根环，如无盘根切割机械，则根据盘根长度 $[L=(轴径\ d＋盘根宽\ s)^3 1.07^3 \pi]$ 来进行切割，一般旋转轴上，用 90°直切割，阀门上用 45°的切割。决不要试图用盘根环绕填料箱来确定长度。或者将盘根环绕在跟阀杆相同的一根管上，将其紧紧压制，但不可拉伸盘根。然后将其切割成样环，并检验其是否能正确填充空间，并且保证其接口处没有空隙。然后可以用样环作为标准切割其他填料环。如果这些成品在平面上完成，如果盘根柔软或容易变形，可根据样环制作一条小带子，再根据绳子来制作剩下的填料环。当盘根用于阀门时，盘根截面和阀的空间一样，最好是预压环；当用于泵时，盘根截面和盘根腔室的空间（0.3～0.6mm）使轴和盘根有一泄漏间隙，有利于润滑和散热。一次安装一枚填料环，确信每根填料没有黏上尘土或其他碎片。如果需要，填料环和阀杆应当使用同一种清洁润滑油加以润滑。交错安装每根填料环成 90°。环于轴向慢慢拉开，径向的距离以能使环装到轴上即可，使用专业填充工具紧固每根填料环。当足够填料环安装完成后，对阀门直到盘根压盖伸到填料箱 25%的盘根厚度，对泵则需要 50%的盘根厚度。用随动件将其封闭，使用随动件可以增加紧密程度。随动件只作为一种补充；可以保证全部填料环适当的位置，避免盘根移动。在安装填料环之后，扭紧螺栓，并确认料盖与填料箱面正确接合。一旦开始紧固螺栓，要确保各个螺栓均匀受力。

4.10.2.2 机械密封

1. 水泵机械密封基本知识

（1）离心泵机械密封的基本概念。机械密封是指由至少一对垂直于旋转轴线的端面在流体压力和补偿机构弹力（或磁力）的作用下，以及辅助密封的配合下，保持贴合并相对滑动而构成的防止流体泄漏的装置。补偿环的辅助密封为金属波纹管的称为波纹管机械密封。

（2）机械密封的组成：①主要密封件：动环和静环；②辅助密封件：密封圈；③压紧件：弹簧、推环；④传动件：弹簧座及键或固定螺钉。

2. 机械密封注意问题

（1）安装时注意事项：

1）要特别注意避免安装中所产生的安装偏差。

2）上紧压盖应在联轴器找正后进行，螺栓应均匀上支，防止压盖端面偏斜，用塞尺检查各点，其误差不大于 0.05mm。

3）检查压盖与轴或轴套外径的配合间隙（即同心度），四周要均匀，用塞尺检查各点允差不大于 0.01mm。

4）弹簧压缩量要按规定进行，不允许有过大或过小现象，要求误差 2.00mm。过大会增加端面比压，加速端面磨损。过小会造成比压不足而不能起到密封作用。

5）动环安装后必须保证能在轴上灵活移动，将动环压向弹簧后应能自动弹回来。

（2）拆卸时注意事项：

1）在拆卸机械密封时要仔细，严禁动用手锤和扁铲，以免损坏密封元件。可做一对钢丝钩子，在对盈亏方向伸入传动座缺口处，将密封装置拉出。如果结垢拆卸不下时，应清洗干净后再进行拆卸。

2）如果在泵两端都用机械密封时，在装配、拆卸过程中互相照顾，防止顾此失彼。

3）对运行过的机械密封，凡有压盖松动使密封发生移动的情况，则动静环零件必须更换，不应重新上紧继续使用。因为摩擦后原来运转轨迹会发生变动，接触面的密封性就很容易遭到破坏。

3. 机械密封正常运行和维护问题

（1）启动前的准备工作及注意事项：

1）全面检查机械密封，以及附属装置和管线安装是否齐全，是否符合技术要求。

2）机械密封启动前进行静压试验，检查机械密封是否有泄漏现象。若泄漏较多，应查清原因设法消除。如仍无效，则应拆卸检查并重新安装。一般静压试验压力用 $2\sim 3kg/cm^2$。

3）按泵旋向盘车，检查是否轻快均匀。如盘车吃力或不动时，则应检查装配尺寸是否错误，安装是否合理。

（2）安装试运：

1）启动前应保持密封腔内充满液体。对于输送凝固的介质时，应用蒸气将密封腔加热使介质熔化。启动前必须盘车，以防止突然启动而造成软环碎裂。

2）对于利用泵外封油系统的机械密封，应先启动封油系统。停止后最后停止封油系统。

3）热油泵停运后不能马上停止封油腔及端面密封的冷却水，应待端面密封处油温降到 80° 以下时，才可以停止冷却水，以免损坏密封零件。

（3）运转：

1）启动后若有轻微泄漏现象，应观察一段时间。如连续运行 4h，泄漏量仍不减小，则应停泵检查。

2）泵的操作压力应平稳，压力波动不大于 $1kg/cm^2$。

3）泵在运转中，应避免发生抽空现象，以免造成密封面干摩擦及密封破坏。

4）密封情况要经常检查。运转中，当泄漏超过标准时，重质油不大于 5 滴/分，轻质油不大于 10 滴/分，如 2～3d 内仍无好转趋势，则应停泵检查密封装置。

4. 机械密封处渗漏水是机械密封常见的故障

漏水原因主要是机械密封的动、静环平面磨损，造成机械密封的动、静环平面磨损的原因有以下几个方面：

（1）安装过紧。观察机械密封的动静环平面，如有严重烧焦现象，平面发黑和很深的痕迹，密封橡胶变硬，失去弹性，这种现象是由于安装过紧造成的。处理办法：调整安装高度，叶轮安装后，用螺丝刀拨动弹簧，弹簧有较强的张力，松开后即复位，有 2～4mm 的移动距离即可。

（2）安装过松。观察机械密封动、静环平面，其表面有一层很薄的水垢，能够擦去，表面基本无磨损，这是弹簧失去弹性及装配不良造成，或电动机轴向窜动造成。

（3）水质差含颗粒。由于水质差，含有小颗粒及介质中盐酸盐含量高，形成磨料磨损机械密封的平面或拉伤表面产生沟槽、环沟等现象。处理办法：改进水压或介质，更换机械密封。

（4）缺水运行造成干磨损坏。此现象多见于进口处为负压，进水管有空气，泵腔内有空气，泵启动后，高速运转时机械密封摩擦产生的高温，无法得到冷却，检查机械密封，弹簧张力正常，摩擦面烧焦发黑，橡胶变硬开裂。处理办法：排尽管道及泵腔内空气，更换机械密封。

（5）汽蚀。汽蚀主要产生于热水泵。由于介质是热水，水温过高产生蒸汽，管道内的气体进入泵腔内高处，这部分的气体无法排除，从而造成缺水运行，机械密封干磨失效，加装自动排气阀，更换机械密封。

第 5 章

发电机部分

5.1 发电机及其运行

发电机是同步发电机的一种，是由汽轮机作原动机拖动转子旋转。赤水市农林生物质发电项目采用的 QF-30-2 型发电机为三相两极交流同步发电机。

5.1.1 发电机、励磁机技术参数

（1）发电机额定技术参数，见表 5.1。

表 5.1 发电机额定技术参数

项 目	发 电 机	项 目	发 电 机
型号	QF-30-2	极数	2
效率	97.8%（设计值）	功率因数	0.85（滞后）
额定容量/(kV·A)	35294	超瞬变电抗 X_d^{nn}	0.1256
额定功率/kW	30000	短路比（SCR）	0.45
额定电压/kV	10.5	定子线圈接法	Y
额定电流/A	1941	绝缘等级	F/B（绝缘等级/使用等级）
额定转速/(r/min)	3000	冷却方式	空气冷却
相数	3（$U_1 V_1 W_1$）	旋转方向	从汽轮机端看为顺时针方向旋转

（2）发电机额定允许温升限值。发电机在额定工作方式连续运行，冷却介质为+40℃时的允许温升限值见表 5.2。

表 5.2 主要部件温升限值与测量方法

主要部件	允许温升限值	测 量 方 法
定子绕组	80K	埋置电阻元件测量
转子绕组	90K	电阻法
定子铁芯	80K	埋置电阻元件测量
轴承回油	65℃	温度计法
轴瓦	80℃	

注 最高温升＝最高温度－冷却空气温度。

（3）励磁系统的技术参数，见表 5.3。

表 5.3　　　　　　　　　　　　　励磁系统的技术参数

序 号	项 目	参 数	序 号	项 目	参 数
1	励磁方式	无刷励磁	3	励磁电压	122V
2	型号	TFL-130-4	4	额定电流	370A

5.1.2　发电机的工作原理

发电机是利用电磁感应原理把机械能转换成电能的发电设备，主要由转子和定子（或电枢）组成，二者之间有一定的气隙。转子绕组内通入直流电流后，形成恒定磁场，其磁通自转子的一个磁极出来，经气隙、定子铁芯、气隙，再进入转子另一个相邻磁极，从而构成回路。转子转动时，恒定磁场为旋转磁场，磁力线被装在定子铁芯内结构完全相同，空间上对称分布的 u、v、w 三相绕组（导线）依次切割，绕组内感应出相位不同的三相交变电动势，该电势的频率 f 为

$$f = \frac{Pn}{60}$$

式中　n——转子的转速，r/min；

　　　P——同步发电机的极对数。

由上式可知，同步发电机极对数一定时，转速与电枢电势的频率有严格对应关系。当电力系统频率 f 一定，发电机转速为恒定值，这是同步发电机的主要特点。

5.1.3　发电机的结构

1. 定子

同步发电机的定子主要由定子机座与端盖、定子铁芯、定子绕组、轴承等部件组成。

（1）定子机座与端盖。发电机的机座与端盖也称为电机外部壳体，起着固定电机、保护内部构件以及支撑定子绕组和铁芯的作用。

QF-30-2 型发电机定子机座采用钢板焊接，结构轻巧牢固，为了便于下线时定子线圈端部的绑扎，机座长度设计成伸至两端铁芯压板处。机座纵向由 6 块壁板构成进出风区，其外由罩板覆盖，内圆中间有导风管，管子焊牢成为一个坚固的整体。定子吊攀焊在机座两侧，以便于制造过程中定子翻身。

端盖分为内外端盖并左右分半铸造而成，设有观察窗、灭火管以及气封结构。底盖为钢板焊接，同样设有灭火管，励磁机端的底盖装有出线板，以支持定子出线铜排。

（2）定子铁芯。定子铁芯起着构成主磁路和固定定子绕组的作用，由硅钢片冲制叠压而成。硅钢片两面有坚固的绝缘漆。支持筋通过角钢直接焊在机座壁板上，两端用支持筋螺杆拉紧的非磁性铸铁压圈和齿压板压紧，铁芯还有用小工字钢支撑，形成径向通风沟。

（3）定子绕组。定子绕组又称电枢绕组，是发电机进行能量转换的心脏部位。

本机定子线圈采用半组式，端部结构为篮式，线圈由多股双玻璃丝包线间隔排列组成，直线部分进行编织换位，以减少损耗。线圈绝缘采用 F 级绝缘模压而成，并经防晕处理，下线后半线圈用银焊焊牢，线圈端部由支架及压板用螺钉压紧成为一个坚固的整体。定子在励磁机侧设有 6 根出线，全部连接线及出线均有绝缘。

（4）轴承。轴承是压力油循环的滑动轴承，具有能自动调整的球面轴瓦。轴承座由铸

铁制成，两端设有挡油板装置，励磁机端轴承座与底板间以及油管间均设有绝缘装置。

2. 转子

发电机转子的作用是传递原动机供给的机械转矩，支撑旋转的励磁线圈，形成磁通路径和转子散热通道，主要由转子铁芯、励磁绕组、护环、中心环和阻尼绕组等组成。

本机转子用整体钢锻制，为降低转子轭部的磁密，在中心孔的本体部分塞有钢棒，转轴加工有轴向线槽用以嵌装链形的转子线圈，槽部线圈及对地绝缘采用 F 级槽衬绝缘。匝间垫以 3240 玻璃布板。护环下的绝缘为 3240 布板，线圈端部用 3240 垫块撑紧。大齿上有轴向通风槽并配有分段的钢槽楔，楔上有径向通风孔，本体上车有散热沟，两端小齿上加工有小通风道以沟通转子线圈端部的风路，加强表面散热。护环为非磁性锻钢。为了减少损耗，嵌线槽上的槽楔采用硬铝制成。转子两端装有叶片为后倾的离心式风扇。

3. 励磁系统

励磁系统为同轴旋转不带副励磁机的交流无刷两机励磁结构，由整流环、主励磁机、励磁变压器和计量及监控装置（包括 AVR）等组成，电压响应时间小于 0.1s。

自动电压调节器 AVR 采用双通道数字式，各通道之间相互独立，相互跟踪，可随时停用任一通道。另配一套独立的手动励磁调节器。AVR 具备机端恒压、恒励磁电流、恒无功功率、恒功率因数四种运行方式，具有与 DCS 的硬接线和通信接口。

AVR 设有下列附加功能：①远方和就地给定装置；②过励磁限制；③过励磁保护；④低励限制；⑤电力系统稳定器（PSS）（设有投切开关）；⑥V/Hz 限制器；⑦功率因数控制器；⑧PT 断线保护；⑨磁场电流限制。

励磁系统正常停机采用逆变灭磁，事故停机时由保护跳灭磁开关灭磁。旋转整流器元件设有励磁电压的测量及转子接地保护用端子。

4. 本机其他结构说明

（1）底板为平板式，在电站安装时组装，轴承座的底板靠近端盖处设置挡油沟。励磁机与轴承座安装在一个底板上，励磁机下面设有小底架。

（2）定子埋有测量线圈与铁芯温度的电阻测温元件。端盖与机座装有测量进出风温的电接点双金属温度计，轴承座出油口处亦装有电接点双金属温度计。

（3）接地电刷设在汽轮机侧的轴承盖上。

（4）发电机采取二进三出式封闭循环径向通风系统，转子上装有离心式风扇。发电机内热空气被迫循环经由空气冷却器冷却，通风系统中还装有补充空气的过滤器。

（5）励磁机采用单轴承式，通过联轴器与发电机连接。

5.1.4 发电机的运行特性

发电机对称运行时，负载电流 I、功率因数 $\cos\varphi$、端电压 U 和励磁电流 I_f 等变量相互影响，每两个量之间的关系，称为发电机的运行特性，主要包括以下六种特性。

1. 发电机的空载特性

空载特性是发电机额定转速下，定子绕组开路时，空载电动势 E_0 与励磁电流 I_L 的关系，即 $E_0 = f(I_L)$ 曲线。它表征了发电机磁路的饱和情况，可求得发电机的空载励磁电流 I_{f0}，判断发电机相间电压是否对称，定子绕组是否匝间短路，励磁回路是否故障。

2. 发电机的短路特性

短路特性是指发电机额定转速下，定子绕组短路时，绕组的稳态电流 I 与励磁电流 I_f 的关系，即 $I = f(I_f)$ 曲线，可用来求取发电机的饱和同步电抗和短路比，判断励磁绕组有无匝间短路等故障。短路比指当空载电压为额定电压时，出线端短路电流 I_{k0} 与额定电流 I_N 之比值，是影响到同步发电机技术经济指标好坏的一个重要参数。

3. 发电机的负载特性

负载特性是指转速、定子电流为额定值，功率因数 $\cos\varphi$ 为常数时，发电机电压与励磁电流之间的关系，即 $U = f(I)$ 曲线。

以上三种特性可测定发电机的基本参数，是发电机设计制造的主要技术数据。

4. 发电机的外特性

外特性指发电机在额定转速下，励磁电流和功率因数不变时，端电压 U 与负载电流 I 之间的关系曲线，即 $U = f(I)$，图 5.1 为各种负载情况下的外特性曲线。

对于感性负载外特性是下降的曲线。在励磁电流不变的情况下，随着电枢电流的增大，有两个因素导致端电压下降：一是电枢反应的去磁作用增强；二是漏抗压降的增大。

对于容性负载，电枢反应表现为增磁作用，随着电枢电流的增大，端电压反而增大。

5. 发电机的调整特性

发电机的调整特性是指发电机在额定转速下，端电压和负载功率因数不变时，励磁电流 I_f 与负载电流 I 之间的关系曲线，图 5.2 为各种负载下的调整特性曲线。

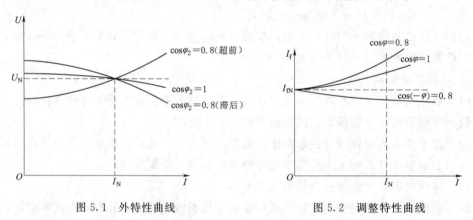

图 5.1 外特性曲线　　　　　图 5.2 调整特性曲线

对感性负载，为了补偿电枢反应的去磁作用和绕组漏阻抗压降，保持发电机的端电压不变，必须随负载电流 I 的增大相应增大励磁电流 I_f，因此调节特性曲线是上升的。

对于容性负载，为抵消直轴助磁的电枢反应作用，保持机端电压不变，就必须随负载电流的增大相应减小励磁电流，因此调节特性曲线是下降的。

6. 同步发电机的电磁功率和功角特性

发电机转轴输入的机械功率，通过电磁感应大多转换为电功率输送给负载，小部分转换成机械损耗、铁耗、铜耗。

由功角特性曲线图 5.3 中可知，δ 角在 $0°\sim90°$ 范围内时，功角 δ 增大，电磁功率 P 也增大，$\delta = 90°$ 时，$P = P_{max}$；δ 角超过 $180°$ 时，P 为负值，从系统吸收有功，处于电动

机状态。

5.1.5 发电机启动前的试验项目和操作

1. 新安装和大修后的机组，首次开机启动前试
验内容

（1）发电机空载试验。

（2）短路特性试验。

（3）测量保护用的 CT、PT 接线正确性测试。

（4）测量定子、转子绝缘电阻应合格。

（5）发电机出口断路器及灭磁开关的分、合闸
试验。

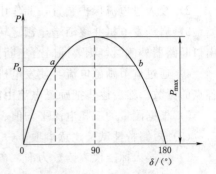

图 5.3　功角特性曲线

（6）发电机出口断路器及灭磁开关的联动试验。

（7）汽机主汽门与电气开关的连锁试验。

（8）核相。

2. 发电机的空载试验

（1）发电机空载试验的目的：

1）测定发电机的有关特性参数如电压变化率、纵轴同步电抗、短路比、负载特性等。

2）判断三相电压的对称性。

3）进行定子绕组层间耐压试验。

4）作为分析转子有无层间短路的参考。

（2）发电机空载试验的方法：

1）断开发电机出口断路器。

2）启动发电机并使其达到额定转速后保持不变。

3）合励磁开关，渐调电阻增大励磁电流，直至端电压升为额定电压的 1.25 倍左右。
其间，选取记录 9～10 点对应的端电压，励磁电流、转速等，额定值附近要多取几点。

4）渐降励磁电流至零，对应记录步骤 3 中各点数据及剩磁电压值（$I_f=0$ 时）。

5）根据记录数值，绘制出一般上升的曲线和下降的曲线，然后取平均值，得出发电
机的空载特性曲线。

（3）试验注意事项：

1）发电机的继电保护装置应全部投入运行状态，并应作用于能够跳开灭磁开关。

2）强励装置和自动电压调节装置不应处于投入状态。

3）试验所用的分流器和表计的准确度不应低于 0.5 级。

4）调励磁电流时，只能向一个方向调节，不得反向操作，否则将影响试验的准确性。

3. 发电机的短路特性试验

（1）发电机短路特性试验的目的。判断转子线圈有无匝间短路及用于电压调整器的整
定计算。

（2）发电机短路特性试验的试验方法：

1）在发电机出口断路器外侧或出线端，将定子绕组三相短路。然后把电流表分别接
入定子回路和转子回路。

2）投入过电流保护装置，并作用于信号。

3）启动发电机并逐渐增至额定转速后保持不变，然后合上励磁开关。若三相短路在出口断路器外侧时，则要同时合上断路器。

4）通过调节励磁电流，使发电机定子电流分 5～7 次逐渐增加到额定值，并记录数次各点的读数。然后逐步把励磁电流由额定值减少到零值，重复记录上述各点读数。

5）根据测量的三相电流平均值、励磁电流和转速绘制发电机短路特性曲线。

（3）短路特性试验注意事项

1）以接入标准仪表读数为准，参照日常仪表，若较大出入，则停止试验，查明原因。

2）励磁电流升至 15%～20% 额定值时，应检查定子三相电流的平衡应正常。

3）临时接线要规范。

5.1.6 发电机启动和停止

1. 启动前准备

（1）现场清洁整齐，风道干净。

（2）机组安装就绪，全部螺栓紧固。

（3）轴承润滑油系统及其联动情况以及汽轮机安装部门检查与试运行。

（4）电机冷却系统的试运行情况良好，管路畅通，水源充分。

（5）电机测温装置、指示仪、各部温度计等装接、检验完毕。

（6）励磁装置检查试验与整定完毕，励磁回路接线正确，灭磁开关动作正常。

（7）保护、测量、操作信号和同期回路检查、整定、试验完毕，并进行经由继电器接点分闸的油开关和自动灭磁开关试验。

（8）机组安全、消防、通信及事故照明设备符合运行要求（包括发电机灭火装置）。

（9）电机定子线圈引出线与电网相序正确。

（10）电机定子机座可靠接地。

（11）非运行状态进行的试验项目已完毕且合格。

（12）盘车合格。

2. 发电机的启动、并列、增加负荷、停车及解列

（1）发电机启动。发电机在空载无励磁下启动，启动时间按照汽轮机暖机时间的要求逐步提高转速并注意检查下列各项：

1）检查轴承油温、振动是否正常。

2）检查转子轴向窜动情况，旋转部件与静止部件间无摩擦。

3）检查轴承绝缘情况。

（2）发电机的并列：

1）赤水厂本型发电机与变压器作单元连接，可用自同期的方法与系统并列（手动、半自动及自动）。在启动前应将励磁变阻器手柄调在相当空载额定电压的位置。在不加励磁状态下启动，使转速上升接近额定值，控制转差率在 ±(2%～3%) 范围内，合上发电机的主开关与系统并列，并通过联锁装置使自动灭磁开关立即动作，接通励磁回路。

2）发电机第一次并入系统时，应采用手动准同期与系统并列，在启动前应将励磁变阻器中可变电阻全部加入。启动后在转速达到额定值时接入转子励磁，逐渐升高电压至额

定值，当满足并列条件时与系统并列。

发电机采用准同期方法与系统并列，操作较为繁杂，应慎重进行，以免烧毁发电机。

（3）发电机负荷增加与调节。发电机与系统并列后，即可接受负荷，负荷增加的速度应考虑以下几点：

1）汽轮机允许的负荷增加速度。

2）电机在冷态（温度低于正常运行温度的50%）投入线路，可立刻运行在30%的额定负载（多为无功），然后在30min内逐步升高至正常值。若负荷增加太快，可导致电机绕组铜线与铁芯膨胀不均，使绝缘受损。

（4）发电机的停车。正常情况下，先减去有功与无功负荷，再断开发电机开关，并切断励磁，同时停止汽轮机。发电机停机后，即停空气冷却器，使电机内部温度不致降低过快。

每次停机后，测量记录定子线圈和全部励磁回路的绝缘电阻，如停机时间较长，关闭空气冷却器的冷却水阀门。

（5）运行中注意事项：

1）严密监视并定时记录发电机的电压、电流、负载、频率、温升（定子线圈及铁芯、转子线圈、励磁机电枢绕组等）以及轴承油温、进出口风温、空气冷却器进水温度等，不得超过技术条件中规定的数据。

2）电机轴承的润滑油为透平油，进油温度为35～45℃，出油温度应不超过65℃。

3）发电机冷却空气相对湿度不得超过60%，进风温度最高不得大于40℃，最低进风温度对于密闭循环通风的发电机，应以空气冷却器不凝结水珠为限，通常在20℃左右，当开启式运行时最低进风温度应不低于5℃。

4）空气冷却器进水温度最高不得超过33℃，当进水温度提高时，可按此提高进风温度，相应降低发电机绕组允许温升，此时发电机功率以温升不超过降低的允许值为限。

5）额定转速下轴承座的允许振动值（双倍振幅）垂直、水平均不大于0.025mm。

6）保持轴承座绝缘周围的清洁，不应积垢或短路，并定期测量绝缘电阻数值。

5.1.7 发电机运行维护检修

1. 运行中一般常见故障分析

（1）发电机电压不稳定：

1）系统由于短路或其他原因，造成系统电压太低，引起不稳定。

2）汽轮机调速器的调速不灵。

3）自动调整励磁装置整定不良，引起无功负荷分配的振荡。

（2）发电机发不出电压

1）励磁机的故障：①主极线圈断线或接反；②旋转整流器的整流元件损坏或接地点松动脱掉；③电枢线圈短路或断线；④励磁回路发生两点接地。

2）定子绕组到发电机配电设备之间的接线头有油泥或氧化物，接线螺丝松脱，连接线断线、定子绕组断线。

（3）发电机振动。发电机振动按其原因可以分为电磁性原因与机械性原因两种。

1）电磁原因：①转子线圈匝间短路或接地，造成磁场不平衡；②定子和转子间空气隙不均匀；③转子线圈变形，位置移动；④定子铁芯绝缘损坏，硅钢片松弛。

2）机械原因：①转子本体不平衡；②汽轮机与发电机联轴器的中心配合不正；③轴承间隙不当或轴承螺栓松动；④基础下沉或其他原因造成基础与底板脱开。

3）发电机转子轴向窜动：①电机转子位置倾斜；②定子和转子不同心。

4）定子铁芯损坏：①定子线圈击穿，烧毁硅钢片；②导磁物件掉入铁芯造成铁芯片间短路；③由于制造不良或是铁芯松弛。

5）定子线圈的毛病和事故：①绕组槽楔或端部垫块松动引起绝缘磨损；②过负荷或其他原因引起绕组过热，造成绝缘热老化；③突然短路引起绕组绝缘机械损伤；④过电压引起绝缘击穿；⑤铁芯松弛引起绝缘损伤；⑥线圈接头焊接不牢。

6）转子线圈的毛病和事故：①线圈端部污秽引起绝缘电阻下降；②电机突然无载过速，励磁电压升高造成绝缘击穿；③线圈匝间短路或不稳定接地；④不平衡负荷或异步运行造成转子局部过热。

7）轴承的故障：①轴承座绝缘不良造成轴电流通过轴承引起轴承过热和侵蚀；②油量不足等原因造成轴承过热；③油量调节不当或密封不良引起轴承漏油。

8）发电机的过热：①过载运转；②铁芯和绕组的短路；③空气冷却器或通风系统发生故障。

2. 维护检修的一般项目

（1）检修前的准备工作。根据现场情况、运行缺陷记录、革新与改进措施编制检修项目、进度、准备必需的工具、仪表、备品和材料，并进行一些必要试验：

1）停机前测量轴承振动。

2）在去掉负荷和电压后，立即在额定转速，减低转速直至停车，测量转子绝缘电阻。

3）停机后，立即测量定子线圈热态绝缘电阻。

4）其他有必要进行试验的项目，如空载特性、短路特性、直流电阻等。

（2）轴承的检修：

1）测量轴承座与底板以及进出油管的绝缘电阻，并予以清理擦净。

2）检查转子轴相对位置，轴颈与轴承上部间隙，两侧间隙以及轴承与轴承盖紧量。

3）轴承巴氏合金与瓦胎的接合面有无裂纹，工作面有无研伤痕迹以及磨损情况。

4）检查轴承油室及油管是否清洁，必要时予以清洗。

5）经常检查轴承的用油质量和黏度，定期更换，至少半年更换一次。

（3）转子的检修：

1）一般情况：①擦净整流器和引线周围的污秽；②检查风扇紧固情况，并注意风叶和焊缝有无裂纹；③检查通风孔有无堵塞，护环有无其他异常现象；④用灯照亮转子花鼓筒缺口，检查转子线圈端部；⑤检查轴颈表面情况。

2）抽转子。新机组投运后一年，抽出转子，全面检修。此后除特殊情况外，每三年抽出一次：①检查转子表面有无变色锈斑，本体与护环配合面处有无变色，并根据运行记录判明局部过热的原因；②检查转子槽楔是否松动；③抽出转子后，在宽敞的地方进一步对风扇与护环进行检查，可卸下风扇与间隔环，检查护环与中心环的配合，卸前，应作好记号以便安装复位。

3) 拔取转子护环。发电机转子护环是加热嵌装到发电机本体及心环上的，是保护励磁绕组的重要部件。拔取转子护环仅在转子线圈匝间短路、接地或绝缘电阻严重下降等转子线圈内部问题，不拆无法排除故障的情况下，方准进行。因此拆装护环工作是个重要工序，不允许出现任何差错，一般应由专业人员谨慎地进行，这里不再赘述。

4) 拔出转子护环后的转子检修工作：①首先寻找和消除作为必须拔护环原因的故障；②检查线圈端部形状是否变形，端部垫块是否有移动；③检查转子绕组匝间、端部及接至整流元件的引线绝缘情况；④用无油质干燥的压缩空气吹扫线圈端部的灰尘，必要时修理其绝缘，重新喷漆；⑤对线圈已经重新绝缘或端部垫块位置移动较大的转子，重做平衡校验。

(4) 定子的检修：

1) 不抽出转子的检修工作：①检查定子线圈端部及连接线的绝缘有无损坏（如皱纹、破裂、胀起等）和外复漆面的状态，并且将油污脏物擦净；②检查定子线圈及连接线所有的焊接头处绝缘，有无枯朽等过热迹象，并测量每一分支路直流电阻，比较各支路，并与以前测量的数值比较分析；③检查端部垫块、支架及引出线处垫块的绑扎有无松弛，端部压块螺栓支架以及出线板处螺栓有无松动；④用250V摇表检查埋在定子内的电阻测温元件的绝缘电阻；⑤检查定子和转子间的空气间隙，并注意定子槽楔有无凸出。

2) 抽出转子后，凡是进入定子镗内的作业，应在定子铁芯和线圈端部铺上绝缘纸板，以免损坏或弄脏定子，严禁脚踏线圈端部，衣内不得有其他金属物件，以免掉入定子内部，每次工作完毕，清点工具，不能遗落机内。

3) 检查定子铁芯，应注意镗内表面有无锈斑或变色锈斑，以确定铁芯有无松弛或由短路引起的局部过热情况，检查通风槽钢是否压紧，检查风道时，注意不要碰坏测温引线。

4) 检查定子线圈的槽内部分时，应注意通风渠内线圈绝缘有无显著胀出情况，槽楔是否松弛，个别地方的槽楔和绝缘有无局部过热迹象。

5) 其他特定的检修项目。

6) 用干燥无油质压缩空气吹扫定子铁芯和线圈端部，视情况决定是否线圈端部喷漆。

(5) 发电机检修后的干燥工作。解体的发电机，可能存在线圈和铁心受潮，各部绝缘碰坏或缺陷处理不当等现象，故大修（新装）后最好先进行干燥。

1) 注意事项：①干燥前须清扫、吹净，如所采用的干燥方法必须使转子处于运转状态时，尚应注意定、转子气隙，旋转零件间隙，轴承间隙，油路润滑等启动前的一般机械检查。在运转中，同样应注意检查轴承油温及轴承振动；②干燥时，铁芯和线圈最热点的最高容许温度：用温度计测定为70℃，用电阻温度计测定为80℃，用电阻法测定为90℃，从电机排出的空气温度不得超过65℃；③干燥时，温度应缓慢增加。一般升温为每小时5~8℃，并应定时测量绝缘电阻、线圈温度、周围空气温度等有关数据；④转子插入定子内而转子又处于静止状态时，对电机进行干燥，当定子温度达到70℃后，转子至少每2h转动180°；⑤干燥的地方主要根据现场可能条件以及电机受潮情况而选择。

2) 干燥方法。干燥方法可以是下述的一种或者几种结合使用：

a. 外部加热干燥法：①电机用帆布罩起，帆布顶上开一个小孔，在发电机下部置入电阻器或白炽灯等，利用自然通风使潮气从小孔逸出，注意勿使电机产生局部过热；②强迫通风时，在入风口处装设空气过滤器；③防止加热器的火星酿成火灾。

b. 外部电源电流干燥法。用外部电源在绕组通入电流产生发热进行干燥，干燥时机壳应可靠接地。按电源不同可分为以下三种方法：①接直流电源，所需电压值根据绕组的直流电阻和所需电流大小确定。注意用接变阻器逐步降低电压方法切断电源，不能用开关切断电源，以避免瞬时过电压击穿绝缘；②接三相交流电源，干燥电流一般不超过额定电流的 50%～70%，电压一般在额定值的 8%～20%。注意必须抽出转子，以防造成转子局部过热；③定子绕组开口三角形连接，通入单相交流电，此时转子可不必抽出。

c. 定子铁损干燥法。在定子上绕以一定匝数电缆，通单相电流使定子铁芯加热；①若电缆能穿过电机气隙，转子可不必抽出，此时应确保轴承绝缘良好，并在干燥过程中，注意监视其绝缘情况；②测量定、转子绕组绝缘电阻，可不断开电缆电源，但须短路转子绕组；③使用铁损干燥时，铁芯内圆不得有金属物，以免引起短路使铁芯受损；④应经常转动转子（例如用转子转动装置）；⑤电缆可选用 BXR-500，截流量应为正常使用值的 60%～70%，禁用铠装或铅皮电缆，在电源电压不变的情况下，可减少匝数以增加铁心的温度；⑥此法禁用直流电，以免定子铁芯达到饱和以致使励磁电流剧烈增加。

3）干燥后定、转子的绝缘测试。当电机干燥后吸收比及绝缘电阻值应符合下列标准，并经 5h 以上稳定不变，方可认为干燥良好，符合安全数值。

a. 定子线圈温度在 10～30℃，吸收比：$\dfrac{R60}{R15}>1.3$（此项仅供参考）。

b. 定子线圈在接近线圈运行温度时绝缘电阻不小于：

$$R=\dfrac{U}{1000+P/1000}$$

式中　R——绝缘电阻，MΩ；

U——额定电压，V；

P——额定容量，kVA。

c. 转子线圈绝缘电阻干燥后并经 3h 以上不再变化且大于 0.5MΩ 为合格（20℃时）。

（6）发电机装复注意事项。

1）基础、地脚螺栓孔、风道、电缆沟以及通向发电机小间预留孔的位置尺寸及质量。

a. 基础、风道、地脚螺栓孔内的模板及杂物应清除干净。

b. 地脚螺栓孔应垂直，并符合发电机纵横中心线。

c. 检查混凝土承力面及电机混凝土风道顶部的标高。

d. 管沟底部应平整，并按设计设有正确的倾斜度。

2）基础板下垫铁的布置

a. 根据基础图纵横中心线及标高水平进行底板初步安装，并在其下部垫以垫铁。

b. 垫铁布置对称于发电机纵横中心线，应设在负荷集中的地方，间距为 250mm，其他地方间距可以放宽至 400～700mm。

c. 尽可能布置在底板主筋下，垫铁下混凝土受压面的单位荷重为 2.5～4MPa。

d. 放置垫板时，厚垫铁放底层，薄的放上层，层数应尽量少，一般不超过 3 块。

e. 垫铁处混凝土刮平，垫铁与混凝土面，垫铁与基础板，垫铁之间均应接触良好。

f. 为了防止灌入混凝土内的垫铁移动，可将斜垫铁间点焊牢。

3）安装轴承座：

a. 安装前应清洗并检查轴瓦及轴承座：①轴承座的油室，轴承与轴承座的油通路应清洁，无铸砂及污垢，并检查轴瓦巴氏合金，应无刻划的沟道、裂纹、气孔、夹杂物及脱壳等缺陷；②轴瓦与洼窝、轴瓦水平接合面、轴承座水平结合面均应接触良好；③轴瓦进油孔应与轴承座进油孔一致，检查不得装反。

b. 轴承座应根据发电机中心线进行安装和调整，在轴承座下应按设计放置干燥的绝缘垫板及调节垫片，高度一般为 8～10mm。安装时为了防止绝缘垫板损坏，应暂用其他垫板代替。绝缘锥销应用钢锥销代替。

c. 发电机转子轴颈凸肩与轴承挡油板设计留有 50mm 间隙，已经考虑电机及汽轮机转子热膨胀伸长时引起的窜动，但是考虑到膨胀伸长后油封位置的对准，励磁机侧轴承应向后方（即励磁机方向）移过 $\delta_1+(3\sim5)$mm，δ_1 为转子热膨胀时向发电机方向的绝对伸长量。

d. 轴承下瓦的两侧垫块与轴承座洼窝应接触良好。下面的垫块与轴承座洼窝之间的转子不压在下瓦时应保留 0.03～0.05mm 间隙，如图 5.4 所示。

e. 轴承内轴颈与轴瓦间隙的调整应符合：①轴颈与轴瓦接触面中心角为 60°～90°，接触分布应均匀；②轴颈与轴瓦顶部间隙为轴颈直径的 1.5/1000～2.0/1000，两侧单面间隙为 0.75/1000～1.00/1000；③轴承盖与上瓦应有适当的紧力，过盈量不超过 0.03mm。

f. 修准挡油板间隙：上部 0.25～0.30mm；两侧 0.15～0.25mm；下部 0.10～0.15mm。

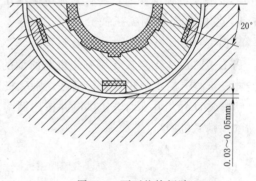

图 5.4 下瓦垫块间隙

4）发电机转子中心的找正：

a. 吊转子于轴承上，起吊时注意：①钢丝绳不得触及轴颈、风扇等处；②起吊时不得以转子护环为支点；③钢丝绳拴住转子的地方应用木板垫起。

b. 移动底板位置，根据联轴器找好汽轮机与发电机转子的中心，其偏移及二端面的平行度具体数值，应根据汽轮机安装使用说明书规定。

c. 找正后，用塞尺及手锤轻敲检查底板下垫铁接触的情况，并最后旋紧地脚螺栓。

5）吊去转子，安装定子：

a. 定子起吊应注意不得损及绕组端部。

b. 考虑到运行时汽轮机转子相对伸长及发电机转子伸长，定子中心应比转子中心向励磁机端偏移 $\delta_2+(2\sim3)$mm，δ_2 为汽轮机转子向电机方向的伸长量。

6）转子插入定子，一般有两类方法：

a. 发电机转子汽机侧联轴器上接装一有适当法兰的短轴，其长度以在装入转子，当转子的重心临近定子线圈时，轴的汽轮机端部能从定子露出，便于第二次时能绑扎短轴及

211

转子本体，继续安装至规定位置为准。

b. 将转子与后轴承一并吊起，此时可短轴缩短或根本不用。此法钢丝绳只要绑扎一次，便可使第二次绑扎转子继续安装至规定位置。

7）根据联轴器检查发电机及汽轮机中心是否找正，并应注意检查下列部位。

a. 发电机定子与转子空气隙应均匀，相互差不超过气隙平均值的±5%。

b. 检查风扇与端盖径向与轴向间隙，端盖密封圈与转轴的径向间隙，见表 5.4。

表 5.4 间 隙 检 查 单位：mm

项目	汽轮机端	励磁机端
δ_1	3.4～4.15	3.4～4.15
δ_2	0.38～0.74	0.38～0.74
Δ_1	11～16	16～20

8）励磁连接线及定子引出线安装时注意检查以下几个方面：

a. 励磁连接线、导电部分应连接紧密，对地绝缘良好。

b. 定子引出线接触面应清洁、平整、光滑。

c. 接触面包扎绝缘前，进行直流电阻测定，其值不大于同长度引出线电阻的120%。

5.1.8 发电机无刷励磁机简介

1. TFL-130-4 型交流励磁机概述

TFL-130-4 型交流无刷励磁机与所配的 QF-30-2 型发电机同轴旋转。三相交流电经二极管整流后供给转子进行励磁，励磁机定子磁场的励磁则由静止可控硅励磁装置提供，励磁装置由发电机端电压供电并按比例调节。

（1）励磁机型号：

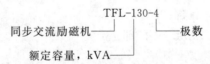

（2）主要技术数据：①额定功率为130kVA/116kW；②额定电压为203V；③额定电流为370A；④额定频率为100Hz；⑤相数为3；⑥额定转速为3000r/min；⑦额定功率因数为0.89；⑧接法为Y；⑨额定励磁电流为8.5A；⑩额定励磁电压为121.8V；⑪绝缘等级为F级/B级考核。

2. 结构简介

励磁机为转枢式结构，转子铁芯由硅钢片叠压而成，转子线圈为双层圈式线圈，用3240制成的槽楔固定在槽内，端部用无纬玻璃丝带绑扎，交流引出线通过轴表面的引线槽引至旋转整流环，外面用无纬带绑扎。

定子铁芯用薄钢板冲制的磁极冲片叠压而成，极靴上装有圆形阻尼条，两端阻尼环组成阻尼笼，可减小整流反应和二极管中感应电压。磁极线圈用聚酯漆包线绕制而成，外包玻璃丝带，通过磁极铁心用螺栓固定在定子机座上。机座为上下两半结构固定在底架上。

旋转整流环有两个旋转盘，一个接旋转整流桥正极，一个接负极，每个装有6个整流二极管并固定在支持环上，它们之间互相绝缘。支持环热套在转子轴上。电枢引出线和旋转整流桥相联。旋转盘通过连接线沿着转轴表面为发电机转子线圈送电。连接线用线夹紧固在转轴上，线夹与连接线之间垫有适形毡，旋转盘上开有圆孔作通风用。图 5.5 为旋转整流环接线示意图。

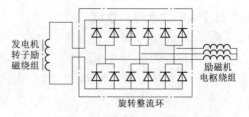

图 5.5　旋转整流环接线

励磁机有一个油循环的滑动轴承固定在底架上，轴瓦能自动调整球面，轴承座采用铸铁件，轴承座与底架之间及轴承座与油管之间均垫以绝缘垫片，以防止轴电流损坏轴承。

励磁机端盖分为上、下两半，为钢板焊接结构，并开有进出风窗。

励磁机的通风：冷空气由前端进风窗进入，通过轴上桨式风扇加压，冷却定、转子后由端盖出风窗排出；另一部分从旋转盘的进风孔进入，由外罩上的出风窗排出。

3. 机组的启动

(1) 启动前的准备：①机组启动前，现场、风道整齐、干净；②机组安装（或检修）就绪，全部螺栓应紧固；③轴承润滑油系统通畅，油系统及其联动装置应经检查与试运行；④检查励磁机各部分连线是否正确；⑤和发电机转子一起由盘车装置转动，检查转动部分有无卡碰；⑥测量励磁机定、转子绝缘电阻，轴承座绝缘电阻合格；⑦测量励磁机定、转子线圈的直流电阻，并与制造厂测量的数据进行比较。

(2) 启动。启动过程中，不加励磁，进行无负荷机械检查，检查油温及轴承振动是否正常。

4. 交接试验

(1) 绕组对机壳及相互间绝缘电阻的测定。

(2) 绕组在实际冷状态下直流电阻的测定。

(3) 振动的测定。

(4) 空气隙的测定。

(5) 测量轴承进出油温。

(6) 测量进出风温。

(7) 耐电压试验，试验电压为出厂试验值的 80%，历时 1min。

(8) 短时升高电压试验。

5. 运行中注意事项

(1) 严密监视励磁机的励磁电流和电压，轴承温度，并做好记录。

(2) 轴承的润滑油出油温度不应超过 65℃。

(3) 励磁机冷却空气的温度不得超过 40℃，不得低于 5℃。

(4) 机组在额定转速下运行时，轴承座振动值（两倍振幅）应符合国家标准的规定。

(5) 保持轴承座周围的清洁，定期检查其绝缘电阻。

(6) 励磁机按额定数据运行时，转子电枢绕组和定子磁极线圈允许温升为 80K。

(7) 绝缘电阻：

1) 励磁机电枢绕组在干燥后接近工作温度时，用 1000V 兆欧表测量其对地绝缘电阻应不低于由下式求得的数值：

$$R = \frac{U}{1000 + P/100}$$

式中　R——绝缘电阻，$M\Omega$；

　　　U——额定电压，V；

　　　P——额定容量，$kV \cdot A$。

2）励磁机励磁绕组的绝缘电阻，在冷态下用 500V 兆欧表测量时，应不低于 $0.5M\Omega$。

3）励磁机轴承与油管和底架间，用 1000V 兆欧表测量时，其绝缘电阻应不低于 $1M\Omega$。

（8）在运行中必须避免灰尘、水滴、金属碎屑及其他杂物进入电机。

（9）励磁机在运转时，不得覆盖任何物品，外物不得阻碍励磁机的进出风。

（10）运行中可用约 2atm 的干燥空气吹扫整流环，但不得使灰尘污垢吹入励磁机内。

（11）无励磁运行时，电机转子回路中没有附加的灭磁开关和灭磁电阻，而整流只能正向导通，因此，不宜无励磁异步运行，以防严重的滑极过电压击穿转子回路的绝缘。

6.检修

（1）小修：

1）清理吹净励磁机内尘土、油泥等。

2）检查整流器以及所有连接螺栓是否松动，引线及绝缘是否有损坏及断裂现象。

3）检查旋转整流盘上每个整流元件的正反向电阻是否正常。

（2）大修：

1）检修前的准备工作。机组在停机前，记录运行中的缺陷，准备必要的仪表工具及备品备件和材料，并进行必要的试验。①测量轴承座的振动；②检查轴承等的绝缘情况；③在额定转速下，测量励磁机的定子绕组电抗；④停机后，测量励磁机绝缘电阻；⑤测量励磁机的空气间隙，风扇环的径向间隙。

2）轴承的检修：①测量轴承座与底架以及进出油管之间的绝缘电阻，并将灰尘、油污等清理干净；②检查轴颈在轴承中的位置，轴颈与轴瓦上部、两侧以及挡油板与轴的间隙；③轴承合金与瓦胎的接合面有无裂纹，轴承合金工作面有无研伤痕迹以及磨损；④轴承油室以及油管是否清洁，经常检查轴承油质和黏度，至少半年更换一次。

3）励磁机转子的检修。新机组投运后一年，抽出转子。此后，可每四年抽出一次。

①检查转子表面有无变色和锈斑，结合运行记录判明局部过热及产生原因。②检查转子的槽楔有无松动。③检查线圈的端部是否有变形以及外围包扎的无纬带情况。④检查转子绕组匝间，端部以及引出线绝缘情况。⑤清理擦净整流环上的污秽。⑥检查线圈及连接线所有接头绝缘有无枯朽过热，测量每一分支直流电阻并分析。

4）定子检修：①检查磁极铁芯表面有无锈斑或变色痕迹。②检查磁极线圈表面绝缘漆的情况。③检查磁极线圈的连接线是否牢固。

（3）励磁机的干燥

1）外部加热干燥法：采用电炉和蒸气管作热源，用鼓风机吹风，热空气温度不要超过 90℃，不断转动转子使电机干燥均匀和防止久热变形。

2）短路电流干燥法。将整流环的整流元件正负极短路或交流侧短路，在励磁侧通以不大于额定短路励磁电流 40％的励磁电流，运行 3~4h 后，再升高至 55％额定短路励磁电流。

3）干燥注意事项：①过分潮湿的电机不宜采用线圈通电加热法；②防止局部过热现象；③每隔半小时测量一次绝缘电阻，当其值稳定 3h 以后，可以认为干燥完成。

5.2 变压器及其运行

变压器是一种静止电器，它利用电磁感应原理将一种电压、电流的交流电能，变换为同频率的另一种电压、电流的交流电能。

5.2.1 变压器的基本原理和分类

1. 基本原理

变压器的主要部件是两个或以上相互绝缘的绕组，套在一个共同的铁芯上。当一次线圈通以交流电时，变压器铁芯产生交变磁场，二次级线圈就产生感应电动势，一、二次端电压与其绕组匝数近似成正比，从而实现电压的变化。

2. 分类

（1）按电源相数分类：可分为单相、三相和多相变压器。一般应用三相变压器。

（2）按绕组数目分类：可分为双绕组和三绕组变压器。双绕组升压变压器一次绕组是低压绕组，二次绕组是高压绕组，而降压变则相反。

（3）按冷却介质分类：可以分为油浸式、干式（空冷式）以及水冷式变压器。干式变压器多用在低电压，小容量或用在防火防爆的场所，大多采用油浸式变压器。

（4）按调压方式分类：可分为有载调压和无载调压变压器。

5.2.2 变压器结构

变压器最主要部件是铁芯和绕组，这是电磁能量转换的有效部分，称为变压器的器身。

油浸式变压器的器身浸放在油箱里，油箱是变压器的外壳，箱内灌满了变压器油，起绝缘和散热作用。油箱外装有散热器，油箱上部还装有储油柜（油枕），安全气道（防爆管或压力释放阀），绝缘瓷套管等。

1. 铁芯

铁芯是变压器中主要的磁路部分。铁芯的基本结构有芯式和壳式两种，电力变压器一般都制造成芯式。铁芯与油箱绝缘，铁芯地线经附加绝缘套管引至油箱外接地，但不能将铁芯与油箱外壳直接相连接地，也不能采取多点接地，只能是一点接地，以防环流产生。

2. 绕组

绕组是变压器的电路部分，由铜或铝的绝缘导线绕成，电力变压器的高低压绕组在铁芯柱上按同心圆筒的方式套装，在一般情况下为便于绝缘处理，总是将低压绕组放在里面靠近铁芯处，把高压绕组放在外面，高、低压绕组间以及低压绕组与铁芯柱之间留有绝缘间隙和散热通道。

3. 油箱

油箱结构有吊器身式和吊箱壳式两种。大容量变压器皆为吊箱壳式，由上节油箱、下节油箱、器身组成。箱壳上装有储油柜，又称油枕或油膨胀器，通过气体继电器的连通管与箱壳连通，其上部装有一个呼吸器，油面随温度的变化可自由升降。呼吸器的下端装有能够吸收水分与杂质的硅胶。此外，储油柜上装有全密封式带磁性的油位指示器。

4. 辅助部件

(1) 气体继电器。气体继电器是带储油柜的油浸式变压器的一种保护装置，安装在油箱与储油柜之间的连接管路中，在变压器内部发生故障时，它将发出报警信号或切断变压器的运行。气体继电器外部由壳体、上盖、跳闸试验按钮、放气阀、接线盒等组成。在新投运的变压器上，其内可能有未排尽的气体，确认后可经放气阀将空气排掉。

(2) 吸湿器。吸湿器作用是供清除和干燥储油柜的空气杂物和潮气，保持变压器油的绝缘强度，主体为玻璃管，内盛氯化钴浸渍过的硅胶干燥剂，罩中装有变压器油，作为杂物过滤剂。

(3) 净油器。净油器是一个充有吸附剂（硅胶）的容器，运行变压器油箱内的上下层油温不同而引起油对流循环，部分循环油流经净油器时，所带的水分，游离碳等杂质被吸收净化。

(4) 防爆管。防爆管是一根钢质圆管，顶端出口装有一块玻璃或酚醛薄膜片，下部与油箱联通，油箱内压力异常升高时，油和气体冲破玻璃或酚醛薄膜片向外喷出，保护油箱以免破裂。

(5) 储油柜。储油柜主要用以储存因温度变化产生体积改变的变压器油，柜端装有油位计，柜内装有一个隔膜袋，袋内经过呼吸管及吸湿器与大气相通，袋外和变压器油相接触。

(6) 套管。套管由瓷质的绝缘套筒和导电杆组成。导电杆下端与绕组引线，上端与线路连接。套管以电缆纸和电容芯子为主绝缘，瓷套为外绝缘及油容器。

(7) 冷却系统。干式变一般为风冷式或自冷式。油浸变压器按其容量的大小大致有自冷式、风冷式、强迫油循环风冷却等方式。

(8) 调压装置。一般在高压绕组中部或端部引出若干个抽头，连接在可切换的分接开关上，以改变高压绕组匝数，在一定范围内进行调压。分接开关分为无载调压和有载调压两类。

5. 变压器铭牌

(1) 型号。变压器型号由字母和数字两部分组成，字母代表变压器的基本结构特点，数字分别代表额定容量和高压侧额定电压，变压器的符号含义见表 5.5。

(2) 额定值：

1) 额定容量 S_n。在额定使用条件下的变压器容量称为额定容量，单位为 kV·A。三相变压器为三相额定容量之和。

2) 额定电压 U_{1N}，U_{2n}。变压器长期运行所能承受的工作电压。一次额定电压 U_{1N} 是接到变压器一次绕组端点的额定电压值；二次额定电压 U_{2N} 是 U_{1N} 下的变压器二次绕组空载电压。三相变压器的额定电压均指线电压，单位为 V 或 kV。

3) 额定电流 I_{1N}、I_{2n}。在额定使用条件下，变压器原方输入的一次电流和二次输出的电流，分别用 I_{1N}、I_{2n} 表示，三相变压器的额定电流均指线电流，单位为 A。

4) 阻抗电压百分值 U_K。二次侧流过额定电流时（二次短路），一次侧施加的电压值，一般以占额定电压的百分比表示，它是计算短路电流的依据。

表 5.5 变压器的符号含义

顺　序	含　义		代表符号
	内　容	类　别	
1（或末数）	线圈耦合方式	自耦降压或升压	O
2	相数	单相	D
		三相	S
3	冷却方式	油浸自冷	J
		干式空气自冷	G
		干式浇注绝缘	C
		油浸风冷	F
		油浸水冷	S
		强迫油循环风冷	FP
		强迫油循环水冷	SP
4	线圈数	双线圈	—
		三线圈	S
5	线圈导线材质	铜	—
		铝	L
6	调压方式	无励磁调压	—
		有载调压	Z
7	组合类型	加强干式	Q
		干式防火	H
		移动式	D
		成套	T

注　数字部分斜线左边表示额定容量，右边表示一次侧额定电压。

5）空载损耗 P_0。一次绕组施加额定电压时（二次开路），变压器从电源吸收的功率，单位为 kW。

6）短路损耗 P_K。一次电流达到额定值时（二次短路），变压器从电源吸收的功率，单位为 kW。

7）空载电流百分值 I_0。变压器在额定电压下空载运行时，一次绕组中流过的电流。一般以占额定电流的百分比表示。

8）连接组别。连接组别是表示变压器绕组的连接方法以及一、二侧对应线电势相位关系的符号。由字符和数字两部分组成，前面的字符自左向右依次表示一、二侧绕组的连接方法，后面的数字代表二次侧与一次侧电压的相位角。如"Yn，d11"，表示一次侧为星形带中性线的接线，二次侧为三角形接线，二次侧滞后一次对应侧线电压 330°（超前 30°）。

5.2.3　变压器投入前的准备

新安装、大修后或长期（15d 以上者）停运的变压器投运前的准备工作主要如下：

（1）高低压侧开关、刀闸完好，传动试验良好合格。

（2）电气试验合格。如绝缘电阻值和吸收比、绕组连同瓷套管的泄漏电流、介质损耗、绝缘油的耐压试验，化学成分化验等。

（3）保护已校验完毕。

（4）冷却装置试验合格。

（5）分接头位置正确、调节灵活、就地档位与集控室指示一致。

（6）温控器或温显仪调试正常。

（7）各部完好，符合运行条件。油枕油位指示正确，瓦斯继电器内部无气体，高低压侧各部接线（接地）良好，防爆管、吸湿器完好，各部件清洁、无裂纹及渗漏，散热器等各阀门均已打开等。

（8）投运的操作票已写好，各级审查无误并已签名。

5.2.4 变压器的投运

（1）空载合闸投运检查。主要是听声音，正常时发出嗡嗡声；异常时有以下几种情况发生：声音比较大而均匀时，可能是外加电压偏高；声音比较大而嘈杂时，可能是芯部有松动；有滋滋放电声音，可能套管有表面闪络。

（2）变压器半负荷运行。所带负荷应由轻到重，逐渐投入，直到半负载时停止，观察变压器温升、一次二次侧电压和负荷电流变化情况。

（3）变压器满负荷运行。确认变压器半负荷通电运行安全后，继续调试变压器负荷侧使其达到满负荷状态，观测记录温升、一次二次侧电压和负荷电流变化情况。

注意：①必须用开关进行变压器的启停操作和切断负荷电流或空载电流；②变压器退出运行后，如果是在高湿度下，且已有凝露现象，须先干燥后重投；③变压器空载冲击合闸前，中性点必须接地；所有负荷侧开关全部拉开。

5.2.5 变压器运行

变压器在规定的冷却条件下，可按铭牌规定长期运行。

1. 运行电压

（1）运行中变压器的电压允许变动范围为额定电压的 $\pm 5\%$。

（2）分接头不论在哪个挡位，所加电压不得高于其相应档位电压的 105%。

2. 运行温度

（1）油浸自冷、油浸风冷式变压器的上层油温不得超过 $85℃$，最高不得超过 $95℃$。

（2）油浸风冷变压器风扇停运时上层油温不得超限，不超过 $55℃$ 可额定负荷运行。

（3）干式变压器其绕组、铁芯和金属部件的温升限值均应符合《干式电力变压器》（GB 6450—86）规定。

3. 绝缘电阻

（1）变压器检修或停运再启投或热备前，均应测量其绝缘电阻值。

（2）测试仪表（温度为 20～30℃，湿度≤90%）：高压-低压及地≥300MΩ，2500V 兆欧表测量；低压-地≥100MΩ，500V 兆欧表测量。

（3）吸收比不小于 1.3，否则视为绝缘电阻值不合格，不能投入运行。

（4）比较潮湿的环境，绝缘电阻值会有所下降，一般若每 1000V 额定电压，其绝缘电阻值不小于 2MΩ（1min 25℃时的读数），满足运行要求。

4. 接带负荷

（1）油浸自冷、风冷厂高变、启备变的正常过负荷以 25％为限，上层油温不得超限。

（2）干式变环境温度不超过 20℃带 110％负荷，AF 方式下带 150％负荷，可长期运行。

（3）变压器事故过负荷允许值，参照表 5.6 的规定运行。

表 5.6　　　　　油浸自然循环冷却变压器事故过负荷允许运行时间　　　单位：小时：分

过负荷倍数	环 境 温 度/℃				
	0	10	20	30	40
1.1	24：00	24：00	24：00	19：00	7：00
1.2	24：00	24：00	13：00	5：50	2：45
1.3	23：00	10：00	5：30	3：00	1：30
1.4	8：30	5：10	3：10	1：45	0：55
1.5	4：45	3：10	2：00	1：10	0：35
1.6	3：00	2：05	1：20	0：45	0：18
1.7	2：05	1：25	0：55	0：25	0：07
1.8	1：30	1：00	0：30	0：13	0：06
1.9	1：00	0：35	0：18	0：09	0：05
2.0	0：40	0：22	0：11	0：06	

5. 变压器正常运行中的检查项目

参照 5.2.3 变压器投入前的准备中相关内容。

6. 变压器的特殊检查要求

（1）雨、雪天气检查变压器室内有无渗漏水现象；室外变有无积雪、结冰现象，引线、瓷套管、绝缘支持瓷瓶有无闪络和放电现象。雷雨后检查室外变压器有无放电和雷击烧伤痕迹，避雷器是否动作。

（2）大风天气检查室外变高压侧引线有无剧烈摆动松弛现象，顶部或母线桥有无杂物。

（3）大雾天气检查室外变各部有无火花、放电或发出异常声音等现象。

（4）环境温度剧烈变化时，检查室外变油位及充油瓷套管油位、上层油温是否正常。

（5）过负荷运行时，加强检查监视过负荷电流值、时间和温度等工况变化情况。

（6）事故跳闸后除常规检查外，必要时进行色谱分析和相关试验，不能贸然恢复运行。

7. 运行中变压器的注意事项：

（1）加油、放油及充氮时，应先将重瓦斯保护解除，工作结束检查正常后再投入。

（2）带电滤油、更换硅胶、在油阀门或回路上工作，均应先退出重瓦斯保护，工作结束后，待 24h 后无气体产生时，方可投入。

（3）遇有特殊情况（如地震），可考虑暂时将重瓦斯保护退出。

（4）收集继电器气体时，注意人身安全，远离火种，正确区分试验按钮与放气按钮。

5.2.6 变压器分接头开关的调整及运行维护

1. 分接头开关调压操作

（1）"高往高调"与"低往低调"。低压绕组不动（匝数不变），"高往高调"是调大高压绕组匝数，这样电源电压没变，变比增大，低压侧电压就低了，同理"低往低调"时，二次电压变高了。

（2）无载分接头开关调整电压挡位的操作顺序：①变压器停电，做好安全措施；②拧松分接头开关操作手柄上的螺栓；③旋至待调整电压挡位置，左右转五、六下后再定位，以清除氧化膜及沉积物；④测高压侧绕组直流电阻，最大与最小差值不大于最小值的2%，并锁紧位置；⑤拧紧分接头开关手柄上的定位螺栓；⑥记录。

（3）有载调压开关调整电压挡位的操作顺序：①检查装置电动机动力保险。②检查装置抽头位置指示器电源。③检查装置机构箱内挡位指示与 CRT 上的挡位指示一致。④按一下升压或降压按键，观察挡位及电压表指示变化，逐步调到要求数值。⑤检查装置机构箱内挡位指示与 CRT 的指示是否一致。⑥全面检查装置有无异常现象。

（4）注意事项：

1）不允许一次调节数挡，一挡电压稳定后再继续，以防开关的接点烧坏。

2）对照调节后挡位的电压与该挡位额定电压值。若不符或有异常及时汇报处理。

2. 有载调压开关维护要求

（1）每切换操作 1000 次后做油质化验，运行满一年或切换次数达 30000 次时换油。

（2）切换次数达 50000 次或投运五年后，解体清洗，检测触头与过渡电阻是否完好。

（3）过载运行时，不允许频繁操作调压。

（4）在调节回路中的电流闭锁装置，变压器运行时必须投入。

（5）瓦斯保护与防爆装置动作，查明原因后方可投运变压器。

（6）切换开关的操作机构封闭门无雨雪、尘土侵入。

（7）有载变压器运行或切换操作过程中，过电压、电流指示连续摆动时，申停变压器。

（8）定期收集调压瓦斯气体。

（9）定期检查各油杯中油位，刹车电磁铁闸片的干燥与清洁。

5.2.7 变压器事故处理

变压器一旦发生事故直接影响到电能的质量和机组的出力，甚至使发电机与电网解列。

1. 变压器事故处理原则

（1）变压器事故涉及厂用电及电网系统的运行，必须在值长的统一领导下进行。

（2）事故处理要严防造成设备损坏，事故扩大。

（3）坚持事故原因没有查清不放过原则，彻底消除事故隐患。

（4）优先保证厂用电系统及电网的安全稳定运行。

（5）变压器事故的现象、原因、处理经过要详细记录。

2. 变压器异常运行及处理

如有任何异常均应设法尽快消除，特殊情况下，按程序立即停运修理。

（1）变压器声音不正常。正常运行时应为均匀的嗡嗡声，否则均属声音不正常。

1）变压器过负荷，发出沉重的"嗡嗡声"。

2）变压器负荷急剧变化，发出较重的"哇哇声"或"咯咯"的突发间歇声。

3）系统短路，发出很大的噪声。

4）电网发生过电压，发出时粗时细的噪声，可结合电压表指示综合判断。

5）铁芯夹紧件松动，发出"叮当叮当"和"呼呼呼"等锤击和类似大风的声音。

6）内部放电打火，发出"哧哧"或"劈啪"放电声，应停电做绝缘油的色谱分析。

7）绝缘击穿或匝间短路，夹杂不均匀爆裂声和"咕噜咕噜"沸腾声，处理同上。

8）外部放电，套管处有蓝色的电晕或火花发出"嘶嘶"或"咝咝"的声音，说明瓷件污秽严重或设备线卡接触不良，应加强监视，待机停电处理。

（2）变压器油温异常：

1）在正常负荷和冷却条件下，变压器上层油温较平时高出 10℃ 以上，或负荷不变而油温不断上升，则认为变压器温度异常。

2）内部故障如匝间/层间短路、引线接头发热、铁芯接地等使油温升高，应停电处理。

3）冷却器运行异常如散热器阀门未打开等，可不停电对冷却器缺陷处理或调整风力。

（3）变压器油色不正常：

1）正常呈透明微黄色，油色发生变化，应及时取油样分析化验。

2）运行中油色骤然变化，油内有积碳并伴有其他不正常现象时，应立即停运变压器。

（4）变压器油位不正常：

1）油位过高，油温基本正常，非冷却器诱发的油位高出上限，可放油至适当高度。

2）油位过低，显著降至最低限以下，要及时查因补油，如大量漏油，应立即停运。

3）假如油位，负荷、气温、油温均正常，油位不变或异常，可视为假油位，应立即查因消除。若因胶囊设计不合理或胶囊破裂导致假油位，处理时先解除重瓦斯保护。

4）运行中的变压器补油时，应注意下列事项：

a. 应补入同型号的变压器油，新油经化验和混油试验合格后方可补入。

b. 补油前应将重瓦斯保护改投信号位置，防止误跳。

c. 补油后要检查气体继电器，及时放出气体。24h 后无问题将重瓦斯保护投入。

d. 补油要适量，油位与变压器当时油温相适应。

e. 禁从变压器下部截门补油，以防将底部沉淀物冲进线圈，影响绝缘和散热。

（5）变压器过负荷。"过负荷/温度高"动作信号，有/无功指示增大，电流指示超出额定值：

1）复归音响报警，汇报并做好记录。

2）及时调整运行方式，调整负荷分配。

3）按过负荷倍数确定过负荷允许时间，超出时，立即减负荷，并加强油温监视。

4）过负荷运行时间内，对变压器及其相关系统进行全面检查，发现异常立即处理。

（6）变压器不对称运行。三相负荷不一致，缺相（一相绕组故障，断路器一相断开，分接头不良等）等不对称运行时，应分析原因，尽快消除。

（7）变压器散热器故障，散热器渗漏油，温差大，应查明原因及时处理。

（8）变压器轻瓦斯保护动作报警：

1）原因。内部轻微故障；空气浸入器内（滤油/加油引发）；油位低于瓦斯继电器；二次回路故障。

2）处理。立即汇报、复归信号，现场检查，进行气体继电器放气取样并相应处理。

a. 检查变压器油位，设法消除低油位，恢复正常油位。

b. 检查变压器本体和冷却系统是否漏油。

c. 检查变压器的负荷、温度和声音的变化，判明内部是否有轻微故障。

d. 如继电器内无气体，可能二次回路故障，退出重瓦斯保护压板检查二次回路。

e. 如因继电器内气体聚集引起，应记录气体数量和报警时间并进行气体化验鉴定：①气体无色、无味不可燃者为空气，放出空气并注意下次发出信号的时间间隔，若间隔逐渐缩短，尽快找出原因，如短期内找不出原因，应停用该变压器；②气体为不可燃，且色谱分析不正常时，说明变压器内部有故障，应停用变压器；③气体为淡灰色，有强烈臭味且可燃，说明变压器内绝缘材料故障，应停用变压器；④气体为黑色、易燃为油故障（可能铁芯烧坏或内部发生闪络引起），应停用变压器；⑤气体为淡黄色，且燃烧困难，可能为变压器内木质材料故障，应停用该变压器；⑥调节有载分接头时轻瓦斯报警，可能分接头平衡电阻烧坏，应停调待机停用变压器。

3. 变压器的紧急停运

一般在下列情况下应紧急停运：

（1）瓷套管爆炸或破裂，瓷套管端头接线开断或熔断。

（2）冒烟着火。

（3）防爆管膜破裂，且向外喷油。

（4）释压器动作且向外喷油（主变、厂高变、高压公用变、起备变）。

（5）本体内部有异音，且有不均匀的爆裂声。

（6）无保护运行（直流系统瞬时接地直流保险熔断及接触不良但能立即恢复者除外）。

（7）变压器保护或高、低压侧开关故障拒动。

（8）变压器轻瓦斯动作发信号，气体检查鉴定为可燃性气体或黄色气体。

（9）变压器异常运行及处理中涉及的情形。

（10）正常负荷及冷却条件下，环境温度无异常变化，而油温异常不断上升超限值时。

（11）变压器电气回路发生威胁人身安全的危急情况，而不停运无法隔离电源的。

4. 变压器自动跳闸的处理

（1）当变压器两侧开关自动跳闸后，现场检查有无明显故障点，了解系统有无故障及故障性质，查明后汇报，根据调度指令或上级命令进行处理，并做好相应记录。

（2）如属差动保护、重瓦斯或电流速断等主保护动作，故障时有冲击现象，则需对变压器及其系统进行详细检查，停电并测量绝缘，在未查清原因之前，严禁强投变压器。

5. 变压器着火

变压器运行时由于变压器套管的破坏或闪络，油流到上盖上并燃烧；变压器内部故障，使油燃烧并使外壳破裂等变压器着火，应迅速做出如下处理：

（1）解列所有风机，拉开变压器各侧断路器，切断各侧电源，做好安全措施。

（2）若变压器上盖着火，应打开下部事故放油阀放油至大盖以下；若变压器内部故障引起着火，则不能放油，以防变压器发生爆炸。

（3）迅速用灭火装置及器材灭火，必要时通知消防队。

（4）汇报领导，做好记录。

第 6 章

电 气 部 分

6.1 电力系统概述

6.1.1 电力系统的基本概念

1. 什么是电力系统

电力系统是将一次能源转换成电能并输送和分配到用户的一个统一系统。输电网和配电网统称为电网。电力系统还包括保证其安全可靠运行的继电保护装置、安全自动装置、调度自动化系统和电力通信等相应的辅助系统（一般称为二次系统）。

2. 电力生产的特点

实时性：电能的生产、供应和使用时时刻刻都是保持平衡的。

计划性：电能的实时性决定了电力生产必须具有一定的计划性。

随机性：电能消费的随时变化决定了电能的生产必须实时调整。

整体性：电网中任一环节（设备）发生故障，可能会波及整个系统产、供、用。

统一性：只有科学、统一的调度管理，才能保证电网的安全、稳定与优质运行。

速动性：电磁变化过程非常迅速，只有千分之几秒，甚至百万分之几秒。

先行性：电力行业必须有足够的未来一定时期内的国民经济发展容量。

3. 电力系统的中性点运行方式

电力系统中性点指星形连接的变压器或发电机的中点。我国中性点运行方式主要有三种：中性点不接地、经消弧线圈接地和中性点直接接地。前两种称为小接地电流系统；后一种单相接地时短路电流很大，称为大接地电流系统。

电力系统正常运行时，由于三相电压是对称的，各相对地的电容电流也是对称的，此时，大地中没有电容电流流过，中性点的电位为零。

（1）中性点不接地系统。当任何一相绝缘受到破坏而接地时，接地相对地的电压变为零，中性点对地的电压变为相电压，未故障两相对地的电压升高变为线电压。由于三个线电压对称性不变，且该接地系统电气设备的绝缘是按线电压考虑来选择的，所以此时发生单相接地时对电力系统以及各电气装置无多大危险，用户可继续工作。

但为了防止由于接地点的电弧及其产生的过电压，使系统由单相接地故障发展成为多相接地故障，引起事故扩大，继续运行时间一般不得超过 2h，并且必须装设交流绝缘监察装置，以便故障时立即发出信号，及时进行处理。我国中性点不接地系统的适用范

224

围为：

1）额定电压在 500V 以下的三相三线制系统。

2）额定电压 3～10kV 系统，接地电流 $I_c \leqslant 30A$。

3）额定电压 20～60kV 系统，接地电流 $I_c \leqslant 10A$。

4）与发电机有直接电气联系的 3～20kV 系统，如果要求发电机需带内部单相接地故障运行，接地电流小于或等于其允许值。发电机接地电流允许值见表 6.1。

表 6.1 发电机接地电流允许值

发电机额定电压/kV	发电机额定容量/MW	接地电流允许值/A
3	$\leqslant 50$	4
10.5	50～100	3
13.8～15.75	125～200	2 *
18～20	300	1

* 对于氢冷发电机接地电流允许值 2.5A。

（2）中性点经消弧线圈接地系统。当一相接地电容电流超过了允许值时，为了减小接地点的单相接地电流，一般使变压器中性点经消弧线圈后再与大地连接。

消弧线圈是一个具有铁芯的可调电感线圈，调节消弧线圈的电感电流，可补偿接地电容电流，以达到消弧的目的。我国采用中性点经消弧线圈接地方式运行的系统有：

1）3～10kV 接地电流大于 30A 的系统。

2）3～10kV 直配发电机、电动机，接地电流大于表 6.1 允许值的系统。

3）35～60kV 接地电流大于 10A 的系统。

4）110～154kV 系统，处于雷电活动较强地区，接地电阻不易降低，为提高供电可靠性，也可采用经消弧线圈接地方式运行。

（3）中性点直接接地系统。中性点直接接地系统中一相接地时，出现除中性点以外的另一个接地点，构成了短路回路，接地故障相电流很大，为了防止设备损坏，必须迅速切断电源。但由于系统中性点的钳位作用，非故障相的对地电压不会有明显的上升，因而对系统绝缘是有利的，且电压等级越高，效益越显著。目前，我国中性点直接接地的运行方式广泛应用于 110kV 及以上系统，同时为了提高供电可靠性，均装设自动重合闸装置。

4. 发电厂主要电气设备

在发电厂中，配置了各种电气设备，根据它们在运行中所起的作用的不同，通常将它们分为电气一次设备和电气二次设备。

（1）电气一次设备及其作用。在电力系统中直接参与生产、变换、传输、分配和使用电能的设备称为电气一次设备。主要包括发电机、变压器、断路器、隔离开关、母线、输电线路、电抗器、电动机、电流和电压互感器、避雷器、接地刀闸（接地线）、滤波器、绝缘子等。

（2）电气二次设备及其作用。为了保证电气一次设备的正常运行，对其运行状态进行测量、监视、控制、调节、保护等的设备称为电气二次设备，主要包括各种测量表计，如电流表、电压表、有功功率表、无功功率表、功率因数表；各种继电保护以及自动装置及直流电源设备，如蓄电池、充电装置等。

6.1.2 电气运行基本知识

1. 电气运行的特点和任务

电气运行是指为确保电力系统的电气设备安全、稳定、经济运行，系统工作人员对发供电设备进行监视、控制、操作和调整的一系列过程。

(1) 电气运行工作的特点：

1) 非直观性。只能通过其他设备（如互感器仪表、保护装置等）才能反映出来。

2) 不可逆性。电气操作必须确保一次操作正确无误，误操作造成的后果相当严重。

3) 管理复杂性。电气设备有室内运行的，更多是露天的，极易受环境影响及人类活动的干扰而出现故障。此外，设备种类繁多、数量庞大、科技含量不同、分布零散，所以要维持安全稳定运行，管理的错综复杂因素颇多。

4) 事故瞬时性和扩大性。电气设备故障、保护动作时间都是微观量统计的，状态变化非常迅速，并可能瞬间越级扩大故障波及范围。

(2) 电气运行的主要任务。电厂电气运行工作的主要任务是确保电能生产设备的安全、可靠与经济运行。

2. 电气安全作业

(1) 电气工作人员基本要求：

1) 态度。具有认真履行岗位职责正确态度。

2) 体质。经专业医师鉴定，无妨碍电气工作的病症。

3) 技能。具备必要的电气专业知识和安全生产技能。

4) 应急。正确使用消防用具和设备，掌握必要的现场应急逃生和应急救援知识。

(2) 电气安全作业的基本要求。在电气设备上工作时都直接或间接地与带电体接触，为保证安全，归纳基本要求如下：

1) 正确使用电工工具。

2) 岗前准备：①不准酒后上班及班中饮酒；②上岗前必须穿戴好劳动保护用品；③熟悉有关岗位设备技术、安全规程。

3) 岗中要点：①严禁私自操作、无票（工作票）作业、单独作业；②谨记"有电"，即使某线路确已停电，亦应认为该线路随时有送电可能；③巡检时如发现故障或隐患，应立即请示报批后采取相应措施，避免事故扩大；④作业前须先停-验-放电、封地、留人看守或挂警告牌及加装临时遮拦或防护罩；⑤检修后，应认真清点人数、清理现场、检查携带工具。

6.1.3 电气设备倒闸操作

电气设备由一种状态转换到另一种状态，或改变一次系统运行方式所进行的一系列操作，称为倒闸操作。操作人员必须树立"规范操作，安全第一"的理念，严格按程序操作。

1. 设备状态

电气设备所处的状态不同，倒闸操作的步骤、复杂程度也不同。

(1) 检修状态。检修设备各方面的电源及所有操作电源均已断开，并布置了与检修有关的安全措施（如合接地刀闸或挂接地线、悬挂标示牌、装设临时遮拦）。

（2）冷备用状态。设备的检修工作已全部结束，有关检修临时安全措施已全部拆除，恢复常设安全设施，其工作电源和操作电源仍在断开位，设备具备一切投入运行的条件。

（3）热备用状态。设备保护已投入，开关一经合闸就可带电运行的状态。

（4）运行状态。凡设备带电、有电流流过的状态。

2. 倒闸操作的主要内容

倒闸操作包括一次设备的操作，也有二次设备的操作，其操作内容如下：

（1）拉开或合上某些断路器或隔离开关。

（2）拉开或合上接地隔离开关（拆除或挂上接地线）。

（3）取下或装上某些控制、合闸及电压互感器的熔断器。

（4）停用或投入某些继电保护和自动装置及改变定值。

（5）改变变压器、消弧线圈组分接头及检查设备绝缘。

3. 倒闸操作基本要求

（1）倒闸操作必须得到相应有效的命令才能执行。

（2）倒闸操作必须由具备操作资格的人员进行。

（3）倒闸操作前应进行模拟核对操作。

（4）倒闸操作严禁解除电气闭锁装置，特殊情况时，需办理审批手续后方可执行。

（5）送电前必须对送电设备一次回路进行全面检查。绝缘合格、相关工作票全部终结、接地线及一切与检修工作有关的临时安全措施拆除、固定常设遮拦及常设警告牌恢复。

4. 倒闸操作基本原则

（1）母线倒闸操作原则：

1）送电前，应先将该母线的电压互感器投入；停电前，应先将该母线上的所有负荷转移完后，停运母线，最后停运该母线的电压互感器。

2）母线充电时，须用断路器操作，充电保护必须投入，充电正常后停运充电保护。

（2）变压器操作原则。

1）变压器停送电操作顺序和原因：

操作顺序：送电时，应先送电源侧，后送负荷侧；停电时，操作顺序与此相反。

原因：从电源侧向负荷侧送电，如有故障，便于确定故障范围，及时作出判断和处理，以免故障蔓延扩大；多电源的情况下，先停负荷可以防止变压器反充电，若先停电源侧，遇有故障可能造成保护装置误动或拒动，延长故障切除时间，并可能扩大故障范围；当负荷侧母线电压互感器带有低频减负荷装置，而未装电流闭锁时，一旦先停电源侧开关，由于大型同步电机的反馈，可能使低频减负荷装置误动。

2）中性点接地变压器。投入和停用前，均应先合上各侧中性点接地隔离开关。变压器在充电时，其中性点接地隔离开关也应合上。中性点接地隔离开关合上的目的是：①防止单相接地产生过电压和某些操作过电压，保护变压器绕组过电压；②中性点接地隔离开关合上后，当发生单相接地时，有接地故障电流流过变压器，使变压器差动保护和零序电流保护动作。

3）变压器分接开关切换：①无励磁分接开关的切换应在变压器停电状态下进行，分接开关切换后，必须用欧姆表测量分接开关接触电阻合格后，变压器方可送电；②有载分接开关带负荷状态下，可手动或电动改变分接头位置，但不得连续调整。

（3）变压器中性点接地刀闸操作原则：

1）低压侧有电源直接接地，以防高压侧开关跳闸，变压器成为中性点绝缘系统。

2）停电或充电前直接接地，以防止开关三相不同期或非全相投入而产生过电压影响绝缘，充电后按正常运行方式考虑，中性点保护要根据其接地方式做相应的改变。

（4）线路操作顺序和原因：

1）操作顺序。停电操作时，先断开线路断路器，再断开线路侧隔离开关，拉开母线侧隔离开关，最后在线路上可能来电的各端合上接地隔离开关或挂接地线；送电相反。

2）原因。停电操作时若断路器实际未断开，先拉线路侧隔离开关造成带负荷拉闸事故，但由于弧光短路点在断路器外侧，可由线路本身断路器保护装置动作跳闸切除故障。反之，如先断开母线侧隔离开关，可能造成母线设备全部停电。

送电操作时，若断路器实际未断开，先合上母线侧隔离开关并无异状，接着再合线路侧隔离开关时，便造成带负荷合闸事故。反之，则造成母线设备全部停电。

（5）一、二次设备停、送电操作。

1）操作顺序。停电操作时，先停一次设备，后停保护、自动装置；送电操作时，先投用保护、自动装置，后投入一次设备。

2）原因。电气设备操作过程是事故发生率比较高的时期，要求事故时能及时断开断路器，使故障设备退出运行，因此，保护及自动装置在一次设备操作过程中要始终投用（操作过程中容易误动的保护及自动装置除外）。

5. 倒闸操作安全技术

（1）隔离开关操作安全技术：

1）手合隔离时，先拔联锁销子，开始要缓慢，当刀片接近刀嘴时，要迅速果断合上，以防产生弧光。但在合到终了时，不得用力过猛，防止冲击力过大而损坏隔离开关绝缘子。

2）手拉闸时，按"慢—快—慢"进行。开始将动触头缓慢拉出，有一小间隙。若有较大电弧（错拉），速合上；若电弧较小，则速将动触头拉开，以利灭弧。拉至接近终了应缓慢，防止冲击力过大，损坏隔离开关绝缘子和操作机构。操作完毕应锁好销子。

3）操作完毕，检查开、合位置、三相同期情况及触头接触插入深度均应正常。

（2）断路器操作安全技术。用控制开关远方电动分闸时，先将控制开关顺时针扭转90°至"预合闸"位置；待绿灯闪光后，再同向扭转45°至"合闸"位置；红灯亮绿灯灭后，松开，开关自动返回45°，合闸完成。分闸时，先逆时针扭转90°至"预分闸"位置；待红灯闪光后，再将同向扭转45°至"分闸"位置；红灯灭绿灯亮后，松开，开关自动返回45°，完成分闸操作。

注意：操作应到位，停留时间以灯光亮灭为限，过快松开易致操作失灵；用力过猛，易损坏控制开关。

操作完毕，检查断路器分、合闸实际位置；检查有关信号及测量仪表指示，作为位置参考判据；检查机械位置指示器，确认实际状态；检查分、合闸弹簧状态及传动机构水平拉杆或外拐臂的位置变化，在机械位置指示器失灵情况下，也能确认实际位置状态。

6. 倒闸操作注意事项

（1）操作时，应戴绝缘手套和穿绝缘靴。

（2）雷电时，禁止倒闸操作。雨天操作室外高压设备时，绝缘棒应有防雨罩。

（3）装、卸高压熔断器时，应戴护目镜和绝缘手套，必要时使用绝缘夹钳，并站在绝缘垫或绝缘台上。

（4）电气设备停电后，即使是事故停电，在未拉开有关隔离开关和做好安全措施前，不得触及设备或进入遮拦，以防突然来电。

（5）坚决杜绝发生下列恶性误操作：①带负荷拉合刀闸；②带电装设接地线（合接地刀闸）；③带接地线（接地刀）合闸送电；④误拉合断路器；⑤误入带电间隔；⑥非同期并列。

7. 倒闸操作术语

倒闸操作术语，见表 6.2。

表 6.2　　　　　　　　　　　　倒 闸 操 作 术 语

操作设备	术　语	操作设备	术　语
发变组	并列、解列	继电保护	投入、退出、动作
环状网络	合环、解环	自动装置	投入、退出、动作
联络线	并列、解列、充电	熔断器	装上、取下
联络	运行、热备用、冷备用、检修、充电	接地线	装上、拆除
断路器	合上、断开、跳闸、重合	有/无功	增加、减少
隔离开关	合上、拉开	母线	运行、热备用、冷备用、检修

6.1.4　电力安全工器具与电工仪表

1. 安全工器具

（1）绝缘安全工器具：

1）基本绝缘安全工器具。此类工器具指能直接操作带电设备、接触或可能接触带电体的工器具，如验电器、绝缘杆、绝缘隔板、绝缘罩、携带型短路接地线、核相器等。

2）辅助绝缘安全工器具。此类工器具指只用于加强保安作用，不能直接接触高压设备带电部分的工器具。如个人保安接地线、绝缘手套、绝缘靴（鞋）、绝缘胶垫等。

（2）一般防护安全工器具。此类工器具指个体防护装备工器具，如安全帽、安全带、梯子、安全绳、脚扣、防静电服（静电感应防护服）、防电弧服、导电鞋（防静电鞋）、安全自锁器、速差自控器、防护眼镜、过滤式防毒面具、正压式消防空气呼吸器、SF_6 气体检漏仪、氧量测试仪、耐酸手套、耐酸服及耐酸靴等。

（3）安全围栏（网）和标示牌。安全围栏指限制和防止在电力场所特定范围内活动用的围网、围栏以及警示带等。

安全标示牌包括各种安全警告牌、设备标示牌等。

2. 电工仪表

电工仪表主要指电工指示仪表和校量仪器，主要有高压验电笔、钳形电流表、万用表（指针万用表、数字式万用表）、令克棒、红外线测温仪、兆欧表等。

6.2 电气主接线和厂用电系统

6.2.1 电气主接线

发电厂电气主接线是表明发电机、变压器、断路器、隔离开关、母线和输电线路等之间是如何连接、如何接入系统的。厂工程电气主接线采用发电机—变压器—线路组单元接线方式，发电机出口设断路器，中性点采用经消弧线圈接地方式。并由就近变电站引接一回 10kV 线路作为应急检修电源。

6.2.2 厂用电接线与运行

1. 厂用电系统电压等级、接线方式及布置

（1）厂用电压等级及接线。高压厂用电电压等级为 10kV，低压厂用电电压等级采用 380V/220V。

1）10kV 厂用电。采用单母线分段接线，设置 10kV 厂用工作段和 10kV 应急检修段。

10kV 厂用工作段电源引自发电机机端母线，由厂用分支接入 10kV 厂用 10kV 母线。10kV 应急检修段电源由附近变电站引接。正常运行情况下，两段并列运行，由厂用工作电源带所有负荷运行；工作段或厂用电源故障时，切除 10kV 厂用工作电源，启动快切装置断开分段开关投入 10kV 应急检修电源，由应急检修段带低压厂用备用变，保证安全停机；当启动快切装置，合闸于故障时，加速跳开 10kV 应急检修电源；停机检修工况下，10kV 分段开关断开，检修负荷及生产办公负荷电源由 10kV 应急检修段引接。

2）低压厂用电。低压厂用电系统采用动力中心（PC）和电动机控制中心（MCC）的供电方式。Ⅰ类电动机和 75kW 及以上的Ⅱ、Ⅲ类电动机由 PC 直接供电，容量 75kW 以下的Ⅱ、Ⅲ类电动机由 MCC 供电，MCC 为双电源供电，手动切换。

在机炉辅助车间内设两台机炉低压工作变，互为备用，容量为 2500kV·A，为机炉及全厂低压用电负荷供电。

主厂房不设置专用照明变压器，照明负荷直接接在机组对应的低压工作段上。

低压工作变、备用变均采用 SCB11 型干式变压器，D，yn11 接线。低压开关柜采用金属封闭抽屉式开关柜，分别采用智能框架空气断路器和塑壳断路器。

（2）厂用电系统中性点接地方式。10kV 厂用电系统中性点接地方式采用不接地方式。380V/220V 低压厂用电系统中性点接地方式为直接接地。

（3）高压变频器接线。一次风机、二次风机、引风机及给水泵采用高压变频器调速。采用高—高电压源型变频调速装置。一台高压变频器带一台设备运行。

变频运行方式下：设备通过高压变频器逆变输出，控制电动机转速。工频运行方式下：变频器出现故障时，系统能够自动转入工频电网中。

(4) 高低压厂用工作、启动备用电源连接方式。应急检修段电源与发电机出口断路器引接的 10kV 高压厂用电源同接于本工程 10kV 厂用母线段。机组启动电源可由 110kV 系统经主变倒送提供。

(5) 厂用配电装置设备。10kV 开关柜为真空断路器开关柜，断路器选用 EVS1P-12 1250A 型。工作段母线选用 TMY-80x10；保护采用微机型综合保护装置。

低压厂用变压器为干式变，变比为 $10.5\pm2\times2.5\%/0.4kV$，接线组别为 D，yn11。

(6) 厂外补给水系统采用就地引接电源供电方式。

2. 厂用电系统的运行主要规范

(1) 厂用母线绝缘电阻 10kV 不得低于 $20M\Omega$，0.4kV 母线不得低于 $0.5M\Omega$。

(2) 各厂用变中性点电流不得超过低压侧额定值的 25%，最大相电流不得超过额定值。

(3) 厂用电系统保护：

1) 厂用变保护装置无论运行或热备，均应正确投入，异常情况下按指令投退。

2) 厂用系统的保险器，其容量不得随意加大或使用不合格材料替代。

3) 事故情况下，允许厂用变过负荷，按"变压器规程"控制，但要加强检查、监视。

4) 特殊情况下，如电压过低，允许切除次要的负荷，以保证重要厂用设备的启动。

3. 厂用电系统巡回检查的主要内容

(1) 运行方式与交接班记录相符。

(2) 控制回路、保护回路正常，所属仪表指示正确。

(3) 开关操作机构良好，继电器位置正确。

(4) 各部接头、接点、熔断器无发热现象。

(5) 各运行厂变中性点不过热。

(6) 各配电室正常和事故照明良好，定期进行熄灯检查。

(7) 电缆无漏电、配电室内无漏水、漏汽，设备、地面整洁，照明充足，通风良好。

(8) 灭火器材充足、完好。

4. 在 400V 厂用母线、配电盘（柜）上接引临时负载的主要规定

(1) 有专用开关，保险器符合要求。

(2) 所接临时负载，其回路绝缘电阻合格。

(3) 挂牌标明临时负载名称、用途，使用完毕后，及时拆除，并履行作业交代。

(4) 临时负载的安装由有电气检修资质的人员办理。

5. 厂用母线停用检修的注意事项

(1) 既要保证厂用电连续供电，又要有灵活、可靠的备用电源。

(2) 断开相应所有开关、控制熔丝、操作电源及电压互感器严防倒送电或倒送感应电。

(3) 检修完毕后，检测绝缘电阻符合技术要求。

(4) 如需带电清扫，应做好针对性事故预想，注意带电母线的运行情况。

6.2.3 厂用电系统事故处理原则

(1) 尽快限制事故发展，消除事故根源，解除对人身和设备的威胁。

(2) 优先保证保安段负荷的正常供电。

（3）最大限度地保证厂用电的正常供给。

（4）配电母线失电时，应及时断开该母线至其他母线、变压器的馈线开关。

（5）PC 和 MCC 的运行方式改变后，应注意检查、调整有关辅机及直流充电装置、热控、UPS、ECS（电气监控管理系统）等电源的运行方式。

（6）厂变保护动作跳闸时，一般不允许强送，但在下列情况下，允许强送一次：①确认系保护误动作、人员误碰、误触时；②确认非厂变主保护动作时；

（7）厂用重要负荷空气开关跳闸时，检查无明显故障时，允许立即强送一次。

（8）厂用负荷跳闸或熔丝熔断后，先查清原因，测绝缘合格后，方可送电。

（9）辅控及电气所有人员统一服从值长指挥。

6.3 高压电器

6.3.1 EVS1P-12 系列户内高压真空断路器

EVS1P-12 系列户内高压真空断路器具有寿命长、维护简单、无污染、无爆炸危险、噪声低等优点，并且适应于频繁操作等比较苛刻的工作条件。

1. 型号、结构及工作原理

（1）型号。

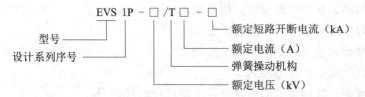

（2）结构。EVS1P-12 系列真空断路器将灭弧室与操动机构前后布置在一个共用的框架上。断路器主回路采用真空灭弧室固封在绝缘极柱内的结构。真空灭弧室纵向固封在管状的绝缘筒内，绝缘筒由环氧树脂采用 APG 工艺浇铸而成。操动机构是独立的弹簧储能式，具有手动和电动储能功能。操动机构置于灭弧室前的机箱内，为夹板式结构。

（3）工作原理。本断路器采用纵向磁场控制真空电弧，利用高真空中电流流过零点时，等离子体迅速扩散而熄灭电弧，完成切断电流的目的，具有强而稳定地开断电流的能力。

2. 操作

（1）手动操作：

1）手动储能：将储能手柄拉出，上下摇动，储能到位，从储能指示观察窗中可看到储能标记指向"已储能"。

2）手动分/合闸：按动断路器面板上的分/合闸按钮。

3）手动操作仅特殊情况下使用，如合闸功能可在断路器二次回路没有电源时使用；分闸功能可在紧急需求的情况下使用。

（2）电动储能操作。断路器处于工作状态后，储能电机的电气回路就处于工作状态，自动通电进行合闸弹簧的储能操作，合闸弹簧储能到位以后，储能位置开关自动切断储能

电机的电气回路。

（3）电动合闸操作。操作连接到断路器合闸回路中的电气触点（如电气按钮），接通断路器合闸电磁铁的线圈，完成合闸操作。本断路器具备机械防跳功能。

（4）电动分闸操作：

1）由独立电源供电的分闸电磁铁进行电动分闸。类同电动合闸操作，通过分闸回路中的电气触点（如电气按钮），完成分闸操作。

2）由过电流脱扣器进行电动分闸。正常工作时，过流脱扣器线圈被接在该电气回路中的过电流继电器的常闭触点短路，主回路出现故障时，过电流继电器动作，常闭接点打开，电流互感器二次回路中的电流将流过过流脱扣器线圈，驱动过流脱扣器动作完成断路器的分闸操作。

（5）联锁。本断路器手车的联锁包括电气联锁和机械联锁：

1）电气联锁：①断路器储能弹簧没有拉伸到规定位置时，合闸电磁铁线圈电气回路不能接通；②断路器处于合/分闸状态时，合/分闸电磁铁线圈不能通电。

2）机械联锁：①合闸不能进出车联锁，只有断路器处于分闸状态，才能进出车；②手车在中间位置时，通过联锁扣住合闸挚子，手动合闸失灵。

（6）紧急分闸操作。只要断路器处于合闸状态，故障情况下可通过手动分闸按钮进行紧急分闸操作。

3. 维护

（1）经常性的检查。按有关运行规范对断路器（主回路不带电）进行经常性的检查。

（2）清洁。定期清扫，保持绝缘件、导电件表面的清洁（主辅回路都不带电）。

（3）润滑。定期对有关部位进行润滑（主辅回路都不带电），主要部位有：

1）包括操动机构在内的断路器的各转动部位，涂 L32 润滑脂。

2）移开型开关柜中，与断路器安装部分有关的传动部位（如与开关柜其他部分之间联锁的传动部位）；断路器上一次隔离插头的接触部位。

（4）维护注意事项：

1）投运前，用所有的储能，合分闸方式进行试操作，以检查各项动作是否正确。

2）运行中，定期用工频耐压法检查真空灭弧室的内部气体压力。

3）严禁用坚硬的物体撞击真空灭弧室外壳。

4）不随意更换使用与原型号规格不一致的电器元件。

4. 常见故障现象及处理

（1）真空度降低。真空断路器本身没有定性、定量监测真空度特性的装置，为隐性故障。

1）原因：①真空泡本身存在微小漏点；②多次操作后出现漏点；③多次操作后直接影响开关的同期、弹跳、超行程等特性，使真空度降低的速度加快。

2）故障危害：严重影响开断过电流的能力，使用寿命急剧下降，甚至引起开关爆炸。

3）处理方法：①停电定检时，进行真空度的定性测试和开关同期、弹跳、行程、超行程等特性测试；②真空度降低时或者巡视时，真空泡外部如存在放电现象，停电更换真空泡，并做行程、同期、弹跳等特性试验。

（2）真空断路器分闸失灵

1）故障现象：①远方遥控分闸分不下来；②就地手动分闸分不下来；③保护动作，但断路器分不下来。

2）原因分析：①分闸操作回路断线；②分闸线圈断线；③操作电源电压降低；④分闸线圈电阻增加，分闸力降低；⑤分闸顶杆变形，分闸时存在卡涩现象，分闸力降低；⑥分闸顶杆变形严重，分闸时卡死。

3）故障危害：可能会导致事故越级，扩大事故范围。

4）处理方法：①检查分闸回路/线圈是否断线；②测量分闸线圈阻值是否合格；③检查分闸顶杆是否变形；④检查操作电压是否正常；⑤改换分闸顶杆。

5）预防措施。加强运行监视；停电检修时测量分闸线圈电阻，检查分闸顶杆是否变形，进行低电压分合闸试验。

（3）弹簧操作机构合闸储能回路故障。

1）故障现象：①合闸后无法实现分闸操作；②储能电机运转不停，甚至电机线圈过热损坏。

2）原因分析：①行程开关安装位置偏下，致使合闸弹簧尚未储能完毕，行程开关触点已经转换完毕，切断了电源，储能不足；②行程开关位置偏上，弹簧储能已毕，但行程开关触点还没转换，储能电机不停运转；③行程开关损坏，储能电机不停运转。

3）故障危害：储能不足，导致事故时断路器拒动；电机损坏，无法实现分合闸操作。

4）处理方法：①调整行程开关位置；②更换行程开关。

5）预防措施：倒闸操作时注意判断合闸储能情况；检修时就地进行 2 次分合闸操作。

5．试验项目

根据《电气预试试验技术规范书》的要求，应进行下列项目试验：①绝缘电阻的测量；②交流耐压试验；③导电回路电阻测试；④断路器动作特性测试；⑤操动机构合闸接触器和分、合闸电磁铁试验；⑥真空灭弧室真空度的测量；⑦检查动触头上软连接片有无松动。

6.3.2 隔离开关

隔离开关是高压开关电器中使用最多的一种电器，其主要特点是无灭弧能力，只能在没有负荷电流的情况下分、合电路。

1．隔离开关类型

（1）按安装地点不同，可分为户外式与户内式。

（2）按绝缘支柱数目，可分为单柱式、双柱式和三柱式。

（3）按有无接地刀闸，可分为带接地刀闸和不带接地刀闸隔离开关。

（4）按动作方式不同，可分为旋转式、闸刀式、插入式隔离开关。

（5）按操动机构不同，可分为手动式、电动式和液压式。

（6）按极数不同，可分为单极和三极隔离开关。

2．隔离开关的结构

隔离开关主要由以下五部分组成：

（1）导电部分。此部分主要包括触头、闸刀、接线座，起传导电流，关断电路的作用。

（2）绝缘部分。此部分包括支持绝缘子和操作绝缘子，实现带电部分和接地部分的绝缘。

(3) 传动机构。由拐臂、联杆、轴齿或操作绝缘子组成。接受操动机构的力矩，将运动传动给触头，以完成隔离开关的分、合闸动作。

(4) 操动机构。通过手动、电动、气动、液压向隔离开关的动作提供能源。

(5) 支持底座。将导电部分、绝缘子、传动/操动机构等固定在支持基础上。

3．隔离开关的主要功能

(1) 分闸后，建立可靠的绝缘间隙，形成明显断开点，确保检修人员和设备的安全。

(2) 根据系统运行方式的需要，与断路器配合，进行倒闸操作。

(3) 可用来分、合线路中的小电流，如套管、母线、连接头、短电缆的充电电流。

4．隔离开关的型号含义

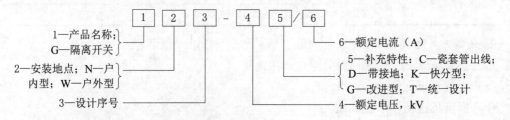

1—产品名称；
G—隔离开关

2—安装地点：N—户内型；W—户外型

3—设计序号

4—额定电压，kV

5—补充特性：C—瓷套管出线；D—带接地；K—快分型；G—改进型；T—统一设计

6—额定电流（A）

5．隔离开关的操作

(1) 单相隔离开关和跌落保险的配合操作：

1) 三相水平排列者，停电时应先拉开中相，后拉开边相；送电操作顺序相反。

2) 三相垂直排列者，停电时应从上到下拉开各相；送电操作顺序相反。

(2) 电压互感器停电操作。电压互感器停电操作时，先断开二次空气断路器（或取下二次熔断器），后拉开一次隔离开关。送电操作顺序相反。一次侧未并列运行的两组电压互感器，禁止二次侧并列。

(3) 与断路器的配合操作：

1) 操作前，必须投入相应断路器控制电源；必须确保断路器在断开位置。

2) 操作后检查开、合位置，合时三相接触良好，开时三相断开角度符合要求。

6．隔离开关操作的注意事项

(1) 误拉隔离开关。动静触头刚分离时（已起电弧）发现误拉，应在切断弧光前，立即合上。动静触头已完全分离禁止再合，保持断开位置，断开该回路或上一级断路器再合。

(2) 误合隔离开关。严禁当即拉开。如需拉开，应断开该回路断路器后再拉开。

7．隔离开关的运行检查与维护

(1) 运行中检查：①检查动、静触头插入深度是否足够，接触是否良好，触头有无过热、烧伤，刀片有无弯曲、变形的现象；②检查传动机构是否良好，接地线是否接触可靠；③检查机械闭锁是否良好；④检查绝缘子是否清洁、有无裂纹和放电现象。

(2) 隔离开关的维护：①外观检查清扫，更换破损的绝缘子；②调整弯曲的操作机构和三相触头的同期；③更换失灵机械连锁装置；④触头涂导电膏或凡士林油；⑤触头接触松动处理（调整动触头弹簧）。

8．常见故障原因与处理方法

常见故障原因与处理方法，见表6.3。

表 6.3

常见故障原因与处理方法

故 障 现 象	故 障 原 因	处 理 方 法
接触部分过热	负荷过重	设法减少或转移负荷
	合闸没合好，动静触头接触不良	设法停电检修
	加紧弹簧松弛	如果温度不断升高，应停电检修
绝缘子表面闪络和松动	表面脏污	停电清理绝缘子
	雨雪天发生放电闪络现象	更换新的绝缘子
固定触头夹片松动	刀片与固定触头的接触面太小	调整研磨接触面，增大接触压力
隔离开关拉不开	恶劣电气造成	轻摇机构手柄，注意其是否变形
	传动机构和传动轴生锈或接触处熔焊	停电检修

9. 隔离开关的试验项目

（1）支持绝缘子、二次回路等绝缘电阻测量。

（2）交流耐压试验。

（3）操动机构动作情况测试。

（4）导电回路电阻测量。

6.3.3 高压接地开关

高压接地开关是用于将回路接地的一种机械开关装置。在异常条件（如短路）下，可在规定时间内承载规定的异常电流；但在正常回路条件下不会承载电流，所以接地开关也就没有额定电流和回路电阻的参数。这是接地开关与隔离开关的主要区别。

1. 高压接地开关功能

电气设备检修时，必须进行接地，一般情况是挂"接地线"，但很多时候"接地线"不方便挂接，且无法实现与刀闸的连锁功能，常会发生误操作，于是将临时挂接的接地线改为固定安装的接地刀闸，作为设备检修时的接地线，保障人身安全。

2. 高压接地开关操作程序

（1）隔离开关合闸时，接地开关必须分闸；隔离开关分闸后，接地开关才能合闸。

（2）高压开关柜停电检修时，主开关分闸——接地开关合闸——打开电缆室门（或盖板）。

6.3.4 电流互感器

电流互感器是依据电磁感应原理制成的特殊变压器，是一次回路电流信息的传感器。

1. 电流互感器作用

（1）传递信息。将数值较大的一次电流变换成较小的标准电流值（5A 或 1A），供测量、保护、控制装置用。

（2）电气隔离。使二次装置与高电压相隔离，并降低了对二次设备的绝缘要求。

2. 电流互感器的基本结构

电流互感器的基本结构是由闭合的铁芯和绕组组成。它的一次绕组匝数很少，串在需要测量的电流的线路中；二次绕组匝数比较多，串接在测量仪表和保护回路中。工作时，二次回路始终是闭合的，因测量仪表和保护回路串联线圈的阻抗很小，工作状态接近短路。

3. 电流互感器分类

(1) 按用途分：测量用和保护用。

(2) 按绝缘介质分：干式、浇注式、油浸式和气体绝缘式。

(3) 按电流变换原理分：电磁式、光电式。

(4) 按安装方式分：贯穿式、支柱式、套管式和母线式。

4. 电流互感器型号

电流的型号是由 2～4 位拼音字母及数字组成。横线后面的数字表示绝缘结构的电压等级（4 级），横线前面的字母含义如下：

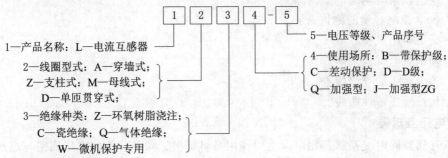

5. 常用接线方式

电流互感器接线方式按其所接负载的运行要求确定。

(1) 单相接线。如图 6.1（a）所示，常用于负荷平衡的三相电路如低压动力线路中。

(2) 两相式不完全星形接线。如图 6.1（b）所示，多用于中性点不接地的三相三线制电路中。

(3) 三相完全星形接线。如图 6.1（c）所示，多用于三相四（三）线制系统中。

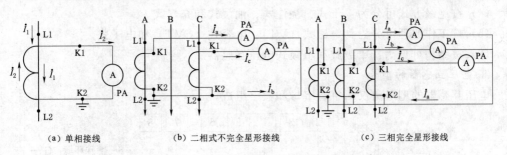

（a）单相接线　　　　（b）二相式不完全星形接线　　　　（c）三相完全星形接线

图 6.1　电流互感器常用接线方式

6. 使用中的注意事项

(1) 串联原则。一次绕阻与被测电路串联，二次绕阻则与所有仪表负载串联。

(2) 负载原则。按被测电流大小和二次回路阻抗选择合适的互感器，以免增大误差。

(3) 严禁开路。电流互感器的一次侧电流是由被测电路决定的，在正常运行时，电流互感器的二次侧相当于短路。若二次侧开路，则一次侧电流全部成为励磁电流，致使铁芯过分饱和发热甚至损坏。同时因二次绕组匝数很多，将感应出危险的高电压，危及操作人员和测量设备的安全。

因此，电流互感器副边回路中不许接熔断器，也不允许在运行时未经旁路就拆下电流表、继电器等设备。电流互感器二次侧都备有短路开关，防止二次侧开路。

（4）可靠接地。二次线圈必须一端接地，以防因绝缘损坏，一次侧的高压窜入低压及二次开路产生高电压，危害设备和人的安全。

（5）阻抗匹配。电流互感器的额定二次阻抗是指其工作时，连接的最佳匹配阻抗，测量用电流互感器的实际二次阻抗应该在额定二次阻抗的 25%～100%。

（6）减极性原则。除特殊情况外，电流互感器均采用减极性标准。

7. 干式电流互感器的试验项目

（1）绕组及末屏绝缘电阻的测量。

（2）$\tan\delta$ 及电容量的测试。

（3）交流耐压试验。

（4）局部放电试验。

（5）各分接头的变比检查。

（6）校核励磁特性曲线。

6.3.5 电压互感器

电压互感器同电流互感器相似，主要作用是将保护、测量装置的电压回路与高压一次回路安全隔离，并取得固定的 100V 或 $100/\sqrt{3}$ V 二次标准电压，减小了仪表和继电器的尺寸，简化其规格，有利于这些设备小型化、标准化。

1. 电压互感器的分类

（1）按安装地点可分为：户内式和户外式。

（2）按相数可分为：单相和三相式。

（3）按绕组数目可分为：双绕组、三绕组和四绕组电压互感器。

（4）按绝缘方式可分为：干式、浇注式、油浸式和充气式。

（5）按工作原理可分为：电磁式（VT）、电容式（CVT）和电子式。

（6）按结构可分为：单级式和串级式电压互感器。

2. 电压互感器的型号

电压互感器的型号由汉语拼音字母和数字组成。

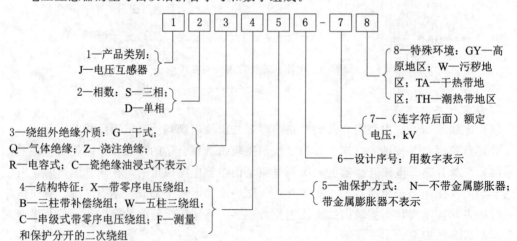

3. 电压互感器常用接线方式

(1) 一个单相互感器接线。如图 6.2（a）所示，用于对称的三相电路测量相对地电压或相间电压。

(2) 两个单相互感器 V/V 接线。如图 6.2（b）所示，测量线电压，用在中性点不接地或经消弧线图接地的电网中。

(3) 三个单相电压互感器 Y_0/Y_0 接线。如图 6.2（c）所示，可测量线电压、相电压，多用于大电流接地系统。

(4) 三个单相或一个三相五柱式三绕组电压互感器 $Y_0/Y_0/\triangle$ 接线：如图 6.2（d）所示，也称为开口三角接线。当三相系统正常工作时，开口三角形两端电压为零，某一相接地时，开口三角形两端出现零序电压，供接入交流电网绝缘监视仪表和继电器用。

用一台三相五柱式电压互感器代替三个单相三绕组电压互感器构成的接线，除铁芯外，其形式与图 6.2（d）基本相同。

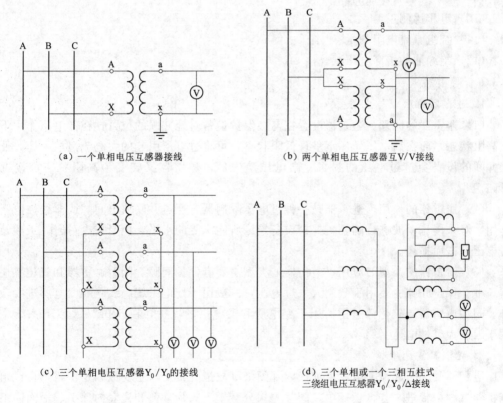

（a）一个单相电压互感器接线　　　　（b）两个单相电压互感器互V/V接线

（c）三个单相电压互感器Y_0/Y_0的接线　　（d）三个单相或一个三相五柱式三绕组电压互感器$Y_0/Y_0/\triangle$接线

图 6.2　电压互感器常规接线形式

4. 使用注意事项

(1) 接线正确。互感器的接线应保证其正确性，尤其要注意极性的正确性。

(2) 负荷适当。互感器二次负荷应合适，不应超过其额定容量，否则，误差增大。

(3) 严禁短路。正常运行时，互感器二次侧接入的是一些阻抗很大的二次负荷，二次电流很小，接近于空载运行状态。由于电压互感器内阻抗很小，若二次回路短路时，会出现很大的电流，导致二次绕组严重发热而烧毁甚至危及人身安全。

（4）一点接地。为防止一、二次绕组之间的绝缘击穿时，高压窜入二次侧，危及二次设备和人身安全，所以二次绕组必须有一点接地，而且只有一点接地。

5. 油浸式绝缘电磁式电压互感器的试验项目

（1）绕组绝缘电阻的测量。

（2）$\tan\delta$（20kV 及以上）的测试。

（3）油中溶解气体的色谱分析。

（4）交流耐压试验。

（5）局部放电测量。

（6）空载电流和励磁特性测试。

（7）密封检查。

（8）铁芯夹紧螺栓绝缘电阻测量。

（9）联结组别和极性测试。

（10）电压比测量。

（11）绕组直流电阻测量。

（12）绝缘油的击穿电压试验。

6.3.6 避雷器

1. 避雷器的原理与应用

（1）避雷器的原理。避雷器设置在与被保护设备对地并联的位置，在低电压作用下呈现高阻状态，而在高电压作用下呈现低阻状态，可将过电压引起的大电流泄放入地，使与之并联的设备免遭过电压的损害。高电压消失后，避雷器又转变为高阻状态，接近于开路。

（2）避雷器的作用。避雷器是一种过电压限制器，通过并联放电间隙或非线性电阻的作用，对入侵流动波进行削幅，保护设备绝缘所能承受的水平，免受雷电/操作/工频暂态过电压冲击而损坏。

（3）避雷器的类型与应用。避雷器的类型主要有保护间隙、阀型避雷器和氧化锌避雷器三种。保护间隙主要用于限制大气过电压，一般用于配电系统、线路和变电所进线段保护。阀型避雷器与氧化锌避雷器用于变电所和发电厂的保护，在 500kV 及以下系统主要用于限制大气过电压。

2. 避雷器常见故障

避雷器受潮引起泄漏电流增加或内部闪络事故最为常见，主要原因是密封不良或组装避雷器过程中带进水分，运行中，阀片内水分蒸干于阀片外侧和瓷套内壁引起沿面闪络。

3. 避雷器运行注意事项

（1）雷雨时，严禁接近防雷装置，以防止雷击泄放雷电流产生危险的跨步电压及有缺陷的避雷器在雷雨天气可能发生爆炸对人的伤害。

（2）避雷器的泄漏电流明显增加时，应申请停电试验，查明原因进行处理。

4. 阀式避雷器试验项目

（1）绝缘电阻的测量。

（2）电导电流及串联元件的非线性因数差值的测量。

（3）工频放电电压的测量。

（4）底座绝缘电阻的测量。

（5）检查放电计数器的动作情况。

（6）检查密封情况。

6.4 三相电动机及运行维护

6.4.1 概述

1. 分类

（1）按尺寸大小可分为：大型、中型和小型电动机。

（2）按防护结构可分为：开启、防护、封闭、防水、水密、潜水和隔爆式电动机。

（3）按冷却方式可分为：自冷式、自扇冷式、他扇冷式电动机等。

（4）按安装形式可分为：卧式和立式电动机。

（5）按运行工作制可分为：连续、短时和周期性工作制电动机。

（6）按转子结构形式可分为：笼型异步电动机和绕线型异步电动机。

（7）按电动机使用环境可分为：普通、湿热、干热、船用、化工、高原和户外型等。

（8）按机械特性可分为：普通笼、深槽笼、双笼、特殊双笼和绕线转子异步电机。

2. 型号

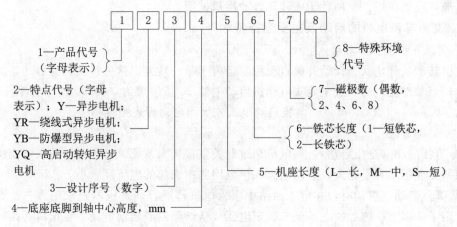

3. 主要技术参数

（1）额定功率。表示电动机在额定电压下的转轴输出的机械功率。单位千瓦（kW）。电动机在额定状态下，输出与输入功率之比称为电动机的效率，一般在85%以上。

（2）额定电压。指电动机定子三相绕组按其正确连接时应施加的额定线电压，单位V。

（3）额定电流 I_N。在额定电压下，轴上输出额定功率时，定子电路取用的线电流。

（4）接法。星形接法Y和三角形接法△。

（5）启动能力 λ_{st}。启动转矩与额定转矩的比值称为启动能力，其值越大，带负荷速度和启动能力越强。

(6) 过载能力 λ_m。电动机的最大转矩与额定转矩的比值，反映了电动机的过载能力。

(7) 额定转矩 T_N。电动机在额定输出功率、额定转速的情况下输出的转矩。

6.4.2 交流异步电机的基本结构及工作原理

鼠笼式和绕线式的区别在于转子绕组结构的不同，运行及启动特性完全相同。

1. 鼠笼式电动机基本结构

其主要由定子和转子组成。定、转子之间有一气隙，此外在定子两端有起支撑作用的端盖、轴承以及轴承内外盖，为了形成冷却风路，在定子一侧装有风罩，定子绕组端头引线连接到机座外接线盒的端子上。转子上除有铁芯和鼠笼绕组外，还有轴、风扇等部件。

定子由机座、定子铁芯和定子绕组构成。转子由转轴、转子铁芯和转子绕组构成。转子铁芯用硅钢片叠压成整体的圆柱形套装在转轴上，转子铁芯外圆的槽内放置转子绕组。鼠笼式电机的转子，在没有铁芯时，整个绕组的外形就像一个鼠笼，它的铜条或铝条作转子导体，在导体的两端用短路环（也称端环）短接，构成闭合回路。

2. 绕线式电机基本结构

绕线式转子槽内放置与定子类似的三相对称绕组，三相绕组尾端在内部接成星形，三相首端由转子轴中心引出接至滑环上。滑环经电刷再串入外接电阻可改善电机的启动和调速性能，启动完毕后，电刷提起，三相滑环直接短路，减小运行中的损耗。

3. 交流异步电机工作原理

三相定子绕组流过三相对称交流电流时，产生旋转磁场，该旋转磁场与转子导体有相对切割运动，转子导体产生感应电动势及感应电流，载流的转子导体在磁场中受到电磁力作用，形成电磁转矩，驱动转子旋转向外输出机械能。

6.4.3 交流异步电机的启动及主要运行特性

1. 交流异步电机的启动

电机转子从静止状态开始升速直至稳定运行于某一转速，这一过程称为启动。

(1) 启动性能。对一般鼠笼式电动机启动电流 I_{st} 值一般为 $(4 \sim 7)I_N$，启动转矩 T_{st} 一般为 $(0.9 \sim 1.3)T_N$。可见，电机启动电流较大而启动转矩则较小。

(2) 启动方法：

1) 直接启动（全压启动）。将电机通过开关直接接入系统。这种方法受供电变压器容量的限制，变压器容量越大，启动电流在供电回路中引起的电压降愈小。

2) 降压启动。启动时，在定子回路中串入电抗器或自耦变压器及采用 Y-Δ 变换的方法，定子绕组上所施加的电压低于额定电压，从而限制了启动电流。空压机和破碎机采用此种启动方式。

(3) 绕线式电机的启动。采用 Y-Δ 变换的启动方法。启动时，内部电路将定子绕组改接成 Y 形，启动正常后，内部电路再将定子绕组改接成 Δ 形，从而使得 Y 形接法的启动电流及启动转矩都减小到 Δ 形接法的 1/3，从而改善了启动性能。

2. 交流异步电机的主要运行特性

(1) 定子电流特性。电机在空载启动时，定子电流仅为额定电流的 1/3，当带上负载后，此时电机转子制动力矩下降，转差率上升，电机为维持原额定转速，增大激磁电流，故定子电流随负载的增加而增大，直到负载稳定运行为止。

（2）功率因数特性。空载时，转轴输出功率为 0，定子电流主要是用来建立磁场的励磁电流，这时 $\cos\varphi$ 很低，为 0.2 左右。负载时，随着转轴输出功率的增加，定子电流有功分量增大，$\cos\varphi$ 上升；在额定负载时值最大。

6.4.4 直流电动机的基本结构及工作原理

1. 直流电动机基本结构

直流电动机基本结构可分为固定的定子和转动的转子（电枢）两大部分。

定子由主磁极、换向磁极、机座和端盖以及电刷装置等组成。主磁极由铁芯和励磁绕组组成，靠近气隙的扩大部分称为极靴。换向极由铁芯和套在铁芯上的换向极绕组组成。换向极绕组与电枢绕组串联，极数与主磁极相同。机座为电机的结构框架。电刷装置使转动部分的电枢绕组与外电路接通，由电刷、刷握、刷杆座和汇流条等零件组成。电刷放置在刷握中，由弹簧将其压在换向器的表面上，电刷杆数一般等于主磁极的数目。端盖装在机座两端并通过端盖中的轴承支撑转子，将定转子连为一体。

转子由电枢铁芯、电枢绕组和换向器等部件组成。电枢绕组嵌放在电枢铁芯槽内，引线端头按一定的规律与换向片连接。换向器由彼此绝缘的换向片构成，每片换向片的端部有凸出的升高片，用来与绕组元件引线端头连接。

2. 直流电动机工作原理

将直流电源通过电刷接通电枢绕组，电枢导体有电流流过，电机内部有磁场存在，载流的转子（即电枢）导体将受到电磁力的作用而旋转，输出机械转矩。

6.4.5 直流电动机的启动及运行特性

1. 直流异步电机的启动特性

为了限制启动电流，通常采用在电枢回路中串接启动电阻的方法，来降低启动电流，在启动过程中由中间继电器动作，第一时限甩掉 1/2 启动电阻，使得电动机转速升高，在第二时限将全部电阻甩掉，使电动机转速再次升高，直至额定转速。

2. 直流电机的运行特性

直流电动机的运行特性就是指它的机械特性，即电动机的电源电压、励磁电流为常数，电枢回路的电阻不变时，电动机转速与转矩的关系。

电机空载运行时，转速与转矩成正比，此时转速约等于额定转速，当带上负载后，电枢绕组所产生的制动力矩的增大，转子转速稍有下降，此时定子电流是不变的。

6.4.6 厂用电动机运行的一般规定

（1）一般电动机周围空气的额定温度为 35℃。若超过 35℃ 时，应先设法降低电动机外壳温度，如无效时，应适当降低电动机的负荷，若低于 35℃ 时，则电动机负荷可适当提高。

电动机环境温度不得低于 5℃，冷却水进水温度不得低于 20℃，风温水温以电动机不结露为标准。

（2）电动机可以在额定电压变动 −5%～+10% 的范围内运行，其额定出力不变。

（3）电动机在额定功率运行时，相间电压的不平衡值不得超过 5%。高压电动机三相电流的不平衡不得超过 $10\%I_e$，其最高相电流不得超过额定值。

（4）当环境温度超过 40℃ 时，每超过 5℃，其额定电流应相应降低 5%。

（5）电动机在额定工况下运行，振动、电动机各部分的最高允许温度与温升、轴间串动符合相关规定。

6.4.7　厂用电动机的检查项目

1. 厂用电动机停送电前的检查项目

（1）电动机送电一般检查项目

1）有关工作票全部收回，临时安全措施全部拆除。

2）电动机三相电源线接入良好，接线处无松动无烧焦现象。

3）电动机本体清洁，无妨碍送电物，电动机上或其附近应无杂物且无人工作。

4）电动机本体接地线接地良好。

5）手动盘车电动机转子应转动灵活，无卡涩现象。

6）检查电动机固定地脚螺栓无松动，外壳接地良好。

7）测电动机绝缘合格。

8）查电机电源开关确断或接触器确在断开位。

9）电动机开关传动正常，事故按钮传动正常。

10）轴承油位正常，润滑油系统及冷却水系统已投入运行。

11）经变频器带动的电动机，检查变频器无异常。

（2）电动机停电一般检查项目：开关确已断开或接触器确已断开。

2. 厂用电动机运行中检查项目

（1）电动机在运行中的检查监视项目。主要对电流、温度、声音、气味和振动等方面进行检查监视。

1）电流表指示是否超限，指针有无剧烈或周期性大幅度摆动及陡增（减）现象。

2）轴承有无异常声音，油压、油位、流量是否正常，有无渗漏油现象。

3）电动机有无异常气味，如焦臭味或有轻微的烟气。

4）电动机外壳和轴承油盖上的温度是否正常。

5）电动机振动是否超过规定值。

6）电动机水冷却器运行是否正常，冷却水流量、水压是否正常。

7）电动机运行中是否有串动现象，其串动值是否超过规定值。

8）电动机的电源引线电缆头是否发热，外包绝缘塑料带是否因受热已变色、变脆。

（2）绕线式及直流电动机的电刷、滑环、整流子的检查：

1）检查整流子或滑环上的电刷是否有火花。

2）检查电刷在刷握内有无晃动和卡涩现象。

3）电刷软导线有无过热、断股现象，与电刷接触情况，与电机外壳有无短接情况。

4）检查电刷是否过短其接触面有无裂纹及损坏现象。

5）检查电刷及刷握应无积垢。

3. 电动机启动时的注意事项

电动机禁止采用合—拉—合的方式启动。在正常情况下，鼠笼式电动机允许在冷状态下启动 2 次，间隔时间不得小于 5min；在热状态下启动一次。只有在处理事故时以及启动时间不超过 2～3s 的电动机可以多启动一次。铸铝式转子的高压电动机应根据电动机具体情况，适当减少启动次数，加长每次启动的间隔时间。

6.4.8 电动机的事故处理

1. 电动机故障强制停机

（1）先启备，后停机：①电动机严重振动；②电动机内部有火花或有绝缘焦臭味；③电流超过正常值，经调整降低负荷后仍然无效；④转速明显下降；⑤电动机轴承、铁芯及出风等各部位温度急剧上升并超过规定值。

（2）先停机，后启备：①电动机在其所属回路危及人身安全；②电动机运行中所带机械部分损坏至危险程度或内部发生强烈撞击及强烈振动；③电动机及其所属电气设备起火或冒烟。

2. 常见故障现象、原因及处理方法

（1）电动机启动时。

1）合闸后不转而只发响或转得很慢，达不到正常转速，立即停机检查。其原因有：①定子回路一相断线，如保险一相熔断，一次回路接头断线，开关一相接触不良；②转子回路断线，如鼠笼电机铜条和端环间的连接破坏，绕线电机变阻器回路断开，电刷接触不良，引线与滑环的连接断开等；③电动机所带的机械部分卡涩；④电动机的接线错误。

2）启动时开关一合就跳，其原因有：①开关机构故障；②启动回路不能自保持；③合闸时间过短；④操作不正确，如闭锁未解除。

3）启动时保护动作开关跳闸，其原因可能有：①被带动的机械部分有故障或过负荷；②电动机及电缆有接地、短路等故障；③绕线式电动机滑环短路或启动电阻放错位置。

说明：电动机在启动过程中的跳闸，必须查明原因，否则不准强送。

（2）电动机在运行中。

1）电动机在运行中声音变化，电流指示上升或降为零，其原因：①定子回路一相断线，如保险一相熔断，一次回路接头断线，开关一相接触不良；②系统电压下降；③线圈匝间短路；④机械负荷变化。

2）电动机电流未超过正常值时，但温度不正常得升高，其可能原因有：①通风系统故障，如滤风网堵住，冷却空气进风温度高，冷却装置故障等；②电压超过允许范围；③定子线圈故障，如匝间短路，两相运行。

3）电动机在运行中轴承发热，温度升高，其原因可能有：①润滑油太多，太少，太浓，不清洁，油中有水等；②轴承盖盖得太紧；③安装和检修后轴承和电动机轴承倾斜。

4）电动机运行中发生剧烈的振动，其原因有：①电动机和所带机械部分中心不一致；②所带的机械部分损坏，机组失去平衡；③转动部分和定子部分摩擦；④轴承损坏或轴承间隙过大；⑤机座地脚螺丝松脱等。

5）电动机在运行中电流发生周期性摆动，同时与发出的声响合拍，可能的原因：①鼠笼式电动机转子铜条开焊；②绕线式电动机滑环短路装置接触不良或机械部分故障。

6.5 过电压保护及接地

6.5.1 交流电气装置的过电压保护

过电压是指系统中出现的对绝缘有威胁的电压升高和电位差升高。过电压保护设备主要包括防雷接闪器（避雷针和避雷线）和避雷器（过电压限制器）。

1. 电厂主、辅建（构）筑物的防雷保护

（1）直击雷保护。锅炉等钢结构建（构）筑物，采用钢结构作为接闪装置，用镀锌扁钢与主接地网连接。主厂房、干料棚、脱硝以及灰场等建（构）筑物用屋面彩钢板做直击雷保护，建（构）筑物混凝土柱内设置专用圆钢作为防雷引下线。烟塔及冷却塔顶部装设避雷针，设置专用接地装置，不与主接地网连接。燃油区设置独立避雷针保护。其他区域建筑物采用房顶设置避雷带的方式。

（2）感应雷保护。对于厂内易燃易爆的建筑物，如露天油罐区、氨区及燃油管道等，为防止产生火花，均采取防感应雷的措施。

2. 防雷电侵入波过电压保护

变压器 110kV 出口处和 110kV 出线各装设一组氧化锌避雷器，额定电压为 108kV。10kV 真空开关柜装设氧化锌避雷器作为电机及低压变压器的操作过电压保护。

3. 绝缘配合

（1）工频过电压。工频过电压不超过 1.3p. u.。

（2）高压电器、电流互感器、变压器内、外绝缘的全波额定雷电冲击耐压与避雷器 10kA 残压间的绝缘配合系数取 1.4。

（3）变压器、电流互感器等截波额定雷电冲击耐压取为相应设备全波额定雷电冲击耐压的 1.1 倍。

（4）断路器同极端口间内绝缘以及断路器、隔离开关同极断口间外绝缘的全波雷电冲击耐压，取该设备全波额定雷电冲击耐压加最高运行相电压（p. u.）。

6.5.2 电气装置的接地与等电位连接

接地就是指在系统、装置或设备的给定点与局部地之间进行电连接，包括功能接地如中性点接地（系统接地）、保护接地防电击、防雷、防静电接地和屏蔽接地等。

等电位连接是指将建筑物内的金属构架、金属装置、电气设备不带电的金属外壳和电气系统的保护导体等与接地装置做可靠的电气连接，包括总等电位连接（MEB）、局部等电位连接（LEB）、辅助等电位连接（SEB）三种。

1. 接地装置设置的主要原则

（1）能在正常运行和最大接地故障电流出现危险电位时，保护人员安全。

（2）提供动力设备中性点接地点。

（3）便于继电保护切除接地故障。

（4）对需检修的载流导体进行静电和感应电流放电。

（5）满足避雷装置的接地放电。

（6）地网接地电阻满足接触电位差和跨步电位差要求。同时，对于通信设施采取隔离。

（7）接地系统由水平接地体和垂直接地极组成，以水平接地体为主。

（8）主接地网采用 $\phi60\times6$mm 镀锌接地扁钢直埋入地下，运行寿命满足 30 年。

（9）接地网必要部位有均压措施。

2. 接地装置的组成

（1）所有电气设备外壳、开关装置和开关柜接地母线、金属架构、电缆桥架、金属箱罐和其他可能事故带电的金属物的均接地。

（2）在集控楼及电子设备间设置等电位接地网，等电位接地网由铜排及裸铜绞线构成，与主接地网可靠连接。

3. 接地材料选择及防腐措施

水平接地极用 $\phi60\times6$mm 热镀锌扁钢，垂直极用 $\phi50\times3$mm 镀锌钢管。腐蚀性满足 30 年要求。

4. 计算机接地

计算机及集中控制室设有均压带和屏蔽网。

5. 其他辅助厂房接地

燃油泵房、储油库等危险场所的油管路采用多点接地。燃油泵房及氨区等易燃易爆区域的围墙大门口及房间入口安装防静电球。

6.6 直流系统、消防与照明、检修网络

6.6.1 直流系统

直流系统由蓄电池组、充电设备、直流屏及馈电网络等直流设备组成。它的主要任务是给继电保护装置、断路器操作、各类信号回路提供电源，并在外部交流电中断的情况下，保证由后备电源蓄电池继续提供直流电源。

1. 直流系统简介

（1）厂用交流电源事故停电时间。一套 220V 直流系统向全厂直流负荷供电，厂用交流电源事故停电时间按 1h 考虑。

（2）机组直流系统接线方式。机组 220V 直流系统，专对 DCS、电气控制、信号、继电保护及安全自动装置、机组直流油泵、长明灯及交流不停电电源等动力负荷供电。配置 1 组固定型阀控式密封铅酸蓄电池组，采用单母线分段接线方式，配置 2 套高频开关电源模块，2 套充电装置接入不同母线段，蓄电池组跨接在两段母线上。

（3）充电设备。机组直流系统充电设备选用高频开关电源模块，该装置具有自动和手动浮充电、均衡充电和稳流、限流充电等功能。

（4）直流分屏。直流负荷采用分层辐射型供电方式，在直流负荷相对集中的区域设置直流分屏，共配置三块直流分屏：一块 10kV 配电室直流分屏；两块 380V 厂用配电室直流分屏。

(5) 蓄电池组布置。蓄电池组布置在机组主厂房专用蓄电池室内，直流充电屏、馈线屏、联络屏布置在主厂房电气继电器室内。直流分屏分别布置在相应的电气配电室内。

(6) 绝缘监测单元。每段直流母线均装设一套微机直流绝缘监察装置，具有直流系统对地绝缘在线监测、过压、欠压、接地报警及装置故障报警功能，并能连续不断地对各馈线支路的绝缘情况进行巡检自动检测，异常时发出报警信号并正确指示出发生故障的馈线支路。

(7) 监控单元。设置蓄电池管理模块，其主要功能是：检测蓄电池运行工况，对蓄电池组充、放电进行动态管理，通过数据通信接口与直流系统的微机监控装置进行通信。

(8) 直流主要馈线设备。直流主要馈线设备选用专用的三段保护直流断路器。采用硬接线方式接入 DCS 系统。

2. 直流系统巡视检查项目

(1) 常规巡视检查项目：

1) 蓄电池室通风、照明及消防设备完好，温度符合要求，无易燃、易爆物品。

2) 蓄电池组外观清洁，无短路、接地。

3) 各连片连接牢靠无松动，端子无生盐，并涂有中性凡士林。

4) 蓄电池外壳无裂纹、漏液，呼吸器无堵塞，密封良好，电解液液面高度合格。

5) 蓄电池极板无龟裂、弯曲、变形、硫化和短路，极板颜色正常，无欠充电、过充电，电解液温度不超过 35℃。

6) 蓄电池电压、密度在合格范围内。

7) 充电装置交流输入电压、直流输出电压、电流正常，表计指示正确，保护的声、光信号正常，运行声音无异常。

8) 直流控制母线、动力母线电压值在规定范围内，浮充电流值符合规定。

9) 直流系统的绝缘状况良好。

10) 各支路的运行监视信号完好、指示正常，熔断器无熔断，自动空气开关位置正确。

(2) 需特殊巡视检查时期：

1) 新安装、检修、改造后的直流系统投运后。

2) 蓄电池核对性充放电期间。

3) 直流系统出现交、直流失压、直流接地、开关脱扣、熔断器熔断等异常处理后。

3. 直流系统故障与处理。

(1) 直流系统接地

1) 原因：①二次回路绝缘材料不合格、存在某些损伤缺陷或过流引起的烧伤等；②潮湿、积水导致对地绝缘电阻下降；③小动物爬入或小金属零件掉落在元件上造成直流接地故障；④因施工工艺不严格，出现裸线、线头接触柜体等引起接地。

2) 判定：220V 直流系统两极对地电压绝对值差超过 40V 或绝缘能力降低到 25kΩ 以下，48V 直流系统任一极对地电压有明显变化时，应视为直流系统接地。

3) 处理：拉路寻找、分路处理。

(2) 蓄电池组熔断器熔断后，应立即检查处理，并采取相应措施，防止直流母线失电。

（3）直流储能装置电容器击穿或容量不足时，必须及时进行更换。

（4）当直流充电装置内部故障跳闸时，应及时启动备用充电装置。

（5）直流电源系统设备发生短路、交流或直流失压时，应迅速处理，投入备用设备或采取其他措施尽快恢复直流系统正常运行。

（6）蓄电池组发生爆炸、开路时，应迅速将蓄电池总熔断器或空气断路器断开，投入备用设备或采取其他措施及时消除故障，恢复正常运行方式。

4．直流电源系统检修安全注意事项

（1）进入蓄电池室前，必须开启通风。

（2）在整流装置发生故障时，应严格按照制造厂的要求操作。

（3）查找和处理直流接地时，应戴线手套、穿长袖工作服，使用高内阻电压表。

（4）检查和更换蓄电池时，须注意核对极性，并穿戴耐酸碱手套和必要的防护服。

6.6.2　交流不间断电源系统

单机容量为30MW，不设置保安电源。保安负荷采用直流UPS供电方式。

UPS是一种含有储能装置的不间断电源，它是将蓄电池与主机相连接，通过主机逆变器等模块电路将直流电转换成市电的系统设备。

1．UPS的工作原理

当市电输入正常时，UPS将市电稳压后供应给负载使用，同时向机内电池充电；当市电中断时，UPS立即将电池的直流电能，通过逆变器向负载继续供应220V交流电。

2．交流不间断电源系统概况

（1）机组设置1套交流不间断电源系统，负责向机组DCS、热控DEH、变送器等重要负荷供电。系统采用单母线接线辐射供电方式。

（2）机组UPS采用静态逆变装置，主要由整流器、逆变器、静态开关、隔离变压器、交流调压器等组成。UPS交流主电源由380V PCA段供电，旁路电源由380V PCB段供电。当输入电源故障消失或整流器故障时，由机组直流系统经闭锁二极管供电。当逆变器故障时，静态开关切换到旁路电源向负荷供电。

（3）另设一个先合后断手动旁路开关，用于调试和检修时保持不间断供电。UPS系统采用硬接线方式接入DCS系统。

（4）UPS接线方式采用有旁路的单一UPS电源系统，配电系统采用TN-S系统。

（5）升压站由机组UPS系统统一供电。

（6）机组UPS系统布置于主厂房电气继电器室内。

3．一般注意事项

（1）正确的开关机方式，避免负载突增或骤减，防止UPS电源的电压输出大幅度波动。

（2）禁止频繁地关、启UPS电源。

（3）禁止超负载使用，也不宜过度轻载运行。

6.6.3　防火、防爆措施

（1）锅炉房及发电机机座靠近油箱、油管、高温管道处采取相应防火措施，各处电缆出入口、进入设备的洞、孔，以及电缆沟的接口处，穿过各层楼板的竖井口进行防火封堵，电缆沟道、架空格架及架空电缆桥架直线段 100m 左右为一个防火分隔点，电缆桥架分支处进行防火封堵，开关柜、保护控制屏、热工屏柜等引出至桥架处的电缆及各孔洞阻火墙、电缆沟阻火墙两侧的电缆均采用防火涂料涂刷。

（2）在易燃易爆区域，如蓄电池室、燃油泵房、油罐区、氨区等区域的照明应采用防爆灯具及防爆开关。

（3）与消防有关的电动阀门及交流控制负荷由保安电源供电。

（4）电缆防火设施：

1）电缆主通道分支处设置防火隔板。

2）电缆和电缆托架分段使用防火涂料、防火槽盒、防火隔板或防火包等。

3）电缆敷设完后，所有孔洞均用防火堵料进行阻火封堵。

4）电缆夹层的消防措施采用干粉灭火器。

5）严禁电缆采用中间接头敷设，加强电缆运行维护工作

6.6.4 电缆、照明与检修网络

1. 电缆及电缆设施

（1）电缆选用原则：

1）10kV 动力电缆选用三芯电缆、铜芯、交联聚乙烯绝缘、聚氯乙烯护套难燃性电缆，绝缘水平为 10kV。

2）低压动力电缆选用多芯电缆，导体用铜芯，聚氯乙烯绝缘或聚氯乙烯护套电缆，特殊场所如励磁回路、高温、剧烈振动、爆炸及腐蚀性等用铜芯电缆。绝缘水平为 1kV。

3）控制电缆采用多芯电缆，导体为铜芯，聚氯乙烯绝缘，绝缘水平为 600V/1000V。配电装置内以及程序控制系统、微机保护等的电缆，采用聚氯乙烯绝缘铜带屏蔽阻燃控制电缆（部分区域采用铠装电缆）。计算机系统及模拟量信号的电缆采用铝塑复合带对绞屏蔽铜带总屏蔽计算机电缆。

4）主厂房、物料系统及其他易燃易爆环境的控制和动力电缆，采用阻燃 C 类电缆；在外部火势作用一定时间内仍需维持通电的重要场所或回路，如消防系统、报警、应急照明、不停电电源、直流跳闸回路和事故保安电源等所用的动力及控制电缆采用耐火电缆；其他辅助车间采用普通电缆。

5）水泵房、化学水处理、物料输送系统、油泵房、消防、报警、应急照明、断路器操作直流电源和发电机组紧急停机的保安电源等应采用耐火电缆。

6）计算机监控、双重化继电保护、保安电源或应急电源灯双回路合用一通道未相互隔离时的其中一个回路采用耐火电缆。

（2）电缆通道及敷设方式。全厂电缆通道主要采用电缆架空桥架，部分采用、电缆沟或电缆排管。

1）主厂房 0m 层采用电缆沟敷设方式，4.3m 层及 8.0m 层采用电缆桥架敷设。

2）主厂房至变压器、厂前区等场地通道采用电缆沟；主厂房至锅炉房和送风机场地的电缆通道采用架空桥架。

3）物料输送系统采用皮带栈桥内安装电缆桥架方式敷设。

4）对于辅助车间，循环水系统等电缆通道采用电缆沟及排管敷设。

5）采用钢制镀锌桥架。托架的水平支撑点不大于 1.5m，大跨距电缆桥架支撑间距不大于 3.0m。电缆桥架每隔 15～30m 重复接地一次。

2．照明和检修网络

（1）照明网络分为三个系统：

1）正常照明网络由低压厂用段供电，电压为 380V/220V。

2）应急照明由直流系统供电，电压为 380V/220V。包括备用照明、安全照明和疏散照明。正常时由厂用电装置供电，事故时，自动切换到直流供电或由灯具自带蓄电池供电。

3）直流应急照明网络由蓄电池直流系统供电，电压为 220V。

集控室采用直流应急照明，正常照明与应急照明采用同时照明的方式。

（2）检修网络。机组的主厂房检修电源由本机组低压厂用段提供。检修网络按汽机房、锅炉房、锅炉本体等区域辐射式设置检修配电箱或电焊插座箱。辅助厂房从就近的车间配电盘引接。

6.7 保护与测控装置

6.7.1 PRS‐785 微机发变组成套保护装置

PRS‐785 微机发变组成套保护装置的保护范围包括发电机、主变、高厂变、励磁变（或励磁机）和短引线。

1．装置整体结构

采用三 CPU 插件：MCPU（管理板）、BCPU（主保护板）、PCPU（后备保护板），BCPU 和 PCPU 插件的数据采集回路完全独立，通过串行通信与 MCPU 交换信息。MCPU 带有汉字液晶显示屏，装置的整定、调试及工况查看、保护动作和自诊断信息显示等，均通过串行通信由 MCPU 完成。

信号接点分跳闸信号接点、告警信号接点和其他输出接点等几类，信号接点均输出 1 付磁保持接点和 2 付不保持接点。

2．PRS‐785 系列装置使用说明

（1）装置运行显示主界面。PRS‐785 系列装置正常运行时以固定时间循环显示以下两类主界面：一是显示交流量巡检和装置状态信息；二是显示保护投退和装置状态信息。装置状态信息在刷新过程中不变。在主界面显示状态下操作按键，可在各巡检界面之间切换查看。

（2）菜单界面操作说明。菜单包含一级和二级菜单两层界面，一级界面显示菜单列表及说明，二级界面显示各选项的详细内容。

在主界面下按"确认"键则进入一级界面，显示下拉式菜单，菜单列表如图 6.3 所示，上窗口是菜单列表，下窗口是相应菜单选项的说明提示。

在一级菜单界面中移动光标选中带"▶"号的项目，按"确认"键或"▶"键，进入

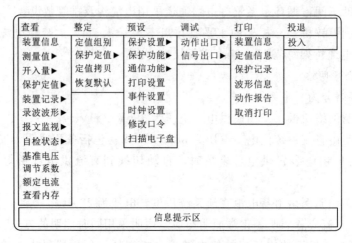

图 6.3 PRS-785 系列装置菜单列表

对应该项目的二级菜单。装置的各二级菜单界面阴影部分表示光标所在位置。当按"▲"
"▼"键时，光标随按键在菜单列表内上下循环移动；当按"◀""▶"键时，光标随按键
左右循环移动。选中某项目后按"确认"键可进入其具体内容显示界面，连续按"返回"
键可退到装置主界面。

若二级菜单下的具体项目内容一页不能显示完，则在下窗口中将出现"第×××页，
共×××页"提示，此时按"◀""▶"键可在页面之间进行切换。

3. 装置调试和投运

（1）通电前检查

1）退出保护所有压板，断开所有空开。

2）检查装置的型号和参数是否与订货一致，注意直流电源的额定电压应与现场匹配。

3）检查插件是否松动，装置有无机械损伤，各插件的位置是否与图纸规定位置一致。

4）检查配线有无压接不紧，断线等现象；

5）用万用表检查电源回路有否短路或断路。

6）确认装置可靠接地。

（2）上电检查：

1）合直流电源空开，再合电源板上的船形小开关。

2）上电后正常运行，此时光字牌信号灯"管理运行"/"主保护运行"/"后备运行"
应点亮，可以简单判断各 CPU 板件和程序正常。

3）液晶是否正常显示，若亮度异常，调节液晶对比度。

4）主界面上 CPU 间通信指示符号是否正常闪烁。

5）若第一次上电，进入"整定"→"恢复默认"，恢复出厂定值，并下传定值。

6）若第一次上电，进入"预设"→"时钟设置"，手动调整时钟。

7）进入"查看"→"装置信息"窗口，校对软件版本是否符合要求。

8）检查装置的各项参数设置，若装置出厂设置不符合现场要求，相应设置。

9）查看装置的系统参数设置及所得到的各侧 TA 调节系数是否正确。

（3）整机调试基本步骤：交、直流量调试──→输入开关量调试──→输出开关量调试──→保护功能调试──→通信功能调试──→打印功能调试。完毕后记录归档并与出厂记录对比。确认完好后，清除装置内所有记录。

（4）装置投入运行操作步骤：

1）确认所有压板退出。

2）检查屏后电缆，确认与安装图纸一致，确认所有临时接线和防误措施已经恢复。

3）合直流电源。

4）校验交流回路良好，电压电流幅值及其相位无异常，无差流。

5）校对装置时钟。

6）整定装置定值，打印一份清单核实无误后存档。

7）其他检查无误投跳闸出口压板，进入"投退"菜单人工投入保护，装置正式投运。

8）正常运行后可进入"查看"菜单查看模拟量、开关量、保护定值和各种记录信息。

4．装置定检

定检周期为 2 年。长期不用的装置应定期通电，如每月通电一星期等。通电时，除解开出口压板外，可将所有投退型定值置为"退出"，以免发出多余信号。

5．PRS-785 常见故障现象及处理措施

PRS-785 常见故障现象及处理措施，见表 6.4。

表 6.4   **PRS-785 常见故障现象及处理措施**

序号	故障现象	可能原因	处理措施
1	上电后有"运行"灯不亮	面板灯及其回路有故障	与厂家联系
		CPU 板程序没正常工作	
2	"保护退出"灯常亮	装置自检出错	依界面错误信息提示处理
		装置处于调试状态	确认调试完成，投入保护
		装置处于整定状态	确认整定完成，投入保护
3	面板上其他指示灯异常	调试后未复归信号继电器	检查处理
		动作条件满足，装置动作	查看界面提示信息
		相应信号继电器有异常	
4	RAM 故障	装置相关硬件部分可能有故障	与厂家联系
5	EEPROM 故障		
6	A/D 故障		
7	EPROM 故障		
8	NVRAM 故障		
9	MCPU 的 IIC 异常		
10	MCPU 的 FLASH 异常		
11	定值自检出错	定值自检出错	检查并下传相应定值观察，若仍有问题，与厂家联系
		定值 CRC 码出错	

续表

序号	故障现象	可能原因	处理措施
12	MCPU 与 BCPU 通信断	各 CPU 板没插紧, 板件上没配备 NVRAM 芯片或有异常, 各板件程序运行异常	检查确认, 若都正常, 与厂家联系
13	MCPU 与 PCPU 通信断		
14	TA 变比不合理	TA 原边和副边输入有误	
		确实变比不合理	重设
15	24V 电源异常	有关板件没插紧	检查, 若仍有异常, 与厂家联系
16	显示偏暗或偏亮	参数调整不当	调节亮度和对比度
17	装置接有打印机但无法打印或打印出乱码	打印机接口线接触不良	检查自检是否正常
		打印机电源没打开	检查处理
		接口线有异常	换一根 (先断电源后操作)
		打印机设为串行打印方式	检查参数设置
		打印接口芯片或光耦异常	与厂家联系
18	装置接有后台但无法通讯 (除通讯规约问题外)	通信接口线接触不良, 后台软件没正常工作	检查处理
		接口线有异常	换一根使用
		装置通信接口芯片或光耦异常	与厂家联系

注意事项: 系统发生事故保护出口或装置工作异常时, 应及时转移出装置事故分析功能中的所有记录, 以便分析, 包括保护动作事件记录、故障录波记录、装置运行记录等, 在记录未转移之前, 切不可对装置进行任何调试、开关电源、开关变位等操作。

6.7.2　ISA-347GD 小型发电机成套保护装置

ISA-347GD 小型发电机成套保护测控装置主要适用于 50MW 及以下容量的小型发电机的保护、测控和操作, 装置集成了小型发电机的全套电量保护, 主保护和后备保护共用一组 TA, 不含非电量保护。本装置还具有遥测、遥信、遥控、支持间隔层五防、事故分析与过程记录等辅助功能。

1. ISA-347GD 基本功能

ISA-347GD 基本功能, 见表 6.5。

2. ISA-347GD 保护整定

(1) 装置定值有投退型和数值型两种: 数值型定值按位整定, 可整定为整定范围内任意值。无特殊说明的保护段按有关规程整定, 有特殊说明的保护段应按其说明进行整定。

(2) 出口配置。本装置各保护元件跳闸方式采用整定方式, 即保护动作出口继电器可以按需要整定。

3. ISA-347GD 装置操作使用概要

(1) 显示说明。装置交流量有三种: MCPU 保护交流量、PCPU 保护交流量和测量交流量 (MCPU 采集), 其显示通过 "$\dot{m}$" 或 "$\dot{m}$"、"$\dot{p}$" 或 "$\dot{p}$" 和 "$\dot{c}$" 或 "$\dot{c}$" 不同相位符号来区分, 相位符号上的实心点表示该通道量为相位基准。

在非菜单状态下, 装置处于循环显示状态, 显示的信息依优先级由高至低排列: 自诊断信息、未复归保护事件信息、交流量。循环显示状态下, 按 "确认" 键可进入主菜单。

表 6.5	ISA - 347GD 基本功能
保护功能	发电机差动保护，含差动速断和比率差动
	发电机复压过流保护（不带方向元件）
	基波零序电压定子接地保护（95％定子接地保护）
	三次谐波电压定子接地保护（100％定子接地保护）
	转子一点、两点接地保护（乒乓原理）
	定时限定子对称过负荷保护，含定时限、反时限
	发电机负序过负荷保护，含定时限、反时限
	低励、失磁保护
	过电压保护
	逆功率保护，设 1 段告警段，1 段跳闸段
	程跳逆功率保护
	启停机保护
	机端大电流闭锁选跳
	TA、TV 断线判别
	频率异常保护
	差流越限报警、差流越限记录、相电流越限记录
	带操作闭锁和防跳的断路器操作回路、故障录波
测控功能	3 路通过操作回路采集的断路器位置遥信
	55 路遥信开入采集，包括各保护硬压板、外部复归、检修开入等。
	多路软遥信，包括事故总信号、保护软压板位置
	$I_a - I_c$、$U_a - U_c$、$U_{ab} - U_{ca}$、$3U_{mo}$、$3U_{no}$、$P_a - P_c$、P、Q、S、$\cos\varphi$、Fr 等遥测量采集
	2 路直流测量
	11 组遥控分、合操作
	遥控操作开关和软压板，并作遥控操作记录及统计
	大容量的事件记录、SOE 记录、自检记录、瞬时闭锁保护记录
	11 次的谐波分析
	间隔五防闭锁遥控

当装置保护处于投入状态，且当前无未复归保护事件、无自诊断信息需要循环显示时，经过 3min 延时，液晶显示及背景光会自动关闭；此状态下按任意键，可恢复显示。

（2）菜单界面操作说明。装置正常运行时，按"确认"键进入主菜单。在任何菜单界面下，连续按"返回"键可回到主菜单。在主菜单界面按"▲""▼""◀""▶"键移动光标选择操作项，按"确认"键进入"投入""查看""打印""通信""测控""整定""配置""调试"和"预设"等子菜单。进入后 4 种子菜单时需要输入口令。

6.7.3 PST 620UD 110kV 变压器非电量保护装置

PST 620UD 型装置适用于 110kV 电压等级变压器非电量保护，有非电量直跳、非电量延时跳闸、非电量告警三种功能。

1. 装置功能组件概述

面板包括显示器、信号指示灯和 USB 串行接口。装置采用背插式插件结构，强弱电分离、功能独立，总体可分为非电量开入插件（NC.E、NC.G）、非电量跳闸插件（NC.F）、CPU 插件及人机接口，如图 6.4 所示。

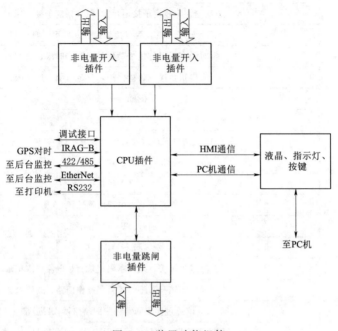

图 6.4　装置功能组件

2. 装置软件及保护功能

（1）非电量直跳保护。非电量信号经非电量开入插件重动及采集后，再经跳闸硬压板输入至非电量跳闸插件，最终输出多付开出接点作用于跳闸，不经 CPU 处理，但通过液晶显示并上送后台通信。

（2）非电量延时跳闸保护。需要延时跳闸的非电量开入，如冷却器全停非电量信号，经 CPU 采集开关量并延时后，开出延时接点串接入跳闸回路中。

冷却器全停除经延时后直接跳闸外，还可延时后经油温高闭锁跳闸，即冷却器全停信号经延时后与油温高信号串接至非电量跳闸插件的开入。

（3）非电量告警。非电量告警输入信号，不搭建跳闸回路。

3. 定值与整定

（1）设备参数定值：

1）定值区号。定值项可选择保护当前运行定值区，但参数、软压板定值不分区，该定值项只影响保护定值运行区。

2）被保护设备。根据实际变压器编号整定，打印报告时用。不超过 10 个汉字长度。

（2）保护定值：

1）冷却器全停延时 1。冷却器全停不经油温高闭锁动作延时，单位为 s，根据变压器技术参数整定，通常整定为 3600s。

2）冷却器全停延时 2。冷却器全停经油温高闭锁动作延时，根据实际变压器技术参数整定，通常整定为 1200s。

（3）软压板状态。仅能就地设定，当该压板退出时，则仅能就地修改保护定值。

6.7.4　PST 671U 系列 110kV 变压器保护装置

PST 671U 系列变压器保护装置满足 110kV 变压器主、后备分离配置和主、后备一体化配置的应用需求。

1. 装置功能组件概述

装置为整面板、背插式结构。整面板包括可触摸操作的彩色液晶显示器，信号指示灯，一个 USB 串行接口。装置为主后一体装置，包括交流插件（AC）、保护 CPU 插件（CPU）、管理板（MMI）、开入插件（DI）、开出插件（DO）、信号插件（SIGNAL）、人机接口和电源插件（POWER）。

2. 装置软件及保护功能

保护程序采用检测扰动的方式决定是进入故障处理还是进行正常的运行或自检等工作。只有当装置启动后，相应的保护元件才会开放。

保护的启动元件与保护功能的对应关系见表 6.6。

表 6.6　　　　　　　　　　保护的启动元件与保护功能的对应关系

启 动 元 件	主保护	后 备 保 护				
	纵差保护	复压过流保护	零序过流保护	间隙过流保护	零序过压保护	简易母线保护
差流有效值启动元件	√					
差流突变量启动元件	√					
相电流突变增量启动元件		√	√			√
自产零序电流启动元件		√	√			√
负序电流启动元件		√	√			√
间隙电流启动元件				√		
专有零序电压启动元件				√	√	

3. 定值清单及整定计算说明（以 PST 671UA 为例）

（1）设备参数定值。设备参数定值只有一套，由保护装置的各套定值共用。

1）定值区号。定值项可选择保护当前运行定值区，但参数定值、软压板定值不分区，该定值项只影响保护定值运行区。

2）被保护设备。根据实际变压器编号整定，打印报告时用。不超过 8 个汉字长度。

3）主变额定容量。根据变压器高压侧实际容量整定。

4）XX 侧接线方式钟点数。I 侧接线方式钟点数固定为 12 点，主变接线方式通过整定其他侧钟点数来确定，目前只适应于 1 点、11 点和 12 点钟接线。其他钟点数为特殊版本。

5）XX 侧额定电压。线电压，根据变压器铭牌参数整定。

6）XX 侧 CT 一次值。按实际 CT 一次值整定，如某一侧电流不计入保护计算，则将该侧"CT 一次值"整定为 1 点，钟点数整定为 12 点。

7）XX 侧 CT 二次值。按实际 CT 二次值整定，1A、5A 可选。

（2）保护定值：

1）差动速断电流定值。为标幺值，按躲过变压器初始励磁涌流或外部短路最大不平衡电流整定，一般为 6.3～31.5MV·A 取 4.5～7.0；40～120MV·A 取 3.0～6.0。

在实际的整定计算中差动速断电流整定值是归算到变压器高压侧的电流有名值，则将这一有名值除以变压器高压侧的变压器二次额定电流，即为保护装置的整定值（标幺值）。

2）纵差保护启动电流定值。差动保护最小动作电流值，为标幺值，应按躲过变压器最大负载时的最大不平衡电流整定，建议取 0.2～0.5。

3）二次谐波制动系数。定值项为二次谐波原理时，二次谐波闭锁差动保护定值，表示差电流中的二次谐波分量与基波分量的比值，建议取 0.1～0.2。

（3）保护控制字：

1）差动速断。置"1"时，投入差动速断保护。

2）差动保护。置"1"时，投入纵差保护。

3）二次谐波制动。选择时，定值项置"1"；否则置"0"。

4）CT 断线闭锁差动保护。定值项置"1"时，闭锁该保护，但差流值大于 $1.2I_e$ 时仍然开放差动保护；当该定值项置"0"时，CT 断线后不闭锁差动保护动作。

（4）软压板整定说明：

1）保护功能投退压板为软硬相与压板。

2）远方修改只有软压板，仅能就地设定，该压板退出时，则仅能就地修改保护定值。

6.7.5 SSE 520U 频率电压紧急控制装置

SSE 520U 频率电压紧急控制装置主要用于电厂过频切机解列、过压解列，但不可用于故障解列场合。

1. 正常显示画面

装置有模拟量、压板、遥信三个监控页类型的正常显示画面。

监控页的下端有四个实时信息：一个当前的运行定值区号、两个远方或者就地开入量位置和软硬压板状态、另一个是监控页数据的通信状态。

主菜单界面 10s 无操作返回正常画面，轮流显示各监控页，此时单击"驻留"，停止切换，单击"切换"继续。

2. 主动显示事件画面

当装置本身有投退或故障事件发生，或者外部有动作或故障报告传输进装置的时候，自动弹出事件画面，向用户列出最新发生的事件报告。单击"清屏"按钮可清除窗口中的所有事件报告，单击"退出"按钮退出该窗口，单击拖动滚动条查看更多的事件报告。

3. 主菜单

进入主菜单有两种途径：可正常显示画面下单击"主菜单"键进入，或在其他操作画面下逐层关闭返回到主菜单。

主菜单放置六个功能图标"输入监视""定值管理""事件录波""系统设置""系统测试""帮助其他"，单击图标按钮进入下一层操作菜单。

4. 输入监视

可实时显示各交流模拟量通道的幅值、相角、直流偏移量，监视各开关量输入的当前状态及装置光纤通道的相关状态参数。

5. 定值管理

按照图 6.5 所示定值操作流程，在定值管理窗口可以实现定值显示、修改、切换、打印等操作。

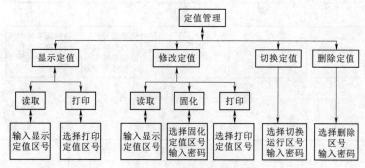

图 6.5 定值操作流程

6. 事件录波

主动显示最近一组事件报告，可分类查看、查询、打印所有历史报告。

7. 系统设置

按照图 6.6 所示系统设置流程进行保护设置、压板设置、强制开入、通信设置及时间调置，HMI 设置和辅助功能等其他设置。

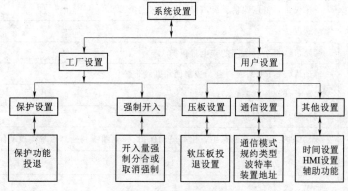

图 6.6 系统设置流程

8. 系统测试

图 6.7 为系统测试操作流程。

9. 帮助及其他

显示版本信息及屏幕校准窗口。

6.7.6 10kV 电动机保护

ISA - 347G 为由微机实现的数字式保护、测控一体化装置，实现大中型异步电动机、同步电动机、电抗器、消弧线圈等的保护、测控、操作等功能。

1. ISA - 347G 基本功能

ISA - 347G 基本功能，见表 6.7。

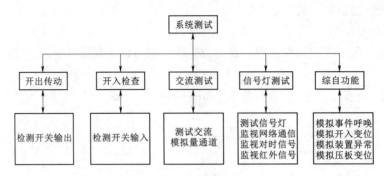

图 6.7　系统测试操作流程

<table>
<tr><th colspan="2">表 6.7</th></tr>
</table>

表 6.7	ISA - 347G 基本功能
功　能	具 体 形 式
基本保护功能	带独立门槛的相电流越限记录元件
	限时电流速断保护
	可选择极度、非常、一般动作特性的反时限过流保护
	不平衡保护（负序电流保护）
	过负荷保护
	过热保护
	不接地零序方向过流保护
	电压保护：低压保护、失压保护、过压保护
	堵转保护
	两路可选择延时跳闸的非电量保护
	辅助告警：PT 断线告警、控制回路断线告警
	带独立的操作回路和故障录波
	闭锁简易母线保护
可选保护功能	差动保护：差动速断保护、比率差动保护、CT 断线判断、磁平衡差动保护
	低（逆）功率保护
	低励、失磁保护
	失步保护
测控功能	3 路通过操作回路采集的位置遥信；20 路遥信开入采集，可选择两路非电量开入、外部复归、检修开入；多路软遥信，包括事故总信号、保护软压板
	I_a、I_c、U_a、U_b、U_c、$3I_0$、U_{ab}、U_{bc}、U_{ca}、$3U_0$、P_a、P_b、P_c、P、Q、S、$\cos\varphi$、Fr 共 18 个遥测量
	遥控操作开关和软压板，并作遥控操作记录及统计
	大容量的事件记录、SOE 记录、自检记录、瞬时闭锁保护记录
	11 次的谐波分析功能
	具有和五防主机同规则的间隔五防闭锁遥控功能

2. 菜单界面操作说明

正常运行时，按"确认"键或任何菜单界面连续按"返回"键进入主菜单。在主菜单界面按"▲""▼""◀""▶"键移动光标选择操作项，按"确认"键进入子菜单：

"投入"菜单用于查看保护投退状态。

"查看"菜单可在保护运行中查看包括装置、保护、测控和通信报文在内四类信息。

"打印"菜单用于打印各种信息与记录。

"配置"菜单用于配置与保护相关的参数。

"整定"菜单用于整定保护定值和设置软压板。

"调试"菜单调试与保护相关的交流量、开入和开出。

"通信"菜单用于设置与通信相关的参数。

"预设"菜单有修改时钟、密码；清保护事件、清 SOE、遥控、录波、电流越限、自检和闭锁记录；清复位次数及调液晶对比度功能。

"测控"菜单有遥测、遥信、遥控功能。

进入"整定""配置""调试""预设"等菜单时需要输入口令。

3. 装置调试与投运说明

（1）通电前检查：

1）退出保护所有压板，断开所有空开。

2）检查插件是否松动，装置有无机械损伤。

3）检查配线有无压接不紧，断线等现象。

4）用万用表检查电源回路是否短路或断路。

5）确认装置可靠接地。

（2）上电检查：

1）合直流电源空开，再合电源板上的船形小开关。

2）上电后，若"运行"点亮，表明装置的软件开始正常运行。

3）调节液晶对比度。

4）主界面上 CPU 间通信指示符号是否正常闪烁。

5）若第一次上电，进入"整定"——"恢复默认值"，恢复出厂定值，并下传定值。

6）若第一次上电，进入"预设"——"修改时钟"，手动调整时钟。

7）进入"查看"——"装置信息及软件版本"窗口，校对软件版本是否符合要求；

8）检查装置的参数设置，进行相应的设置。

（3）整机调试：

1）交流量调试。输入额定电量，"调试"——"保护交流量"菜单下进行模拟量调试。

2）输入开关量调试。在"调试"——"保护开入量"菜单下进行开入量调试。

3）输出开关量及信号调试。连接开关及各信号，在"调试"——"保护开出量"菜单进行出口调试，"调试"——"信号继电器"下信号调试。调试后复归退出，手动投入保护。

4）遥测交流量调试。输入额定电量，"测控"——"遥测"——"遥测交流调试"进行。

5）遥控开出量与遥信变位调试：在"测控"——"遥控"——"设置遥控脉宽"菜单调整遥控出口脉宽，再进"测控"——"遥控"——"遥控操作"菜单进行就地遥控出口试验。

遥信变位调试通过检查开关位置及 SOE 记录、开关操作记录是否与操作对应来进行。

6）保护功能调试。

7）通信功能调试。

（4）装置投入运行操作步骤：

1）确认所有压板退出。

2）检查屏后电缆，确认连接无误，确认所有临时接线和防误措施已经恢复。

3）合直流电源。

4）校验交流回路良好，电压电流幅值及其相位无异常。

5）校对装置时钟。

6）严格整定装置定值，打印一份清单核实无误后存档。

7）装置其他各项经检查无误后，投跳闸出口压板，并进入"投入"菜单确认保护状态为投入后，装置正式投入运行。

8）装置正常运行后，可进入"投入""查看"菜单在线查看保护状态、保护定值和各种记录信息而不影响保护运行。

4. 装置定检

定检周期 2 年。

5. 常见故障现象及处理措施

保护出口或装置工作异常时，及时转移出装置事故分析功能中的所有记录，在记录未转移之前，不对装置进行任何调试、开关电源、开关变位等操作。

ISA - 300G 故障现象及处理措施，见表 6.8。

6.7.7 10kV 微机线路保护

ISA - 367GAA - G 线路保护测控装置是 110kV 以下线路过流保护、测控一体化常规装置，可实现 66kV 以下输电线路的保护、测控、操作等功能。

1. ISA - 367GAA - G 基本功能

ISA - 367GAA - G 基本功能，见表 6.9。

表 6.8   ISA - 300G 故障现象及处理措施

序号	故障现象	处 理 措 施
1	上电后"运行"灯不亮	面板上的灯及其回路可能有故障，与厂家联系
		CPU 板程序没有正常工作，与厂家联系
2	"总告警"灯常亮	装置自检出错，界面上有错误信息提示，查看并处理
		装置处于调试状态，保护未投入，确认调试完成，投入保护
		装置处于整定状态，保护未投入，确认整定完成，投入保护
		界面上有"保护事件"或"告警"信息弹出
3	面板上其他指示灯异常	界面上有"保护事件"或"告警"信息弹出
		相应信号继电器有异常，与厂家联系

续表

序号	故障现象	处 理 措 施	
4	RAM 故障	E00：RAM 出错	
5	EEPROM 故障	E01：EEPROM 出错（写入失败）	
6	A/D 故障	E02：A/D 故障	装置相关的硬件部分有故障，与厂家联系
		E50（0V 基准错）	
		E57：A/D 故障（-4V 基准错）	
		E62：A/D 故障（转换时间过长）	
		E63：A/D 故障（2.5V 基准错）	
		E32～E43：A/D 故障（波形自检出错）	
7	EPROM 故障	E03：EPROM 出错	
8	启动继电器故障	E08：启动继电器故障	
9	电池不足	E30：电池不足	更换 CPU 板上的电池
10	定值自检出错	E29：RAM 定值自检出错	复位不消失与厂家联系
		E21：EEP 定值自检出错	重新设定定值
		E49：EEP 中定值套数自检出错	
12	双 CPU 通信中断	E26：管理 CPU 与保护 CPU 通信中断	检查 CPU 板是否插紧，程序是否正常运行，若都正常与厂家联系
13	显示偏暗或偏亮	调节液晶显示旋钮，调整到适当的亮度和对比度	
14	无法打印或打印出乱码	打印机接口线是否良好，打印机自检是否正常	
		打印机电源是否打开	
		接口线有异常，换一根（注意在关闭电源后操作）	
		打印机是否设为串行打印方式，参数设置是否正确	
		装置打印接口芯片或光耦异常，与厂家联系	
15	装置接有后台但无法通讯（除通信规约问题外）	通信接口线是否良好，后台软件是否正常工作	
		接口线有异常，换一根	
		装置通信接口芯片或光耦异常，与厂家联系	

表 6.9　　　　　　　ISA-367GAA-G 基本功能

功　能	具 体 形 式
保护功能	三段式复压闭锁过流、两段零序过流、零序过流加速、过流加速、PT 断线相过流等保护及闭锁简易母线保护
	三相一次重合闸、低频/低压减载、小电流接地选线
	零序过流告警、过负荷告警
	同期电压/TWJ 异常、控制回路/CT/PT 断线、弹簧未储能、频率超限等辅助告警。
测控功能	完整的操作回路及开关位置采集
	低压/低频减载硬压板、保护/测控远方操作硬压板、停用/闭锁重合闸、弹簧未储能开入、手合同期开入、检修状态投退、信号复归等功能开入

续表

功　能	具　体　形　式
测控功能	最大支持 15 路普通遥信开入、多路软遥信包括事故总信号、重合闸充电完成等
	断路器位置、双点遥信 1～6 位置共 7 路双点位置及其常开常闭采集通道固定
	联锁遥信 1～10 共 10 路五防联锁双点位置
	$U_a - U_c$、U_x、$I_a - I_c$、I_{0wj}、$U_{ab} - U_{ca}$、$P_a - P_c$、$Q_a - Q_c$、$P/Q/S$、$\cos\varphi$、Fr 等自身采集遥测量
	LS01 – LS06 共 6 路五防联锁遥测量
	具备 4 路出口、保护软压板、操作记录及统计及界面遥控功能。
	大容量的事件记录、SOE 记录、自检记录、瞬时闭锁保护记录
	同期功能、间隔层五防功能、遥测量谐波分析功能
通信功能	3 个 RJ45 电接口（网口）
对时功能	SNTP 网络校时、硬件接口对时（IRIG – B 码校时）
录波功能	具备故障录波及波形数据上送
日志功能	具备大容量日志存储功能。由"数据及记录"章节可知悉存日志的信号点
打印功能	RS – 232 串口接口打印

2. 装置调试

(1) 通电前检查：

1) 退出保护所有压板，断开所有空开。

2) 检查插件是否松动，装置有无机械损伤，各插件的位置是否正确。

3) 检查配线有无压接不紧，断线等现象。

4) 用万用表检查电源回路是否短路或断路。

5) 确认装置可靠接地。

(2) 上电检查：

1) 合直流电源空开，再合电源板上的船形小开关。

2) 上电后，"运行"点亮，则装置的软件开始正常运行。

3) 通过"F1＋F2＋上下键"调节液晶对比度。

4) 首次上电，进入"调试菜单"——"厂家调试"——"出厂设置"，恢复出厂定值并下传定值；进入"装置设定"——"修改时钟"，手动调整时钟。

5) 进入"信息查看"——"版本信息"窗口，校对软件版本。

6) 检查装置的参数设置，进行相应的设置。

(3) 整机调试：

1) 输入开关量调试。在"信息查看"——"保护状态"——"开关量"菜单下进行开入量调试，空接点开入可外加＋220VDC/110VDC 检查。

2) 输出开关量及信号调试。连接开关及各信号显示装置，在"调试菜单"——"开出传动"——"跳闸出口"菜单下进行出口调试，在"调试菜单"——"开出传动"——"信号出口"菜单下进行信号继电器调试，调试完成后全部复归并退出，手动投入保护。

3) 遥测交流量调试。在端子输入额定工频电量，在"测控参数"——"遥测参数"——→"遥测量微调系数"菜单下进行调试。

4）遥控开出量与遥信变位调试。在"测控参数"——→"遥控参数"——→"遥测脉宽"菜单下调整遥控出口脉冲宽度，后进入"调试菜单"——→"开出传动"——→"跳闸出口"菜单下可进行就地遥控出口试验。

5）保护功能调试。根据实际保护功能对照调试大纲进行调试。进行装置整组实验前，将对应元件的控制字、软压板、硬压板设置正确，装置整组试验后，检查装置记录的跳闸报告、SOE事件记录是否正确。

6）通信功能调试。

7）打印功能调试。

3. 装置投入运行操作步骤

1）确认所有压板退出。

2）检查屏后电缆，确认正确，确认所有临时接线和防误措施已经恢复。

3）合直流电源。

4）校验交流回路良好，电压电流幅值及其相位无异常。

5）校对装置时钟。

6）严格整定装置定值（所有未使用的保护段的投退型定值设为"退出"，数值型定值恢复至最大值），打印一份清单核实无误后存档。

7）装置其他各项经检查无误后，投跳闸出口压板，装置正式投入运行。

8）装置正常运行后，可进入"信息查看"在线查看保护状态、定值和各种记录信息而不影响保护运行。

4. 装置定检

定检参照调试项目执行，并与投运调试记录进行对比，周期为2年。对长期不用的装置应定期通电。备用装置通电时，解开出口压板，所有投退型定值置为"退出"。

5. ISA-367GAA-G常见故障现象及处理措施

ISA-367GAA-G常见故障现象及处理措施，见表6.10。

表6.10　　　　　　　ISA-367GAA-G装置常见故障现象及处理措施

序号	故障现象	处 理 措 施	
1	上电后"运行"灯不亮	面板上的灯及其回路可能有故障，与厂家联系	
		CPU板程序没有正常工作，与厂家联系	
2	"告警"灯常亮	装置自检出错，界面上有错误信息提示，请与厂家联系	
		界面上有"保护事件"或"告警"信息弹出	
3	面板上其他指示灯异常	界面上有"保护事件"或"告警"信息弹出	
		相应信号继电器有异常，与厂家联系。	
4	硬件故障	A/D采样出错	与厂家联系
5		开入自检出错	
6		开出正反码校验出错	
7	内存不足	内存扫描元件内存溢出	与厂家联系

序号	故障现象	处 理 措 施	
8	定值自检出错	定值自检校验出错	恢复定值默认，重新整定
		定值 CRC 校验出错	
9	软压板自检出错	软压板自检校验出错	恢复软压板默认，重新整定
10		软压板 CRC 校验出错	
11	参数自检出错	参数自检校验出错	恢复参数默认，重新整定
12		参数 CRC 校验出错	
13	遥信配置自检出错	遥信配置错误	复位不消失，硬件问题，与厂家联系
14	录波自检异常	录波文件异常	与厂家联系
15	显示偏暗或偏亮	调节液晶，调整到适当的亮度和对比度	
16	无法打印或打印出乱码	打印机接口线是否良好，打印机自检是否正常	
		打印机电源是否打开；	
		接口线有异常，换一根使用（注意在关闭电源后操作）	
		打印机是否设为串行打印方式，参数设置是否正确	
		装置打印接口芯片或光耦异常，与厂家联系	
17	接有后台但无法通信（除通信规约问题外）	通信接口线是否良好，后台软件是否正常工作	
		接口线有异常，换一根使用	
		装置通信接口芯片或光耦异常，与厂家联系	

注意：系统保护出口或装置工作异常时，应及时转移出装置事故分析功能中的所有记录，以便分析，在记录未转移之前，禁止进行任何调试、开关电源、开关变位等操作。

6.7.8 10kV 厂用变保护

ISA - 381GD 为站用变保护测控装置，适用于多种接线方式的两圈厂用变的保护、测控、操作等功能。其基本功能见表 6.11。

表 6.11   ISA - 381GD 基本功能

功 能	具 体 形 式
保护功能	差动保护
	高压侧三段复压闭锁过流保护、两段负序过流保护、两段零序过流保护
	低压侧一段零序过流保护
	三段非电量保护
	过负荷保护
	FC 回路过流闭锁功能
	CT/高压侧母线 PT/控制回路断线告警
测控功能	23 路遥信开入采集，可选择非电量开入、外部复归、检修开入
	$I_a - U_a$、U_b、U_c、$U_{ab} - U_{ca}$、$3U_o$、$P_a - P_c$、P、Q、S、$\cos\varphi$、Fr 共 17 个遥测量
	4 路开关遥控，并作遥控操作记录及统计
	3 路位置/多路软遥信，包括事件记录、SOE 记录、自检记录、瞬时闭锁保护记录
	高达 11 次的谐波分析功能
	具有和五防主机同规则的间隔五防闭锁遥控功能

6.7.9 低压电动机的控制、保护和监测

UNT – MMI 智能 MCC 控制保护管理装置省却了传统的多种二次分离元件，可完成对低压电机的各种控制、保护和监测，并通过现场总线，实现对电动机回路的远程监控。

1. UNT – MMI 智能 MCC 控制保护管理装置主要功能

（1）监测功能：①显示电流、电压、功率、功率因数、热容量、电度等；②4～20mA 远传功能；③事故记录功能；④SOE 记录功能。

（2）保护功能：①过载保护；②堵转保护；③过流保护；④不平衡保护；⑤接地保护；⑥漏电保护；⑦低压保护；⑧过压保护；⑨相序保护；⑩缺相保护；⑪欠载保护；⑫tE 保护；⑬起动过长保护；⑭超分断保护。

（3）控制功能：

1）显示面板、固定输入、可编程输入和通信四地控制方式可以灵活实现电机的就地/远方，自动/手动控制。

2）启动限制功能防止频繁起停电机。

3）PLC 连锁逻辑控制。

4）电压恢复自启动。

（4）通信功能：

1）通过 RS – 485 通信接口，以 MODBUS@RTU 通信协议实现系统组网。

2）通过 Profibus – DP 工业现场总线实现系统组网。

3）通过 CAN 工业现场总线实现系统组网。

2. 装置结构

UNT – MMI – B 装置分为三部分：显示器、主机、电流互感器（CT）。

电流互感器：配套 CT 是三孔穿芯式结构，有 10 倍线性的过载能力。额定电流大于 200A 以上的电机需外配电流互感器。

3. 操作说明

（1）上电。上电后装置自检，所有指示灯闪烁三次，然后进入初始界面。

（2）初始界面。据电机的不同状态显示不同的初始界面，共分为 5 种状态：

1）就绪状态。显示电机的启动方式和控制权限。

2）启动状态。电机正在启动。显示电机的电流，有功功率和热容量。

3）运行状态。显示电机的平均电流的百分比，有功功率和热容量。如果在启动或运行时有报警产生，则显示报警名称。

4）保护状态。显示跳闸的原因，按"▶"进入当前的事故记录。

5）禁止状态：显示禁止启动的原因以及还有多长时间可以启动。

（3）主菜单界面：

在保护状态下，按"◀"，在其他状态下按"▶"和"◀"键均会进入主菜单，如果 5min 没有操作按键，将返回到初始界面。

（4）测量数据查看。主菜单下选择测量数据进入菜单界面，选择相应选项查看。

（5）参数设置与查看。参数设置需要口令，否则只能进入参数查看模式。

（6）管理信息。主要包括事故记录、SOE 记录、统计信息等记录、统计信息。

（7）事故复归。所有报警或事故复归。复归成功后 2s 内按停止键，清零热容量。

4. UNI - MMI 常见故障现象、可能原因和处理

UNI - MMI 常见故障现象、可能原因和处理措施见表 6.12。

表 6.12   UNT - MMI 常见故障现象、可能原因和处理措施

常见故障现象	可能原因	处理措施	注意
启动后报过载或相序保护	（1）额定电流设置有误； （2）外接 CT 穿线顺序不对	（1）正确设置额定电流； （2）据 $I_a - I_c$、I_1、I_2 大小判断 CT 穿线顺序，若错了，则 I_1 很小，I_2 接近 A、B、C 值或很大，正确顺序接线	相序不颠倒
装置上电后运行	A 接触器状态端子未引入接触器的常闭辅助点	（1）接入接触器的常闭辅助点； （2）装置电源是直流时，查看电源的正负极性，按正确极性接线	根据右后转图接线
功率显示不正确或无数值	（1）外接 CT 穿线顺序不对； （2）外接顺序接错	（1）按正确的 CT 穿线顺序接线； （2）U_a、U_b、U_c 正确接线	
4～20mA 异常	DCS 最大量程与装置设置的 20mA 对应值不一致	调整一致	
	4～20mA 接线错误	断开 4～20mA 端子接线，直接测量装置输出量，正常则为外部问题	
通信异常	（1）通信线问题； （2）通信参数设定不对	（1）检查装置通信线正负是否正确； （2）检查装置通信参数设定	
装置无法启动	（1）不具有操作权限； （2）启动时有停止信号； （3）端子接线不可靠	（1）检查装置的控制权限； （2）查看是否有外部停止信号引入； （3）检查装置端子接线可靠与否	
面板无显示	（1）检查抽屉插件问题； （2）显示电缆连接松动。		

6.7.10 Unit4/6 智能控制器

Unit4/6 智能控制器是框架式空气断路器的核心部件，主要用作配电、馈电或发电保护，测量和通信等。

1. 装置功能

（1）基本功能：

1）保护功能。负载监控、多曲线长延时保护、多曲线短延时反时限保护、短延时定时限保护、瞬时保护、MCR 及 HSISC 保护、N 相保护、电流不平衡（断相）保护、接地保护、接地报警、中性相保护。

2）测量功能。线/相电流及接地电流测量、热容量。

3）维护。故障/报警/变位记录，电流历史峰值、触头当量、操作次数记录和自诊断。

4）人机界面。

（2）附加功能。通信和增选功能。

2. 菜单结构

共 1 个缺省界面和 4 个主题菜单，主题菜单均为五级菜单结构。

（1）缺省界面。控制器上电时显示缺省界面；在各主题菜单下按"退出"按钮或相应的主题键返回缺省界面；5min 内无任何键操作则方框光标自动指示当前最大相；在非故障弹出界面下，若 30min 内无任何键操作则自动返回缺省界面。

（2）主题菜单。"测量""系统参数设定""保护参数设定"和"历史记录和维护"。在缺省界面或者其他非故障界面按"测量""设定""保护""信息"按钮进入相应主菜单；按"退出"按钮返回缺省界面。

6.7.11　PSM70 微机五防

1. PSM70 微机五防操作系统原理与功能

PSM70 微机型防止电气误操作系统采用计算机图形技术和元件联动关系算法，可实现防误功能与操作票输出一体化。

PSM70 微机型防止电气误操作系统的防误原理：根据电力系统对倒闸操作的"五防"要求和现场设备的状态，进行判断、推理，开出倒闸操作票，将操作票传送到电脑钥匙，然后拿电脑钥匙到现场对断路器、隔离开关、接地刀闸、临时接地线、网门等设备进行倒闸操作。

PSM70 微机型防止电气误操作系统可提供操作票专家系统功能，具有按规则库开票、手工开票、调用典型票或预存票、调用历史操作票等开票方式及操作票打印的功能，可根据模板定义操作票格式内容，可对二次设备开票。

2. PSM70 微机五防操作系统操作

（1）系统启动/运行/退出：

1）启动系统。开机和登录均需输入密码。

2）系统运行。用户身份合法，即可进入 PSM70 系统主菜单界面。

3）系统退出：单击窗口右上角"X"按钮，弹出对话框，按"确定"键退出系统。

（2）新建任务与结束任务：

1）设备对位。对实遥信设备，直接接收监控遥信，自动对位；若是虚遥信设备且与现场实际不符，则开票前需进行状态设置，即设备对位。

通过"设备对位"按钮进入对位状态，再通过鼠标单击接线图上的设备图符，更正设备的分、合状态，同现场设备状态保持一致后，单击"结束对位"按钮退出状态整定过程。

状态调整过程中，若当前设备状态取自监控系统的实遥信，那么改变该设备状态后，在设备右上角显示"！"。

遥信设备被强制对位后，不再受理监控后台发过来的遥信状态。

2）新建任务（图形模拟操作）。单击主界面工具条按钮"新建任务"，弹出"新建任务"对话框（如果系统设置模拟开票，操作任务可为空，直接进入模拟开票），根据操作票单击图形上设备进行模拟操作。

开票操作步骤单击完成后，单击工具条"完成开票"按钮，窗口自动切换到任务管理窗口，如果要取消开票操作则单击"取消任务"按钮。

3）任务执行：

a. 单击"开始"按钮：①如果是非遥控设备，提示"准备传钥匙"，选择"是"，即可选择适配器上"A 座"或"B 座"任一在位钥匙传送任务；②如果是遥控设备，下方会有监控操作提示，在后台进行相应操作，操作完成会跳到下一步的操作，如果此步还是遥控设备操作，继续在后台操作即可；如果下一步是就地操作设备，下发传到钥匙，钥匙就地操作完成本步骤开锁，如后面还有遥控操作步骤，放回钥匙回传任务，窗口继续显示下一步遥控操作的设备，依次操作即可（步骤是否完成及完成时间会在窗口显示）。

如果要就地操作该遥控设备，请选择"转就地"，提示"准备传钥匙"，选择"是"，即可选择适配器上"A 座"或"B 座"任一在位钥匙传送任务。

如果要多任务操作，选择菜单栏的"新建任务"，会弹出"新建任务"的窗口。

b. 任务回传。所有操作票操作结束后，都需要将电脑钥匙插回通信适配器进行回传，电脑钥匙回传有两种情况：①遥控操作步骤回传，当操作票执行到遥控操作步骤时，需要根据提示将电脑钥匙插入通信适配器卡座，选择操作任务，单击"回传"按钮，系统提示"回传成功"，自动向监控系统发送遥控操作许可指令，并等待遥控操作遥信变位，设备变位后，继续后面的操作；②操作票执行完毕后回传，钥匙在现场的操作任务完成后，将钥匙放回通信适配器放好，单击"回传"，弹出"A 座"或"B 座"选择窗，选择相应的座即可回传任务。系统提示"回传成功"，任务管理窗口中操作票任务自动删除。

操作任务终止回传：操作票任务终止后，根据提示将电脑钥匙插入通信适配器卡座，选择操作任务，单击"回传"按钮，单系统检测到电脑钥匙未操作完成时，会弹出对话框提示继续传票，这时选择否即可清除电脑钥匙中的操作步骤，并终止当前任务。

c. 任务作废或终止。在下传钥匙和开始任务前，可作废模拟票（此时按钮为亮色显示），选中该任务，单击"作废"按钮，即可作废该操作票；任务只要单击"开始"后，"作废"按钮为灰色不可操作；如果任务要终止，选中该任务，单击"终止"按钮，弹出终止理由对话框，填写终止理由，即可终止该操作票。

（3）现场操作。在开完操作票并将操作票传输到电脑钥匙后，即可以拿电脑钥匙到现场操作。操作有两种情况，即手动操作和监控操作。

1）正常解锁操作：

a. 机械闭锁设备。操作机械锁时，将电脑钥匙插入欲操作设备的五防锁具，待语音提示"条件符合，可以操作"后，按压"解锁"按钮，语音提示"锁已打开"后松开"解锁"按钮，语音提示"钥匙已回位，操作完成"后拔出电脑钥匙，完成机械解锁操作。

b. 电气闭锁设备。操作电气锁时，将电脑钥匙插入待操作设备的五防锁具，语音提示"条件符合，可以操作"后对电气设备进行操作。待电气设备操作完成后，电脑钥匙自动语音提示"操作完成"后拔出电脑钥匙，完成电气锁解锁操作。

c. 提示性闭锁设备。提示性闭锁设备即现场设备未装五防锁具，在操作过程中仅起到提示作用。操作提示性闭锁设备时，只需按住"确认键"1s，钥匙语音提示"本步操作完成，请继续"，即完成操作。

d. 需要监控系统遥控操作的设备。如果当前要操作的设备必须由监控系统或调度系统来完成,则将电脑钥匙插回到通信适配器传送座,单击"回传"按钮,此时系统读取电脑钥匙操作情况,自动操作,任务管理界面会出现等待监控系统操作提示,当监控成功地完成指定操作并且设备变位后会重新对操作过的设备进行闭锁,提示自动消失,并提示继续传票到电脑钥匙继续下一步操作。

2)异常解锁操作。电脑钥匙跳步操作。指当锁具等出现异常,用电脑钥匙不能解锁,进行强制解锁操作,而电脑钥匙仍显示当前项(已强制解锁操作过的项),需要电脑钥匙跳过本项,以便于后续项的正常操作。

在钥匙面板上按"确认"键,进入当前步骤操作功能列表,移动上下键选择"跳过本步"菜单确认,弹出输入"跳步码"对话框。

跳步操作成功后从跳步钥匙拔出,电脑钥匙自动加载下一步操作,使操作继续进行应急解锁操作。

3)应急解锁操作。指在事故情况下不使用 PSM70 系统进行模拟、传票,直接用解锁钥匙对现场设备进行解锁操作。

a.机械锁应急解锁。将机械解锁钥匙插入机械编码锁中并旋转 90°打开。

b.电气锁应急解锁。将电解锁钥匙插入电气锁中即可(闭锁回路被短路)。

c.应急解锁后的状态设置。及时设备对位,使计算机中显示状态和现场保持一致。

(4)系统查询:

1)系统日志。主菜单──→数据管理──→日志管理,选择"系统日志"标签。

2)黑匣子记录。主菜单──→数据管理──→日志管理,选择"黑匣子记录"标签。

3)历史票查询。主菜单──→操作票库──→历史票库。可按日期、操作人、设备编号检索。

(5)简单维护。可对图模数据中的线路名称、图形上的标签文字进行修改。

(6)钥匙说明。

1)基本操作方法:

a.开机。按压"电源"键超过 3s,电脑钥匙开机后进入备用状态。

b.关机。按压"电源"键超过 3s,电脑钥匙自动跳转到关机界面显示。

c.待机。电脑钥匙在备用状态下超过背光设定时间而无任何动作,将关闭液晶显示,进入待机状态。待机状态下按压任何按键均可以返回备用状态。

d.自动关机。电脑钥匙在备用状态下超过 10min,电脑钥匙将自动关机。

e.强制关机。如出现死机现象,按压"电源"键超过 7s,电脑钥匙将强制关机。

2)钥匙充电。钥匙备用时放回充电座上进行充电,可长期充电而不损坏电池。

6.7.12 MFC2000-6B 电源快速切换装置

MFC2000-6B 电源快速切换装置,是基于嵌入式软硬件平台的厂用电快切装置。

1.菜单使用说明

在主画面状态下,按"确认"键可进入主菜单,通过"▲""▼""确认"和"取消"键选择子菜单。命令菜单采用树形目录。

(1)测值显示。显示保护装置电流电压实时采样值和开入量状态,只要这些量的显示值与实际运行情况一致,则保护能正常运行,采样值显示菜单显示电流电压的有效值,相角显示菜单显示以夹角的形式显示相角。

（2）报告显示。显示切换报告、动作报告、运行报告、遥信报告、操作报告、自检报告。按"▲""▼"键选择，按"确认"键显示选择的报告，按"取消"键退出至上一级菜单。

2. 调试操作

（1）遥信对点功能。用于远动遥信对点试验。选择进入"遥信顺序试验菜单"自动方式或者"遥信选点试验菜单"选点方式将相应的动作元件、报警信息、保护压板等遥信信号自动置位和复归，产生的 SOE 报告可在就地查看也可经通信上送远方。

进入"遥信顺序试验菜单"后，装置遥信状态自动的按液晶界面显示的遥信量条目顺序由上而下变位，同时会形成对应的遥信变位报告，遥信自动对点功能执行完成后，自动退出遥信试验菜单。

进入"遥信选点试验菜单"后，按"▲""▼"键进行浏览查看，光标停在需要测试的遥信点所在行，按"确定"键，进行遥信选点试验，试验完成后按"取消"退出菜单或者继续浏览遥信点并进行试验。

（2）出口传动试验。进入"出口传动试验"菜单，可以进行保护跳闸出口，报警接点传动试验。

特别说明：使用本功能时，装置背板电流端子不能输入电流，否则出口传动会被闭锁；跳进线开关操作时，若无闭锁且电压条件满足，则会引起误跳逻辑起动，把备用开关合上。

进入"出口传动试验"菜单，按"▲""▼"键进行浏览查看，光标停在需要测试的出口项目所在行按"确定"键进行试验，完成后按"取消"退出菜单或者继续浏览试验。

（3）精度手动校准。可对各个模拟量通道进行校准。

（4）定值设置。装置保护定值分区存储，其余定值或参数不分区存储。按"▲""▼"键用来滚动选择要修改的定值，按键"◀""▶"用来将光标移到要修改的地方，"＋""－"用来修改数据，按键"取消"为不修改返回，按"确认"键完成定值整定后返回，定值或参数修改后需手动复归装置。

（5）装置打印。进行参数、定值、跳闸/运行/自检/遥信报告、状态、波形等内容打印。

（6）时间设置：按键"▲""▼""◀""▶"用来选择，"＋""－"用来修改。

（7）清除报告。清除所有保存的报告，需要密码确认。

3. MFC2000-6B 装置异常信息含义及处理建议

MFC2000-6B 装置异常信息含义及处理建议，见表 6.13。

表 6.13　　　　　　　　MFC2000-6B 装置异常信息含义及处理建议

序号	装置异常信息	含　义	处 理 建 议
1	初始状态不满足	未充电	检查处理
2	TV 断线报警	电压回路断线	检查处理
3	开关位置异常	某开关处有电流，但检测到是跳位，开关辅助接点异常	检查开关辅助接点接线

续表

序号	装置异常信息	含　　义	处 理 建 议
4	测频通道异常	装置故障	通知厂家处理
5	定值出错	人工修改过定值或者定值区内容被破坏	修改定值后重新复位； 定值区破坏联系厂家处理
6	RAM 故障	内存出错	通知厂家处理
7	ROM 故障	程序区出错	
8	电源故障	装置直流电源不正常	
9	CPLD 故障	装置 CPLD 损坏	

6.7.13　AMC 系列智能电量采集监控装置

AMC 系列智能电量采集监控装置，是集成电力参数的测量以及电能监测和考核管理的智能仪表装置。

1. 接线方法

AMC 仪表信号接线方法，如图 6.8 所示。

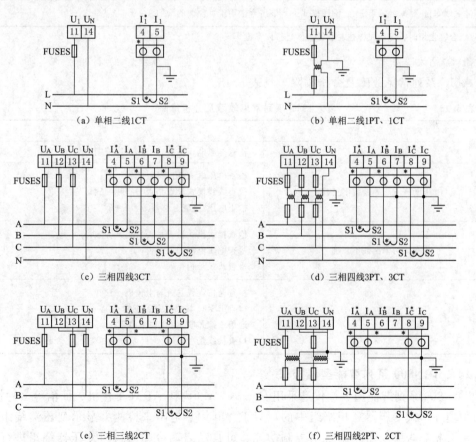

图 6.8　AMC 仪表信号接线方法

信号端子："4-9"为电流输入的端子号；"11-14"为电压输入的端子号。

▭○○○○○○▭为用于 CT 二次侧短接的试验端子。

2. 操作按键功能

AMC 系列智能电量采集监控装置四个按键从左到右依次为 SET 键、左键、右键、回车键，具体功能见表 6.14。

表 6.14   AMC 系列操作按键功能

面板按键类别	按 键 功 能
SET 键（SET）	测量模式下，按该键进入编程模式，输入正确密码后可进行仪表编程设置； 编程模式下，用于返回上一级菜单
左键（◀）	测量模式下，用于切换显示项目； 编程模式下，用于切换同级菜单或个位数的减小
右键（▶）	测量模式下，用于切换显示项目； 编程模式下，用于切换同级菜单或个位数的增加
回车键（↵）	测量模式下，用于切换显示项目； 编程模式下，用于菜单项目的选择确认和参数的修改确认
左键＋回车键（◀＋↵）	编程模式下，该组合键用于百位数的减小
右键＋回车键（▶＋↵）	编程模式下，该组合键用于百位数的增加

注 组合键使用时，可以先按住左右键，然后按回车键。

3. 常见故障分析

AMC 系列常见故障及分析排除，见表 6.15。

表 6.15   AMC 系列常见故障及分析排除

常 见 故 障	分 析 排 除
上电无显示	检查电源电压是否在工作电压范围内
电压电流电能等读数不正确	检查电压电流变比设置是否正确； 检查接线模式设置是否与实际一致； 检查电压/电流互感器是否完好
功率或功率因数不正确	检查接线模式设置是否与实际一致； 检查电压电流相序是否； 检查接线是否正确
通信不正常	检查通信设置是否与上位机一致； 检查 RS485 转换器是否正常； 通信末端并联 120Ω 以上电阻； 检查接线是否正确

6.7.14   iDIN800 系列智能型温控仪

iDIN800 系列智能型温控仪是采用 Cortex - M3 内核 ARM 单片机、通信等多种技术，利用预埋在干式变压器三相绕组中的三只 Pt100 铂热电阻来检测并显示变压器绕组的温升，具有超温告警及超高温跳闸控制功能，可自动启动冷却风机对变压器绕组进行强迫风冷。

1. 装置功能

（1）巡回和最高显示。测量并巡回显示变压器三相绕组或最高一相绕组温度值，巡回显示间隔时间约 3s。

（2）监控功能。

1）遥测三相绕组温度：P_A，P_B，P_C。

2）控制输出功能：

a. 冷却风机控制。任何一相绕组的温度值达到设定的风机启动温度值时，风机自动启动；否则停止运行。

b. 超温报警。任何一相绕组的温度值达到设定的超温报警温度值时，开关信号输出给远方的控制中心启动报警电路。

c. 超温跳闸。任何一相绕组的温度值达到设定的超温跳闸温度值时，开关信号输出给远方的控制中心启动跳闸电路（为防止因偶然因素触发误跳闸，特设约 10s 延时）。

d. 故障报警。当温控仪检测通道或传感器发生开路或短路时，温控仪显示故障信息，同时开关信号输出给远方的控制中心。

（3）手动控制风机功能。装置默认自动状态，当按温控仪面板上的手动/自动键时，装置进入手动控制风机状态，风机立即启动运行，若按下退出键，则退出手动控制状态，并进入自控状态；如手动启动风机运行后没有手动停止风机运行，风机则运行约 15min 后自动停止。

（4）风机定时检测功能。根据设定的时间定时对风机检测，定时检测时间设置范围为 0～200h，每次检测风机运行的时间量设置范围为 2～60min。

（5）模拟输出控制功能。可以输入一个在温控仪测量范围内的模拟温度值，以检测温控仪的设置控制参数是否正确（为避免引起变压器误跳闸，控制输出功能检测时不允许模拟超温跳闸信号输出）。

（6）"黑匣子"功能（断电记录功能）。温控仪断电数据保存，可记录温控仪断电时刻测量的温度值。

（7）保护功能配置。具有各相输入开路、输入短路报警、超量程告警、仪表故障自检报警等保护功能。

（8）通信功能。装置具有 RS-485 网络通信接口，支持国际通用的 Modbus 通信协议，可与其他智能设备连接通信。

（9）模拟量输出功能。装置具有 3 路独立的 4～20mA 工业标准模拟量输出功能。

（10）参数及定值设置功能。输入正确密码后均可通过面板上的按键直接设置温控仪的参数。每一级参数设置菜单下无按键操作定时 60s 后自动退出当前菜单界面，返回上一级菜单。

2. 操作说明

（1）iDIN800 系列温度参数设定，见表 6.16。

（2）iDIN800 系列定时启动风机参数设定，见表 6.17。

（3）iDIN800 系列输出状态检测功能，见表 6.18。

（4）iDIN800 系列"黑匣子"功能，见表 6.19。

（5）iDIN800 系列用户数字补偿功能设置，见表 6.20。

表 6.16   **iDIN800 系列温度参数设定**

步骤	按键	显示 SV‑红色	显示 MV‑红色	说 明	备 注
1	确认	C1	bHCS	仪表进入温度保护参数设定状态	C1：菜单 1
2	确认	C1	9009	按→或↓/↑键，输入口令 9009	bHCS：保护参数
3	确认	FC	080.0	出厂设定停止温度值 t_1 为 80.0℃；	(1) 参数用→或↓或↑修改；
4	确认	FS	100.0	出厂设定启动温度值 t_2 为 100.0℃	(2) $t_1 \sim t_4$ 范围为：0~200.0；
5	确认	AL	130.0	出厂设定超温报警温度值 t_3 为 130.0℃；	(3) $t_4 > t_3 > t_2 > t_1$
6	确认	AH	150.0	出厂设定超温跳闸温度值 t_4 为 150.0℃；	
7	确认	FC	080.0	再次轮回第一项参数设定	
8	返回			退出参数设定状态，返回上级目录	

表 6.17   **iDIN800 系列定时启动风机参数设定**

步骤	按键	显示 SV‑红色	显示 MV‑红色	说 明	备 注
1	确认	C2	FJCS	仪表进入定时启动风机参数设定状态	C2：菜单 2
2	确认	C2	9009	按→或↓或↑键，输入参数设定密码 9009	FJCS：风机参数
3	确认	Ft	000	出厂时设定定时启动时间间隔为 0；设定范围：0~200h；若设 0，不会定时启停	所有参数均可用→或↓或↑修改值
4	确认	Fo	05	出厂时设定启动运行时间为 5min；设定范围：2~60min	
5	确认	Ft	0000	再次轮回第一项参数设定	
6	返回			退出参数设定状态，返回上级目录	

表 6.18   **iDIN800 系列输出状态检测功能**

步骤	按键	显示 SV‑红色	显示 MV‑红色	说 明	备 注
1	确认↓	C4	SCJC	仪表进入输出检测功能	C4：菜单 4
2	→或↓或↑	C4	9009	按→或↓或↑键，输入口令 9009	SCJC：输出检测
3	确认	S1	080.0	首次进入显示风机停止温度值 80.0℃	密码正确
4	↑	S1	100.0	等于风机启动温度 100.0℃	风机灯亮、风机继电器闭合
5	↑	S1	130.0	等于超温报警温度 130.0℃	告警灯亮、告警继电器闭合
6	↑	S1	150.0	等于超温跳闸温度 150.0℃	跳闸灯亮、跳闸继电器不动作
7	↑	S1	240.0	等于测量范围上限 240℃	故障继电器闭合
8	↓	S1	239.8	返回测量范围−20~240℃	故障继电器断开
9	↓	S1	149.4	低于超温跳闸温度 150.0℃	跳闸灯灭、跳闸继电器不动作
10	↓	S1	129.4	低于超温告警温度 130.0℃	告警灯灭、告警继电器断开
11	↓	S1	79.9	低于风机停止温度 80℃	风机灯灭、风机继电器断开
12	返回			退出输出功能检测状态，返回上级目录	

注   1. 为避免引起变压器误跳闸，输出状态检测时不允许模拟超温跳闸。
      2. 超出测量范围的回差值为 0.3℃，超温告警、跳闸的回差值为 0.5℃。

表 6.19 iDIN800 系列"黑匣子"功能

步骤	按键	显示 SV -红色	显示 MV -红色	说 明	备 注
1	确认↓	C5	rdJL	仪表进入查看断电记录状态	
2	确认	C5	9009	按→或↓或↑键,输入参数口令 9009	
3	确认	rA	XXX.X	断电时刻 A 相绕组温度值	C5:菜单 5
4	↓	rB	XXX.X	断电时刻 B 相绕组温度值	rA、rB、rC:查看记录
5	↓	rC	XXX.X	断电时刻 C 相绕组温度值	
6	返回			退出黑匣子功能状态,返回上级目录	

表 6.20 iDIN800 系列用户数字补偿功能设置

步骤	按键		显示 SV -红色	显示 MV -红色	说 明	备 注
1	确认↓		C7	UAdJ	仪表进入用户数字补偿功能	C7:菜单 7
2	确认		C7	9009	按→或↓或↑键,输入口令 9009	UAdJ:用户校正
4		确认	PA	26.2	A 相补偿值校正	(1)＊表示补偿的符号:
	a	确认	bA	0.0	A 相补偿值 0	无表示正补偿;－表示负
	b	↑或↓	bA	＊xx.x	A 相补偿值递增或递减	补偿;
	c	确认	PA	＊＃＃.＃	显示 A 相补偿后的温度值	(2)x 表示补偿数字值;
5	→		PB	26.2	显示 B 相当前温度值	(3)补偿范围:－20.0 ~20.0;
6					B、C 同上	(4)换相按移位(→)键
7	返回				返回上级目录	

3. 常见故障处理

iDIN800 系列常见故障现象、原因分析与处理方法,见表 6.21。

表 6.21 iDIN800 系列常见故障现象、原因分析与处理方法

故障现象	原因分析	处理方法
通电后温控器不显示	(1)电源线未接好或保险丝坏; (2)电源欠压或无电压	(1)检查电源线或保险丝; (2)检查温控器输入电源
闪显"E+Ph ErSH",故障灯亮	(1)该相或三相传感器短路; (2)传感器损坏	(1)检查传感器接头; (2)更换传感器
闪显"E+Ph ErOP",故障灯亮	(1)该相或三相传感器开路; (2)传感器损坏	(1)拧紧传感器接头螺丝; (2)更换传感器
闪显"ErEH",故障灯亮	超测量上限,测量回路接触电阻较大	消除线路接触电阻
闪显"ErEL",故障灯亮	超测量下限,测量回路有短路	检查传感器测量线路
温控器闪烁显示"ErXX"	内部整定参数出现错误	与厂家联系
三相测量温度不平衡	(1)Pt100 铂电阻固定深度不同; (2)变压器三相负载不平衡	(1)调整铂电阻固定深度; (2)属正常现象

续表

故障现象	原因分析	处理方法
未达到设定的启动风机温度，风机却自动启动运行	(1) 风机处于手动启动状态； (2) 风机处于定时启动状态	(1) 按手动/自动键关闭风机； (2) 属于正常现象
手动启动风机后不能手动关闭	此时正好处于定时启动状态，或测量温度达到设定的启动温度	属于正常现象
固定显示温度值且最高指示灯亮	温控器处于最高显示状态	按巡回/最大键切换
风机任何状态下都不启动	(1) 风机线路故障或接头松动； (2) 温控器风机输出触点故障	(1) 检查风机线路和接头； (2) 与厂家联系
控制功能检测时，跳闸触点无信号，仅跳闸灯亮	为避免误跳，禁止跳闸触点输出信号	属于正常现象

6.8 自动装置

6.8.1 同步发电机的自动并列

一般说来，发电机组在投入电力系统并列运行前，与系统中的其他发电机是不同步的。只有按一定的要求完成各种操作，才可将发电机投入系统，这种操作称为并列操作或同期操作。用于完成并列操作的装置，称为同期装置。

并列操作必须准确无误，否则可能产生巨大的冲击电流，甚至比机端短路电流还要大得多，强大电动力能对电气设备造成严重的损坏，以致在短时期内难以恢复。

同步发电机的并列方法可以分为准同期并列和自同期并列两种。

1. 准同期并列

准同期并列是将未投入系统的发电机加上励磁，在满足并列条件时将发电机投入系统。

准同期并列理想条件是发电机和系统之间的压差、频差和相位差等于零。

在实际的并列操作中，只要合闸后产生的电流冲击和电磁力矩冲击很小，能很快拉入同步，对系统的扰动较小即可。在正常运行情况下，一般都采用准同期并列操作。

采用准同期方式时必须防止非同期（相位差等于 $180°$ 时）并列，否则可能使发电机严重损坏。造成非同期并列的主要原因有：二次接线出现错误、同期装置动作不正确、运行人员误操作等。

2. 自同期并列

系统发生事故时，电压和频率可能降低和不断变化，此时，一般采用自同期并列方式。

6.8.2 SID-2AF（B型）微机同期装置

1. 装置的主要功能

(1) 并网功能。装置有 4 个通道，可供 1～4 台发电机或（条）线路并网复用，具有自动、快速、准确、可靠并网的功能。

(2) 自检测功能。装置具备自检功能，可对装置硬件实时自检，一旦发生硬件故障，立即闭锁装置，并报告故障原因便于维修。

（3）过压保护功能。在发电机并网时，一旦发电机端电压超出过电压保护值，立即输出持续降压信号，并闭锁加速控制回路，直至机组电压恢复正常为止。

（4）视频输出功能。可根据需要配置视频单元，通过网络或 RS‐485 通信将同期信息转换为视频信号输出，传送至视频显示设备。

（5）合闸时间记录功能。装置完成并网操作后会自动显示断路器合闸回路实际动作时间，并保留最近的 10 次实测值，可作为断路器工况稳定与否的信息。

（6）事件记录功能。装置具有对各种事件（遥信事件、自检事件、操作事件、控制事件、录波事件）的记录功能，用户可通过液晶屏"事件追忆"页面查询事件的动作时间、事件名称等记录信息。

（7）合闸录波功能。装置接受同期启动命令后就开始进行录波，录波内容包含系统侧电压、待并侧电压、频率、角差、开入、开出、录波时间、录波事件名称、定值等信息。录波事件索引可在录波事件中查看，录波波形、数据可以经网络通信传送到后台计算机进行分析处理。

（8）通信、GPS 对时等功能。装置配 2 个以太网网口，3 个 RS‐485 串口；可用于与连接监控系统和 GPS。

2. 装置同期过程

进入同期工作状态后，首先自检，如果不通过，装置报警并进入闭锁状态。

自检通过后对输入量进行检查，若输入量或 TV 电压不满足条件，装置报警并进入闭锁状态；如果输入量正常，装置输出"就绪"信号，此时如果"启动同期工作"信号有效，装置开始判定同期模式，可能的同期模式有单侧无压合闸、双侧无压合闸、同频并网、差频并网；确定同期模式后，进入同期过程。

在同期过程中，如果出现异常情况（如非无压合闸并网时、系统侧或待并侧无压、同期超时等），装置报警并进入闭锁状态；当符合同期合闸条件时，装置发出合闸令，完成同期操作；在发电机同期时，如果频差或压差超过整定值，且允许调频调压，装置发出调频或调压控制命令，以期快速满足同期条件；完成同期操作后装置进入闭锁状态。

3. 装置结构

（1）主要插件。装置主要由电源板、系统板、开入板、开出板、采样板、前面板、总线板等构成。

（2）面板。面板从左到右由同步表显示灯、信号显示灯、液晶屏、按键和 USB 通信接口组成。

（3）按键。装置前面板右边下部有六个按键，用来控制装置工作及输入参数：

1)"复位"键用于复位装置，长按 2～3s 可使装置复位；短按可用于复归信号量。

2)"确认"键用于进入下一级菜单页面或确认操作。

3)"＞＞"键用于向右移动光标。

4)"退出"键用于返回上一级菜单页面或取消操作。

5)"参数"键用于向下移动光标；密码设置时作"减号"键用，每按一次数值减 1。

6)"＋"键用于修改数值，每按一次数值加 1。

（4）显示灯。装置前面板左边为 LED 发光管构成的同步表，当待并侧频率高于系统侧频率时，LED 灯光顺时针旋转；反之，逆时针旋转。

同步表圆心为合闸指示灯，当同期合闸继电器接点接通时，合闸指示灯亮；反之则灭。

同步表横中轴线上有两个双色 LED 发光管，左侧为压差指示灯，当待并侧电压低于系统侧电压且差值超过"允许压差"整定值时，压差指示灯发红光；反之，高于且超过"允许压差"时，发绿光；压差在允许压差整定值之内时则不发光。右侧 LED 指示灯为频差指示灯，当待并侧频率低于系统侧频率且差值超过"允许频差"整定值时，发红光；反之，高于且差值超过"允许频差"时发绿光；在允许频差整定值之内时则不发光。

同步表下方有九个圆形高亮 LED 指示灯，用于显示装置不同的运行工况。

4. 人机操作

人机页面前由显示灯，按键，液晶显示屏组成，主要内容及操作如下。

（1）主页面。

1）装置上电或复位等待约几秒后进入工作主界面，显示当前装置控制方式、装置型号、装置名称、当前运行时间、装置当前的运行工况、装置状态等信息：①当前装置控制方式有"现场""遥控"两种（可设定）；②装置当前的运行工况有待机/就绪状态、双侧/单侧无压、同期判别、同频/差频并网、合闸检测、装置闭锁等；③装置状态如有异常会显示相应异常报文，异常消失则自动消失；如有同期并网操作，则显示相应的动作事件。

2）在工作主界面中按"参数"键进入"同期运行参数"界面，显示当前同期运行参数：系统侧/待并侧当前的电压、频率；系统侧与待并侧的相角差；装置当前的系统侧应转角（有"0°""+30°"和"-30°"三种，可设定）；并列点代号。

（2）液晶主菜单结构。人机页面命令主菜单为树形结构多级菜单。主菜单页面下，按"参数"键移动光标选择相应的条目，按"确认"键进入下一级菜单，按"退出"键返回上一级菜单。如下一级菜单仍为菜单选择，操作相同。对一般的屏幕"＞＞"键为光标调整，用"＋"键对数据进行修改，并把数值写入存储器。对选择菜单，光标指定位置按"确认"键即可进入选择项。

（3）主菜单说明。复位装置，按下"参数键"，装置则进入参数整定和查询模式主菜单，然后释放"参数键"即可。主菜单共有八项子菜单。

1）运行监视页面。在主菜单中选择"运行监视"，确认后进入。页面内有五项监视内容：模拟量监视主控插件和 TJJ 插件的各 2 路交流电压的幅值、相角差、频率等数值。按确认键后进入测量监视主页面，有一次、二次值供选择查看；开入状态用于监视 13 路开入量分合位状态，在运行监视页面上选择开入状态，按确认键后进入；定值监视在运行监视页面，选择定值监视，按确认键后进入，有系统定值和同期控制定值两类定值；合闸时间用于监视断路器的实际合闸时间，可保存最近 10 次的时间；TJJ 插件状态用于监视本装置所配的 TJJ 插件的软件版本。

2）定值整定。在主菜单中选择"定值整定"，确认后输入正确口令进入。页面内有定值修改和定值复制两项整定内容。

3）参数设置。在主菜单中选择"参数设置"，确认后输入正确口令进入，页面内有六项设置内容：①开入量参数用于设置 13 路开入采集的去抖时间和开入量属性（常开/常闭）；②模拟量参数为变比设置，用于设置交流电压互感器变比；③开出量参数用于设置开出的出口脉宽；④通讯参数用于设置串口通信参数以及以太网网口通信参数；⑤设置语言用于设置中文或英文页面；⑥并列点代号用于设置不同并列点的代号。

4）事件追忆。在主菜单中选择"事件追忆"，确认后可进入页面。页面内有五项内容：①遥信事件用于显示已发生的遥信事件。遥信事件分为实遥信事件（13 路真实开入信号变位事件）和虚遥信事件（装置同期过程中记录的动作事件）；②自检事件用于显示已发生的装置自检测事件，主要是主 CPU 板重要元器件的自诊断信息；③操作事件用于显示已发生的就地操作（遥控调试，修改定值，参数等）或远方遥控事件；④控制事件用于显示已发生的同期控制出口事件；⑤录波事件用于显示已发生的录波事件。

5）手动打印说明。在主菜单选中"手动打印"，确认后可进入手动打印页面。页面内有打印事件和打印定值两项内容选择。

6）装置测试。在主菜单中选择"装置测试"，确认后输入正确密码进入。页面内有三项设置内容：①传动调试用于对开出继电器进行测试，此时，同期控制功能将退出运行；②通信调试用于对通信通道进行测试，可上传虚拟开入量信号、虚拟测量数值到后台监控软件，校对通信链路参数及后台参数是否设置正确；③录波调试用于手动触发产生一个录波事件。

7）USB 导出。在主菜单选中"USB 导出"，确认后可进入页面。页面内有三项内容：①导出事件用来通过 U 盘导出装置内保存的事件；②导出定值用来通过 U 盘导出装置内定值；③导出录波用来通过 U 盘导出装置内录波数据。

8）其他功能。在主菜单选中"其他功能"，确认后可进入页面。页面内有四项内容：①时间调整用来调整当前运行时间；②密码设置用于用户设置新的密码；③产品信息主要包含当前装置运行程序的版本号以及装置公司的地址；④厂家功能主要供装置公司工作人员使用，用户不需了解。

5. 装置调试

装置主要进行以下几项检查，如果检查正常，即表明装置工作正常。

（1）程序与版本检查。

（2）开关量输入检查。如有对应开入量无法正确反应状态，查找外部接线是否存在问题，确定外部接线无问题，并且开入信号已送到开入插件板仍无法解决，更换开入插件板，如还无法解决问题，更换主 CPU 板。

（3）开出回路检查。装置报告信息菜单内容里面包含有故障报告，根据故障报告提示检查对应的开出插件。

（4）模拟量输入检查。装置参数设置页面下查看交流参数设置是否正确，运行监视页面下查看测量数值的一次、二次数据是否正确。注意参数设置中二次额定值指装置 TV 的变比的额定一次值。

（5）整组试验。上述检查全部正确后，整定装置定值，检查装置的动作情况，确认所用定值正确性。

（6）装置故障报警。装置硬件如发生故障，LCD 可以显示故障信息，发告警信号，并闭锁开出回路。若装置失电,将发失电告警信号。

(7)GPS 对时。对时精度小于 1ms。

(8)网络通信。可直接与微机监控或保护管理机通信,通信接口可选用以太网。

6. 装置异常处理

SID-2AF(B 型)装置告警信息及处理建议,见表 6.22。

表 6.22 　　　　　　　　　　SID-2AF(B 型)装置告警信息含义及处理建议

序号	告警信息	含　义	处 理 建 议
1	录波存储区出错	存储区内容被破坏	清空录波存储区或更换 CPU 板
2	AD 出错	AD 采样数据未更新	更换主控 CPU 板
3	定值出错	定值发生变化或存储区内容被破坏	恢复出厂定值或更换 CPU 板
4	定值区号出错	定值区号变化或存储区内容被破坏	恢复出厂定值或更换 CPU 板
5	参数出错	参数发生变化或存储区内容被破坏	恢复出厂参数或更换 CPU 板
6	测频出错	频率测量有效,角度连续检测无效	断电重启或更换 CPU 板
7	TJJ 插件通讯出错	TJJ 板与 CPU 板通信异常	检查 TJJ 板件是否有效插入;断电重启初始化 TJJ 与 CPU 状态
8	TJJ 闭锁	TJJ 未开放	检测 TJJ 开放条件是否比 CPU 板的开放条件要更宽
9	TJJ 出口异常闭锁	TJJ 未出口,TJJ 回检有效	断电重启或更换 CPU/TJJ 板
10	复位 TJJ	TJJ 与 CPU 板通信异常时会重启 TJJ,产生复位 TJJ 信号记录	如复位 TJJ 不消失,断电重启或更换 TJJ 板或 CPU 板

6.8.3　ZINVERT 系列高低压变频器

变频器是将工频电源变换为另一频率的电能控制装置。ZINVERT 系列高压变频调速系统为直接高压输出电压源型变频器,可直接拖动普通异步/同步电动机。

1. 装置功能

(1)频率设定。设定方式包括触摸屏设定、控制柜电位器设定、外部 4~20mA 或 0~10V 模拟信号输入给定、开关量频率升降给定等。

(2)运行方式:

1)闭环控制。用被控制量的实际值与设定值的偏差信号经 PID 调节来控制频率控制信号,调节电机转速。

2)开环控制。给定频率控制信号,按照压频比设定曲线控制电机运行。

(3)本地/远程控制

1)本地控制。利用触摸屏、控制柜上的按钮、电位器旋钮等就地控制。

2)远程控制。系统提供数字和模拟输入接口,由 DCS 实现控制。

(4)断电恢复再启动功能。电网瞬时停电并在短时间内(0.1~30s)恢复后,装置能在 0.2~1.0s 内自动搜索电机转速,实现无冲击再启动至设定转速,无须电机停后再启动。

(5)旁路功能。提供工频旁路和单元自动旁路功能。工频旁路可以自动或手动投切。

(6)参数设定功能。设定转矩提升、V/f 加速曲线;设定共振频率躲避区域;设定电机的保护参数、输出接口的功能定义等。

（7）故障报警与查询功能。

（8）运行状态记录与显示。自动记录运行状态和显示，并对数据分类，可与上位机连接，进行分析、报表打印等。

（9）其他功能：

1）联动控制。可控制生产流程中相关的其他部件。

2）组件寿命检测。估算风机、电容器等组件的使用寿命。

2. 主要组件

（1）旁路柜。根据需要选用，系统故障时，将电机切换至工频电网，执行旁路功能。

（2）变压器柜。装有移相整流变压器，为各个功率单元提供交流输入电压。

（3）功率柜。向电机提供变频调速之后的输出电压。

（4）控制柜。装有主控核心部件，控制变频调速系统的工作，处理采集数据，具备各类数据通信和 DCS 系统等控制系统的接口功能。

3. 运行操作说明

（1）运行前准备工作

1）接通辅助电源、主控制器电源、单元控制电源。

2）对所有传动系统相关启动参数，包括加速时间、减速时间、加速曲线选择、起始频率、控制方式、电机保护参数等进行正确设置和检查确认。

3）断开进线刀闸或真空接触器上的接地线或接地刀闸。

4）如选配手动旁路柜，则将输出侧刀闸 K_2 打至变频位置，如图 6.9 所示；如选配标准自动旁路柜，则断开工频旁路真空接触器 J_3，如图 6.10 所示。

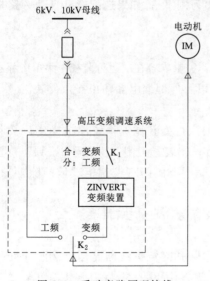

图 6.9　手动旁路原理接线

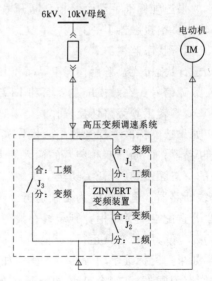

图 6.10　自动旁路原理接线

5）检查确认控制柜内的各转换开关与压板的位置正确及变频调速系统输入、输出刀闸（或真空接触器）位置状态：①手动旁路柜：K_1 应闭合，K_2 应位于变频位置；②自动旁路柜：J_1、J_2 应位于闭合位置。

6）关闭所有的门（控制柜门可除外），否则装置防误功能将禁止高压电源输入。

7）转动控制柜上"远程/就地""工频/变频"切换开关，选择控制方式。

（2）启动：

1）合上高压交流输入进线断路器。

2）检查装置是否准备就绪：控制柜上的允许运行指示灯应点亮，触摸屏故障/告警指示灯应熄灭，无警告和故障信息。

3）输入频率给定值，然后启动系统输出：①就地控制模式：可按下控制柜上的"启动"按钮；②远程控制模式：通过远程控制输入本控制系统的"启动"开关量的接点启动。

（3）改变频率给定值。根据控制器功能参数的设置，可由触摸屏、模拟量和远程通信等方式设定。

（4）减速停机：

1）就地控制模式：按下触摸屏上的"停止"键或控制柜上的"停机"按钮；

2）远方控制模式：远方输入本控制系统"停机"开关量的接点来控制停机。

（5）自由停机。变频调速系统停止电压输出，电动机自由转动，逐步减速：

1）就地控制模式：按下控制柜上的"自由停机"按钮。

2）远程控制模式：开关量控制自由停机，数字量输入接点与控制柜按钮并联作用。

（6）断电：

1）执行变频调速系统停机或自由停机操作。

2）断开交流输入进线断路器。

3）如果选配标准手动旁路柜，断开输入输出刀闸 K_1；如果选配标准自动旁路柜，断开输入输出真空接触器 J_1、J_2。

（7）运行状态监视：

1）运行状态信号：除触摸屏主界面和 LED 外，完整内容在"运行监视"菜单中显示。

2）故障信号：在触摸屏主界面和 LED 显示以及外部继电器输出接点反映。

（8）变频转工频旁路切换操作：

1）如果选配标准手动旁路柜，操作如下：①执行变频调速系统停机操作；②断开交流进线断路器；③断开变频装置的输入侧刀闸 K_1；④装置刀闸 K_2 切至"工频"位置，控制柜内的"工频/变频"开关切至"工频"；⑤关闭所有的门（控制柜玻璃门除外）；⑥合交流进线断路器，电动机转为工频运行。

2）若选配自动旁路柜，则装置在故障后的工频旁路自动执行。

（9）工频旁路转变频运行。

1）如果选配标准手动旁路柜，操作如下：①断开交流进线断路器；②断开变频调速系统的旁路刀闸 K_3；③合变频调速系统的输入侧刀闸 K_1；④将刀闸 K_2 切至"变频位置"，控制柜内的"工频/变频"切换开关切至变频；⑤关闭所有的门（控制柜门可除外）；⑥执行前面的启动操作步骤。

2）若选配自动旁路柜，步骤如下：①把控制柜操作面板上手动/自动旋钮打至自动状态，允许工频转变频压板合上；②按工频转变频按钮。

（10）变频调速系统检修。

1）执行变频调速系统断电操作。

2）如配有旁路柜且负载仍需运行，可执行前面的装置转换到旁路运行的操作步骤。

3）打开变压器柜，在变压器的输入侧接好接地线，做好安全接地措施。

4）对变压器柜和功率柜进行检修。

5）检修完毕后解除变压器的输入侧的安全接地线。

6）如旁路未运行，要恢复变频调速系统运行，可执行启动操作步骤；如旁路运行，要恢复变频调速系统运行，可执行工频旁路转变频运行的操作步骤。

4. 人机接口

（1）监控界面。监控界面是触摸屏启动后默认界面，用于监视系统运行的基本电量、系统的运行状态，及对变频器的基本控制。

1）顶部为标题栏：智光 logo，系统当前时间和运行时间统计。

2）左边为功能区：放置当前界面的数据及控制功能控件，即客户区。

3）右边为"菜单"区：由当前界面转向其他界面的接口，系统共提供了 5 个一级菜单。

（2）数据监视。数据监视用于查看变频器的电气变量、单元体状态、控制器状态、PLC 状态和参数设置情况等。该界面用于数据监视功能选择，由此进入数据监视各子功能。

（3）厂家调试。仅用于对变频器硬件参数等的厂家设置。

（4）参数设定。用于设置变频器参数，进入该界面需要权限口令。

（5）日志记录。用于查看系统的故障记录、报警记录和触摸屏的运行日志。

5. 维修项目

ZINVERT 系列维修项目，见表 6.23。

表 6.23　　　　　　　　　　　　　ZINVERT 系列维修项目

维修任务	维修周期	安全要求	说明
柜体外部清洁	根据需要，至少一年一次	不需停运	肉眼检查，根据需要清洁处理
柜体内部清洁	每年一次	需停运	肉眼检查，根据需要清洁处理
检查连线（外部电源和控制电缆接线）	投运一年后，以后每四年一次	需停运	根据需要对电缆接线端子紧固
检查内部的连线	投运一年后，以后每四年一次	需停运	
清洗柜门空气滤网	定期或过热报警时	不需停运	视现场环境定间隔时间
更换风扇	运行时间不少于 35000h 或根据需要	需停运	检查参数
参数的备份	任何参数的更改后	不需停运	
绝缘测试	每两年一次	需停运	根据规定进行

6.8.4 PSR 660U 系列综合测控装置

PSR 660U 系列综合测控装置主要面向单元设备的测控应用，也可配置成集中式测控应用。

1. 装置概述

（1）装置主要功能。开关量信号采集、脉冲信号采集、编码信号采集、温度信号采集、直流信号采集、交流量信号采集、开关量控制输出、模拟量信号输出/遥调、SOE 事件顺序记录、同期、变压器分接头调节及滑挡闭锁、逻辑可编程功能、间隔五防闭锁、远方就地操控以及各种通信接口等。其中交流采集包括电压、电流、零序电流电压及越限判别、有功、（实）无功、功率因数、谐波及谐波畸变率、计算电度、断线判别、电压不平衡度等。每单元装置内部由 CAN 总线连接的多个智能子处理模块组成。

（2）装置硬件简介。装置的管理主模块有两个由 MCU 组成的系统，它们之间通过 SPI 接口通信。一个是主模块 CPU，从装置背后插拔；另一个是触摸屏显示系统 HMI。

装置采用背插式结构，整面板触摸屏输入形式。面板上包括液晶显示器、指示灯（运行灯绿，告警灯红，就地灯绿，同期灯绿，挂锁灯绿，检修绿，GPS 绿）等。

（3）典型配置方案。典型配置方案包括单个模块的典型配置方案和由单个模块组成的装置的典型配置方案。单模块典型配置是指定值中的接线方式定值或模块类型定值的整定，这个定值更改可使随后的多个定值按预先定义的典型定值进行自动更改：

1）交流采集的功率配置，如一表法、两表法、三表法的电压电流定义，以及三相电压的指定等。装置在定值中已预设了几种常用配置的定值，只要选择相应的类型，软件自动调用对应设定定值。如需特殊配置只要将接线方式定值整定为 0，再将特殊配置定值整定好即可。涉及模块主要有 AC-1，AC-2，AC4-2，AC-3，AC-U 等。

2）开关量输入采集的属性定义，如是否产生 SOE、取反、形成预告总、形成事故总；指定开入类型，如编码类型、脉冲量类型、遥信类型等；指定消抖时间（滤波时间常数）；定义编码输入端子等。涉及模块主要有 DI，DIA，TDIO，TDIOA，TDIOB，LDIO，LDIOA，DIO 等。

装置的各模块配置根据工程选配。

（4）定值整定。PSR 660U 系列产品的定值存放在主模块或子模块的各自模块中。因此装置的子功能模块更换后需按实际应用重新整定新子模块的定值。更改了与模块类型或输入输出类型有关的定值后，装置需要重新上电。

PSR 660U 系列功能模块定值通常只用 0 区定值，包括 STI 模件。各功能模块的定值为非 0 值时，可以由软件自动填入定值，特殊要求可置模块类型值为 0，由用户自己整定。

2. 模块说明

（1）智能交流采集模块（AC-1、AC-2、AC4-2、AC-3、AC-1D、AC-2D、AC4-2D、AC-3D、AC-U）。智能交流模块包括电压输入和电流输入及 MCU 处理子系统、CAN 控制器等提供相电压到线电压计算及断线、3U0 越限判别等功能。使用交流模块时，先设置定值，以确定系统参数。交流模块输入输出数据：遥测数据以变化量越限上送和循环上送两种方式上送；电能质量信息主要在装置面板显示。

（2）管理主模块（CPU、HMI）：

1）功能：五防闭锁顺控等功能，远方/就地、挂锁/解锁和单网/双网的方式选择等切换功能。

注意：①面板上的挂锁/解锁与间隔五防软压板关系：在间隔五防功能投入的情况下，任何一个处于解锁状态装置即为解锁状态，两个都为挂锁状态时装置为挂锁状态；②远方/就地仅可作用于控制和信号复归，远方指通过测控装置通信口下达命令者，就地指通过测控装置面板按键控制。

2）构成：管理主模块主要由 CPU 系统和 HMI（人机对话）系统构成。CPU 与 HMI 之间通过 SCI 接口进行通信。

3）管理主模块输入输出数据。该类模块上下行数据主要有遥测值、遥信状态、SOE、事件信息（装置上电、装置出错信息等）、软压板等。

（3）智能电源模块（POWER）：

1）功能。该模块具有 16 路开关量输入和 5 路（5V、3.3V、24V、+12V、−12V）直流电压输出以及监测功能，为装置内部提供工作电源。

2）输入输出数据。该类模块上送数据主要有遥信状态、SOE、脉冲计数、编码值、5 路电压检测值、事件信息（装置上电、装置出错信息等）。

（4）智能开入模块（DI、DIA）：

1）功能。数字量输入模块的功能包括开关量输入、编码输入、脉冲量输入。开关量输入可以采集开关位置、刀闸位置、分接头位置、各种保护安全装置动作报警信号和其他公用信号等。编码输入可以采集水位信息、分接头位置等。脉冲量输入可以采集正向有功电度、反向有功电度、正向无功电度、反向无功电度。模块可以定义双位遥信（又称双点遥信），并具有双位遥信异常输出信号。

2）输入输出数据。该类模块上送数据主要有遥信状态、SOE、脉冲计数、编码值、事件信息（装置上电、装置出错信息等）。当端子某些路输入接入的是编码、脉冲量等信号时，对后续遥信序号定义不影响。

（5）智能控制模块（CTR）：

1）功能。CTR 模块共有 7 对空接点输出，第 1 对控制包含分联动和合联动输出，还包含分后和合后位置接点输出，第 2 对控制包含分联动和合联动输出，其他无联动输出。该模块可实现对开关、刀闸、有载调压（升、降、急停）等设备的控制。

PSR 660U 系列装置的控制出口都有两级继电器串联闭锁，分别由控制子板和主 CPU 板独立实现，只有两者都开放才允许出口，任一控制出口都有开出自检/返校回路，控制按照先选择后执行的顺序操作，无选择地执行以及选择超时再执行都不能出口，且可在装置层面实现全站信息共享的间隔五防和全站同一时刻只允许一路控制，因此极大提高了控制的可靠性。

2）输入输出数据。该类模块上送数据主要有事件信息（装置上电、装置出错信息等）。接收数据主要是开关、刀闸、分接头等动作出口命令。

（6）智能温度直流模块（TDCA）：

1）功能。TDCA 模块可接驳 4 路三线制 RTD 传感器，可选择 Cu50、Cu100、Pt100ba2、Pt100 或 CU53 不同的 RTD 来测量－30～120℃的温度；还有 8 路弱电直流量采集回路，可采集 0～5V、4～20mA 直流量，不同量程配置有硬件跳线进行选择；以及 4 路强电直流量采集回路，可采集 0～220V 直流量。在有通道测量值越限时主动上送测量值，同时会每隔 30s 主动循环上送一次当前最新遥测值给 CPU。

2）输入输出数据。模块上送数据主要有遥测值、事件信息（装置上电、装置出错信息等）。

（7）智能开入开出模块（DIO）：

1）功能。该模块具有 24 路开关量输入（分两组，分别为 17 路、7 路）和 4 路空接点输出（第 1 路有联动输出）。可以定义双位遥信，并具有双位遥信异常输出信号。模块可实现滑挡闭锁功能，也可用于普通遥信采集、遥控输出等。设定滑挡闭锁时，最后 3 路空接点输出应分别对应升、降、急停，或降、升、急停。

开入可以通过板上跳线设定为 220V 电源或 110V 电源信号输入，短接片跳到"R"指示的位置表示 110V，跳到"L"指示的位置或"L""R"都不跳表示 220V。

2）输入输出数据。该类模块上送数据主要有遥信状态、SOE、脉冲计数、编码值、事件信息（装置上电、装置出错信息等），接收数据主要是开关、刀闸、分接头等动作出口命令。

（8）智能开出模块（OUT、DO、DOA）：

1）功能。DO/OUT 模块具有 16 路空接点输出，其中第 7 路和第 15 路有联动输出。DO/OUT 模块拥有 16 路内部遥信，用以返校和监视各路出口的动作状态并记录，以满足用户对开关跳合闸的责任区分。该模块与 CTR 模块的区别除了有动作监视记录外，少了两个合闸联动和分后合后接点资源，但增加了 2 路开出。

DOA 模块具有 20 路空接点输出，其中 OUT1-/OUT12 每两路共用一个公共端，可用于 6 个对象的分合控制，OUT13-OUT20 为 8 路独立空接点输出，OUT19 有一路联动输出。通过对控制字的设置，可以选择出口 18 和出口 20 是否联动。

2）输入输出数据。模块上送数据主要有事件信息（装置上电、装置出错信息等）、遥信、SOE 等。

（9）智能温度模出模块（RTDAO、RTD、AO）：RTD 和 AO 模块是从 RTDAO 模块中将 RTD 和 AO 分别抽出而形成的独立模块，功能类似。

1）功能。该模块可接驳 10 路三线制 RTD 传感器、两组各 2 路模拟量输出。10 路 RTD 测量相互不隔离，两组模拟量输出之间隔离。模拟量电压输出和电流输出通过跳线选择。温度测量可接入 Cu50、Cu100、Pt100ba2、Pt100 等 RTD 输入，在定值中按实际 RTD 整定定值。

2）输入输出数据。模块上送数据主要有遥测值、事件信息（装置上电、装置出错信息等）。10 个测温通道具有温度报警的功能。

（10）智能保持开出开入模块（LDIO、LDIOA）：

1）功能。LDIO 模块具有 8 路磁保持空接点输出和 16 路开入，LDIOA 模块具有 6 路磁保持空接点输出和 23 路开入。两个模块都可以定义双位遥信，并具有双位遥信异常输出信号。保持接点主要用于配合间隔五防实现硬闭锁。开入可以通过板上跳线设定源信号输入。

2）输入输出数据。模块上送数据主要有事件信息（装置上电、装置出错信息等）、遥信、SOE 等。

（11）智能开入开出直流模块（TDIO、TDIOA、TDIOB）：

1）功能。TDIO 模块具有 20 路开关量输入、4 路直流输入、5 路开关量输出。主要用于主变测控，无须挡位变送器，最多可采集 20 挡挡位，也可加挡位变送器采集多种格式的编码输入，甚至可接入直流模拟量表示的挡位。最后 3 路开出分别用于变压器挡位分接头的升、降、急停（或降、升、急停）控制。该模块可根据采集到的挡位实现滑挡闭锁功能。4 路直流输入主要用于采集经温度变送器输出的直流量，如果输入的各路信号不能共地，则只能接入 1 路采集输入量。该模块可以定义双位遥信，并具有双位遥信异常输出信号。

TDIOA/TDIOB 模块都具有 20 路开关量输入，3 路开关量输出。主要用于主变测控，无须挡位变送器，最多可采集 20 挡挡位，也可加挡位变送器采集多种格式的编码输入，3 路开出可用于变压器挡位分接头的升、降、急停控制，可实现滑挡闭锁功能。其中，TDIOA 模块可接驳 3 路三线制 RTD 传感器，传感器可通过配置选择 Cu50、Cu100、Pt100ba2、Pt100 或 CU53 不同类型；TDIOB 模块可接 4 路弱电直流量采集回路，各回路之间独立不共地，可采集 $0\sim5\text{V}$、$4\sim20\text{mA}$ 直流量。

开入可以通过板上跳线设定源信号输入。

2）开入开出直流模块输入输出数据。TDIO 模块上送数据主要有遥信状态、SOE、脉冲计数、编码值、遥测、事件信息（装置上电、装置出错信息等）；TDIOA、TDIOB 模块上送数据主要有遥信状态、SOE、脉冲计数、编码值、遥测、事件信息（装置上电、装置出错信息等）。

TDIO 模块接收数据主要是开关、刀闸、分接头等动作出口命令。

（12）智能同期模块（SYN）。模块具有两组各 8 路开关量输入、5 路开关量输出、4 路交流电压输入，可以实现单断路器同期、双断路器同期、变压器多侧断路器同期、一个半断路器同期等多种同期模式。

（13）智能终端接入模块（STIA、STIB、STIC）。该模块主要用于智能变电站过程层电流电压采集和 GOOSE 网输入/输出。数字化采样支持 IEC61850 - 9 和 IEC60004 - 8 方式。其中 STIA 模块与 STIB 模块采用 ST 接口光纤，不支持光功率监视，STIB 模块比 STIA 模块多 6 路 FT3 输入，STIC 模块采用 LC 光纤接口，支持光功率监视。

3. 功能及原理

（1）间隔五防。PSR 660U 间隔五防功能模块支持算术运算和逻辑运算，解析判断是否闭锁出口。不仅支持软闭锁，还支持硬闭锁，即通过装置提供的普通控制输出接点或磁保持出口接点作为硬闭锁接点来控制开关或刀闸的控制电源，在控制时条件满足则开放硬闭锁接点，控制完毕再断开硬闭锁接点。

间隔五防策略对于提供逻辑判断数据的装置故障时，将闭锁操作；当与提供逻辑判断数据的装置通信中断时，将闭锁操作。

当五防逻辑表达式定义中包含硬闭锁接点对象时，正常遥控过程如下：遥控选择——五防逻辑判别为真——硬件选择对象正确——回答选择成功——开放即闭合硬闭锁接点——遥控执行——硬件执行对象正确——回答执行成功——等待开关真正动作或失败超时——收回即断开硬闭锁接点。

当五防逻辑表达式定义中不包含硬闭锁接点对象时，正常遥控过程如下：遥控选择——五防逻辑判别为真——硬件选择对象正确——回答选择成功——遥控执行——硬件执行对象正确——回答执行成功。

当五防逻辑表达式定义中包含硬闭锁接点对象，而间隔五防软压板退出时，正常遥控过程如下：遥控选择——硬件选择对象正确——回答选择成功——开放即闭合硬闭锁接点——遥控执行——硬件执行对象正确——回答执行成功——等待开关真正动作或失败超时——收回即断开硬闭锁接点。

当五防逻辑表达式定义中不包含硬闭锁接点对象，而间隔五防软压板退出时，正常遥控过程如下：遥控选择——硬件选择对象正确——回答选择成功——遥控执行——硬件执行对象正确——回答执行成功。

（2）开关偷跳判别报警功能。当断路器位置由合闸变为分闸，装置将检查当前是否有远控分闸执行命令对该断路器进行分闸操作或是否有外部控制信号输入，如果两者都没有，则判为开关偷跳，装置给出断路器事故跳闸信号，有分闸执行命令或有外部控制信号输入，则判为开关正常跳闸。

（3）远方遥控投退同期功能。PSR660U 系列测控装置可以实现远方对站内同期功能的投退，实现方式有两种。

1）方式一：远方对站内每个间隔进行同期投退控制。远方可以通过遥控命令对间隔测控同期软压板进行控制，实现对每个间隔进行同期的投退。当远方进行遥控合闸操作时，若 CPU 模块的同期软压板退出，则不管 AC 或 SYN 模块的同期方式控制字如何，一律为不检，遥控直接出口。若 CPU 模块的同期软压板投入，则要进一步看 AC 或 SYN 上的同期方式控制字，若是"不检"，则仍是不检，遥控直接出口，若是检无压、检同期或准同期，则分别按其设定方式运行。

2）方式二：全站使用一个总的同期投退状态，远方只对总的同期投退状态进行控制。这种方式需要在工程设计中考虑增加一个磁保持控制信号点，其接点开合状态表示全站同期投退状态。由断路器遥控发令者（如当地后台）、或远程通信服务器根据这个磁保持接点开合状态，形成并发出同期投或退的断路器遥合命令。接点开合状态与同期投退的关系由同期投退遥控命令形成者（发令者或远程通信服务器）决定，但两者必须统一，通常取接点打开状态对应同期投入方式。远方调度发遥控合闸命令，远程通信服务器收到遥控命令后，首先检查当前同期状态，如果为同期投入，则向间隔测控发"同期合闸命令"；如果当前为同期退出，则向间隔测控发"不检同期合闸命令"。

（4）Web 浏览功能。PSR660U 应用嵌入式 WebServer 技术，支持客户端的 Web 访问浏览。在站内局域网任一台电脑上，通过 IE 浏览器，输入所要浏览装置的 IP 地址，即可浏览该装置数据信息，提供的服务包括装置简介、模件配置及版本信息、装置内部定值及各模块定值查阅，还提供间隔五防数据监视。

6.8.5 PS 6000＋自动化系统

PS 6000＋自动化系统基于计算机软硬件、自动控制、传感器和光纤网络通信技术，融合了电子式互感器（也称为光电式互感器）、继电保护、测控、当地监控和远动等主要功能，二次设备组成了单纯的数字信息处理系统且和一次的能量环节解耦，能够满足发电厂 NCS 升压站网络控制系统和 ECMS 电气控制管理系统的要求。

1. PS 6000＋自动化系统概述

（1）PS 6000＋自动化系统关键技术

1）跨平台能力。

a. 硬件平台：①基于 RISC 的服务器和工作站，如 SUN、IBM、ALPHA 系列等；②基于 CISC 的服务器、工作站和 PC 机，如 DELL、HP 系列等。

b. 操作系统。一套代码适用于 Windows、Linux、Unix 系统，可实现混合平台应用，尤其是可采用国内自主安全 Linux 操作系统，增强了安全性，同时也可保持系统功能、界面、操作和维护的一致性。

2）基于网络的全面解决方案。PS 6000＋系统全以太网网络通信构架，测控保护装置集成以太网卡直接接入以太网，采用分层分布式概念设计。

a. 在结构分层上。间隔层汇总本间隔层实时数据信息，对一次设备保护控制，具有承上启下的通信功能。站控层汇总全站实时数据信息，刷新实时库，按时登陆历史数据库，与调度或控制中心传送、接收数据信息等。

b. 在功能分布上。间隔层按站内一次设备分布式配置，各间隔的设备相对独立，仅通过站内通信网互联。站控层强调变电站层功能及配置的可组态、可移动性。

3）面向应用的并行实时库克隆技术采用对等网络。PS 6000＋系统通过并行实时库引擎，每一个节点机都具有完全同步复制的本地实时库，所有应用进程都从本地实时库并行获取数据。

在并行实时库基础之上的克隆数据库相互隔离、互不干扰，避免了数据耦合，各态克隆库的应用不会对在线运行系统产生任何影响；应用可定制克隆库的数据内容，剔除了冗余数据，使得应用的处理速度更快。

4）基于 CIM、SVG 标准的图模库一体化。PS 6000＋电力设备模型按照 CIM 标准构建，画面图形基于 SVG 标准存储，实现了基于 CIM、SVG 标准的开放式图模库一体化功能。

a. PS 6000＋绘制图形的同时，自动将 CIM 标准的电网模型、模型参数、拓扑关系一次建立完成，有效提高了工程实施与维护效率，减小出错概率。

b. 画面基于 SVG 标准，可实现与第三方系统的图形互操作，提高了系统的开放性。

c. SVG 画面无须任何修改就可直接发布到 Web 及 Mis 系统，便于系统集成。

5）Unicode 标准国际化多语言切换。采用 Unicode 标准，应用可动态切换为任一种语言表示，只需增加对应的资源脚本文件，无须更改源程序，提高了软件的稳定性。

6）高可靠的"1＋N"多机容错。

7）历史数据缓存机制与自恢复技术，保证了历史数据的完整、可靠。

8）完备的责任区权限管理。每个数据对象都可对应于一个责任区；一个用户可以定义管理一至多个责任区。运行信息可根据管理需求灵活划分为多个管理单元，用户只能对自己责任区管辖范围内的设备进行指定权限的操作。

（2）PS 6000＋自动化系统功能：①数据采集与处理（SCADA）；②前置采集调度管理；③数据辨识；④拓扑着色；⑤电网运行状态可视化监视；⑥一次设备状态可视化；⑦控制操作；⑧顺序控制；⑨站域控制；⑩一体化五防操作票；⑪智能操作票；⑫电压无功优化控制；⑬小电流接地选线；⑭CVT 运行监视；⑮支持 SNTP 对时；⑯智能告警及事件记录；⑰故障信息综合分析决策；⑱保护设备管理；⑲事故追忆；⑳全景事故反演；㉑故障录波分析与处理；㉒保护故障简报；㉓历史信息检索；㉔报表管理与打印；㉕告警直传、远程浏览；㉖WEB 发布与浏览；㉗自动发电控制（AGC）；㉘自动电压控制（AVC）；㉙网络拓扑；㉚状态估计；㉛潮流计算；㉜负荷预测；㉝配网拓扑分析；㉞故障预演分析；㉟GIS 功能；㊱故障诊断、隔离及恢复；㊲停电管理；㊳调度计划管理；㊴支持 IEC 60870－5－104；㊵支持 IEC 61850；㊶支持跨安全隔离装置间的数据通信。

2. PS 6000＋自动化系统操作

（1）启动控制台。PS 6000＋自动化系统的进程都集中在控制台，用户可以通过控制台启动或停止各进程，启动方法是：单击电脑桌面上的控制台图标或者打开终端输入命令即可。

（2）启动进程：

1）控制台把进程分配置工具、功能配置和实时进程三类。每类对应一个按钮，单击按钮，弹出下拉框，列出该分类下的常用进程，选中即可启动对应进程。

2）控制台界面右侧有"启动服务""结束服务"和"查看服务"三个按钮。在查看服务列表中用户可以勾选单个或多个复选框，有选择地对进程进行操作，包括启动服务、停止服务、重新启动等。通过列表中的"状态"等字段可以知道各个进程的运行情况。

（3）用户管理。用户管理包括用户登录、操作权限和责任区和修改密码等。

（4）退出进程。单击控制台界面右端关闭按钮，输入口令即可。

3. 实时进程

（1）实时库服务进程。这是一个后台进程，须先启动实时库，其他实时进程才能正常启动。

（2）103 规约进程。用于查看后台和装置之间通信的报文。

（3）在线系统。在线运行用户可以通过单击操作点进行画面切换，浏览不同的画面；可以使用键盘上的"→""←""↑""↓"键移动画面；也可拖曳滚动条或者单击右下角按钮方式放大缩小屏幕的某处查看细节。

1）工具栏。工具栏位于界面上方，用户将鼠标移至每个按钮上会显示对应的注释。

2）右键菜单。鼠标右键单击之后可以选择很多的菜单选项等。

3）遥控。在接线图上双击遥信点，可弹出遥控对话框。遥信量主要用于显示开关状态，用户可以根据需要设置该对话框。

4）变压器调挡。在接线图上找到变压器挡位显示的区域。双击变压器"升""降""停"，弹出遥控窗口，进行遥控选择操作。

5）五防开票。通过在线系统工具栏上的状态选择框可切换到开票模拟态。开票画面左边的图形窗口与接线图复用，可以实现画面跳转等各类图形操作。

（4）告警显示窗。共有"主告警窗"和"已确认告警窗"两个窗口。"主告警窗"用于显示不同告警级别的所有告警事件，"已确认告警窗"用于显示已经确认并且设置为将确认事件转移至"已确认告警窗"窗口的事件。

（5）计算服务。计算服务是一个后台进程，用于动态演算数据库中定义的计算点。

（6）历史服务。历史服务进程是一个后台进程，用于管理历史服务主备机冗余。

（7）保护设备管理：

1）主窗口。主窗口左侧为设备树型结构，右侧为定值、压板、区号、保护模拟量、录波、其他（对时、复归）标签页。主要功能操作在右侧各标签页中进行。当用户未选择任何逻辑设备时，各标签页中上装、下装、打印等功能按钮均为无效态。

2）保护定值：

a. 定值的上装。定值标签页上方的"十六进制"与"十进制"按钮用于切换不同的显示方式，根据需要显示保护定值列表中的值。

列表中包括名称、单位、范围、精度、缺省值、当前值、新定值等列项，用户可以根据自己的需要定制显示和打印的列。

b. 定值的修改与下装。上装保护定值完成以后，右侧保护定值标签页中"下装"按钮变为激活态。在需要修改的条目的"新定值"列上单击鼠标左键，即可输入新值，单击"下装"，输入密码后单击"确定"按钮即可。如输入的新值范围，超过当前条目"范围"，会弹出警告框。

c. 定值的打印。上装保护定值完成以后，保护定值标签页内"打印"按钮变为激活态，单击"打印"可以直接把定值通过打印机打印出来。

3）软压板：

a. 软压板的上装。在主窗口左侧树型列表中选定一个设备，在右侧"压板"标签页中"上装"按钮变为激活态，单击"上装"进行操作。

b. 软压板的修改与下装。软压板上装完成后，选定要修改的条目，在"新状态"一栏中通过下拉框选择压板的投退状态，单击"下装"按钮，输入密码后单击"确定"按钮即可。注意：每次只能修改一个压板的状态。

c. 软压板的打印。软压板上装完成后，单击压板标签页中的"打印"按钮，就可把软压板状态打印出来。

4）定值区号。定值区号的上装、修改与下装与软压板相应操作类同。

5）保护模拟量。保护模拟量的上装、打印与软压板的上装操作类同。

6）故障录波：

a. 录波列表的上装。在主窗口左侧树型列表中选定一个设备，在右侧"录波"标签页中"上装"按钮变为激活态，单击"上装"，在弹出的密码提示框中输入正确的密码并确认，即弹出数据文件列表框。

b. 录波数据文件的上装。录波文件列表上装后，在列表中选中一个故障录波文件，单击"上装"按钮，弹出开始上装录波数据文件进度条，当上装录波数据文件成功时弹出消息框，录波文件将保存在＄CPS＿ENV/data/accident目录下。

7）其他保护操作：

a. 复归。在主窗口左侧树型列表中选定一个设备，在右侧"其他"标签页中"复归"按钮变为激活态，单击"复归"，输入正确的密码并确认，即提示信号复归成功，所选定设备的所有信号复归。

b. 对时。在主窗口左侧树型列表中选定一个设备，在右侧"其他"标签页中"对时"按钮变为激活态，单击"对时"，输入正确的密码并确认，即提示信号复归成功，所选定设备与监控计算机时间保持一致。

8）曲线。曲线进程启动后，所有的电压/电流曲线按照电压等级分类，选择合适的电压等级后再选择具体的曲线名称就能打开对应的电压/电流曲线图。视图选中"滚动"或"放大"后，曲线可随着时间推进向前滚动或放大。

9）实时库浏览。用于查看数据库实时属性值。

4. 高级应用

（1）拓扑分析。拓扑分析管理器启动后，可以显示拓扑关系及状态。

（2）事故追忆。通过事故追忆文件显示事故时的各指标数据。

5. 报表浏览器

运行 Browser.sh 文件，启动报表浏览器。界面类似 Microsoft Office Excel 可浏览打印报表。

6. 故障录波分析软件

（1）使用界面。PS 6000＋自动化系统故障录波软件的使用界面包括标题栏、菜单栏、工具栏、状态栏和主显示窗口组成。其中，主显示窗口又由四个子窗口组成：

1）左上角子窗口：显示打开文件列表以及各文件的通道信息。

2）左下角子窗口：显示当前文件的分析及属性信息，该子窗口可通过菜单项或者工具条切换成矢量、谐波、序量、测距、曲线、属性、通道等子窗口。

3）左中间子窗口：显示打开录波文件的各个通道信息，包括各个通道在当前点的取值、当前点的时间以及当前点在采样数据文件中的点号等。

4）右边子窗口：即波形子窗口，主要用来显示波形文件以及各个通道的名称，查看每个通道在各个采样点的信息。该子窗口中，可以通过鼠标左键单击来选取某个采样点，或者通过键盘的左右方向键来移动时间线以选取某个采样点。

（2）各菜单项功能：

1）文件。系统文件可以进行打开、关闭、另存、打印、预览、打印设置、最近打开文件列表、退出等操作。

2）视图。视图菜单主要用来控制主窗口中的工具栏与状态栏的隐藏与显示，它包含"工具栏""状态栏"两个子菜单，可以通过单击这两个子菜单来选择隐藏、显示工具栏和状态栏。系统默认的是显示工具栏与状态栏。

3）图形操作。图形操作包括"放大""缩小""还原""拉伸""放缩""叠加""交换""幅值""颜色"等几个子菜单，主要是对图形进行变化操作。放大与缩小可实现波形的无极放缩，而拉伸则可实现波形的有级放缩。放缩实现了波形在纵向上的放缩，叠加可以将多个通道的波形叠加到一块进行显示，交换可以将各个通道的波形位置进行交换。

幅值用来测量某通道上一点的幅值，是一个相对值，其计算方法如下：假设某通道的最大、最小值分别为 max、min，则中值 mid＝(max＋min)/2，则该通道的曲线的最大幅度所对应的幅值就是 max－mid 或 mid－mid，假设波形的最大幅度为 a，当前点的幅度为 b，则根据比例关系可计算出当前点的幅值为（max－mid)b/a。当单击了工具栏上的"幅值"按钮后，当光标进入到波形显示子窗口时，光标会变成"＋"形，单击要测量幅值的波形的任一点，即可显示该处幅值。

颜色：系统默认显示开始的 7 条通道的波形信息，可以通过垂直滚动条来显示其他通道的波形信息，这 7 条通道的波形分别用 7 种不同的颜色来画。

4）故障分析。该菜单主要包括一些对曲线进行分析和查看曲线属性的功能，具体包括矢量、谐波、序量、测距、曲线、通信、属性和通道几个子功能。

a. 矢量。矢量分析的对象默认为当前选中的波形文件。单击工具栏上的"矢量"按钮，录波分析系统左下角子窗口会切换成矢量功能页，功能页的上部为矢量图形显示区，内圈为电流模拟量通道矢量，外圈为电压模拟量通道矢量；下部为矢量数据显示列表；中间为功能设置的按钮和组合框。

单击"通道选择"可以从当前波形文件中选择需要进行矢量分析的模拟量通道。

单击"参数设置"可以选择矢量分析的一些附属功能设置，主要包括：①矢量数据显示模式切换有"幅值/相角模式"和"复数模式"两种；②带通道名称显示矢量图与否；③在矢量分析中傅里叶变换时采样数据选取模式切换有向前取全周波（默认）和向后取全周波两种模式。

本软件可以选择不同的谐波波次对录波文件进行矢量分析，能支持 1～11 次谐波分析选择，默认情况下为基波矢量分析。可以选择不同的录波通道作为基准矢量，并以此推算和图示其他通道与基准矢量通道的相对关系，便于用户进行故障分析。

b. 谐波。谐波分析的对象默认为当前选中的波形文件。单击工具栏上的"谐波"，录波分析系统左下角的子窗口会切换成谐波功能页。

谐波分析的功能页上部为谐波分析波次选择列表和通道选择列表，中部为基准矢量选择组合框和"参数设置"按钮。谐波分析的波次选择范围为 1～11 谐波。谐波分析的通道对象为模拟量通道。

单击"参数设置"可以选择谐波分析的一些附属功能设置，主要包括：①谐波数据显示模式切换有"幅值/相角模式"和"复数模式"两种；②在谐波分析中傅里叶变换时采样数据选取模式切换有向前取全周波（默认）和向后取全周波两种模式；③"带通道名称显示矢量图与否"功能此处不用。

本软件可以选择不同的录波通道作为基准矢量，并以此推算和图示其他通道与基准矢量通道的相对关系，计算出谐波分析结果。

c. 序量。测距分析的对象默认为当前选中的波形文件。单击工具栏上的"序量"，录波分析系统左下角子窗口会切换成序量功能页。

先选择需要进行测距分析的各相电压和电流通道，再选择要显示的电流电压、相别、相序组合，即可在功能页的右侧图盘和下部的输出结果栏中得到分析结果信息。需要强调的是，由于算法要求严格，对于非标准的或信息不全的录波文件有可能出现分析失败的情况。另外就是要确保选择的各电流电压通道匹配，这样分析的结果才有效。

d. 测距、曲线、通信功能，本装置版本暂不提供。

e. 属性。录波文件属性查看功能的对象默认为当前选中的波形文件。单击工具栏上的"属性"，录波分析系统左下角子窗口会切换成属性功能页，本功能页能查看到录波文件属性包括：①文件名和设备名；②故障录波绝对时间和相对时间；③文件采样数据存储类型；④当前文件中的模拟量通道总数和开关量通道总数；⑤文件中采样波段总数和采样点总数；⑥各采样波段的具体信息：采样频率、采样点数、起始采样点序号和起始时间。

f. 通道。录波通道参数查看功能的对象默认为当前选中的波形文件。单击工具栏上"通道"按钮，录波分析系统左下角的子窗口会切换成通道功能页，本功能页能查看的通道信息包括：①文件名和设备名；②当前文件中的模拟量通道总数和开关量通道总数；③各录波通道的具体参数：相别（Ph）、最小（Min）/最大值（Max）、单位（Un）。

5）用户管理。管理使用本软件的用户信息。

6）帮助。帮助菜单提供系统的版本信息，为用户提供操作指南的信息等。

6.9 PSX610G 通信服务器

通信服务器是为网络上需要通过远程通信链路传送文件或访问远地系统或网络上信息的用户提供通信服务的一个专用系统。PSX610G 装置是电厂综合自动化系统中的远程通信服务器。

6.9.1 系统软件

1. 系统结构

（1）从软件功能上可分为实时数据库服务功能、前置采集功能、操作控制功能及监视功能、Web 服务器、SQL 数据库服务器等主要模块，各个模块既可以同时在一台机器上运行，也可以分布到不同的机器上运行。

（2）应用软件和实时数据库可以灵活地组态、扩充和修改，具有防止信息丢失的措施。

（3）系统软件为模块化、多层次结构，可以选择最大/最小化安装或自定义安装。

（4）以 LINUX 操作系统为主要应用平台，软件内核基于 Apache 平台。历史数据库管理系统采用 MySQL。

（5）Web 页面方式的人机界面，可以提供系统日常维护功能和实时监控功能。

（6）厂站自动化系统内主机与工作站之间、主机与测控设备之间采用双 100M/10M 以太网，同时支持其他现场网络。

（7）典型配置是双机配置，以双服务器主备冗余，双网连接，双客户端主备方式运行。

2. 系统功能

（1）站内通信。提供以太网口、串行口接口；直接与间隔层设备通信支持多种规约。

（2）控制操作。系统提供控制接口功能、控制逻辑闭锁和程序化控制功能。

（3）数据监视。厂站的实时数据、运行工况的监视功能和声音告警功能。

（4）远控功能。支持远控模块冗余配置并提供多种规约相互转换功能。

（5）保护管理。保护设备的管理，定值维护，定值切换，故障信息处理等。

（6）保护管理子站远传功能。

（7）时钟管理。具有接收 GPS 和调度主站端的标准授时信号功能。

（8）事件顺序记录。主要是断路器、隔离开关和保护动作信号，记录可看但不能修改。

（9）历史数据记录。存储各种原始采集数据和统计数据及各种保护信息及定值。

（10）容错。系统在线定时自诊，故障自动闭锁或退出故障单元及设备并告警；站内通信网上故障设备与内容的判断与告警；主机软硬件故障自动切至备机及故障消除后自恢复；软/硬件 Watchdog 相结合，捕获各可能故障。

（11）电压无功控制功能。厂站内电压、无功进行综合调节控制；自适应系统运行方式及变化；算法策略可变；提供调节闭锁功能（只监视不调节）；模块具有远方投退、复归功能。

（12）小电流接地选线功能。接地选线功能；选跳或告警。

（13）程序化变电站顺控功能。解析/执行顺控操作票功能，并上送执行过程信息。

（14）电厂 AVC 功能。全厂分配计算无功；执行机组无功调节；接受主站实时命令调节或自动跟踪电压曲线调节；闭锁条件任意配置设定功能。

（15）电厂 AGC 功能。全厂分配计算有功；执行机组有功调节；接受主站实时命令调节；闭锁条件任意配置设定功能。

6.9.2 硬件简介

（1）PSX610G 通信服务装置（1 台）。

（2）1024M（1G）CF 卡（1 张）。

（3）2048M（2G）电子盘（1 个）PSX610G（2U）。

（4）40G 硬盘（1 块）（注：可选配硬件）。

（5）USB 启动闪盘（1 个）。

（6）DR－75－24 220V 转 24V 电源（1 个）。

（7）显示器。

（8）PS/2 口键盘（不允许使用 USB 接口键盘安装系统）。

6.9.3 工程配置典型过程实例

1. 准备工作

先从屏柜上卸下 PSX610G 装置，将 USB 狗装上，完成 PSX610G 系统的安装。系统安装完后，先关闭其中一台 PSX610G，否则 IP 地址会冲突。缺省的 IP 地址配置为 172.20.51.115。

（1）导入 release 库文件。

（2）登录系统。

（3）基础配置库的安装（恢复）：首页——数据库管理——数据库备份与恢复，库文件在产品库 release/data0 中，由参数库备份恢复参数库——选择数据库：参数库 && 模板库，浏览文件：基础配置库-rdbtmpdb.tgz；单击确定，也可分别恢复参数库和模板库。

（4）数据库版本升级：首页──→控制面板──→数据库版本管理，单击"升级"按钮升级到匹配版本。

（5）PSX610G 的 IP 地址的配置。首页──→控制面板──→配置网卡地址──→生成配置文件（注意区分 AB 机，A 机则单击名为 srvA 的目录生成 A 机的配置文件，同样 B 机单击 srvB）──→重启机器。

（6）修改站名：首页──→系统配置──→部署配置──→模块自定义配置文件列表──→eyeweb. ini──→Web 程序配置──→（右侧）节点配置项数据录入──→ID0，修改站名。

（7）备份本机所有的配置：首页──→系统配置──→数据库管理──→数据库备份和恢复──→参数库备份导出──→选择数据库：参数库 && 模板库，文件名格式类似于：赤水变-ip166-参数模板库-rdbtmpdb-2021-8-28-18-44-16.tgz，单击"确定"按钮，备份到本地目录中。

（8）关闭备份完毕的机器，配置备机机器，重复以上过程。

2. 工程现场数据库的配置典型过程

（1）用召描述工具生成模板。对于现场的南自网络103装置用召描述工具生成装置模板文件，再从网页"模板配置──→装置 CPU 模板配置"页面中导入数据库。

（2）生效装置模块。选择首页──→模板配置，在模板配置页面再选择生效模板菜单。也可在生效模板的树形结构中点选到需操作的模板，进行操作。

（3）站内装置定义。选择首页"系统配置"，在"系统配置"页面选择"装置管理"菜单，在"装置管理"页面，左侧窗口显示的是现有装置的树形图，右侧窗口显示的是新建装置的配置页面。填写装置关联各 CPU 的模板、配置装置地址等相关内容，选择"添加"按钮，一个装置即可新建完毕。

对选择已有的装置也可进行修改操作。

（4）远传装置定义：

1）添加远动装置。选择首页──→"系统配置"，选择"远动配置"菜单。页面右上方窗口显示的为现有远动装置的树形结构。右下方窗口显示远动虚拟装置信息。

在远动虚拟装置信息窗填写装置编号等相关内容，配置后，选择"添加"按钮，新远动虚拟装置就定义好了。

选择添加好的远动装置，在右下方远动组定义窗口选择信号组的类型和名称以及容量，选择"添加"按钮，添加相应信号组。

2）关联实装置。先在远动装置树形图中选中相应的信号组，再到对应的实装置中点选中相应的信号组，点选需要的信号点，再单击点选框后面的箭头按钮，即可将选中的实信号点加入虚拟的远动装置信号组中。

3）计算点的定义。运算符、数值和点等所有字符、逻辑点可选择录入，函数中的右括号需要键盘输入。

在计算脚本录入完成后保存，Web 窗口提示通过，设置允许标记。

（5）系统和规约的私有配置文件配置：

1）应用程序配置模板。选择首页"模板配置"，再选择应用程序配置模板菜单。模板页面左侧显示的是现有配置模板的树形结构，右侧优先显示的是新建配置模板。在配置页面，定义标签名称和描述，单击"添加"按钮，即可新建一个空的应用程序配置模板，单击该模板，再配置标签属性及标签内各配置项即可。其中属性和配置项均先插入相应的条目，再修改属性。

2）私有配置文件的配置。选择首页"系统配置"，再选择部署配置菜单。左侧页面列出了所有现有模板私有配置文件。右侧页面优先显示的是私有配置文件的新建页面。选择相应的配置模板，部署机器名，填写配置文件名，选择文件格式之后点选"创建"按钮即可。

（6）程序启动文件定义：

1）新建程序启动文件。选择首页"控制面板"，再选择程序启动文件配置菜单。左侧页面列出的是当前所有启动配置文件。右侧页面优先显示的是启动配置文件的新建页面。选择启动机器名，点选"创建"按钮即可新建一个程序启动文件。

2）配置程序启动文件。选择新建好的程序启动文件，右侧页面显示为启动文件的基本信息和详细信息，在详细信息部分，按程序类型分为 GPS 程序、装置规约程序和远动规约程序，分别配置三类程序，配置完成后单击"提交配置参数"按钮。

（7）配置文件的导出和配置同步。数据库配置过程中，对数据库的添加和改动需要做导出和同步操作后才可以生效。选择首页——系统配置——数据库管理菜单，在页面左侧的树形结构图中选择数据库备份和恢复，右侧为数据库备份和恢复的页面。单击"配置同步"按钮即可同步到主机和备机。

3. 顺控配置

（1）增加顺控节点。部署配置中增加顺控节点（出厂时已经增加）、后台节点，节点号不可冲突。

（2）增加顺控装置模板。模板配置中选择 CPU 模板列表，在 EYE - LINUX 专用模板中增加顺控总则 CPU 模板；增加 2 个组：遥信组，遥控组或者直接导入顺控总则 CPU 模板文件。

（3）增加顺控虚装置。在远传配置中增加顺控虚装置，所属节点为顺控节点。装置定义完成后添遥信组，遥信点为顺控实装置所有间隔 CPU 的间隔状态点，需要在虚装置中按照规定的逻辑规则来定义为计算点。

（4）增加顺控后台装置。在远传配置中增加顺控后台装置，所属节点为增加的后台节点。添加遥测组、遥信组、遥控组等 3 个组。根据现场需求，三个组中的遥测点、遥信点、遥控点均从顺控实装置中挑选得到，从而转发给后台。

（5）顺控模块的配置：

1）设置模块基本参数。出厂时都已设置基本参数，只需要配置顺控装置所属节点、虚装置、顺控模式设置等。

2）定义顺控间隔，导入后台（EYEWin）顺控间隔配置文件（seq＿tree.ini）自动生成。

3）定义间隔状态和生成操作票。每个间隔下面有 2 个组，遥信组和操作票映射表组。遥信组为顺控间隔的各种状态，根据现场实际定义状态描述，保存后，单击按钮"生成状态切换表"，便生成操作票映射表。

在操作票映射表中，可根据状态切换描述和相应的标签来选择相应的执行操作票。

4）在数据库管理中，同步顺控文件 seqctrl. xml。

6.9.4 在线监视操作

Web 在线监视主要可用于实时运行时监视系统的各节点的运行状态，查看装置的实时数据，并可作为测试目的进行遥控等。

1. 实时监视

（1）运行参数设置。

（2）召服务状态实时信息。单击"装置保护操作工具栏区"中"服务状态"图标按钮即可。

（3）召装置当前实时状态信息。单击"装置保护操作工具栏区"中"装置状态"图标按钮即可。

（4）实时事件信息。单击"实时事件列表"，可进入召唤和显示实时事件列表页，最上面的是最新的事件。

2. 装置保护操作

单击主页面导航栏上的"装置保护操作"链接进入页面，有两个区：操作装置保护操作工具栏区和装置保护操作结果显示区。

（1）召装置组实时数据。从装置选择区中单击选择站、线路、组下面的装置，点选后即显示所选组的实时数据。

（2）压板投退操作。先召压板组实时数据方可对软压板投退。单击"遥控"按钮可进行压板投/退操作。

（3）遥控操作。先从实时库获得遥控组点的列表，再对开关控制点进行"遥控分/合"操作。

（4）装置复归操作。每个装置下的默认 CPU 的遥控组的"装置复归"遥控可以执行改操作。

（5）定值修改。对装置的定值组，在定值操作界面，可进行召定值，修改定值等操作。

3. 事件历史

单击"事件历史"图标按钮，可进行实时事件历史的查询，分析和统计等操作。

4. 报文监视

通过首页──→控制面板──→报文监视配置，先定义需要运行监视程序的 Windows 机器的 IP 地址，再勾上所需要监视的规约程序，最后单击"导出报文监视配置"，再单击"配置同步"。

再通过首页──→在线监视──→装置保护操作，对"系统摘要"装置下"系统相关"CPU 下遥控组中的"启停报文监视"空点进行一次控分操作和控合操作，新改的报文监视设置在线生效。此时在设置的监视主机 IP 地址所对应的 Windows 机器上启动"Data-Monitor. exe"报文监视工具，可看到所需监视的报文。

5. 工程备份和日志备份

(1) 用脚本备份工程。工程备份的脚本工具 sasbackup. py 放在/sas/boot 目录下命令的格式是：

sasbackup ［option］ ［station_name］

［option］

- pbackup for project

- dbackup for debug

其中-p 参数用作备份工程，内容包括/sas 目录中的配置文件，可执行程序，库等运行环境，以及当前网页已备份的数据库备份文件和系统网络配置文件等。

-d 参数在备份工程的基础上还将调试信息也做备份，备份的内容都会放在/eyelinux - backup 目录下。

(2) 网页界面工程备份。通过首页——→系统配置——→数据库管理——→数据库备份和恢复。单击"点击进行工程备份"按钮。备份结束后可单击下载。

(3) 日志备份。Web 页面导航：首页——→系统配置——→数据库管理——→数据库备份和恢复。单击"进行日志备份"按钮，备份结束后可单击下载。若机器中没有 saslog 目录，则备份不成功。

第 7 章

电 厂 化 学 处 理

7.1 火电厂化学监督内容

化学监督是火电厂重要工作内容之一，具体包括对热力设备进行调整试验，确定合理的运行工况、参数和监督指标并对此开展监督，以防止和减缓热力设备的结垢和腐蚀；对热力设备的化学清洗及停、备用设备的防腐保护工作进行监督；监督油质劣化、燃料的质量降低汽水损失、油耗等；在设备大修时，进行化学检查，对发现的问题提出相应对策；调查研究与化学工作有关的重大设备事故和缺陷，查明原因，采取措施。为此明确化学监督的主要任务具有重要意义。

7.1.1 化学监督主要任务

（1）制备合格补给水。对火电机组的热力设备依次采用混凝、澄清和过滤等预处理（除去原水中悬浮物和胶体状态杂质）；采用预脱盐和精脱盐处理除去水中溶解性盐类，即为制备补给水的处理为炉外水处理。

（2）进行给水处理。对给水进行除氧、提高 pH 值等加药处理。

（3）炉内水处理。对汽包锅炉进行防垢、防腐和防止微生物滋生等处理。

（4）循环冷却水处理。对循环冷却水进行防垢、防腐和防止微生物滋生等处理。

（5）汽水监督。对热力系统各部分的水汽质量进行监督，并在水汽质量劣化时进行处理。

（6）废水处理。对全厂工业废水和生活污水进行处理。

（7）化学清洗。在热力设备大修期间，检查并掌握热力设备的结垢、腐蚀和积盐等情况，做出热力设备腐蚀、结垢状况的评价，并组织进行热力设备的清洗。

（8）燃料监督。对入厂、入炉燃料质量及灰渣可燃物含量进行分析与监督。

（9）油务监督。对入厂新油和运行油质进行分析和监督。

7.1.2 化学监督主要目标

化学监督主要指标包括水汽质量合格率、补水率、沉积率和油质合格率等。

（1）水汽质量合格率为

$$水汽质量合格率 = \frac{合格总次数}{分析监测总次数} \times 100\%$$

（2）补水率为

$$补水率 = \frac{补给水量}{额定蒸发量} \times 100\%$$

（3）沉积率为

$$沉积率 = \frac{沉积垢量 \times 8760}{两次大修间隔时间} \times 100\%$$

（4）油质合格率为

$$油质合格率 = \frac{检测合格次数}{规定检测次数} \times 100\%$$

7.2 电厂水处理

生物质电厂机组中，水为能量传递与转换的介质。水在锅炉内吸收燃料燃烧释放的热能后变为蒸汽导入汽轮机，而在汽轮机中，蒸汽的热能转变为机械能，发电机将机械能变为电能，送至电网。

除此之外，水又为冷却介质。蒸汽在汽轮机内做功后进入凝汽器被冷却为凝结水，凝结水由凝结水泵送至低压加热器加热后送入除氧器，再由给水泵将已除去氧的水经高压加热器加热后送入锅炉。

7.2.1 生物质电厂用水种类

生物质电厂的用水分生产用水和非生产用水。其中，生产用水占全厂用水的90%以上，包括冷却水、锅炉补给水和热力系统等用水，尤以冷却水系统补水量最为重要（占全厂总水量的79%～80%）；非生产用水主要是生活用水，一般仅占全厂总水量的4%以下。

1. 各类用水分类

水在电厂水汽循环系统中所经历的过程不同，导致水质区别差异较大。故分别进行说明。

（1）原水。电厂引入的未经任何处理的天然水，如江河、湖泊、水库、海水或中水等，为所有用水的来源。

（2）锅炉补给水。原水经各种工艺净化处理后补充入火电厂汽水损失的水。

（3）锅炉给水。由给水泵送入锅炉中的水。生物质电厂的给水主要由凝结水、补给水和各类疏水组成。

（4）炉水。在锅炉本体蒸发系统中流动着的水，部分受热后将变为蒸汽。

（5）凝结水。在锅炉产生的蒸汽，在汽轮机做功后经凝汽器冷凝后所形成的水。

（6）疏水。热力系统各类蒸汽管道和设备中的蒸汽凝结水。通常经疏水器汇集到疏水箱或并入凝结水系统中。

（7）冷却水。热力系统用作冷却介质的水。

2. 化学水处理的作用

电厂热力系统中化水品质严重影响设备安全、经济运行的重要因素。因此，对含较多杂质的天然水进行水处理，能够显著提升汽水品质。

（1）减轻热力设备的结垢。化水处理能够有效去除杂质，防止与水接触的受热面上产生的固体附着物（结垢），以减轻结垢所带来的危害。

1）结垢导热性能较差，可使受热面传热情况恶化，导致壁温升高，引起金属强度下降，使锅炉引起爆管等严重事故，同时增加热量传递阻力，为满足锅炉运行蒸发量要求，需消耗较多燃料，降低锅炉效率。

2）管内壁结垢后，将使管内流通减小，流动阻力增加，严重时将破坏原有水动力循环。

3）水垢附着在受热面上，引起锅炉金属的腐蚀，需要经常停炉进行除垢。在耗费大量人力、物力的同时，还会使受热面受到损伤，从而缩短了锅炉的使用寿命。

（2）防止热力设备腐蚀。化水品质不良，将使金属材料破坏，即产生金属腐蚀，不仅缩短设备本身的使用寿命，造成经济损失，还会由于金属腐蚀产物转入给水中，使给水中杂质增多，导致金属腐蚀的恶性循环，加剧爆管事故的发生。

（3）消除过热系统和汽轮机的积盐。锅炉使用水质不良，将不能产生高纯度的蒸汽，随蒸汽带出的杂质就会沉积在蒸汽流通部分（如过热器和汽轮机里）形成积盐。

过热器管内的积盐导热性很差，引起金属管壁过热，甚至爆管。汽轮机内积盐将会大大降低汽轮机的出力和效率。特别是高温、高压大容量汽轮机，其高压蒸汽流通部分的截面积很小，少量积盐就会大大增加蒸汽流通的阻力，使汽轮机出力下降。

7.2.2   水的预处理

进入机组系统的中水或天然水中含有悬浮物、胶体和有机质等杂质，如不能将其预先去除，会引起各种管道堵塞和机械磨损，还会污堵过滤材料，降低离子交换树脂效率。而对于补给水而言，预处理目的是去除给水中会对超滤膜和反渗透产生污染或导致劣化的物质，同时消除钙、镁、铁等离子被带入锅炉所产生水垢，以及有机物、胶体等促使炉水起泡沫所引起的蒸汽品质恶化。

1. 预处理原理

预处理一般采用的方法有混凝、沉淀澄清剂过滤处理。对于小型机组，多采用一体化净水装置，将原水完成混凝、沉淀澄清和过滤处理，为后续过滤、除盐设备降低浊度和去除溶解物质打好基础。

预处理系统处理规模为 $2 \times 75 m^3/h$，处理后的出水重力自流至电厂冷却塔水池及工业水池，具体系统包含污泥脱水处理系统及加药系统。

（1）预处理系统工艺流程：原水首先进入钢制高密度沉淀池的混凝箱，混凝剂投加在混合箱内，混凝剂与原水充分、快速混合后进入反应箱，助凝剂投加在反应箱内，使絮体不断长大，形成大而密实的矾花，然后经过管道进入沉淀浓缩箱内，实现固液分离的过程，沉淀后的出水每天不小于 90% 时浊度不大于 5NTU，经沉淀后清水通过重力进入工业水池。沉淀浓缩箱排泥的污泥进入污泥调节池。

加药设备安装在净水站加药间内，加药间内设置液态混凝剂加药系统和助凝剂加药系统，每套高密度沉淀池（含混凝箱、反应箱、沉淀浓缩箱）设一独立的进水管，加药系统根据不同的进水水量、水质及不同药剂种类分别加至高密度沉淀池的混合箱及反应箱中，保证沉淀浓缩箱出水水质。

所有加药装置均包括溶液箱和可自动变频调节的隔膜计量泵，可以保证方便准确地投配所需要的化学药剂量。

（2）水预处理系统流程主要设备包括：两台混凝箱（配搅拌器）、两台反应箱（配搅拌器）、两台沉淀池浓缩（配刮泥机）及设备间连接的管道组成的两套高密度沉淀池，两台污泥回流泵、两台回收水泵、三台污泥输送泵、两台离心脱水机，两台混凝剂溶液箱（配搅拌器）、两台助凝剂溶液箱（配搅拌器）、三台混凝剂计量泵、三台助凝剂计量泵、三台脱水剂计量泵、管道、管件、阀门、仪表（含流量计、液位计、压力表等）以及其他需要的装置。

2. 系统控制流程

（1）原水流程。原水送至混凝箱，在各混凝箱进水管设置浊度仪及流量计，DCS 根据原水流量、所需投加浓度自动控制混凝剂计量泵（两用一备）的转速以调整混凝剂投加量，混凝箱搅拌器快速搅拌、连续运行以帮助混凝反应并避免矾花沉淀。然后水以自流方式通过管道进入反应箱，DCS 根据原水流量、所需投加浓度自动控制助凝剂计量泵（两用一备）的转速以调整助凝剂投加量，DCS 根据原水流量控制反应箱搅拌器转速，确保聚合物搅拌充足和絮凝良好，如果转速过高，矾花就有被打碎的危险，转速过低污泥有在反应箱沉淀的危险，为加速反应箱矾花的生长以及增加矾花的密度，需要在反应箱中加入从沉淀浓缩箱抽出的污泥，最佳的污泥回流量经调试使用确定。反应箱出水经由重力作用下由管道进入沉淀浓缩箱，在此处将固体物质与原水分离，流入沉淀浓缩箱的水/固体物质的混合物首先通过浸在水中的中心管流下来。这样大大降低了混合物的流动速度，而使水中的固体物质在沉淀缩池的较低部分沉降下来。连续的挂扫促进沉淀污泥的浓缩，部分污泥回流到反应箱，这种精确的控制外部污泥回流用来维持均匀絮凝反应所要求的高污泥浓度，斜管模块放置在沉淀浓缩池顶部，用于除去剩余的矾花和产出最终合格的水。

（2）化学流程：

1）混凝剂溶液。混凝剂（PAC）溶液由外购袋装固体药剂配制，向混凝剂溶液箱中加入工业水，并开启搅拌机，固体药剂由人工从投药口投入混凝剂溶液箱，混凝剂溶液需始终处于搅拌状态，混凝剂溶液配置到所需量后，关闭混凝剂溶液箱进水阀，但溶液箱搅拌机需继续运行。箱内液位由设在溶液箱上的液位计指示，液位达到预设的低液位时报警，提示配置药剂，液位达到预设的低低液位时，连锁停泵。混凝剂溶液的加入量根据调试由原水来水流量按比例加入。

2）助凝剂/脱水剂溶液。助凝剂/脱水剂（PAM）溶液由外购袋装固体干粉配制，向助凝剂溶液箱内加入定量的工业水和干粉药剂进行配置。将干粉药剂运至料斗内，同时启动固体螺旋给料机定量的投加到三联箱中，保证药液浓度符合要求。同时，位于投加出口的加热器恒温加热，防止干粉遇潮在螺杆内结团。投加的干粉药剂加到制备箱后，启动搅拌器，使药剂与水充分的混合。当第一箱溶药箱充满后便自行推流至第二箱熟化溶药箱，并再一次搅拌和混合；待熟化完成后又自行推流至第三箱成品溶药箱。三联箱需始终处于搅拌状态，助凝剂/脱水剂溶液配置到所需量后，关闭三联箱进水阀，但三联箱搅拌机需继续运行。箱内液位由设在溶液箱上的液位计指示，液位达到预设的低液位时报警，提示配置药剂，液位达到预设的低低液位时，连锁停泵。助凝剂溶液的加入量根据调试由原水来水流量按比例加入。脱水剂溶液的加入量根据调试由污泥输送泵按比例加入。

（3）泥浆流程。沉淀浓缩箱分离出的固体颗粒沉降至沉淀浓缩箱泥斗中，沉淀浓缩箱底部收集泥浆达到一定泥位后，开启沉淀浓缩箱出泥管路上的电动阀，泥浆经重力自流进入污泥调节池。污泥调节池内污泥达到一定液位后，手动开启污泥输送泵出口闸阀及离心脱水机进口球阀后，启动污泥输送泵向离心脱水机输送污泥。经离心脱水机脱水后的泥渣进入电动泥斗后外运。离心脱水机分离出的水经重力自流至回收水池。回收水池潜水搅拌机持续运行。回收水池达到一定液位后，开启潜污泵出口手动球阀，启动潜污泵将回收水输送进入原水来水中重新处理。

3. 主要设备概述

（1）混凝箱。原水处理系统的混凝箱为常压圆筒箱体，起沉降、混凝作用，箱内设有搅拌设备。混凝箱中投加混凝剂，使原水中的悬浮固体经过混凝作用生成混凝体。

（2）反应箱。反应箱为常压圆筒箱体，起沉降、絮凝作用，箱内设有搅拌设备。反应箱中投加絮凝剂，使原水中的悬浮固体经过絮凝作用生成絮凝体。

（3）沉淀浓缩箱。沉淀浓缩池（带刮泥机）具有浓缩污泥的作用。从反应箱排出的含水率较高的污泥，在沉淀浓缩池中辐流沉降至池底，并依靠自身的重力压缩沉淀，使污泥含水率降低，并由刮泥机将沉降污泥刮至泥斗中，排出池外。上清液则流至工业水池。

（4）污泥回流泵。用于将沉淀浓缩箱内污泥输送至反应箱。数量为 2 台；流量为 $12m^3/h$；扬程为 20m。

（5）螺杆式污泥输送泵。用于从污泥调节池输送浓缩污泥至离心脱水机进行处理。数量为 3 台；流量为 $3m^3/h$；扬程为 25m。

（6）离心脱水机。用于污泥脱水，脱水后的泥饼外运，污水自流入回收水池。数量为 2 台；型号为 LW-250Lx1100。

（7）潜污泵。将回收水从回收水池循环送回原水处理系统。数量为 2 台；流量为 $10m^3/h$；扬程为 20m。

（8）混凝剂的制备和计量投加装置。用于原水中的悬浮固体经过混凝作用生成混凝体。数量为 1 套；包括 2 个混凝剂制备箱，配备容量为 $1m^3$ 的搅拌器。3 台混凝剂计量泵（2 运 1 备），用来投加混凝剂，其中单台流量为 14L/h，扬程为 10m。

（9）助凝剂/脱水剂投加装置。分别用来制备和计量投加助凝剂、脱水剂。数量 1 套。每套装置包括 2 个干粉投加装置。容量为 2000L/h。2 台三联箱，配备搅拌器，容量为 $3×1m^3$，6 台隔膜计量泵（4 用 2 备）。其中有助凝剂计量泵单台流量 $0\sim100$L/h，扬程为 10m，脱水剂计量泵单台流量 $0\sim500$L/h，扬程为 10m。

4. 系统的调试与投运

（1）转动设备的启动。

1）启动前检查工作：①转动设备具备启动条件；②泵入口设备、水池有足够液位；③泵在备用状态，盘车灵活，油质、油位合格；④泵出口压力表良好并投入运行；⑤泵、电机地脚螺丝、安全防护罩牢固可靠；⑥电机接地线应合格，停用 15d 以上的电机启动前应测试绝缘合格；⑦电气启动装置完好无损，保险合格；⑧转动设备周围应清洁，无杂物，不影响设备运行；⑨搅拌装置在备用状态；⑩现场与运行无关的设备器具等清理干净，操作环境干净整洁，安全标识张贴到位，操作人员技术和安全培训到位。

2）泵的启动：①离心泵启动，开启泵的入口门；按下"启动"按钮，缓慢开启泵出口门，调整到规定压力；检查泵体无异音，振动正常，密封合格，电机温升在规定范围内；②计量泵的启动，开计量泵入口门，开计量泵出口门；按下"启动"按钮，严禁憋压；检查泵体无异音，压力正常密封合格。电机温升在规范内。

3）泵的停止：①离心泵停止，有逆止门的泵可直接按下"停止"按钮，关闭泵出口门；无逆止门的泵先关闭泵出口门，再按下"停止"按钮；泵备用状态下入口门可常开，检修状态下入口门应关闭；②计量泵停止，按下"停止"按钮；泵备用的状态下入口门、出口门可常开，检修状态下入口门、出口门应关闭。

（2）系统投运前的检查：①确认已完成清洁工作，尤其污泥浓缩箱底部、斜板（管）模块、管道等部位；②检查斜板（管）模块的安装情况，包括其是否正确定位及其间距（不能大于5mm）；③检查刮泥机的转向和刮泥效果；④检查电机的转向（泵、搅拌器等），如有必要调整保护机构，特别是反应箱搅拌器的转向（导流筒中的水流应为向上流）及齿轮箱中的油位；⑤检查阀门的动作是否灵活、正确；⑥检查管路是否安装正确；⑦检查系统各设备装置及容器在备用状态，包括系统内的压力表、流量表、液位计、浊度计等表计良好并在投运状态。

（3）药液准备。

1）混凝剂准备。开启混凝剂溶液箱进水电磁阀向溶液箱中注入一定量的水，液位达到搅拌器桨叶以上200mm，启动搅拌装置，将一定剂量的混凝剂固体加入溶液箱溶解筐内，将药剂溶解充分，搅拌机需持续运行。开启计量泵前后阀门，使混凝剂加药装置处于备用状态。

2）助凝剂/脱水剂准备。助凝剂/脱水剂由固体（PAM）配制而成。配制助凝剂/脱水剂时，人工投料到固体螺旋计量给料机，一次制备过程中需要分次投入，同时开启三联箱进水电磁阀。在制备开始后，当三联箱液位高于0.3m时，开启搅拌器，使药剂与水充分的混合。当第一箱溶药箱充满后便自行推流至第二箱熟化溶药箱，并再一次搅拌和混合；待熟化完成后又自行推流至第三箱成品溶药箱。三联箱需始终处于搅拌状态，助凝剂/脱水剂溶液配置到所需量后，关闭三联箱进水阀，但三联箱搅拌机需继续运行。开启助凝剂计量泵及脱水剂计量泵前后阀门，使助凝剂/脱水剂加药装置处于备用状态。

（4）系统调试与投运。原水首先流入混凝箱，与混凝剂接触后混凝，混凝箱搅拌器连续运行，以避免矾花沉淀并帮助混凝。混凝剂计量泵将混凝剂投加到混凝箱中，计量泵通过变频器按照流量计来控制。在预处理系统中，反应箱模块是非常重要的部分，其反应箱搅拌器的转速合理设计，能够确保聚合物搅拌器充足和絮凝良好。因此当水温偏低或絮凝比较困难时应提高转速；当矾花易碎或导流筒水流不对称时应降低转速。

泥床的作用在于为回流积攒足够的污泥并提高污泥的浓度。泥位的稳定是判断系统运行状况的一个指标。通过仪表检测污泥界面并以此为依据对排泥进行控制和调节。当泥位到达预设高度需开启排泥阀进行排泥，泥位过高则有可能造成被水流带走。当泥位低于预设高度则有回流污泥缺失的危险，引起澄清效果不好和排放的污泥浓度低。

（5）系统停车。停车之前应先对反应区的污泥进行稀释以减少在反应区的沉积。停车只应先停止回流污泥泵5~30min（时间可调）。污泥回流泵和污泥输送泵停机后，须对泥管路进行冲洗。其中，短时间停车搅拌器和刮泥机保持运行；长时间停车搅拌器停止，放空设备内污泥；污泥排空后停止刮泥机；池内充满水，防止斜管因暴晒而老化。

（6）运行监控。系统运行时，运行人员需进行以下运行监控：①每班记录一次液位，系统出力；②每班记录一次转动设备运行参数；③对加药装置计量箱液位进行监测，当降至低位时，通过加药泵频率和冲程调整加药量，配药至高位。

主要日常检查参数包括原水质量、药耗、反应箱污泥百分比、泥位、澄清水质量和排泥浓度等。

5. 主要设备的运行维护和保养

（1）混凝箱/反应箱。每 3 个月排空，并清除积垢，检查搅拌器轴的紧配合。

（2）沉淀浓缩箱：

1）当设备停止运转 48h 后重新运转时，先把底部排泥阀打开，再启动电机，电机作正反方向反复转动多次，当减速机能转过一圈时就可以正常运行。

2）新减速机开始运行满 30h 后，应全部排掉箱内机油，然后加注新的机油，以后每隔 6～12 个月更换一次机油。

3）当设备运行一年后，在检修时如发现刮泥板已刮不到底板时，需更换新的刮板。在更新刮板时注意刮板边缘与设备底板应保持平行，再开空机运行，待一切正常后再放进污水即可以运行。

4）目视检查水面、集渣槽，如有必要应进行冲洗。

5）斜板（管）清洗。按照要求对系统进行部分放空并清洗斜板（管）：①对系统进行水力隔离；②对设备进行电气锁定，切断保险（按操作程序进行）；③将水面放至斜板（管）以下；④使用水枪冲洗斜板（管），限制水压并保持水温低于 60℃ 以免损坏斜板（管）。

（3）沉淀浓缩箱。每周检查或清洗浊度计、污泥界面仪探头一次，如需要可重新校准。

（4）污泥调节池。每月排空并清除积垢一次，检查搅拌器轴的紧配合状况。

（5）各种运转泵：

1）运行中应每班检查或记录一次泵的压力、流量、电机电流，检查设备的噪声及有无渗漏现象。

2）每周更换一次备用泵。

3）泵不能在短时间内连续启停。

4）凡发生严重故障的泵或电机，应立即按下"停止"按钮，并进行电气锁定后，再进行处理。

5）定期检查定子和转子的磨损情况。定期冲洗泵。

（6）管道。特别需要检查污泥排放、回流管道、污泥泵输送管道，定期冲洗管道。若需要长时间停车，排泥和回流管道必须进行冲洗。

7.2.3 补给水除盐处理

天然水或中水经预处理后，虽然已将大部分的悬浮物、胶体和有机物去除，但水中可溶性盐类并未改变，因此还需进行除盐处理，保证补给水品质要求。

除盐处理的主要目的是降低水中含盐量（包括全部阳离子和阴离子）及水中二氧化碳、氧气等气体含量，目前采用的方法主要为膜分离法。

1. 膜分离法除盐

膜分离法指完全依靠膜技术，如反渗透法和电去离子法。

（1）反渗透法除盐（RO除盐），借助透水而难透盐的反渗透膜，在压力推动下，盐水中水分子透过膜成为除盐水，而盐分则将继续保留在原水中而被浓缩。该方法可以除去水中的大部分溶解盐类，其除盐率可达98%以上。在火力发电厂中，反渗透除盐工艺一般用于后续离子交换除盐的预脱盐部分。

（2）电去离子法除盐（EDI除盐）。该技术的核心是以离子交换树脂作为离子迁移的载体，以阳膜和阴膜作为鉴别阳离子和阴离子通过的关卡，在直流电场推动下，实现盐与水的分离。EDI除盐方法是离子交换除盐和电渗析除盐过程相叠加，即通过化学位差，离子交换和直流电场作用下的离子选择性定向迁移的叠加。同时，浓度差极化迫使水发生电离，所产生的 H^+ 和 OH^- 保证阳树脂和阴树脂的长久有效。

2. 全膜法除盐系统是由反渗透除盐装置组成

（1）常有术语：

1）水通量。单位时间内透过膜元件（组件）单位膜表面积的水量。

2）产水量。膜元件、膜组件系列或系统每小时生产淡水的能力。

3）回收率。淡水（产水量）占供水量的百分比。

4）脱盐率。表征反渗透装置或膜件对盐分的脱除能力，通常用进出水电导率之差与进水电导率的百分比来计算。

5）浓差极化。反渗透装置在运行过程中，淡水透过后，膜界面层浓缩水中含盐量增大和进水之间往往会产生浓度差，严重时会形成很高的浓度梯度现象。

6）淤塞指数。表征特定压力（0.21MPa）和标准间隔时间（15min）内，一定体积的水样通过微孔滤膜（0.45μm）的阻塞率。

（2）反渗透装置的结构和工作原理：

1）设备结构。全膜法除盐系统的设备结构主要包括反渗透原件、膜壳、连接管道、阀门、仪表等组件。反渗透膜元件主要由平板式、管式、螺旋卷式和中空纤维式四种方式，其中螺旋卷式膜元件由膜、进水隔网和透过水隔网围中心管卷绕而成，螺旋卷式膜结构如图7.1所示。

2）设备工作原理。膜分离除盐系统设备的工作原理为反渗透原理。当两种浓度不同的溶液被一个半透膜分隔开时，由于浓度差的存在，纯水会自发地从低浓度一

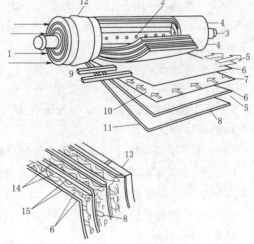

图 7.1　螺旋卷式膜结构

1—进水；2—透过水集水孔；3—透过水；4—浓缩水；
5—进水隔网；6—膜；7—产品水隔网；8—黏结剂；
9—进水流动方向；10—透过液流动方向；11—外套；
12—组件外壳；13—中心透过水集水管；
14—膜间支撑材料；15—多孔支撑材料

侧流向高浓度一侧，此种现象称为渗透。

然而，如果在半透膜的高浓度侧施加压力，则纯水的渗透流动受抑制而减慢，当施加的压力达到某一数值，渗透流动水的净流量等于零，此时压力称为渗透压。如继续施加压力，则水的流向将发生逆转（从高浓度侧流向低浓度侧），即为反渗透。

3）反渗透加药系统。反渗透加药装置主要包括加氧化剂装置、加碱装置、加还原剂装置以及阻垢剂加药装置。其中，阻垢剂、还原剂均在反渗透保安过滤器前进水管中，原因是指还原剂在进水管中停留时间可充分满足还原反应完全，且阻垢剂可均匀分散于水体并进入反渗透装置，保证良好阻垢效果。反渗透系统加药的作用如下：

a. 碱。去除水中 CO_2 及有机物。

b. 还原剂（$NaHSO_3$）。消除原水中残余的氧化性杀菌剂，避免氧化性物质对膜元件（不耐氧化的高分子材质）造成的损害。同时还可抑制细菌在反渗透膜表面的生长。

c. 阻垢剂。防止钙、镁、钡以及硅化合物等盐类在反渗透膜元件浓水侧结垢。

4）反渗透装置运行控制参数及意义。

a. 温度。保持在 $10\sim35℃$，水温升高有利于产水量增加，但过高的水温将导致膜分子材料的分解及机械强度的下降。

b. 淤塞指数。淤塞指数小于 3。水中悬浮固体越多，淤塞指数越大，如水污染严重，最大趋近极限值接近 6.7，当水中杂质含量很低时，淤塞指数接近于 0。

c. 余氯。余氯小于 $0.1mg/L$。表征进水余氯含量，目的防止膜被氧化分解。

d. pH 值。pH 值为 $2\sim11$。表征进水 pH 值，目的防止膜高分子水解。

e. 浊度。浊度不大于 0.2NTU。对进水浊度控制，以防止浊质颗粒划伤高压泵和膜，并防止颗粒堵塞膜孔道和膜元件的水流通道。

f. 铁、锰离子。铁（锰）离子浓度小于 $0.05mg/L$。如果原水中铁、锰离子浓度大于 $0.05mg/L$，且被空气或氧化剂氧化为 $Fe(OH)_3$ 和 $Mn(OH)_2$，当 pH 值偏高时会在系统中形成沉淀。

在进水水质控制参数的基础上，出水水质控制参数：$SiO_2<0.5mg/L$、电导率 $<40\mu S/cm$，硬度 $\approx0\mu mol/L$。脱盐率 $>97\%$，回收率 $\geqslant75\%$。

5）反渗透装置的运行。反渗透装置的工作过程大致可划分为四个阶段：冲洗、运行、停机和低压冲洗。

a. 冲洗。就是排放掉反渗透膜表面积存的不合格水。冲洗时间一般为 $10\sim15min$。

b. 运行。就是启动高压泵，透过反渗透膜向淡水箱（反渗透产水箱）或后续系统供应淡水的过程，实际是反渗透系统生产淡水的过程。

c. 停机。就是反渗透装置由正常运行状态转入停止运行状态的过程，主要特征是高压泵停止运转。

d. 低压冲洗。又称停机冲洗，即用淡水置换浓水的过程，也是淡水冲洗反渗透装置。通过低压水流冲洗反渗透膜，可以除去残留在膜内的盐分，直至浓水侧排水水质与淡水水质基本相同为止，时间至少为 15min。

6）运行注意事项。反渗透装置启动前和停运前必须要对系统进行低压冲洗，高压泵启动前，要对保安过滤器进行排气，反渗透膜进水压力应控制在 1.3MPa 以内，如压力过高，对反渗透膜会造成致命的危害，且无法恢复。平时要特别注意每段的运行压差，最高不能超 0.15MPa。反渗透运行期间要按时投加专用阻垢剂和还原剂，以还原进水中的余氯，保证反渗透产水没有余氯。

每次启动反渗透装置时，应缓慢开启进水阀，防止反渗透膜因压力的瞬间突增而破坏。运行中应注意背压，不允许淡水侧压力高于进水及浓水侧的压力。

7) 反渗透装置保养。系统短期内停运（1～5d）前，先对系统进行低压（0.2～0.4MPa）、大流量（约等于系统的产水量）冲洗，时间为 10min。

系统停运 1 周以上，且环境温度在 5℃以上时，停运前先对系统进行低压（0.2～0.4MPa）、大流量（约等于系统的产水量）冲洗，时间为 15min。然后将 0.5%～1.0% 的亚硫酸氢钠溶液输入系统内低压循环 10～20min，关闭所有系统的进、出口阀进行封存。

系统停运 10d 以上，用福尔马林溶液（0.5%甲醛溶液）进行封存。每 30d 须更换一次福尔马林溶液。保安过滤器要定时打开检查，发现滤芯污染要定时更换，一般要求每 3 个月更换一次。

当环境温度在 5℃以下时，应采用低压（0.1MPa）、流量为系统产水量 1/3 水进行长流，以防止反渗透膜被破坏，并且保证每天使系统运行 2h，或用 20%的甘油或丙二醇加 1%硫酸钠水液进行封存。

8) 反渗透装置清洗。反渗透装置出现状况时，需进行清洗和消毒；在运行条件不变的情况下，进水压力、中段压力和浓水压力间的压差比初始压差上升 15%～20%；在运行条件不变情况下，产水量比设计值下降 5%～20%；产水量不变情况下，脱盐率下降 10%；反渗透装置长时间停运或正常运行时间超一年以上；以上情况需要进行情况。

9) 反渗透装置的消毒。清洗消毒液的配方如下：2.0%柠檬酸、0.5%磷酸或 1.0% 草酸，用于去除无机盐垢如 $CaCO_3$、$CaSO_4$ 等；1.0%亚硫酸钠或 0.5%磷酸，用于去除金属氧化物（如氧化铁等）；2.0%的磷酸三钠或三聚磷酸钠、0.8%的 EDTA 钠盐，适用于去除有机物污染；1.5%的 EDTA 钠盐或 1.0%的六偏磷酸钠，适用于去除硬度水垢。

10) 反渗透装置故障原因和处理方法。

a. 现象：盐透过率升高，产水量却下降，每段之间的压力差增大，膜组件质量显著增加。

原因：金属氧化物污染；胶体污染；无机盐垢污染；淤泥污染。

处理方法：①进行对金属氧化物污染物清洗；改善预处理工艺和运行条件；②采用含有脂类洗涤剂清洗，改善预处理工艺和运行条件；③针对具体情况选择合适的清洗剂清洗，选择更有效的阻垢/分散药剂投加，改善预处理系统；④改善预处理系统，利用胶体清洗液清洗。

b. 现象：盐透过率和产水流量增加，但进水和浓水之间的压力差正常。

原因：有机物污染。

处理方法：选择碱性清洗液对系统进行清洗；改善系统预处理工艺。

c. 现象：盐透过起先不变，甚至还会有所降低，运行一段时间后，系统盐透过率开始持续增加，并伴随着进水和浓水之间的压差增大和系统产水量降低。

原因：微生物污染。

处理方法：首先用碱性清洗液进行第 1 次清洗，然后再用允许使用的杀菌清洗剂配制清洗液清洗膜系统；改善系统预处理工艺。

d. 现象：盐透过率高，产水量正常，每段压力差较大。

原因：设计或运行操作不合理，引起反渗透系统的过分浓度差极化。

处理方法：①加大反渗透浓水的运行流量，降低反渗透系统水回收率；②改善配管固定方式；③更换已损坏的反渗透膜元件上的 U 形密封圈。

e. 现象：盐透过率增大，产水流量加大，压力差降低。

原因：膜表面被给水的颗粒物质或系统产生浓差极化而生成的无机盐结垢晶体划伤

处理方法：①改善预处理系统；②调整系统水回收率，选择使用更有效的阻垢剂/分散剂。

f. 现象：高压水泵异常关闭。

原因：高压泵进水压力及浓水阀开度。

处理方法：①增加泵进水压力；②根据反渗透装置入口截止阀和浓水管上的针形阀调节浓水压力。

g. 现象：高压泵有异常声响。

原因：高压泵电机轴承及进水压力。

处理方法：①检修传动轴承；②增加上游段处理水压力。

(3) 脱气膜装置：

1) 设备结构。脱气膜装置主要由脱气膜、真空泵和汽水分离器等组成。其中，脱气膜作为关键部分，其内装有聚丙烯中空纤维。该聚丙烯中空纤维膜内径为 $200\sim300\mu m$，壁厚为 $40\sim50\mu m$，平均孔径为 $0.2\mu m\times0.02\mu m$，具有强度高、耐酸碱、耐细菌腐蚀、耐温、微孔均匀及单位面积通量大等特点。

2) 脱气膜工作原理。脱气膜是利用扩散的原理将水中的气体，如二氧化碳、氧气去除的膜分离产品。聚丙烯中空纤维壁上的微孔水分子不能通过，而气体分子却能够穿过。水流在一定的压力下从中空纤维里面通过，而中空纤维外面在真空泵的作用下将气体不断的抽走，并形成一定的负压，这样水中的气体就不断从水中经中空纤维向外溢出，从而达到去除水中气体的目的。脱气膜中装有大量的中空纤维可以扩大气液界面的面积，从而使脱气速度加快。

3) 气水分离器（补水箱）工作流程。气体由管路经阀门进入真空泵和压缩机，然后经导气管排入气水分离器，经气水分离器排气管排出。当作为压缩机用时，经压缩机排出的气水混合物在气水分离器中。气体经阀门输送至需要压缩气体的系统上去，而水则留在气水分离器中。

为了使气水分离器水位保持恒定而装有自动溢水开关，当水位高于所要求水位时，溢水开关打开，水从溢水管溢出；当水位低于要求水位时，溢水开关关闭，气水分离器中水位上升，达到所要求水位，真空泵或压缩机内的工作水是由气水分离器供给的，供水盘的大小直接影响真空泵的性能，因此由供水管上的阀门来调整。

4) 脱气膜装置主要参数控制。设备进、出水水质的控制：进水 $CO_2<5mg/L$；出水

溶解氧$<2\mu g/L$，$CO_2<2\mu g/L$；运行压力为 $0.2\sim0.7MPa$。

5）脱气膜装置运行。气体吹扫并带真空抽吸模式：通过调整气体传送系统的调压阀使膜的设置进气压力$\leq10bar$（0.07bar，$0.07kg/cm^2$）；通过调整气体针阀设置推荐的总进气流量；把吹扫气体引入每只膜元件。若采用压缩空气作为吹扫气体，须确认压缩空气必须是无油的且其温度小于 $20℃$；然后按规定的真空度抽真空。

6）脱气膜装置保养。不要碰撞和振动膜组件。组件的四个接口要塞紧，以防止污染物进入膜组件内。

膜组件要储存在干燥、热密封的塑料袋中。塑料端口连接延展部分要有支撑固定，以防过重的管道负载使塑料端口连接延展部分弯曲。

膜组件在低到中等的湿度下储存（小于 60％相对湿度），湿度不会影响膜组件的性能，但暴露在高湿度的条件下可能会影响纸制外包装的完整性。

7）脱气膜装置故障及处理方法。

a. 现象：残余溶解气体比标称高。

原因：温度低；水通量大；清扫气量小；并联的组件流量不平衡；膜污染；真空度低；真空侧气体冷凝析出。

处理方法：升高温度；减小流量；增加清扫气量；测量每个组件的流量并调整；清洗膜组件；增加真空管的直径；安装大功率的真空泵；检查真空管路是否泄漏；检查真空管排水是否正常；膜组件积水时引入真空，并检查是否保持真空；除去冷凝水；用气体清扫中空纤维内部；调节气侧压力至 $0.21MPa$，然后撤压并检查积水是否排出。

b. 现象：使用后性能下降。

原因：膜污染；如果系统停机，气体可能会在中空纤维膜内部冷凝；冷凝水是否会从真空泵侧流下来。

处理方法：清洗膜组件；中空纤维可能需要清洁并吹干；如果冷凝水倒流，中空纤维膜内需要清扫。

c. 现象：被处理液透过空纤维膜。

原因：检查液体是否连接到正确的端口；拧紧中心密封圈；组件密封 O 形圈未上好；检查膜组件是否完好；膜破坏性透过，如表面活性剂、油类、醇类进入膜内，可能会出现膜破坏性透过。

处理方法：改变管路连接；重新装好 O 形圈；增加水侧压力至 $0.41MPa$，然后观察漏点；冲洗膜组件；清洗膜组件并吹干。

7.2.4　循环冷却水处理

电厂生产运行中，凝汽器是冷却水用量最大的设备，其作用是将汽轮机的排汽冷却为凝结水，返回至热力系统继续循环使用。如冷却水品质变差，将会在凝汽器管壁上出现水垢、污物、微生物和腐蚀现象，增加凝汽器内水流阻力，降低冷却水流量和管壁传热性能，使凝结水温度升高、凝汽器真空恶化，影响汽轮机的出力和运行经济型，此外还将引起凝汽器的腐蚀和穿孔，造成给水污染，直接影响机组的安全运行。因此，对循环冷却水进行处理是具有完全必要性的。

冷却水在循环使用过程中，由于温度的升高、水的蒸发、水中不稳定盐类的分子及各种有害离子的浓缩，将会在凝汽器冷却水侧生成硬质垢（水垢），在低温区有可能产生 CO_2 的酸性腐蚀及氧的去极化腐蚀；同时，因为循环冷却水常年水温在 $18 \sim 40℃$ 范围内，而且阳光充足，营养物质丰富，极易大量滋生微生物。这些水垢和黏泥均使传热效率降低，导致真空降低、端差增大、负荷下降，从而危及电厂的安全、经济运行。

1. 循环冷却水处理的目标和方法

循环冷却水处理的主要目标是通过阻垢、防腐和杀生，来防止或减缓系统的结垢、腐蚀及微生物的危害，确保冷却水系统高效安全运行。

循环冷却水的处理方法是根据水资源、循环冷却水系统的运行工况等要求进行安全、经济和有效选择的处理。目前，采用往循环冷却水中投加阻垢剂、杀生剂、黏泥剥离剂等药剂为循环冷却水处理的主要处理手段。循环冷却水处

```
                ┌──(加阻垢剂、杀菌剂、黏泥剥离剂等)
                ↓
循环冷却水泵房进水前池 → 循环冷却水泵 → 凝汽器 → 循环冷却塔
```

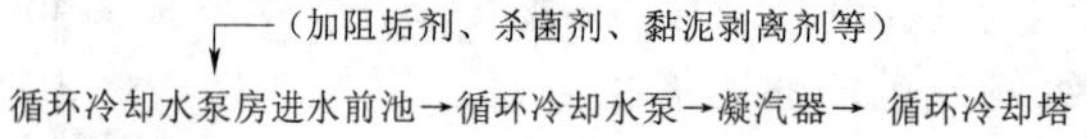

图 7.2　循环冷却水处理系统工艺流程

理系统工艺流程如图 7.2 所示。

2. 循环冷却水处理分类与相关定义

按照冷却与换热方式的不同，冷却水系统可分为间冷开式循环冷却水系统、间冷闭式循环水冷却水系统、直冷开式循环冷却水系统等。尤以前两种最为常见（图 7.3）。其中，开式循环冷却水系中冷却水与大气直接接触散热，冷却过程存在蒸发、排污、风吹等因素造成的较大的水量损失，而闭式循环冷却水系统为密闭系统，冷却水不存在蒸发、排放等，只需补充漏泄损失即可，补水量很小。

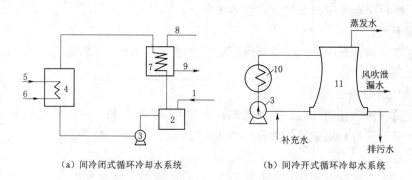

图 7.3　循环冷却水系统

1—补充水；2—密闭贮槽；3—循环水泵；4—冷却工艺介质的换热器；5—被冷却的工艺物料；
6—冷却后的工艺物料；7—冷却热水的冷却器；8—来自冷却塔；
9—送往冷却塔；10—凝汽器；11—冷却塔

3. 循环冷却水水质指标与监督

循环冷却水的处理需以下列参数作为指标，并开展日常监督工作。

(1) 浊度。单位为 NTU，表征对换热设备的污垢热阻和腐蚀速率，要求越低越好，根据生产工艺要求确定，不大于 20NTU，而对于板式、翅片管式、螺旋板式的换热设备，不大于 10NTU。

（2）pH 值。表征循环冷却水对换热设备的腐蚀影响，由补充水水质、浓缩倍数、药剂配方等多方面因素决定，其范围为 6.8（加酸调节）～9.5（不加酸调节）。

（3）钙硬度＋甲基橙碱度。该指标用于控制水垢形成，主要根据国内药剂配方不加酸运行数据确定，在碳酸钙稳定指数不小于 3.3 时，该值不大于 1100。

（4）循环水中 Fe^{2+} 存在，将显著增加碳钢换热器元件的年腐蚀速率，且为铁细菌的繁殖创造有利条件，导致水质恶化。故该值不大于 1.0mg/L

（5）Cu^{2+} Cu^{2+} 沉积，引起碳钢而定缝隙腐蚀和点蚀。因此，该值不大于 0.1mg/L。

（6）Cl^-。循环冷却水系统中，某些不锈钢设备，在本身设备缺陷位置将会出现 Cl^- 富集，导致设备的损坏。因此，对于不锈钢换热设备，水走壳程，传热面水侧壁温不大于 70℃，冷却水出水温度小于 45℃ 时，$Cl^- \leqslant 700$mg/L；对于碳钢，不锈钢换热设备，水走管程，$Cl^- \leqslant 700$mg/L。

（7）$SO_4^{2-} + Cl^-$。该指标用来限制 SO_4^{2-} 的含量。当水中 SO_4^{2-} 与 Ca^{2+} 的乘积超过其溶度积时，则会产生 $CaSO_4$ 沉淀。该值不大于 2500mg/L。

（8）硅酸。根据硅酸盐的饱和溶解度确定的，主要是防止循环冷却水中形成硅酸盐垢。该值不大于 175mg/L。

（9）$Mg_2 \times SiO_2$。该指标主要是防止形成黏性较大、颗粒较细的硅酸镁黏泥。当 $pH \leqslant 8.5$，该值不大于 50000mg/L。

（10）游离氯。该指标主要用于控制循环冷却水中菌、藻微生物。要求在循环回水总管处，该值范围为 0.2～1.0mg/L。

（11）石油类。石油类杂质易形成油污黏附于设备传热面上，影响传热效率和产生垢下腐蚀。因此，该值不大于 5mg/L。

（12）COD_{Cr}，表征水中有机物数量，间接反映黏泥沉积、垢下腐蚀等恶化现象，通常当 $COD_{Cr} > 100$mg/L 时，设备腐蚀加剧。因此该值不大于 100mg/L。

4. 循环冷却水阻垢缓蚀处理

对循环冷却水处理常用的方法包含外部处理和内部加药处理两种方法。外部处理指的是在补充水进入冷却系统之前，就将结垢物质除去或降低，如底部排污法、沉淀软化法、离子交换法和膜分离法等；内部加药处理，只将某些药剂加入冷却水中，使结构性物质变形、分散、稳定在水中，如甲酸处理和阻垢处理等。其中阻垢处理为常用方法，其通过在循环冷却水中加入少量阻垢剂，通过歪曲晶格、络合和分散等多种作用，阻止结垢生成。

（1）阻垢剂。阻垢剂药剂应选择高效、低毒、化学稳定性及复配性能良好的环境友好型水处理药剂，当采用含锌盐药剂配方时，循环冷却水中锌盐含量应小于 2.0mg/L（以 Zn^{2+} 计）。循环冷却水系统中有铜合金换热设备时，水处理药剂配方应有铜缓蚀剂。

（2）阻垢性能。阻垢剂在其加药量很低时就可以稳定水溶液中大量的钙离子，而且它们之间不存在化学计量关系；当它们的计量增至很大时，其稳定作用便不再有明显的改进。阻垢剂的这种性能称为阈限效应。

阻垢剂性能与水温和水质同样有关。如随着水温、碳酸盐硬度、$[HCO_3^-]$、$[Ca^{2+}]$ 及 pH 值的增加，阻垢剂的防垢效果则会下降。任何阻垢剂都受其最大阻垢能力的限制，当冷却水浓缩倍率过大，即使水中碳酸盐硬度超过它的允许极限时，仍会有 $CaCO_3$ 沉积物生成。所以，要结合循环水的排污，控制循环水的浓缩倍率。一般间冷开式系统的设计浓缩倍数不宜大于 5.0，且不应小于 3.0。

(3) 阻垢处理药剂储存：

1) 药剂储存。循环冷却水系统的水处理药剂宜在化学品仓库储存，并在循环冷却水装置区内设药剂储存间。仓库中药剂储存量应保证 15～30d 的消耗量；储存间的药剂储存量应保证 7～10d 的消耗量。药剂堆放高度要符合下列规定：袋装药剂为 1.5～2.0m；桶装药剂为 0.8～1.2m。药剂储存间宜与加药间相互毗连，并设运输设备。药剂的储存、配制、投加设施、计量仪表和输送管道等，应根据药剂性质采取相应的防腐、防潮、保温和清洗措施。加药间、药剂储存间、酸贮罐附近应设置安全洗眼淋浴器等防护设施。各种药剂和杀生剂的投加点宜靠近冷却塔水池出口或循环冷却水泵吸水池进口，以及其他易与循环冷却水混合处，并且各投加点之间应保持一定距离。

2) 药剂投配。投配槽的容积宜按 8～24h 投药量和 1‰～5‰ 的溶液浓度确定，槽体应设液位计，出口设滤网；液体药剂可直接投加；药剂溶液的计量宜采用计量泵或转子流量计，计量泵应设有备用；药液输送应采用耐腐蚀管道；药剂管道应架空或在管沟内敷设，不宜直接埋地。

5. 循环冷却水系统中沉积物及其控制

循环冷却水中沉积物包括水垢和污垢。水垢的主要成分是 $CaCO_3$ 和 $MgCO_3$。污垢泛指淤泥、腐蚀产物和生物沉积物，具体为颗粒细小的泥沙、尘土、不溶性盐类的泥状、胶体氢氧化物、杂物废屑、腐蚀产物、油污特别是菌藻的尸体及其黏性分泌物等。其中，水垢的析出为沉积物生成的重要原因。尤其在间冷开式循环冷却水系统中，由于蒸发作用，冷却水系统中水越来越少，但盐分并未减少，为使水中含盐量维持在一定浓度，必须补充新水，排除浓缩水。为此，多采用浓缩倍率和极限碳酸盐硬度来表征循环冷却水水质稳定程度。

由于水中的氯离子不会在水中析出，且没有其他阳离子能与氯离子结合成不溶性化合物，即循环冷却水中的 Cl^- 不会生成沉淀或氧化还原以及挥发，故采用循环水中氯离子浓度 Cl_x^- 与补充水中氯离子 Cl_B^- 的比值表示循环水中盐类的浓缩倍率，可按以下公式计算：

$$K = \frac{Cl_x^-}{Cl_{BU}^-}$$

对于每种水质都有维持在运行中不结垢的碳酸盐最大浓度，将其定义为极限碳酸盐硬度 (HX)，如果运行中循环水的实际碳酸盐硬度 (HTX) 低于此极限值，就不会有水垢生成。运行中的极限碳酸盐浓度 (HX) 是由动态模拟试验求得的。为了防止水垢生成，就要控制好循环水中盐类的浓缩倍率，使其碳酸盐硬度 (HTX) 值低于极限碳酸盐硬度 (HX) 值。

6. 循环冷却水系统中微生物及其控制

微生物在循环冷却水系统中大量繁殖，造成水质变差，颜色变黑，甚至发生恶臭，并形成大量黏泥沉积于冷却塔和换热设备内，隔绝药剂对金属的保护，降低冷却塔的冷却效果和设备的传热效率，且对金属设备造成严重垢下腐蚀。其危害较水垢、电化腐蚀更为严重，因此控制微生物危害最为重要。微生物的种类主要包括细菌、真菌、藻类和原（后）生物。

对微生物的控制主要通过对微生物生长的控制实现，其中代表性方法为杀生处理。即为防止冷却水中微生物滋长成污泥，对冷却水进行抑制微生物的处理。在杀生过程所用抑制微生物的药剂成为杀生剂。

杀生剂主要有氧化型杀生剂（如液氯、氯锭、次氯酸钠、次氯酸钙、二氧化氯等）和非氧化型杀生剂（如氯酚、季铵盐、有机硫化合物、异噻唑啉酮、二硫氰基甲烷等）两种。循环冷却水微生物控制宜以氧化型杀生剂为主，非氧化型杀生剂为辅。杀生剂的品种应进行经济技术比较确定。

氧化型和非氧化型杀生剂应储存在避光、通风、防潮、防腐的储存间内。液体制剂宜采用计量泵投加，固体制剂宜直接投加。

7. 循环冷却水监测

（1）试片监测。采用安装旁路挂片方式，监测循环冷却水系统设备的腐蚀率和评定水处理药剂的缓释效果，挂片材质需与系统材质一样，安装在冷却水出口和回水管路上，但不宜靠近加杀菌剂和加药装置太近位置。此外，还需再给水总管或回水总管取样进行生物污泥测定，通过生物黏泥量反映冷却水中微生物危害程度。

（2）水池水位监测。循环冷却水系统水池设置有水位监测系统，目的是控制循环冷却水系统浓缩倍数，维持稳定的药剂浓度，并防止补充水量的突然变化引起池内水位下降或升高，造成水泵抽空事故或溢流。水位监测系统除具有液位显示外，还设有高、低液位报警。

（3）水质常规检查项目。水质常规检测目的是发现循环冷却水水质的异常变化，监督腐蚀、结垢情况即系统是否正常运行，循环冷却水系统水质常规检测项目见表7.1。

表 7.1　　　　　　　　循环冷却水系统水质常规检测项目

序号	项　目	检测周期	序号	项　目	检测周期
1	pH 值	每天一次	7	总碱度	每天一次
2	电导率	每天一次	8	氯离子	每天一次
3	浊度	每天一次	9	总铁	每天一次
4	悬浮物	每月1—2次	10	油含量	可抽检
5	总硬度	每天一次	11	药剂浓度	每天一次
6	钙硬度	每天一次	12	游离氯	每天一次

循环冷却水非常规项目的监测，可直观准确判定水质处理效果，并根据检测结果准确获得问题症结和改进处理方法。循环冷却水系统水质非常规检测项目见表7.2。

8. 循环冷却水水质劣化原因处理方法

（1）现象：总碱度超标，酚酞碱度又较低。

原因：前期补水量大；前期加酸过量。

处理方法：减小补水量；加酸要连续性，防止加酸量瞬时过大。

（2）现象：总碱度、酚酞碱度都较低。

表 7.2 循环冷却水系统水质非常规检测项目

项　目	检测周期	检测点	检测方法
腐蚀速率	月、季、年或在线		挂片法
污垢沉积量	大检修	典型设备	检测换热器监测管
生物黏泥量	每周一次		生物滤网法
垢层或腐蚀产物成分	大检修	典型设备	化学/仪器分析

原因：补水量过多；加硫酸量过多。

处理方法：减少补水量；调小硫酸加入量并保证连续加药。

（3）现象：总磷含量过高。

原因：缓蚀阻垢剂加药量过多。

处理方法：减少加药量。

（4）现象：总磷含量过低。

原因：缓蚀阻垢剂加药量少或药液浓度低；药液未加到循环冷却水前池；加药泵打不出药。

处理方法：增大加药量或提高药液浓度；查看管路若有故障及时检修；联系检修处理。

（5）现象：循环水池和塔体柱上绿藻滋生。

原因：杀菌灭藻工作没有严格执行。

处理方法：定期执行杀菌灭藻工作。

（6）现象：塔体或填料上结有白色固体物质。

原因：盐类析出（多为碳酸盐）和黏泥。

处理方法：定期执行加缓蚀阻垢剂、酸、和黏泥剥离剂工作。

（7）现象：循环水池浑浊。

原因：补充水浊度超标，黏泥剥离后排污门开度小。

处理方法：查找补水浑浊原因，尽快使补水浊度控制在合格范围内，联系汽机运行人员开大排污门，并保证水池水位。

7.2.5 废水处理

生物质电厂在生产过程中水质将显著变化，若不处理将成为工业废水。该类废水可能为悬浮物超标，含重金属、有毒物质以及油污，也可能为 pH 值超标。此外，电厂职工生活过程中需排放大量污水，该类污水含有有机物、洗涤剂或病毒等。上述工业、生活废水如直接排放将对环境造成污染，因此需对该类污水进行专门处理。

1. 废水分类

（1）工业废水。工业废水来自电厂各生产工艺过程。按它们的来源和发生的频率又分为经常性废水和非经常性废水。

生物质电厂经常性废水包括锅炉补给水处理系统废水、锅炉排污水、地面和设备的排水及实验室废水等；非经常性废水包括空气预热器冲洗水、炉前系统冲洗水、锅炉向火侧冲洗水、锅炉化学清洗废水、预处理系统排泥水、料场废水和含油废水。

（2）生活用水。生活污水来自电厂职工日常生活中（餐厅、浴室、冲洗等）排出的污水。

2. 废水污染物及指标

电厂废水中的污染物主要分为：固体污染物、需氧污染物、影响性污染物、酸碱污染物、有毒污染物、油类污染物、生物污染物、感官性污染物和热污染等。

表征废水水质的主要指标有：悬浮物含量、pH 值、化学需氧量、生化需氧量、氨-氮含量和含油量等。

（1）悬浮物含量。悬浮物是指悬浮在水中的固体物质，包括不溶于水中的无机物、有机物及泥沙、黏土、微生物等。水中悬浮物含量是衡量水污染程度的指标之一。单位为 mg/L。

（2）pH 值。pH 值是代表水质的酸碱性，以及如何净化的一项重要指标。

（3）化学需氧量（COD）。化学需氧量是指在一定的条件下，采用一定的强氧化剂处理水样时，所消耗的氧化剂量，是表示水中还原性物质多少的一项指标，单位用 mg/L 表示。化学需氧量越大，说明水体受有机物的污染越严重。

（4）生化需氧量（BOD）。生化需氧量是"生物化学需氧量"的简称，指在一定期间内，微生物分解一定体积水中的某些可被氧化物质，特别是有机物质所消耗的溶解氧数量。生化需氧量是表示水中有机物等需氧污染物质含量的一个综合指标。单位用 mg/L 表示。其值越高，说明水中有机污染物质越多。

（5）氨-氮（NH_3-N）。氨-氮是指污水中游离状态的氨中所含有的氮。由于它在有氧条件下极易发生硝化反应，因此它是污水中的主要耗氧污染物。

（6）含油量。含油量是指废水中游离的油，还包括部分被乳化剂、表面活性剂乳化和加溶的油。

3. 废水污染物处理

（1）工业废水处理，见表 7.3。

表 7.3　　　　　　　　　　工业废水处理

排水项目	排放方式	排水处理前水质	处理措施	排水口水质
机组（管道）启动排水	定期排放	$t<40℃$	至工业废水处理	
锅炉停炉排水	定期排放	$t<100℃$	至工业废水处理站	$t≤35℃$
空气预热器碱水冲洗排水	大修后或积灰严重时排放	含碱	至工业废水处理站	pH=6～9
锅炉连续、定期排污	连续排放	$t<40℃$	至工业废水处理站	
锅炉酸洗排水	大修后排放	含酸	至工业废水处理站	pH=6～9
离子交换器再生排水	定期排放	含酸（碱）	至中和池处理	pH=6～9
化学加药系统排水	定期排放	含碱	至工业废水处理站	pH=6～9
工业废水处理站排水	连续排放	无污染	已经过处理	符合《污水综合排放标准》（GB 8978—1996）一级标准

（2）生活污水处理。生活污水处理一般采用生物处理法。即利用微生物分解、氧化有机物的这一功能，并采取一定的人工措施，创造有利于微生物生长、繁殖的环境，使微生

物大量繁殖以提高其分解、氧化有机物的效果。目前，电厂一般仅对粪便污水进行处理，因其生物需氧量高达 100～200mg/L，已超过国家规定的排放标准，加之恶臭和细菌指数超标，直接排放会污染水体。

电厂中常见的生活污水处理系统有以下两种：化粪池处理系统和接触氧化二级沉淀处理系统。前者适用于对水环境质量要求不高的地区。

生活污水处理主要利用"好氧-缺氧"及"好氧-厌氧"的反复运行模式强化磷的吸收和硝化-反硝化作用，使氮磷去除率达 80％以上，同时有效去除生活污水中的悬浮物、有机物等污染物，以保证出水指标合格。生物质电厂采用地埋式污水处理装置，主要原理是通过水解酸化、二级接触氧化进行污水处理。装置主要包括曝气装置、配套水池和装置本体。其工艺流程如图 7.4 所示。

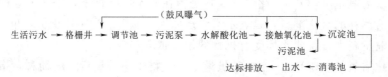

图 7.4　生活污水处理工艺流程

处理后的水质可以满足第二类污染物最高允许排放标准：pH 值为 6～9；COD_{Cr}≤100mg/L，BOD_5≤20mg/L；SS≤70mg/L，$NH_3 - N$≤15mg/L，含油量≤10mg/L。

4. 生活污水运行监督与维护

（1）定期检查转动设备的温度、油位、振动声音是否正常，有无异味。

（2）鼓风机应正常运行，停电不能超过 6h，风机每 3～5h 切换一次。

（3）排水泵每 3～4h 切换一次，以防过热损坏。

（4）电磁阀每小时提一次污泥，一般 7～8min，气力不够可关小曝气阀（通往调节池的曝气阀）。

（5）调节池和氧化池曝气量要均匀。生活污水量较小时，可关小曝气阀。氧化池培养细菌深褐色、橙黄色是正常的。

（6）生活污水处理装置采用连续运行方式，如遇水量较少，可在保证水池不打空时停运排水泵，但曝气停运不能超过 6h，否则，接触氧化区填料上的细菌会脱落。控制排水泵的停、运采用就地操作（需经常检查调节池和水解酸化池的水位防止打空泵），为防细菌超标在清水池可少量加一些固体氯锭（有效氯含量不小于 90％）。

7.3　汽水监督

7.3.1　热力设备的腐蚀、结垢和防止

热力设备在运行和停止过程中，由于周围介质的作用，进行着化学或电化学的腐蚀过程，使设备遭受不同程度的腐蚀。因此，为了防止热力设备及系统的结垢、腐蚀和积盐，必须采取措施，最大限度地减少热力设备的腐蚀，尽可能延长设备的使用寿命。

1. 水垢形成与防止

热力设备受热面水侧金属表面容易生成固态附着物，该附着物称之为水垢，按其成分可分为钙镁水垢、硅酸盐水垢和氧化铁垢。

（1）钙镁水垢。钙镁水垢中，钙、镁盐含量占比较大，按其主要化合物的形态可分为：碳酸钙水垢、硫酸钙水垢、硅酸钙水垢、镁垢等。碳酸盐水垢常在给水管道、省煤器、加热器、水冷壁管和下联箱等部位生成；硫酸盐水垢和硅酸盐水垢，主要在热负荷较高受热面上生成。其生成与温度、蒸发过程及钙镁盐类的化学反应有关，对应的方法如下所述：

1）制备高质量的补给水，除去生水中的硬度。

2）保证汽轮机凝结水的水质。

3）采用磷酸盐水质调节处理，使进入炉水中的钙、镁离子形成一种不黏附在受热面的水渣，随锅炉排污排除掉。

（2）硅酸水垢。硅酸盐水垢的化学成分，绝大部分为铝、铁的硅酸化合物，通常含有$40\%\sim50\%$的二氧化硅，$25\%\sim30\%$的铝、铁氧化物及$10\%\sim20\%$的钠氧化物，而钙、镁化合物的总含量较低，该类水垢常常均匀地覆盖在热负荷很高或水循环不良的炉管内壁上。硅酸盐水垢的生成原因是铝、铁、硅化物含量较高的锅炉给水在热负荷很高的炉管上形成。对应方法是尽量降低给水中硅化合物、铝和其他金属氧化物的含量，即要保证补给水和给水的水质。

（3）氧化铁垢。氧化铁垢的主要成分是铁的氧化物，其含量为$70\%\sim90\%$，垢的下部与金属接触处常有少量白色的盐类沉积物，生成部位主要在热负荷很高的炉管管壁上。形成原因为锅炉水中铁化合物沉积在管壁上形成氧化铁垢或炉管上金属腐蚀产物转化为氧化铁。对应防止方法是防止锅炉水中的含铁量，即减少给水中含铁量和防止金属腐蚀。具体防止方法如下所述：

1）调整除氧器以保证良好的除氧效果。

2）正确进行给水联氨处理，消除给水中残余氧。

3）给水加氨处理，调节凝结水和给水的pH值。

4）在给水系统或凝结水系统中装电磁过滤器或除铁过滤器，以减少水中的含铁量。

5）补给水设备和管道、疏水箱、除氧器水箱、返回水水箱等内壁涂橡胶或漆防腐。

6）减少疏水箱中疏水或生产返回水中铁的含量。

2. 锅内水垢处理

锅内处理通常是向炉水中投加磷酸盐，避免炉水中钙离子生成水垢，而形成水渣，随锅炉排污系统排除。

（1）水垢处理（磷酸盐处理）作用：

1）可消除炉水的硬度。

2）提高炉水的缓冲能力。对炉水进行磷酸盐处理可维持炉水的pH值，提高炉水的缓冲能力，即提高炉水对杂质的抗干扰能力。

3）减缓水冷壁的结垢速率。同类型的锅炉采用磷酸盐处理化学清洗时间延长。

4）改善蒸汽品质、改善汽轮机沉积物的化学性质和减缓汽轮机腐蚀。

(2) 水垢处理原理。水垢处理的主要方法为磷酸盐处理方法，即在碱性的条件下（pH 值在 9.0～11.0 的范围内），向炉水中加入磷酸盐溶液，使炉水中磷酸根维持在一定的浓度范围内，在锅炉水处在沸腾的条件下，炉水中的钙离子便与磷酸根反应生成碱式磷酸钙（也称磷灰石），其反应如下：

$$10Ca^{2+} + 6PO_4^{3-} + 2OH^- \longrightarrow Ca_{10}(OH)_2(PO_4)_6 \downarrow （碱式碳酸钙）$$

生成的碱式磷酸钙属于难溶化合物，在炉水中呈分散、松软状水渣，易随锅炉排污排出锅炉，不会黏附在受热面上形成二次水垢。

(3) 炉水中磷酸根含量控制标准。根据锅炉运行经验，为了保证锅炉磷酸盐处理的防垢效果，炉水中应维持的 PO_4^{3-} 含量见表 7.4。

表 7.4 炉水中应维持的 PO_4^{3-} 含量

锅炉主蒸汽额定压力/MPa	PO_4^{3-}/(mg/L)
3.82～5.76	5～15
5.88～12.64	2～10
12.74～15.68	≤3

炉水中的 PO_4^{3-} 浓度不宜太大，否则将使药品损失增大，还将导致以下后果：

1) 增大炉水的含盐量，影响蒸汽品质。

2) 增加生成 $Mg_3(PO_4)_2$ 二次水垢的可能。在沸腾的碱性炉水中，Mg^{2+} 会和随给水带入的 SiO_3^{2-} 发生下述反应：

$$3Mg^{2+} + 2SiO_3^{2-} + 2OH^- + H_2O \longrightarrow 3MgO \cdot 2SiO_2 \cdot 2H_2O \downarrow （蛇纹石）$$

生成的蛇纹石呈水渣形态，易随锅炉排污除去。但是，当炉水 PO_4^{3-} 过多时，会生成 $Mg_3(PO_4)_2$。该产物在高温水中的溶解度很小，能黏附在炉管内形成松软的二次水垢。

(4) 锅炉排污系统。锅炉连续排污管一般位于汽包中心线下 200～300mm 处；给水管位于略低于汽包最低水位处，将锅炉给水沿汽包长度均匀地分配，以避免过于集中在一处，而破坏正常的水循环，同时也可以避免给水直接冲击汽包壁，造成温差应力。为了使炉水中的结垢物质变成水渣，通常通过加药装置沿汽包长度均匀地把磷酸盐等药品分配到汽包中去。加药装置一般是直径为 50mm 左右的管子，并沿管长均匀地钻有直径为 3～5mm 的小孔。加药管的长度与给水管相同，并装在下降管附近。管上开孔应能使药品与给水均匀混合，反应后产生软垢，水渣顺利地由下降管排出。

(5) 磷酸盐处理注意事项。磷酸盐为不挥发盐类物质，其加入将增加炉水含盐量，因此在进行磷酸盐处理时应注意以下事项：

1) 当给水硬度超过 $5.0\mu mol/L$ 时，不能采用 Na_3PO_4 进行处理，否则将产生大量水渣，导致锅炉排污量的增加。此时，应采用增加排污量、增加质量合格的补给水量来解决。

2) 应保证炉水保持一定的 PO_4^{3-} 过剩量，加药要连续、均匀。

3) 及时排除炉水中的水渣。

4) 处理药品应满足品质要求，一般磷酸三钠应满足以下：$Na_3PO_4 \cdot 12H_2O$ 的含量不小于 92%，不溶性杂质含量不大于 0.5%。

3. 热力设备的腐蚀和防止

(1) 金属腐蚀分类。热力设备停运过程中，设备金属材料与环境反应导致材料破坏或变质，发生腐蚀现象。按照反应本质不同可分为化学腐蚀和电化学腐蚀。

化学腐蚀指金属表面及其周围介质直接进行化学反应，在不产生电流的情况下使金属遭受破坏的现象。该腐蚀多发生在非导体中或干燥气体中。如炉管外表面受高温炉烟的氧化，在过热蒸汽中形成的汽水腐蚀等，均属于化学腐蚀。电化学腐蚀指金属和外部介质发生电化学反应，在反应过程中有局部电流产生的腐蚀。电厂中所有与化学处理水、给水、炉水、循环冷却水以及湿蒸汽接触的设备所遭受的腐蚀大都属于电化学腐蚀。

(2) 给水系统腐蚀和防止。

1) 溶解氧腐蚀。溶解氧腐蚀（亦即氧腐蚀）是指金属设备在一定条件下与溶解于水中的氧气作用而引起的腐蚀。金属发生氧腐蚀的根本原因是金属所接触的介质中含有溶解氧，因此凡有溶解氧的部位都有可能发生氧腐蚀。另外，氧腐蚀的程度还与温度有关。因此，在热力设备运行过程中，氧腐蚀主要发生在给水管道、省煤器、补给水管道、疏水管道和设备上。金属发生氧腐蚀时，其基本特征是局部腐蚀，常会在表面形成许多小型鼓包，形如"溃疡"。

钢铁受到氧腐蚀是一种电化学腐蚀。在一定条件下，钢铁和氧形成两个电极，组成腐蚀电池，铁的电极电位比氧低，成为阳极遭到腐蚀，其反应如下：

$$Fe \longrightarrow Fe^{2+} + 2e$$

氧为阴极进行还原反应，其反应如下：

$$O_2 + 2H_2O + 4e \longrightarrow 4OH^-$$

总的反应式为

$$2Fe + 2H_2O + O_2 \longrightarrow 2Fe(OH)_2$$

$Fe(OH)_2$ 是不稳定的，会进一步发生下列化学反应：

$$4Fe(OH)_2 + 2H_2O + O_2 \longrightarrow 4Fe(OH)_3$$

$$Fe(OH)_2 + 2Fe(OH)_3 \longrightarrow Fe_3O_4 + 4H_2O$$

最终生成的产物主要是 $Fe(OH)_3$ 和 Fe_3O_4。

由于小腐蚀坑内腐蚀产物生成的 Fe^{2+} 向外扩散后又被水中溶解氧氧化，生成的腐蚀产物 $Fe(OH)_3$ 或 Fe_3O_4 堆积在腐蚀坑坑口上，使腐蚀坑口被"封闭"。这样水中氧不易扩散进入腐蚀坑，导致腐蚀坑内外溶解氧的浓度差变大，又促使坑内铁加速溶解，使腐蚀坑向纵深发展。

氧腐蚀的防止方法包括热力除氧和化学除氧两种方法。其中，热力除氧在高参数机组中多采用高压式除氧器，且凝汽器也具有真空除氧器。而化学除氧方法多以锅炉给水采用联氨除氧方法进行。

2) 二氧化碳腐蚀。凝结水-给水系统的二氧化碳腐蚀是指溶解在水中的游离二氧化碳导致的析氢腐蚀。

水汽系统中的二氧化碳主要来源有：补给水中所含的碳酸化合物和凝汽器泄漏的冷却水带入的碳酸化合物。这些碳酸化合物主要是碳酸氢盐，它们进入给水系统后，在高压除氧器中，碳酸氢盐会部分热分解，碳酸盐也会部分水解，放出二氧化碳，反应式如下：

$$2HCO_3^- \longrightarrow CO_3^{2-} + H_2O + CO_2\uparrow$$

$$CO_3^{2-} + H_2O \longrightarrow 2HO^- + CO_2\uparrow$$

热力系统中最容易发生二氧化碳腐蚀的部位是凝结水系统，该系统中二氧化碳含量较高，导致凝结水的 pH 值显著降低。如果该系统中同时存在氧和二氧化碳，则系统的腐蚀就更严重，因为氧的电极电位高，氧化能力强，而二氧化碳呈微酸性，破坏保护膜，因此腐蚀速度加快。

碳钢和低合金钢发生二氧化碳腐蚀后的基本特征是金属材料的均匀减薄。因为在二氧化碳使水呈酸性的条件下，腐蚀产物的溶解度较大，不易形成保护膜，易被水流冲走。而当大量铁的腐蚀产物带入锅炉，就会引起锅炉内结垢和沉积物下腐蚀等许多严重问题。

干燥游离的二氧化碳对金属不起腐蚀作用，当二氧化碳溶于水后，则发生如下反应：

$$CO_2 + H_2O \rightleftharpoons H_2CO_3 \rightleftharpoons H^+ + HCO_3^-$$

使水呈微酸性，这样就发生了析氢腐蚀。因此，只要有氧和铜离子存在，给水就会受到铁的污染。

阳极：
$$Fe \longrightarrow Fe^{2+} + 2e$$

阴极：
$$Cu^{2+} + 2e \longrightarrow H_2\uparrow$$

二氧化碳腐蚀的防止方法：选用不锈钢制造某些重要部件；防止凝汽器泄漏，防止空气漏入水汽系统，并提高除氧器的工作效率；向汽水系统中加入碱化剂来中和游离二氧化碳，即进行给水 pH 值调节。

3）锅炉给水处理。锅炉给水系统包括汽轮机凝结水、加热器疏水等的输送管道和加热设备。其设备管道的材质本质上是碳钢和铜合金（黄铜）。给水中的溶解氧和游离 CO_2 会对碳钢和黄铜产生腐蚀。目前，应用较广泛的化学处理措施是通过加 N_2H_4 消除经热力除氧后给水中残留的溶解氧，并通过加氨水消除给水中游离 CO_2 来防止腐蚀，以提高给水 pH 值来降低氧化铁在给水中的溶解度，尽量减少腐蚀产物带入炉内。

锅炉给水常见处理方式主要有弱阳化性全挥发处理和还原性全挥发处理。弱阳化性全挥发处理指给水只加氨处理；还原性全挥发处理指锅炉给水加氨和联氨处理，通常为加氨调整 pH 值和加联氨除氧。

7.3.2　蒸汽污染与净化

蒸汽品质是指蒸汽中所含杂质的多少。蒸汽所含杂质越多，纯度就越低。从锅炉出来的饱和蒸汽中往往含有少量钠盐、硅酸盐等杂质，从而使蒸汽品质下降，即蒸汽受到污染。如杂质的含量过多，就会沉积在蒸汽流通的各个部位，影响机组的安全、经济运行。

1. 蒸汽污染

（1）蒸汽污染原因。过热蒸汽的品质主要取决于由汽包送出的饱和蒸汽的纯度。饱和蒸汽被污染的原因是蒸汽带水和蒸汽溶解杂质。

蒸汽带水指从汽包送出的饱和蒸汽常夹带一些炉水的水滴，这样炉水中的钠盐、硅化合物等各种杂质都以水溶液状态进入蒸汽。

蒸汽具有溶解某种物质的能力，并且蒸汽压力越高，其溶解能力越大。饱和蒸汽通过溶解方式携带水中某些物质的现象称为蒸汽的溶解携带。

（2）影响因素：

1）锅炉压力。锅炉压力越高，蒸汽越容易带水。

2）锅炉汽包及内部装置结构。汽包的内径、汽水混合物引入汽包的方式、蒸汽从汽包引出的方式、汽包内汽水分离装置的结构等，对蒸汽带水量都有很大影响。

3）锅炉运行工况。汽包水位、锅炉蒸发量、负荷变化的速度和炉水含盐量等运行工况，对饱和蒸汽的带水量都有很大影响。

2. 过热器沉积物

在过热器中，如果饱和蒸汽对某种物质的携带量超过了该物质在过热蒸汽中的溶解度，该物质就会在过热器中沉积。这些沉积物一般都是盐类物质，这种现象称为过热器的积盐。如果饱和蒸汽对某种物质的携带量低于该物质在过热蒸汽中的溶解度，则该物质就会完全溶解在过热蒸汽中，并被过热蒸汽带入汽轮机。

在锅炉运行中，过热器因常超温运行，使过热器内管壁产生氧化皮（铁的氧化物），即发生金属的高温腐蚀现象。当温度发生急剧变化时，这些铁的氧化皮会从金属表面剥落下来，并沉积在过热器中。当过热器管再超温运行时，还会再次发生上述过程，结果就造成过热器管壁厚度的不均匀减薄和过热器内沉积的金属腐蚀产物增多。

3. 汽轮机盐类沉积物

带有各种杂质的过热蒸汽进入汽轮机后，由于压力和温度降低，杂质中的钠化合物和硅酸在蒸汽中的溶解度减小，当某种物质的溶解度减小到低于蒸汽中该物质的含量时，该物质就会以固态析出，并沉积在蒸汽流通部位。这种现象通常称为汽轮机积盐，沉积的物质称为盐类沉积物质。

在汽轮机的不同级中盐类沉积物的总量是不同的。汽轮机低压级的积盐量一般大于高压级的积盐量，但第一级和最后几级例外。原因是在汽轮机第一级中，蒸汽参数很高，流速很快，蒸汽中的杂质还不能或来不及从蒸汽中析出，故常常无沉积物，而在汽轮机最后几级中，蒸汽中含有相当高的湿分，杂质绝大部分转入湿分中，并且已在汽轮机叶轮上沉积的物质也可能被湿分冲洗掉，所以这些部位通常也没有沉积物；不同级中沉积物的化学组成也不同，而且沉积物在各级的隔板和叶轮上的分布也是不均匀的。经常启停的汽轮机内，沉积物量较少。因为在汽轮机停机和启动时，都会有部分蒸汽凝结成水，这对于易溶沉积物有清洗作用所以汽轮机若经常启停，往往内部积盐较少，但腐蚀产物所占比例却会增多。

4. 蒸汽净化方法

（1）减少炉水中杂质。减少炉水杂质的前提条件是保证给水水质合格，采取的措施如下：

1）减少热力系统的汽水损失，降低补给水量。

2）提高水处理技术，降低补给水中杂质含量。

3）防止凝汽器泄漏，避免凝结水被冷却水污染。

4）采取给水和凝结水系统的防腐措施，减少给水中的金属腐蚀产物。

5）对于运行锅炉做好停炉保护工作。

（2）进行锅炉排污。锅炉运行时给水带入的杂质，只有少部分被饱和蒸汽所带走，大部分仍留在炉水中。随着运行时间的增长，炉水就要浓缩，此时如果不采取一定措施，炉水中的含盐量和含硅量就会超过允许数值，造成蒸汽品质不良。因此，为了保证炉水中的杂质能在极限允许值以下，必须在运行中经常排掉一部分含盐量较大的炉水和水渣，以保证获得良好的蒸汽，这种处理方式称为锅炉排污。锅炉的排污方式有连续排污和定期排污两种：

1) 连续排污。排污方式是连续不断地从汽包中溶解盐类浓度较大的部位（炉水表面）连续地排放炉水。其目的是排出炉中含盐量较高的炉水和锅炉中细微的悬浮的水渣，使炉水的含盐量和含硅量保持在合格的范围内。排污装置应设在汽包中含盐量较高的部位，以减少炉水的排放量。为了避免引起锅炉各部分水质不均匀，排污管应沿着汽包水平安装，即沿着管子长度均匀地开许多小孔，锅炉水就从这些小孔进入取水管后，通过导管引出。

2) 定期排污。定期排污是定期地从锅炉水循环系统的最低点（水冷壁下联箱）排放部分炉水，以补充连续排污的不足，其目的主要是为了排除水渣。由于水渣大部分沉积在水循环系统的下部，所以排污点设在水循环系统的最低部分。

为了不影响锅炉的水循环，定期排污每次排放时间应该很短，一般不超过 $0.5 \sim 1.0$ min，每次排走的水量，一般为锅炉蒸发量的 $0.1\% \sim 0.5\%$。定期排污的时间间隔应根据炉水水质来决定，一般至少每 24h 进行一次。若炉水水质不好，可适当缩短排污时间间隔。定期排污最好在锅炉负荷较低的情况下进行，因为此时水循环速度低，水渣下沉，排污效果好。

3) 锅炉排污率。锅炉的连续排污水量占锅炉蒸发量的百分率。用 P 表示。锅炉排污率按下式计算：

$$P = \frac{S_G - S_B}{S_P - S_G} \times 100\%$$

式中　S_G——给水中某物质的含量，mg/L；

S_B——饱和蒸汽中某物质的含量，mg/L；

S_P——排污水中某物质的含量，mg/L。

S_P 可用炉水该物质的含量可用 S_G 代替。对于以除盐水做补给水的锅炉，应用测定的给水、炉水和蒸汽中的含硅量代入上式中计算。

根据炉水浓度及加药处理等情况，化学值班员要对每台炉的连排门开度进行及时调整。在保证蒸汽品质合格的同时应尽量关小连排门开度，过量排污会造成热量损失和补水率增高。锅炉排污率应不小于 0.3%，以防止锅内有水渣积聚。但最大应不超过 1%。

(3) 采用适当汽包内部装置。汽包内应装设高效率的汽水分离器装置和蒸汽清洗装置。

(4) 调整锅炉的运行工况。应通过热化学试验，并根据锅炉热化学试验的结果，调整好锅炉的运行工况，以使锅炉的负荷、负荷变化速度、汽包水位等不超过热化学实验所确定的允许范围，以确保蒸汽品质合格。

7.3.3　热力设备与系统的化学监督

1. 运行监督

电厂热力设备运行过程中，为防止结垢、腐蚀和积盐等不利事故发生，需对水（蒸汽）重要指标进行连续或间断分析监督。赤水生物质电厂主要水汽质量标准如下：

（1）给水。硬度为≤2.0～5.0μmol/L；溶解氧为7～30μg/L；pH值为9.2～9.6；联氨不大于30μg/L；氢电导率（25℃）为0.30～1.00μS/cm；二氧化硅，应保证蒸汽二氧化硅符合标准；铁为20～75μg/L；铜不大于5μg/L。

（2）炉水。二氧化硅不大于0.45mg/L；氯离子不大于1.5mg/L；pH值（25℃）为9.0～9.7；磷酸根不大于3mg/L；电导率（25℃）小于35μS/cm。

（3）蒸汽。氢电导率（25℃）不大于0.20μS/cm；二氧化硅不大于20μg/L；钠不大于5μg/L；铁不大于15μg/L；铜不大于3μg/L。

（4）疏水。硬度不大于2.5μmol/L；铁不大于50μg/L。

（5）凝结水。硬度不大于1.0μmol/L；溶解氧不大于40μg/L；氢电导率（25℃）不大于0.30μS/cm。

2. 取样方法

（1）取样器安装与维护。取样器目的是从热力设备中采集具有代表性的水汽样品。而由于热力设备中蒸汽和水的温度通常较高，因此需增设取样冷却器，将其冷却或凝结温度为30～40℃的水。

取样器前的取样导管采用不锈钢管，以减轻样品对导管中金属腐蚀产物的污染。同时在采样导管上靠近冷却器处装设有两个阀门，其中靠近取样点处阀门为截止阀，后面为针阀。

取样时，截止阀应全开，通过节流阀调节样品流量，流量调节为500～700mL/min。待样品的流量和温度调整好后，应保持样品常流，取样时不再调整，只需定期检修取样冷却器和清除水垢即可。

（2）取样点的布置。炉水取样点通常设在汽包连续排污引出管的第一个阀门（一次阀门）之前，并分左右侧设置两个取样点，分别取样，或通过取样管路的并联，使这两处的水样合并为一个水样。给水取样点一般设在除氧器出口1m以内的管道上。凝结水取样点设在凝结水泵出口端的凝结水管路上。疏水取样点通常设在疏水箱上距箱底200～300mm处。饱和蒸汽取样点设在汽包饱和蒸汽引出管口。过热蒸汽取样点设在过热蒸汽出口母管上。

（3）主要技术指标。在运行过程中，以上装置一般应满足下列技术条件：

1）环境温度为5～40℃。

2）冷却水流量为25t/h，压力为0.2～0.7MPa，温度小于33℃。

3）经减压、减温处理后，样品的压力小于0.1MPa，温度小于40℃。

4）恒温样品温度为25℃±1℃。

（4）汽水采样工作过程：

1）采用一、二次门截止样水，使预冷后样水经过冲洗过滤器，对样水进行初步过滤，防止杂物对下游管道的堵塞。

2）由反冲洗过滤器运行状态出来的样水进入双盘管冷却器，对样水进行再次降温。使出水温度为40℃以下。

3）样水降温后，进入恒温装置保护，保证汽水取样装置中样水压力恒定，与人工取样限流稳压阀配套使用，实现样水恒压、恒流，提高仪表测量精度，解决样水压力、流量波动对仪表测量的干扰。

4）当样水降温减压后，样水进入超温保护系统，通过电气保护等控制避免温度超限，并由安装的流量计，检测每路样水总流量，确保仪表盘样水流量的相等。

5）样水经过保护系统后，引进仪表盘恒温装置，保证样水全部处于恒温状态，温度维持在 $25℃±1℃$。

6）恒温过的样水分两路，一路去人工取样，人工取样配置限流阀，流量保证 $500\sim700mL/min$；另一路去仪表分析。

3. 水汽质量恶化原因与处理手段

（1）给水水质劣化。

1）现象：pH 值不合格。

可能原因：给水加氨量过多或过少；凝结水 pH 值不合格；水处理误送酸、碱性水；氨加药泵异常。

处理手段：调整给水加氨量；增大凝结水加氨量；关闭加药门，加大排污；切换备用泵，联系检修。

2）现象：联氨含量不合格。

可能原因：给水加联氨量过多或过少；溶解氧含量高，消耗联氨多；联氨加药泵异常。

处理手段：调整联氨加入量；联系调整除氧器的运行工况；切换备用泵，联系检修。

3）现象：溶解氧不合格。

可能原因：除氧器运行工况不好；除氧器内部有缺陷；除氧器排污不足；给水泵吸入口不严；给水加联氨量太少；取样管道堵塞或漏气；给水流量过大；凝结水含氧量高。

处理手段：联系汽机人员调整；机组检修时消缺；联系汽机人员调整排污门开度；汇报值长，查找原因并处理；增加加药量；检查取样系统并联系消缺；均匀补水；降低凝结水含氧量。

4）现象：给水浑浊含铁、铜量高。

可能原因：机组启动时管道冲洗不干净；高压加热器疏水含铁量高；给水 pH 值低，引起系统腐蚀。

处理手段：加强排污、换水；调节给水 pH 值至合格。

5）现象：SiO_2 不合格。

可能原因：凝结水 SiO_2 含量高；高压加热器疏水不合格；补给水水质不合格。

处理手段：按凝结水 SiO_2 高处理；加强排污、换水；补给水做出相应处理。

（2）炉水水质劣化。

1）现象：pH 值不合格。

可能原因：磷酸盐加入量过多或过少；磷酸盐加药泵异常；给水 pH 值不合格；给水中混入有机物；排污量过大或过小；盐类暂时消失。

处理手段：调整磷酸盐的加药量；切换备用泵，联系检修；调整给水加氨量在适当范围内；查明来源并消除；调整排污量；联系锅炉调整运行工况。

2）现象：SiO_2 超标。

可能原因：机组启动时系统冲洗不干净；锅炉排污量不足；给水不合格；磷酸盐不

纯；高压加热器疏水影响。

处理手段：加强排污；加强排污；查明补给水不合格原因并处理；更换药品；加强排污换水。

3）现象：PO_4^{3-} 不合格。

可能原因：加药量不当；排污量不当；锅炉工况急剧变化，引起盐类暂时消失现象；磷酸盐未加进系统内。

处理手段：调整加药量；根据炉水品质调整排污量；联系锅炉调整运行工况；开加药管阀门，消除加药泵故障。

（3）蒸汽品质劣化。

1）现象：Na^+、SiO_2 超标。

可能原因：炉水水质不合格；汽包内部汽水分离装置有缺陷；汽包水位高，蒸汽带水；减温水不合格；锅炉运行工况急剧变化；炉内加药过多。

处理手段：加强排污；消除汽包内缺陷，提高分离效果；联系锅炉，调整汽包内水位正常；改善给水质量，使减温水合格；联系锅炉，调整运行工况；调整炉内加药量。

（4）凝结水水质劣化。

1）现象：pH 值不合格。

可能原因：凝汽器泄漏；补给水送出酸性水；给水加氨不足或过量。

处理手段：对凝汽器查漏、堵漏；检查补给水水质，将酸性水放出系统；调整给水加氨量。

2）现象：溶解氧不合格。

可能原因：凝汽器真空部分漏气；凝结水泵运行中有空气漏入；凝汽器的过冷度太大；凝汽器管泄漏。

处理手段：对凝汽器查漏、堵漏；切换备用泵，盘根处加水封；调整凝汽器的过冷度；凝汽器堵漏，严重时将凝结水放掉。

3）现象：水质浑浊。

可能原因：凝汽器泄漏；疏水系统长期停运后投运。

处理手段：对凝汽器查漏、堵漏；查找疏水水源，凝汽器排放水。

4）现象：Na^+、SiO_2 超标。

可能原因：凝汽器泄漏；生水渗入系统中；补给水不合格；蒸汽品质不合格。

处理手段：对凝汽器查漏、堵漏；联系值长查找原因；检查补给水水质不合格原因，并处理；调整炉水、蒸汽品质。

4. 调试与启动阶段的化学监督

（1）机组启动前的冷态和热态冲洗方式按照《电力建设施工及验收技术规范 第4部分：电厂化学》（DL/T 5190.4—2004）进行。锅炉经化学清洗后，为使水质达到具备启动点火和蒸汽吹洗的条件，避免系统及设备带入水中的铁重新污染水质，一般要进行冷态冲洗和热态冲洗。在进行冷态冲洗时，应保证除盐设备能正常供水、主要化学在线仪表已能投入运行。热态冲洗时，除氧器能通汽除氧，应使除氧器尽可能达到低参数下运行的饱和温度。

（2）冷态冲洗凝结水系统、低压给水系统，当凝结水及除氧器出口水含铁量大于 $1000\mu g/L$ 时，应采用排放冲洗方式。当冲洗到凝结水及除氧器出口水含铁量小于 $1000\mu g/L$ 时，可采用循环冲洗方式，投入凝结水处理装置，使水在凝结器与除氧器间循环。当除氧器出口水含铁量降为 $100\sim200\mu g/L$ 时，冲洗结束。无凝结水处理装置时，采用换水方式，冲洗至出水含铁量小于 $100\mu g/L$ 时。炉本体冲洗由低压给水系统经高压给水系统至锅炉，当锅炉水含铁量小于 $200\mu g/L$ 时，冷态冲洗结束。

（3）汽包炉热态冲洗时，应重点冲洗大型容器，如凝汽器、低压加热器、除氧器、高压加热器、疏水箱等，应加强排污至出水澄清无机械杂质。一般锅炉水含铁量小于 $400\mu g/L$ 时，热态冲洗结束。

（4）在冷态及热态冲洗过程中，应投入加氨和联氨设备，调节冲洗水的 pH 值为 $9.0\sim9.3$，联氨的过剩量为 $50\sim100\mu g/L$。主要监督给水、炉水、凝结水中的含铁量和 pH 值。

（5）为保证蒸汽系统的洁净应采取蒸汽吹洗的措施，在吹洗阶段应对锅炉给水、炉水和蒸汽质量进行监督。给水的 pH 值应控制在 $8.8\sim9.3$，此外还应监督其含铁量、电导率、硬度、二氧化硅等项目。炉水的 pH 值应控制在 $9\sim10$，采取磷酸盐处理时，应控制磷酸根维持在 $2\sim10mg/L$，每次吹洗前后应检查炉水外观或含铁量。当炉水含铁量大于 $1000\mu g/L$ 或炉水发红、浑浊时，应在吹洗间歇以整炉换水方式降低其含铁量。每次吹洗时，监督蒸汽中的铁和二氧化硅含量，并检查样品外观。

（6）吹洗结束后应排净凝汽器热水井和除氧水箱内的水。水排空后要仔细清扫设备内的铁锈和杂物。

（7）未经蒸汽吹管或化学清洗的过热器在机组联合启动前应进行反冲洗。冲洗过热器用的水必须是加入氨和联氨的除盐水。

（8）机组启动时应冲洗取样器，冲洗取样器时应按规定调节样品流量，保持样品温度在 30℃ 以下。

（9）新建机组试运行阶段，热力系统锅炉必须冲洗合格后，才允许机组联合启动（冲转）。机组联合启动过程中给水质量、炉水质量、汽轮机凝结水的回收质量都应符合标准规定。当锅炉启动后发现炉水浑浊时，应加强排污、换水及炉内加药工作，并采取限负荷降压等措施直至炉水透明澄清为止。在机组联合启动时，应严格注意疏水的管理和监督，高、低压加热器的疏水含铁量超过 $400\mu g/L$ 时，一般不予回收。

（10）试运行结束时的水汽质量标准应符合运行机组的水汽质量标准。

（11）机组启动前，要用加有氨（或氨和联氨）的除盐水冲洗高低压给水管和锅炉本体，待炉水全铁含量小于 $20\mu g/L$ 后再点火。

（12）检修后机组启动，重新上水，应及时投入除氧器，并使溶解氧合格。如给水溶解氧长期不合格，应考虑对除氧器结构及运行方式进行改进。

（13）启动后，发现炉水浑浊时，应加强炉内处理和排污，或采取限压、降负荷等措施，直至炉水澄清；pH 值偏低时，应采取适当的处理措施，使其在短时间内达到正常的 pH 值。

（14）机组启动时应冲洗取样器。

（15）凝结水、疏水质量不合格不准回收，蒸汽不合格不准并汽。

（16）机组启动时，给水、蒸汽、凝结水质量应按照有关规定执行，并在 8h 内达到运行时的标准。并网 8h 内应达到正常运行标准值。

（17）机组启动过程中，锅炉除按正常规定排污外，还要加强排污。

7.3.4 机组停用保护

锅炉在停用期间如果不保护或保护不妥，将会发生氧化腐蚀，缩短锅炉使用寿命，同时也危及锅炉的安全运行。为了防止停炉期间锅炉的氧化腐蚀，就要杜绝氧与金属表面的接触；一是减少锅水中的溶解氧；二是将受热面与空气隔绝。

1. 停用保护基本原则

（1）防止空气进入停用机组的汽水系统。

（2）保持停用锅炉汽水系统金属表面的干燥。

（3）使金属表面生成具有保护作用的薄膜。

（4）金属表面浸在有除氧剂或其他保护剂的水溶液中。

2. 保护方法与监督指标

根据热力设备在停用期间的防锈蚀所处状态不同，防锈蚀方法可分为湿法和干法两大类。根据机组系统组成、所用材质、运行工况等情况，可按下列标准选择停炉保护方式。各种防锈蚀方法的监督项目和控制标准见表 7.5。

停炉时间一周以上时，采用的保护方法是热炉放水余热烘干法。

停炉时间一周至 3 个月，采用的保护方法是氨-联氨钝化烘干法或氨-联氨法。

停炉时间 3 个月以上，采用的保护方法是氨-联氨法或充氮密封法。

表 7.5　　　　　　　　　各种防锈蚀方法的监督项目和控制标准

防锈蚀方法	监督项目	控制标准	监测方法或仪器	取样部位
热炉放水余热烘干法	相对湿度	<70% 或不大于环境相对湿度	空气门、疏水门、放水门	烘干过程中每小时测定一次，停备用期间每周一次
氨-联氨钝化烘干法	pH 值联氨含量		水、汽取样	停炉期间每小时测定一次
氨水法	氨含量	500～700mg/L	水、汽取样	充氨液时每 2h 测定一次，保护期间每天分析一次
氨-联氨法	pH 值联氨含量	pH=10.0～10.5，联氨≥200mg/L	水、汽取样	充氨-联氨溶液时每 2 小时测定一次，保护期间每天分析一次
充氮密封法	充氮压力氮气纯度	0.01～0.03MPa >98%	空气门、疏水门、放水门、取样门	充氮过程每小时记录一次压力，结束时测定氮气纯度，停用期间每班记录一次

3. 各停用保护防腐方法介绍

（1）热炉放水余热烘干法。锅炉停运后，压力降至放水压力时，迅速放尽炉内存水，利用炉膛余热烘干锅炉受热面。具体操作如下：停炉后，迅速关闭锅炉各风门、挡板，封闭炉膛，防止热量过快散失；当汽包压力降为 0.2～0.4MPa 时，迅速放尽炉水；放水过程中全开空气门、排汽门和放水门，自然通风排出锅内湿气，直至锅内空气相对湿度达到

70％或等于环境相对湿度；放水结束后，关闭空气门、排汽门和放水门，封闭锅炉。

（2）氨-联氨钝化烘干法。停炉前 2h，应加大给水氨、联氨加入量，使省煤器入口给水 pH 值为 9.0～9.2，联氨浓度达到 0.5～10mg/L。

炉水采用加磷酸盐处理时，停炉前 2h 停止向炉水加磷酸盐，改为加联氨，使炉水联氨浓度达 200～400mg/L。停炉过程中，在汽包压力降至 4.0MPa 时保持 2h，然后继续降压放尽锅内存水，余热烘干锅炉。

（3）充氮密封法。是将不活泼的氮气充入锅内，保持一定的压力，防止空气侵入锅内，以达到防止腐蚀的目的。具体操作方法如下：锅炉停运后，汽包压力降至 0.5MPa 时，氮气由汽包、过热器充氮气口充入，在保证氮气压力的条件下，微开锅炉放水门和过热器疏水门，用氮气置换炉水和过热器疏水。在排水和保护过程中，保持氮气压力高于汽包压力 0.01～0.03MPa。当炉水、疏水排尽后，检测排气氮气纯度，大于 98％后关闭放水门和疏水门，保护过程中维持氮气压力在 0.01～0.03MPa。

（4）氨水法和氨-联氨法。锅炉停运后，放尽锅炉存水，用氨水或氨-联氨溶液作为防锈蚀介质充满锅炉。具体操作如下：

锅炉停运后，压力降至锅炉规定放水压力时，开启空气门、排汽门、疏水门和放水门，放尽锅内存水。用疏水泵（或氨、联氨加药泵）将保护液（氨水溶液或氨-联氨溶液）注入锅炉，直至氨-联氨溶液充满锅炉，空气门见保护液。

充保护液过程中，每 2h 分析 pH 值、联氨浓度各一次，保护期间每天分析一次。如发现泄漏应及时补充保护液。

保护结束后，宜排空保护液，再用合格的给水冲洗锅炉本体、过热器。

7.3.5 化学清洗

1. 炉前系统清洗

炉前系统通过清洗，可以除掉凝结水系统、低、高压给水系统、除氧器系统及疏水系统中因制造、储运和安装过程中形成的氧化皮、腐蚀产物、焊渣、沙子以及涂覆的油脂防腐剂等附着物。

（1）清洗范围包括凝汽器、凝结水泵、凝结水系统（含轴加、低加）、低压给水系统、除氧器、高加、低加的汽侧及疏水系统。

（2）清洗条件：

1）参加化学清洗的系统和设备安装、验收完毕，清洗中投用的管道系统水压实验完毕。

2）循环冷却水系统设备、管道安装完毕，并已进行分部试转，具备供水条件。

3）辅汽系统及除氧系统辅汽加热，管道吹扫合格，并经试验合格。

4）除氧器、凝汽器、热水井清理干净，并验收合格。

5）凝结水补水箱清理干净并补满除盐水。

6）开式循环水系统投入使用。

7）凝水废水池与工业废水排放系统投入使用。

8）凝结水坑排污泵、循环水坑排污泵及系统、厂区污水管道投入使用。

9）系统内所有参与冲洗的有关调节阀、控制阀的阀芯及流量孔板，流量喷嘴已拆除，临时滤网、临时堵板已安装（过热器减温水同高压给水连接处加临时堵板封堵），临时管道连接完毕。

10）系统内的电动阀完成调试，能随时投用。

11）系统的各种阀门开关灵活，动力仪表电源正常，各种仪表投入运行且指示正确。

12）凝结水泵调试完毕，能随时投用。

（3）清洗方法。清洗过程分为大流量工业水冲洗、碱洗、除盐水冲洗三个阶段：

1）大流量工业水冲洗。以凝汽器热水井作为水箱，凝结水泵作为循环动力，工业水作为循环介质，对炉前系统进行大流量冲洗，采用分段冲洗、多点排放方式，以利于锈蚀产物及机械杂物的排出。在此冲洗阶段应每隔 5min 取样检查一次，如水样澄清，则进入下一步冲洗。如水样浑浊，则将水排净重新注水。

2）碱洗。以凝汽器热井和除氧器水箱作为循环水箱，凝结水泵作为循环动力，除盐水作为循环介质，除氧器作为加热器，辅助蒸汽作为加热汽源，向系统加入化学药品后，将介质加热到 $75\sim85℃$ 温度对系统进行化学循环碱冲洗，用以除去系统内的黏附物。在此碱洗阶段应每隔 30min 取样化验一次，如介质浓度大于标准则加除盐水稀释，如介质浓度小于标准则加药。

3）除盐水冲洗。凝汽器和除氧器清理结束后，向系统内注入除盐水进行冲洗。清洗时，以凝汽器热水井作为循环水箱，凝结水泵作为循环动力，除盐水作为循环介质对炉前系统进行水冲洗，用以冲去系统碱洗后的残液。冲洗第一遍时应加热到 $50℃$ 以上的水温进行循环 2h 排放，然后用常温除盐水冲洗。在此冲洗阶段应每隔 15min 取样化验一次，直到 pH 值小于 9 和 PO_4^{3-} 的含量小于 10mg/L 为止。

2. 锅炉化学清洗

锅炉的化学清洗就是根据锅炉内部的脏污程度、沉积物的形状及锅炉的结构特点，选择适当的化学清洗剂及其相应的工艺过程，来清除锅炉水汽系统中的各种沉积物，并使金属表面形成良好的防腐钝化膜的过程。

（1）锅炉化学清洗范围为省煤器、水冷壁、汽包、下降管、上升管及以上设备之间的连接管道等。

（2）清洗条件：

1）清洗设备及原、辅材料准备齐全。

2）通信联络及照明设施齐备，工器具妥当齐全。

3）监测设备完备，有专人负责。

4）安全标志牌、安全绳、急救药品及其他安全用品齐全。

5）清洗用药剂提前一周运抵现场，并有专人管理。

6）认真做好清洗用药剂的纯度检测，确保符合工程要求。

7）相关法兰、闷板、仪表、阀门等准备齐全。

8）相关管线、仪表进行隔离和短接，确保非清洗对象的断开。

（3）清洗方法：

1）注水与水冲洗。打开汽包及入孔门，做好下降管限流和封闭措施，封好汽包入孔门；关闭汽包、省煤器的给水母管阀门，打开汽包、省煤器的进水旁通阀，并关闭排污阀、压力表、安全阀、水位表汽水阀，关闭系统排污阀；将除盐水通过临时进水管道经清洗箱进入省煤器、汽包和水冷壁,使系统内部充满水,进行水冷壁、汽包及省煤器的冲洗,直至进出水浊度相近时为止。

2)酸洗。首先,在酸洗箱中挂入已称重的挂片,进行加热,温度控制在 70℃ 以上。此时,加入适量缓蚀剂。当循环均匀后,往系统内加入清洗主剂柠檬酸。酸洗时间控制在 4~6h 内完成。酸洗流速控制在 0.2~0.5m/s。温度控制在 70~80℃。当再次测试酸浓度不大于 0.2%。Fe^{3+} 稳定时,酸洗过程结束。取出各个位置的挂片,进行称重处理。挂片腐蚀速度控制在 8g/(m^2·h),总腐蚀量应不大于 80g/m^2。

3)水冲洗。酸洗结束后,用除盐水直接顶出废酸液,酸液排出后采用变流量水冲洗,配合一、二回路的正、反冲洗,以除去残留在系统内的残余清洗液和污垢等,冲洗至含铁量小于 50mg/L,pH 值为 4~4.5,停止水冲。

4)漂洗。采用浓度为 0.1%~0.3% 柠檬酸溶液,并加入 0.1% 缓蚀剂,加氨水调节 pH 值至 3~4,进行漂洗。利用烘炉配合加热方式,控制温度约在 75℃,利用一、二回路的正、反循环 2~3h。漂洗液中总铁量应小于 300mg/L,若超过该值,应用热的除盐水更换部分漂洗液至铁离子含量小于该值后,方可进行钝化。

5)中和钝化。漂洗结束后,若溶液中含铁量达到要求,可直接调整溶液 pH 值至 9~11,并将规定浓度的常温钝化液注入系统中,控制时间为 4~6h,达到要求后,排去钝化液。然后,再用除盐水冲洗系统至出水清澈合格后排放掉。

7.4 化学药品分析与验收

生物质电厂中在水处理等过程中,需要众多化学药品,因此其特性分析和验收格外重要。

7.4.1 工业盐酸分析与验收

1. 技术要求

外观:无色或浅黄色透明液体。应符合表 7.6 要求。

技术要求适用对象是由食盐电解产生的氯气和氢气合成的氯化氢气体,用水吸收制得的工业盐酸。

表 7.6　　　　　　　　　　　工业盐酸质量验收标准

检 测 项 目	质 量 标 准		
	优级品	一级品	合格品
盐酸浓度(以 HCl 计)/% ≥	31	31	31
铁/% ≤	0.006	0.008	0.01

2. 盐酸浓度测定

(1)试剂。氢氧化钠标准 [c(NaOH)=0.1mol/L]。甲基橙指示剂,0.1% 溶液。

(2)测定步骤:

1)密度的测定。将试样注入清洁、干燥的 250mL 量筒中,不得有气泡。于 20℃ 将 1.1~1.2 量程的密度计轻轻地放入试样中,当密度计可自动浮起时轻轻松手。下端应离底部 2cm 以上，不能与量筒壁接触，密度计上端露在外面的部分所黏的液体不得超过 2~3 分度，待密度计在试样中稳定后，眼睛平视试样液面，读出密度计弯月面下缘的刻度，即为试样的密度。

2）浓度的测定。用移液管准确量取 1mL 样品于 100mL 容量瓶中，用高纯水定容，摇匀；用移液管取 10mL 定容后的溶液置于 250mL 锥形瓶中，加入 90mL 高纯水，摇匀；在锥形瓶中加 2 滴 0.1% 甲基橙指示剂，用氢氧化钠标准溶液 $[c(NaOH)=0.1mol/L]$ 滴定至溶液由红色变为橙色即为终点，记录消耗体积数，进而计算盐酸浓度：

$$HCl(\%)=\frac{ca \times 100 \times 36.5}{V\rho} \times 100 = \frac{3.65a}{\rho}$$

式中　c——NaOH 标准溶液的摩尔浓度，mol/L；

　　　a——滴定终点所消耗 NaOH 标准溶液的体积，mL；

　　36.5——HCl 的摩尔质量，g/mol；

　　　V——被测样的体积，mL；

　　　ρ——盐酸的密度，g/mL。

7.4.2　工业氢氧化钠

1. 技术要求

外观要求：无色透明液体。应符合表 7.7 要求。

表 7.7　　　　　　　　　　　　**工业氢氧化钠质量验收标准**

检　测　项　目	质　量　标　准			
	Ⅰ型		Ⅱ型	
	一等品	合格品	一等品	合格品
氢氧化钠（以 NaOH 计）/% ≥	42	42	30	30
氯化钠（以 NaCl 计）/% ≤	1.8	2	4.7	5
三氧化二铁（以 Fe, O 计）/% ≤	0.007	0.01	0.005	0.01
碳酸钠（以 NaCo 计）/% ≤	0.4	0.6	0.4	0.6

2. 检验方法

（1）试剂。硫酸标准溶液 $[c(1/2H_2SO_4)=0.1mol/L]$ 和酚酞指示剂，1%（m/V）乙醇溶液。

（2）测定步骤：

1）密度的测定。将试样注入清洁、干燥的 250mL 量筒中，不得有气泡。于 20℃将 1.3~1.4 量程的密度计轻轻地放入试样中，当密度计可自动浮起时轻轻松手。下端应离底部 2cm 以上，不能与量筒壁接触，密度计上端露在外面的部分所黏的液体为 2~3 分度，待密度计在试样中稳定后，眼睛平视试样液面，读出密度计弯月面下缘的刻度，即为试样的密度。

2）浓度的测定。用移液管取 10mL 定容后的溶液置于 250mL 锥形瓶中，加入 90mL 高纯水，摇匀；在锥形瓶中加 2 滴 1% 酚酞指示剂，用硫酸标准溶液 $[c(1/2H_2SO_4)=0.1mol/L]$ 滴定至溶液由微红色变为无色即为终点，记录消耗体积数。

$$\mathrm{NaOH}(\%)=\frac{ca\times100\times40}{V\rho}\times100=\frac{4a}{\rho}$$

式中　c——H_2SO_4 标准溶液的摩尔浓度,mol/L;

　　　a——滴定终点所消耗 H_2SO_4 标准溶液的体积,mL;

　　　40——NaOH 的摩尔质量,g/mol;

　　　V——被测样品的体积,mL;

　　　ρ——浓 NaOH 的密度,g/mL。

7.4.3　工业聚合氧化铝

1. 技术要求

外观要求:固体;白色、黄色或灰色片状、粒状或粉末状。应符合表 7.8 要求。

表 7.8　　　　　　　　　　工业聚合氯化铝质量验收标准

检 测 项 目	质 量 标 准	
	一等品	合格品
氧化铝《Al_2O_3》质量分数/% ≥	28	27
盐基度/%	40~80	40~80
pH 值(10g/L)溶液	3.5~5.0	3.5~—5.0
酸不溶物含量/% ≤	2	3

2. 药品检验方法

(1) 试剂。EDTA 标准溶液 $[c(\mathrm{EDTA})=0.05\mathrm{mol/L}]$;硝酸溶液 (1+12);百里酚蓝,1g/L (m/V) 乙醇溶液;氨水溶液 (1+1);乙酸-乙酸钠缓冲溶液 (pH=5.5);二甲酚橙指示剂,5g/L (m/V);氯化锌标准溶液 $[c(\mathrm{ZnCl_2})=0.02\mathrm{mol/L}]$。

(2) 测定步骤。称取约 8g 液体试样或 2.5g 固体试样,精确至 0.0002g,用高纯水溶解,移入 250mL 容量瓶中,稀释至刻度,摇匀,若稀释液浑浊,用中速滤纸过滤,此为试液 A,用移液管移取 10mL 稀释液或过滤溶液,置于 250mL 锥形瓶中,加 10mL (1+12) 硝酸溶液,煮沸 1min,冷却至室温后加 20mL EDTA 标准溶液 $[c(\mathrm{EDTA})=0.05\mathrm{mol/L}]$,加 1g/L 百里酚蓝乙醇溶液 3~4 滴,用 (1+1) 氨水溶液中和试液从红色到黄色,煮沸 2min 冷却后加入 10mL 乙酸-乙酸钠缓冲溶液和 2~4 滴 5g/L 二甲酚橙指示剂,用氯化锌标准溶液 $[c(\mathrm{ZnCl_2})=0.02\mathrm{mol/L}]$ 滴定由淡黄色变为微红色为终点,同时做空白试验。

氧化铝含量 X (%) 的计算:

$$X=\frac{\dfrac{V_0-V_1}{1000}\times c\times\dfrac{M}{2}}{m\times\dfrac{10}{250}}\times100\%$$

式中　V_0——空白试验消耗的氯化锌标准溶液的体积,mL;

　　　V_1——试验溶液消耗的氯化锌标准溶液的体积,mL;

　　　M——氧化铝的摩尔质量,g/mol;

　　　m——试样的质量,g。

7.4.4 工业氨水

1. 技术要求

外观要求：无色低温液体，其中，NH_3 含量应大于等于 25%。

2. 检验方法

（1）试剂。选用硫酸标准溶液 $[c(1/2H_2SO_4)=0.1mol/L]$。

（2）测定步骤：

1）用移液管准确量取 1mL 样品置于 100mL 容量瓶中，用高纯水定容，摇匀。

2）用移液管准确量取 10mL 定容后的溶液置于 250mL 锥形瓶中，加入 90mL 高纯水，摇匀。

3）在锥形瓶中加 2 滴 1% 酚酞指示剂，用硫酸标准溶液 $[c(1/2H_2SO_4)=0.1mol/L]$ 滴定至溶液由微红色变为无色即为终点，记录消耗体积数 a mL。

氨水浓度计算：

$$NH_3(\%)=\frac{ca\,100\times17}{V\rho}\times100=\frac{17a}{9}$$

$$NH_3\cdot H_2O(\%)=\frac{35}{17}\times NH_3(\%)$$

式中　c——硫酸标准溶液的摩尔浓度，mol/L；

　　　a——滴定终点所消耗硫酸标准溶液的体积，mL；

　　　17——NH_3 的摩尔质量，g/mol；

　　　35——$NH_3\cdot H_2O$ 的摩尔质量，g/mol；

　　　V——被测样品的体积，mL；

　　　ρ——$NH_3\cdot H_2O$ 的密度，0.90g/mL。

7.4.5 工业联氨

1. 技术要求

外观：无色液体，潮湿空气中发烟，水溶液呈碱性。应符合表 7.9 要求。

表 7.9　　　　　　　　　　　　　工业联氨质量验收标准

检 测 项 目		质量标准
联氨（NH·H；O）含量	%	40
氯化物含量（以 Cl 计）%		0.02
硫酸盐（以 So，计）	%	0.002

2. 检验方法

称取 1g 试样（称准至 0.0002g），小心稀释并转移到 250mL 容量瓶中，用高纯水稀释至刻度，摇匀。吸取试样 10.00mL 于锥形瓶中，加入 1g 碳酸氢钠及 1mL（6mol/L）硫酸，再加 20mL 高纯水，摇匀，用碘标准溶液 $[c(1/2I_2)=0.1mol/L]$ 滴定至微黄色，保持 3min 不褪色为终点。联氨含量（以 $N_2H_4\cdot H_2O$ 计，%）的计算

$$N_2H_4=\frac{ca\times12.52}{1000\times m\times\frac{10}{250}}\times100\%$$

式中 c——碘（$1/2I_2$）标准溶液的摩尔浓度，mol/L；

a——滴定终点所消耗碘标准溶液的体积，mL；

m——试样的质量，g；

12.52——取氨（$1/4N_2H_4 \cdot H_2O$）的摩尔质量，g/mol。

7.4.6 工业磷酸三钠

1. 技术要求

外观：一级为白色结晶，二、三级为白色或微黄色结晶。应符合表7.10要求。

表 7.10 工业磷酸三钠质量验收标准

检 测 项 目	质 量 标 准		
	一级品	二级品	三级品
磷酸三钠（以 Na₃PO₄H₂O 计）/% ≥	98	95	92
硫酸盐（以 So 计）/% ≤	0.5	0.8	1.2
氯化物（以 Cl 计）/% ≤	0.3	0.5	0.6
水不溶物/% ≤	0.1	0.1	0.3
甲基橙碱度（以 Na₂O 计）/%	16～19	15.5～19	15～19

2. 检验方法

(1) 试剂。盐酸标准溶液 $[c(HCl)=0.1mol/L]$；氯化钠（AR）；甲基橙指示剂，0.1%水溶液；氢氧化钠标准溶液 $[c(NaOH)=0.1mol/L]$。

(2) 测定步骤。称量样品10g（准确至0.001g），用高纯水溶解，并移入500mL的容量瓶中，稀释至刻度，混匀。吸取25mL溶液至250mL锥形瓶中，加10g氯化钠，5～6滴1%酚酞指示剂，用盐酸标准溶液 $[c(HCl)=0.1mol/L]$ 滴至红色消失，消耗盐酸标准溶液毫升数为 V_1，然后，加2～3滴0.1%甲基橙指示剂，继续用盐酸标准溶液滴定至橙色，消耗盐酸标准溶液毫升数为 V_2，再加过量的盐酸溶液1mL，煮沸2～3min，冷却后，用氢氧化钠标准溶液 $[c(NaOH)=0.1mol/L]$ 中和至橙色，然后继续滴定至浅红色，消耗体积为 V_3。

磷酸三钠含量 X（%）的计算：

$$X(\%) = \frac{cV_3 \times 380.1}{m \times \frac{25}{500}} \times 100$$

式中 c——氢氧化钠标准溶液的摩尔浓度，mol/L；

V——滴定终点所消耗氢氧化钠标准溶液的体积，mL；

380.1——磷酸三钠的摩尔质量，g/mol；

m——试样的质量，g。

7.4.7 工业次氯酸钠

1. 技术要求

浅淡黄色液体，其中，有效氯含量（以 Cl 计算）；Ⅰ型大于等于13.0%；Ⅱ型大于等于10.0%；Ⅲ型大于等于5.0%。

2. 检验方法

（1）试剂。盐酸溶液；碘化钾溶液，100g/L；硫代硫酸钠标准溶液 $[c(Na_2S_2O_3)=0.1mol/L]$；淀粉溶液，10g/L。

（2）测定步骤。吸取样品 20mL，置于内装 20mL 高纯水并已称量（精确至 0.01g）的 100mL 的烧杯中，然后全部移入 500mL 容量瓶中，用高纯水稀释至刻度，摇匀。然后，吸取试样 10mL，置于内装 50mL 高纯水的 250mL 碘量瓶中，加 4mL（1＋1）盐酸溶液，迅速加入 10mL100g/L 碘化钾溶液，盖紧瓶塞后加水封，于暗处静置 5min 后，用硫代硫酸钠标准溶液 $[c(Na_2S_2O_3)=0.1mol/L]$ 滴定至浅黄色，加入 2mL 淀粉溶液（10g/L），继续滴定至蓝色消失为终点。

有效氯含量 X（％）的计算：

$$X = \frac{cV \times 0.03545}{m \times \frac{10}{500}} \times 100\%$$

式中　c——硫代硫酸钠标准溶液的浓度，mol/L；

　　　V——滴定消耗硫代硫酸钠标准的体积，mL；

0.03545——与 1.00mL 硫代硫酸钠标准溶液相当的以克表示的有效氯的质量，g；

　　　m——试样的质量，g。

7.5　燃料分析

电厂燃料费用约占发电成本的 70％。燃料质量不但影响发电成本，还直接关系锅炉机组的安全运行，因此，加强电厂燃料的质量监督，提高质量管理水平，对降低发电成本，提高火电厂经济效益和安全运行有着十分重要的意义。

7.5.1　生物质燃料质量标准与指标

1. 燃料质检与标准

质量检验指质检人员对收购生物质燃料质量进行的监督、检查和验收工作，主要检查内容包括：初步测定生物质的含水率、含杂率、加工合格率及记录整理每天的收购检验情况。依据《燃料取样化验管理规定》执行。

燃料分析基准依据燃料状态可分为收到基、空气干燥基、干燥基和干燥无灰基四种基准。其基准换算比例系数表，见表 7.11。

表 7.11　　　　　　　　　　　　基 准 换 算 比 例 系 数

基　准	收到基 ar	空气干燥基 ad	干燥基 d	干燥无灰基 daf
收到基 ar	1	100－Mad/100－Mar	100/100－Mar	100/100－Mar－Ahr
空气干燥基 ad	100－Mar/100－Mad	1	100/100－Mad	100/100－Mad－Aad
干燥基 d	100－Mar/100	100－Mad/100	1	100/100－Ad
干燥无灰基 daf	100－Mar－Aar/100	100－Mad－Aad/100	100－Ad/100	1

2. 入厂燃料监督

入厂燃料监督的根本任务是根据燃料供应合同，通过对入厂燃料的采制样及化验（简称采制化）监督入厂燃料的质量是否符合合同要求，能否做到质价相符，以维护电厂自身经济利益。及时掌握入厂燃料的质量变化情况，为电厂燃料掺配燃烧提供数据，以确保锅炉机组的安全经济运行。

对电厂入厂燃料数量监督是根据电子磅加以计量验收的。对于质量监督而言，按合同及有关标准，做好入厂燃料质量的验收。其质检基本要求是：对每天每批每车入厂燃料，均应进行全水分、灰分、发热量等的测定。

3. 入炉燃料监督

入炉燃料监督的根本任务是根据锅炉机组设计提供符合生产要求的入炉燃料：一方面保证机组的安全经济运行；另一方面，通过入炉燃料的检测，提供计算电厂最重要经济指标燃料折算标准煤耗。

入炉燃料的数量是根据安装在燃料输送皮带上的电子皮带秤来计量的，而其质量则是通过人工采取，然后送燃料化验室分析测定后确定的。其质检基本要求是：每天每值对入炉燃料混合样进行一次全水分、灰分、发热量等的测定。入炉燃料质量变化频繁时，要增加入炉燃料质检频率。

7.5.2 燃料样品制备与分析

1. 燃料样品制备

（1）样品分类。

1）普通样品：经初步缩分后的分样，适合测定堆积密度、颗粒密度。

2）全水分样品：小于 30mm，预干燥并将放置在化验室至少 24h，适合测定全水分。

3）一般分析样品：小于 1mm，在化验室中放置至少 4h，直到达到温度和湿度的平衡，适合测定：工业分析、发热量等。

4）<0.25mm 的样品：小于 1mm，适合测定更高精度测试项目。

（2）破碎设备。粉碎机由不锈钢上盖、下体和粉碎室构成，螺扣式封闭。通过直立式电机的高速运转带动横向安装的粉碎刀片，对物料进行撞击、剪切式粉碎。粉碎物体由于在密闭的空间内被搅动，粉碎效果相对均匀，适合干性物料。

（3）破碎步骤：

1）燃料化验室收到样品后，应按来样标签逐项核对，并应将品种、粒度、收样和制备时间及编号等项详细登记在试样记录本上。

2）粗切。对无法通过 30mm 筛网的样品颗粒，可使用 30mm 筛网将样品分离为粗粒级和细粒级，然后，使用粉碎机、剪刀或手锯加工粗粒级燃料，使其能通过 30mm 的筛网；再将粗粒级和细粒级混合均匀。

3）缩分。对于小于 30mm 燃料样品，应采用堆锥四分法进行缩分。堆锥四分法具体操作步骤如下：将样品放置在干净、坚硬的表面上，使用平板铁锹将样品铲起堆成圆锥体，再交互地从试样堆两边对角贴底逐锹铲起堆成另一个圆锥。每锹铲起的试样不应过多，并分两三次撒落在新锥顶端，使之均匀地落在新锥的四周，如此反复堆掺三次，使燃料充分混合，再由试样堆顶端，从中心向周围均匀地将样摊平（试样较多时）或压平（试样较少时）成厚度适当的扁平体。将铁锹沿对角线垂直插入扁平体的顶部，将其分成四份，废弃相对的两份试样，重复堆锥和四分过程，直到获得所需质量的分样 400g，取出一部分用于分析全水分，全水分试样的制备要迅速。

4）破碎。将厚度小于 30mm 的燃料样品破碎至粒度小于 1mm。

5）空干基试样的制备。将做过全水分后的干燥样品用粉碎机粉碎至粒度小于 1mm。粉碎过程可分步实施。粒度小于 1mm 的样用于工业分析。

2. 燃料样品分析

（1）分析所用仪器包括电子天平、电热鼓风干燥箱、马弗炉、自动量热仪。

（2）分析方法。燃料的分析实验主要项目包括燃料中的全水分、燃料的工业分析及发热量。其中燃料的工业分析是燃料的水分、灰分、挥发分和固定碳四个分析指标的测定的总称。

1）全水分。全水分是指生物质燃料的外在水分和内在水分的总和。燃料的外在水分是指附着在燃料颗粒表面上或非毛细孔孔穴中的水分。在实际测定中，是指燃料样达到空气干燥状态所失去的那部分水。内在水分是指吸附或凝聚在燃料颗粒内部毛细孔中的水。在实际测定中，是指燃料样达到空气干燥状态时保留下来的那部分水。在燃料分析中，水分的测定包括全水分和空气干燥基水分。

测定方法：将按制样方法中制备出的粒度小于 30mm 的试样，用已知质量的干燥、清洁的托盘称取 200g±10g（称准至 0.1g）试样，并均匀地摊平（使试样充满其容积的 1/2～2/3），然后放入预先鼓风并加热到 105～110℃的干燥箱中，在鼓风条件下首次干燥 2h；直到达到质量恒定为止。

将浅盘取出，1min 后称重，称准至 0.1g；如试样在 105～110℃下连续干燥 30min，质量减少不超过 0.2g 或质量增加，则达到质量恒定，达到质量恒定的时间取决于试样的水分、粒度、烘箱内空气换气速度以及试样层厚度等因素。以上称量均称准至 0.1g。

为减少干燥时间，对于水分较高的燃料试样，可在称重后预先在微波炉内进行预烘，去除部分水分后再放入干燥箱内。用微波炉进行预烘时要控制好时间和强度，防止试样烘焦。

试样中全水分（%）按下式计算：

$$M_n = \frac{m_1}{m} \times 100$$

式中　M_n——试样的全水分，%；

　　　m_1——干燥后试样减少的质量，g；

　　　m——试样的质量，g。

2）空干基水分的测定（空气干燥法）。空干基水分（也称为分析水分）是指分析用燃料样品在实验室大气中达到平衡后所保留的水分，也可以认为是内在水分。

测定方法，在预先干燥并已称量过的称量瓶内称取粒度小于 1mm 的空气干燥试样 1g±0.1g，称准至 0.1mg，平摊在称量瓶中；打开称量瓶盖，放入预先鼓风并已加热到 105～110℃的干燥箱中，在一直鼓风的条件下，干燥 1.5h；从干燥箱中取出称量瓶，立即加盖,在干燥器中冷却至室温(约 20min)后称量;进行检查性干燥,每次 30min,直到连续两次干燥试样质量的减少不超过 0.001g 或质量增加时为止。在后一种情况下,要采用质量增加前一次的质量为计算依据。水分在 2.00% 以下时,不必进行检查性干燥。

空气干燥试样中的水分按下式计算:

$$M_{ad} = \frac{m_1}{m} \times 100$$

式中 M_{ad}——空气干燥试样的水分,%;

m_1——干燥后试样减少的质量,g;

m——试样的质量,g。

3)灰分。灰分是指试样在规定条件下完全燃烧后所得的残留物,确切地说灰分是指燃料的灰分产率,它不是燃料中的固有成分,而是燃料在规定条件下完全燃烧后的残留物。

测定方法。在预先灼烧至质量恒定的灰皿中,称取粒度小于 1mm 的空气干燥试样 1g±0.1g,称准至 0.1mg;将灰皿送入温度不超过 100℃ 的马弗炉恒温区中,使炉门留有 15mm 左右的缝隙。在不少于 30min 的时间内,将炉温缓慢升至约 400℃(在此期间只能使挥发分逸出而不能着火),在此温度下保持 30min 后升至 815℃±10℃,关闭炉门,并在此温度下灼烧 1h;取出灰皿,先放在空气中冷却 5min 左右,再移入干燥器中冷却至室温(约 20min)后称量。每隔 30min 进行一次检查性灼烧,直至质量变化不超过 0.001g 为止。灰分低于 15.00% 时,不必进行检查性灼烧。

空气干燥试样中的灰分(%)按下式计算:

$$A_{ad} = \frac{m_1}{m} \times 100$$

式中 A_{ad}——空气干燥试样的灰分,%;

m_1——灼烧后残留物的质量,g;

m——试样的质量,g。

4)挥发分。挥发分是指燃料在一定温度下隔绝空气加热,逸出物质(气体或液体)中减掉水分后的含量。挥发分主要含有 H_2、CH_4 等可燃气体和少量的 O_2、N_2、CO_2 等不可燃气体。生物质挥发分含量一般为 76%~86%,远远高于煤,因此,挥发分的热解与燃烧是生物质转化利用的主要过程。

测定方法,精确称取分析试样 1g±0.1g(准确至 0.1mg),置于已经在 900℃±10℃ 灼烧恒重的专用坩埚中,并放在坩埚架上,迅速将坩埚架推至已预先加热至 900℃±10℃ 的智能马弗炉恒温区,并立即开动秒表,关闭炉门。准确灼烧 7min,迅速取出坩埚架,在空气中冷却 5min,再将坩埚置于干燥器内冷却至室温,称量。

试样干燥基挥发分计算:

$$V_{ad} = \frac{m_1}{m} \times 100\% - M_{ad}$$

式中 m_1——试样灼烧后减少的质量,g;

m——试样的质量,g;

　　M_{ad}——空气干燥试样的水分，%。

　　5）固定碳。从测定燃料的挥发分后的残渣中减去灰分后的残留物称为固定碳。固定碳并非纯碳，其中还含有少量其他成分，主要为氢、氮、氧和硫。这些成分在加热中残留下来。

　　固定碳含量是在测定水分、灰分、挥发分产率之后，用差减法求得的，通常用100减去水分、灰分和挥发分得出。它积累了水分、灰分、挥发分的测定误差，所以它是个近似值。

　　空气干燥基固定碳 FC_{ad}（%）计算公式为

$$FC_{ad}=100-M_{ad}-A_{ad}-V_{ad}$$

　　燃料的工业分析是了解燃料特性的主要指标，也是评价燃料质量的基本依据。广义上讲，燃料的工业分析还包括燃料的全硫分和发热量的测定，又称为燃料的全工业分析。根据分析结果，可以大致了解燃料中有机质的含量及发热量的高低，从而初步判断燃料的种类、加工利用效果及工业用途，根据工业分析数据还可计算燃料的发热量和焦化产品的产率等。

　　6）发热量。发热量是指单位质量的燃料完全燃烧时所放出的热量，称为燃料的发热量（或称热值）。除了计算燃料折算标准煤耗外，锅炉热效率、热平衡计算，燃料的掺烧等许多方面都需要发热量的测定结果。燃料的发热量降低，则炉内温度下降，不利于燃料的着火与燃尽，结果导致机械不完全燃烧及排烟热损失增加，致使锅炉效率下降。对锅炉运行来说，燃料的发热量低到一定程度时，就难以维持正常运行。

　　燃料发热量的高低，主要取决于燃料中可燃物质的化学组成，同时也与燃烧条件有关。根据不同的燃烧条件，可将发热量分为弹筒发热量、高位发热量和低位发热量。其测定方法是将一定量的试样置于充满高压氧气的弹筒（浸没在一定重量的水中）内完全燃烧，燃烧所放出的热量被弹筒周围一定量的水（即内筒水）所吸收，其水的温升与试样燃烧所放出的热量成正比。

　　试样发热量计算公式为

$$Q=\frac{E(t_n-t_0)}{m}$$

式中　Q——试样的发热量，J/g；

　　　E——热量计的热容量，J/℃；

　　　t_0——量热系统的起始温度，℃；

　　　t_n——量热系统吸收试样放出热量后的最终温度，℃；

　　　m——试样的质量，g。

　　3. 飞灰和炉渣可燃物含量测定

　　飞灰和炉渣可燃物可以反映锅炉燃烧情况，反映燃料燃尽程度和燃烧效率。如果燃料燃烧不完全，即灰渣中残存有可燃物，一部分燃料未能被利用，则锅炉热效率将会受到影响。灰渣中可燃物含量越高，锅炉热效率降低越多，锅炉运行的经济性越差。故在电厂中要求每天（或每班）均要采集飞灰、炉渣样，并测定其可燃物含量。

　　测定原理：称取一定质量的飞灰或炉渣样品，使其在815℃±10℃下缓慢灰化，根据其减少的质量计算的可燃物含量。

(1) 采样位置。飞灰在锅炉仓泵入口采集，炉渣在锅炉排渣口采集。

(2) 采样量。飞灰、炉渣取样量都应不少于 500g。

(3) 样品的制备：

1) 飞灰样品的制备。将按规定采取的飞灰样品，用四分法缩分到 100g 左右，放入带盖的玻璃容器内，标明日期、班次、炉号，待用。

2) 炉渣样品的制备。取炉渣样品 500g 左右，采用机械研磨，研细到灰样通过 75 目筛（孔径 0.2mm），用四分法缩分到 100g 左右，然后平摊在搪瓷盘上，置于 145℃±5℃的烘箱内干燥，冷却后，缩分至重量为 20g 试样，然后装入带盖的容器或玻璃瓶内，标明日期、班次、炉号，待用。

(4) 可燃物含量的测定方法。精确称取经缩制后的飞灰或炉渣试样 1g±0.1g（精确到 0.0002g）各两份放在已恒重的瓷灰皿中摊平，按与燃料灰分测定相似的方法，使其在 815℃±10℃的温度下燃尽，在 400℃时可不必停留而一直将炉温升至 815℃，灼烧 30min，取出后在空气中冷却 2~3min，放入干燥器中冷却至室温（约 20min）后称重。根据其质量损失计算飞灰或炉渣中的可燃物含量。

为了缩短测定时间，也可将称好的试样皿置于预先加热到 815℃±10℃的马弗炉炉口，待数分钟后，直接把灰皿推入恒温区，灼烧 30min 令其燃尽，后续操作同上。

飞灰或炉渣可燃物按下式计算：

$$CM_{ad} = 100 - \frac{m_1}{m} \times 100$$

式中　CM_{ad}——空气干燥干基灰（渣）样的可燃物含量，%；

　　　m_1——灼烧后失去的质量，g；

　　　m——试样的质量，g。

7.6　油质分析

火电厂油务监督工作直接关系到电力系统用油设备的使用寿命和电力生产的安全经济运行。如果油品监督维护不当，就会使油品严重劣化，从而产生严重危害。因此，必须对用油品质进行有效的监控。

油务监督工作内容主要包括：新油的验收，运行油的质量监督及设备检修时油质的监督和验收。

7.6.1　油脂种类与特性

电厂所采用的汽轮机油（也称为透平油）和绝缘油（也称为变压器油）是发供电设备的重要润滑液压介质和绝缘介质，而汽轮机调节系统控制油一般采用抗燃液压油。这些油品质量的好坏，将直接影响发、供电设备的安全、经济运行。因此，对电力用油的质量有严格的规定和较高的要求。

1. 油脂种类与作用

电厂用油主要有润滑油、抗燃油（EH）、变压器及开关用油，以及锅炉点火用油。

（1）润滑油在机组中起润滑、散热冷却、调速、冲洗、减振和防锈、防尘、保护及密封等作用，并用于各种机械的减摩润滑。其牌号是根据其黏度划分的。按 40℃ 运动黏度中心值分为 32、46、68 和 100 四个牌号。目前常用的汽轮机油有 L-TSA46、壳牌多宝 CC46 及 ISO VG 46 等型号。

（2）抗燃油（EH）。发电厂电液控制系统所用抗燃油是一种抗燃的纯磷酸酯液体绝缘介质。抗燃油的作用是提供发电厂电液控制系统用油，并为保安调节部套及设备提供动力。

（3）变压器油。变压器油在设备中主要起绝缘、灭弧、散热作用，其牌号是根据其凝点划分的，如 10 号、25 号、45 号油的凝点分别为 -10℃、-25℃ 和 -45℃。常用变压器油牌号主要有 25 号和 45 号。

（4）锅炉点火用油。一般锅炉点火用油采用 0 号柴油。

2. 油脂特性

（1）汽轮机油和绝缘油应具备的特性：

1）良好的抗氧化安定性。绝缘油在变压器中的运行油温为 60~80℃，并经常与空气接触，还要受电场、电晕等作用，油品会发生热老化和电老化的。汽轮机油在运行中温度约为 60℃，并直接与空气、金属等接触，且油在机组中循环速度快、次数多，油会不断老化。所以要求油品要有良好的抗氧化安定性。一般要求绝缘油能使用 10~20 年，汽轮机油能使用 10~15 年。

2）良好的电气性能。一般评价绝缘油电气性能的指标是击穿电压、介质损耗因数等。

3）良好的润滑性能。对汽轮机油而言，选择适当的黏度，是保证机组正常润滑的重要因素。因此，不但要求汽轮机油要有良好的润滑性能，而且要求其黏温特性要好，即要求黏度不随温度的急剧变化而变化。

4）良好的高温安全性。油的高温安全性通常是以闪点表示。闪点越低，油的挥发性越大，安全性就越小。

5）良好的低温流动性。对室外用绝缘油特别是油开关油，要求有良好的低温流动性和较低的凝固点（即凝点）；对汽轮机油还要求有良好的抗乳化性能、防锈性能和抗泡沫性能，以保证设备安全运行。

（2）抗燃油应具备的特性：

1）抗燃性。抗燃油自燃点比汽轮机油高，一般在 530℃ 以上，而汽轮机油只有 300℃ 左右。

2）较高的介电性。电液调节系统用抗燃油应具有一定的介电性，电阻率太低会导致尖端腐蚀。

3）良好的抗老化安定性。由于温度、水分、催化剂、杂质以及空气中氧的作用，会加速油质老化，故抗燃油应具有良好的抗老化安定性。

4）防起泡沫性。由于空气的混入，运行中的抗燃油会生成泡沫。泡沫过多，分不清液面，同时泵的压力受影响会发生磨损，故应具备良好的起泡沫性。

5）防腐蚀性。抗燃油中水分含量、氯含量、颗粒杂质、电阻率和酸值超出标准，会促使调速系统有腐蚀和磨损，会使伺服阀黏结卡涩。因此，抗燃油应具有良好的防腐蚀性。

7.6.2 汽轮机油监督与分析

1. 油质分析仪器

油质分析仪器包括库仑法微量水测定仪、自动运动黏度测定仪、自动开口闪点测定仪、自动闭口闪点测定仪和自动石油破/抗乳化测定仪。

2. 油质监督流程

（1）取样：

1）新油到货时的取样。新油以桶装形式交货时，应从污染最严重的底部取样，必要时可抽查上部油样。如怀疑大部分桶装油有不均匀现象时，应重新取样；如怀疑有污染物存在，则应对每桶油逐一取样，并应逐桶核对牌号、标志，在过滤时应对每桶油进行外观检查。

2）运行中从设备内取样。正常的监督试验，一般情况下从冷油器中取样；检查油的杂质及水分时，应从油箱底部取样；发现异常情况时，需从不同的位置上取样，以跟踪污染物的来源和寻找其他原因。

3）样品标记。取样瓶上应贴好标签，标签包含以下内容：单位名称（如需对外委托分析）、机组编号、汽轮机油牌号、取样部位、取样日期、取样人签名。

（2）检验：

现场检验又称简化分析，包括以下性能的测定：

外观：目测无可见固体杂质。

水分（定性）：目测无可见游离水或乳化水。

颜色：不是突然变得太深。

（3）试验室检验项目及周期（表 7.12 和表 7.13）。

表 7.12　　　　　　　　　　　　新汽轮机组投运 12 个月内的检验周期

项目	外观	颜色	酸值	黏度	机械杂质	闪点	颗粒污染度	破乳化度	水分
试验周期	至少每周	每月	每月	第 1 个月	至少每周	第 1 个月	第 1 个月	第 1 个月	每周
				第 3 个月		第 3 个月	第 6 个月	第 3 个月	

注　防锈性：第一个月；空气释放值：第 1、6 个月；起泡性试验：第 1、6 个月。

表 7.13　　　　　　　　　　　　汽轮机机组正常运行检验周期

项目	外观	颜色	酸值	黏度	机械杂质	闪点	颗粒污染度	破乳化度	水分
试验周期	至少每周	每季	每季	半年	每月	半年	每年	半年	每月

注　防锈性：半年；空气释放值：每年；起泡性试验：每年。

（4）汽轮机油质异常与处理，见表 7.14。

表 7.14　　　　　　　　　　　运行中汽轮机油油质异常原因及处理方法

项　目	现　象	可能原因	处　理　方　法
外观	乳化、不透明、有杂质	油中含有水或固形物	调查原因，采取机械过滤
颜色	迅速变深	（1）有其他污染物； （2）老化程度深	找出原因，必要时投入油再生装置

项 目	现 象	可能原因	处 理 方 法
酸值	未加防锈剂油≥0.2，加防锈剂油≥0.3	(1) 系统运行条件苛刻； (2) 抗氧化剂消耗； (3) 补错了油； (4) 油被污染	调查原因，增加试验次数，应进行开杯老化试验补加抗氧化剂；投入油再生装置
闪点	比新油低8℃，比前次测定值低8℃	有可能轻质油污染或过热	找出原因，与其他试验项目结果比较，并考虑处理或换油
黏度	比新油黏度相差±20%	(1) 油被污染； (2) 油已严重老化； (3) 补错了油	查找原因，并测定闪点，或破乳化度，必要时可换油
油泥	可观察到	油深度劣化	可进行开杯老化试验，以比较试验结果，必要时可换油
防锈性能	轻锈	(1) 系统中有水分； (2) 系统维护不当； (3) 防锈剂消耗	查找原因，加强系统的维护，并考虑补加防锈剂
破乳化度	超过60min	油污染或劣化变质	如油呈乳化状态，应进行脱水
起泡沫试验	见报告	可能被固体物污染或加错油；也可能加入防锈剂而产生的问题	注意观察，并与其他试验结果相比较，如果加错油，应纠正。也可添加消泡剂
空气释放值	见报告	油污染或变质	注意监视，并与其他结果相比较，找出污染原因并消除
颗粒污染度	见报告	(1) 补油时带入； (2) 系统中进入灰尘； (3) 系统磨损颗粒	鉴别颗粒性质，消除颗粒可能来源
水分	见报告	(1) 冷油器泄漏； (2) 轴封不严； (3) 油箱未及时排水	检查破乳化度，如不合格应检查污染来源。启用离心泵，排出水分，并注意观察系统情况，消除设备缺陷

7.6.3 抗燃油监督与处理

1. 取样

（1）新油验收取样。新油以桶装形式交货时，试验油样应从每个油桶中所取油样均匀混合后的样品，以保证所取样品具有可靠的代表性。如发现有污染物存在，则应逐桶取样，并应逐桶核对牌号标志，在过滤时应对每桶油进行外观检查。所取样品均应保留一份，正确标记，以备复查。

（2）运行中抗燃油取样。对于常规监督试验，一般从冷油器出口、旁路再生装置入口或油箱底部取样；如发现油质被污染，还应增加取样点，如油箱顶部等部位；取样前调速系统在正常情况下至少运行24h，以保证所取样品具有代表性；将取样阀周围擦干净，打开取样阀，放出取样管路内存留的抗燃油，然后打开取样瓶盖，使油充满取样瓶（注意勿使瓶口和阀门接触），立即盖好瓶盖，关闭取样阀；测试颗粒污染度取样前，需用经过滤的溶剂（乙醇、异丙醇）清洗取样阀，放出存留油，充分冲洗取样管路，然后用专用取样瓶取样。严禁在取样时瓶口与阀门接触。取样完毕，关闭取样阀，用塑料薄膜封好瓶口，加盖密封；油箱顶部取样时，先将箱盖清理干净后打开，从油箱的上部及中部取样，取样后将箱盖封好复位。

（3）样品标记。取样瓶上应贴好标签，标签内容包括：单位名称（如需对外委托分析）、机组编号、机组运行时间、抗燃油牌号、取样部位、取样日期、取样人签名。

2. 检验项目与周期

抗燃油检验项目及周期，见表 7.15。

表 7.15　　　　　　　　　　　　　抗燃油检验项目及周期

试 验 项 目	运 行 时 间	
	第一个月	第二个月后
颜色、外观、酸值	每周一次	每月一次
氯含量、电阻率、闪点、水分	两周一次	三个月一次
密度、凝点、自燃点、运动黏度、泡沫特性、颗粒污染度、矿物油含量	每月一次	半年一次

3. 油质异常及处理方法

运行中高压抗燃油油质异常原因及处理方法，见表 7.16。

表 7.16　　　　　　　　　运行中高压抗燃油油质异常原因及处理方法

项目	现　象	可 能 原 因	处 理 方 法
外观	混浊	（1）被其他液体污染；（2）老化程度加深；（3）油温升高，局部过热	（1）更换旁路吸附再生滤芯或吸附剂；（2）调节冷油器阀门，控制油温；（3）考虑换油
颜色	迅速加深		
密度	<1.13g/cm	被矿物油或其他液体污染	换油
运动黏度	比新油值差±20%		
矿物油含量	>4%		
闪点	<240℃		
自燃点	<530℃		
酸值	>0.2mgKOH/g	（1）油温升高，导致老化；（2）油中混入水分使油水解	（1）调节冷油器阀门控制油温；（2）更换吸附再生滤芯或吸附剂，每隔 48h 取样分析，直至正常；（3）检查冷油器等是否有泄漏
水分	>0.1%		
氯含量	>0.010%	（1）含氯杂质污染；（2）强极性物质污染	（1）检查系统密封材料是否损坏；（2）更换吸附再生滤芯或吸附剂，每隔 48h 取样分析，直至正常
电阻率	<5×10⁹		

续表

项 目	现 象	可 能 原 因	处 理 方 法
颗粒污染度		(1) 被机械杂质污染; (2) 精密过滤器失效	(1) 检查精密过滤器是否破损、失效,必要时更换滤芯; (2) 检查油箱密封及系统部件是否腐蚀、磨损; (3) 消除污染源,进行旁路过滤,直至合格
泡沫特性	>200mL	(1) 油老化或被污染; (2) 添加剂不合适	(1) 查明原因,消除污染源; (2) 更换旁路吸附再生滤芯或吸附剂,进行处理

7.6.4 变压器油

1. 检测流程

(1) 新油验收取样。新油以桶装形式交货时,取样前需要用干净的白布将桶盖外部擦净,然后用清洁干燥的取样管取样。如果是整批油桶到货,取样的桶数应能足够代表该批油的质量;试验油样应是从每个桶中所取油样经均匀混合后的样品。

(2) 运行中变压器油取样。常规分析试验取样:对于变压器、油开关或其他充油电气设备,应从下部阀门处取样;取样前油阀门需先用干净的棉布擦净,再放油冲洗干净阀门、管路,然后取样。

油中微量水分和油中溶解气体分析取样:一般应从设备底部阀门取样,特殊情况下可在不同部位取样;要求全密封,不能让油中溶解水分及气体逸散,也不能混入空气,操作时油中不得产生气泡;取样应在晴天进行,避免外界湿气或尘埃的污染。

(3) 样品标记。取样瓶上应贴好标签,标签包含以下内容:单位名称(如需外委分析)、设备编号、变压器油牌号、取样部位、取样时天气、取样日期、取样人签名。

2. 运行中变压器油质的检验项目和周期

运行中变压器的检验项目和周期,见表 7.17;油气体组分含量正常检测周期,见表 7.18。

表 7.17 运行中变压器油的检验项目和周期

设备等级分类		水溶性酸	酸值	闪点	机械杂质	游高碳	水分	界面张力	介质损耗因数	击穿电压	含气量	体积电阻率	检业期
互感器	≥220kV	o				o	o			o		o	三年至少一次
	35~110kV	o								o		o	
套管	≥110kV	o								o		o	
电力变压器	220~500kV												每年至少一次
	110kV 或 >63VA	o	o	o	o	o	o	o	o	o	o	o	

注 o 代表需要检测。

3. 运行中变压器油油质异常与处理方法

运行中变压器油油质异常与处理方法,见表 7.19。

表 7.18   运行中变压器油气体组分含量正常检测周期

设备名称	电压等级	检测周期
变压器电抗器	63~110V 容量在：120000kV·A 及以上	每年至少一次
互感器	63~110kV	2~3 年 至少一次

表 7.19   运行中变压器油油质异常及处理方法

项目	超极限值	超极限值可能原因	采取对策
外观	不透明、有可见杂质	油中含有水分或纤维以及其他固体物	检查水分，调查原因，与其他试验配合
颜色	油色太深。有异常气味	可能过度劣化或污染	检查酸值、闪点、油混以决定是否更换新油
水分	220~330kV 设备：>30μL	(1) 密封不严，潮气侵入； (2) 超温运行，导致固体绝缘老化或油质劣化较深	(1) 更换呼吸器内干燥剂； (2) 降低运行乱度； (3) 采用真空过滤处理
	66~110kV 设备：>40μL		
酸值	>0.1mgKOH/g	(1) 超负荷运行； (2) 抗氧化剂消耗； (3) 补错了油； (4) 油被污染。	调查原因，增加试验次数，投入净泊器或更换吸附剂。测定抗氧化剂含量并适当补加
水溶性酸	pH<4.2	(1) 油质老化； (2) 油被污染	与酸值进行比较。查明原因。投入净油器
击穿电压	66~220kV 设备，<35kV	(1) 油中水分含量过大； (2) 油中有杂质	查明原因，进行真空滤净或更换新油
介质损耗因数	≤330kV 设备：>0.04	(1) 油质老化程度较深； (2) 油污染； (3) 油中含有极性杂质	检查酸值、水分、界面张力，选用再生处理或更换新油
油怨与沉淀物	有油泥和沉淀物存在	(1) 油质深度老化； (2) 杂质污染	经济合理可换油
闪点	(1) 比新油低 5℃； (2) 比前次到定值低 5℃	(1) 存在局部过热或过电性事故； (2) 补错了油	查明原因消除故障，进行真空脱气处理或换油
溶解气体组分含盾	见《变压器油中溶解气体分析和判断导则》（GB/T 7252—2001）	设备存在局部过电或放电性故障	进行故障分析。彻底检查设备。找出故障点。消除隐患，进行真空脱气处理
体积电阻率	1×10Ω·cm	(1) 油质老化程度较深； (2) 油被污染； (3) 油中含有极性杂质	说查明原因，对少油设备可换油

参 考 文 献

［1］ 姚文达，姜凡. 火电厂锅炉运行及事故处理［M］. 北京：中国电力出版社，2007.

［2］ 张磊，彭德振. 大型火力发电机组集控运行［M］. 北京：中国电力出版社，2006.

［3］ 范锡普. 发电厂电气部分［M］. 北京：中国电力出版社，1995.

［4］ 沈士一，庄贺庆，康松，等. 汽轮机原理［M］. 北京：中国电力出版社，2007.

［5］ 康松，杨建明，胥建群. 汽轮机原理［M］. 北京：中国电力出版社，2000.

［6］ 席洪藻. 汽轮机设备及运行［M］. 北京：水利电力出版社，1988.

［7］ 赵义学. 电厂汽轮机设备及系统［M］. 北京：中国电力出版社，1998.

［8］ 范从振. 锅炉原理［M］. 北京：水利电力出版社，1986.

［9］ 叶江明. 电厂锅炉原理及设备［M］. 北京：中国电力出版社，2004.

［10］ 杨建蒙. 单元机组运行原理［M］. 北京：中国电力出版社，2009.

［11］ 王付生. 电厂热工自动控制与保护［M］. 北京：中国电力出版社，2005.

［12］ 王维俭. 发电机变压器继电保护应用［M］. 北京：中国电力出版社，2003.

［13］ 税正中. 电力系统继电保护［M］. 重庆：重庆大学出版社，2000.

［14］ 张永涛. 锅炉设备及系统［M］. 北京：中国电力出版社，1998.